Advanced Mathematics

新时代大学数学系列教材

总主编　徐宗本

高等数学

下册

主　编　朱晓平　李继成

高等教育出版社·北京

内容提要

本书是"新时代大学数学系列教材"中的一本，在保持传统高等数学教材体系的基础上，根据大学数学教学的新需求编写而成。本书适当降低理论要求，强调微积分的实际应用，主要内容包括向量代数与空间解析几何、多元函数微分学、多元函数积分学、向量值函数的积分与场论、级数，共五章。本书适用于高等学校理工类专业高等数学教学，也可作为职业技术大学的教学用书。

数字课程

http://abook.hep.com.cn/1260272

高等数学 下册

主编 朱晓平 李继成

1. 计算机访问http://abook.hep.com.cn/1260272，或手机扫描二维码、下载并安装Abook应用。
2. 注册并登录，进入"我的课程"。
3. 输入封底数字课程账号（20位密码，刮开涂层可见），或通过Abook应用扫描封底数字课程账号二维码，完成课程绑定。
4. 单击"进入课程"按钮，开始本数字课程的学习。

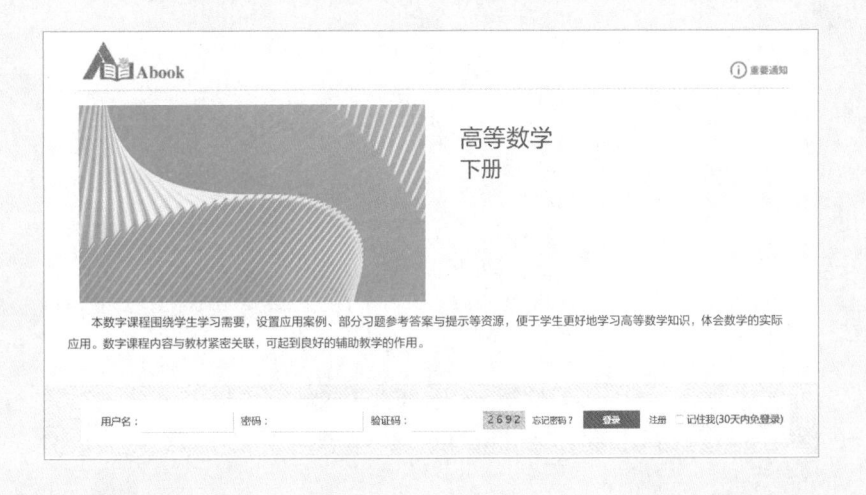

课程绑定后一年为数字课程使用有效期。受硬件限制，部分内容无法在手机端显示，请按提示通过计算机访问学习。

如有使用问题，请发邮件至abook@hep.com.cn。

扫描二维码
下载Abook应用

目录

第五章　向量代数与空间解析几何　　001

- 5.1　向量及其线性运算　　001
  - 一、空间直角坐标系　　001
  - 二、向量以及向量的坐标　　003
  - 三、向量的线性运算　　004
  - 四、向量的方向余弦和投影　　008
  - 习题 5.1　　010
- 5.2　向量的乘法运算　　011
  - 一、向量的数量积　　011
  - 二、向量的向量积　　014
  - 三、向量的混合积　　018
  - 习题 5.2　　020
- 5.3　平面与直线　　020
  - 一、平面的方程　　021
  - 二、直线的方程　　023
  - 习题 5.3　　026
- 5.4　平面、直线间的位置关系　　026
  - 一、两平面的夹角　　026
  - 二、两直线的夹角　　028
  - 三、直线与平面的夹角　　029
  - 四、点到平面的距离　　029
  - 五、平面束　　030
  - 习题 5.4　　033
- 5.5　曲面与曲线　　034
  - 一、柱面与旋转曲面　　034
  - *二、曲面的参数方程　　036
  - 三、曲线的方程　　038
  - 四、曲线在坐标面上的投影　　039
  - 习题 5.5　　041
- 5.6　二次曲面　　043
  - 习题 5.6　　046
- 总习题五　　046

目录

第六章　多元函数微分学　049

6.1　多元函数的基本概念　049
一、多元函数的概念　049
二、平面和空间中的重要子集　051
三、多元函数的极限　052
四、多元函数的连续性　054
习题 6.1　056

6.2　偏导数　056
一、偏导数　056
二、高阶偏导数　061
习题 6.2　063

6.3　复合函数的求导法则　063
习题 6.3　069

6.4　全微分　069
习题 6.4　074

6.5　隐函数的求导公式　075
一、一个方程的情形　075
二、方程组的情形　078
习题 6.5　080

6.6　方向导数与梯度　081
一、方向导数　081
二、梯度　084
习题 6.6　087

6.7　多元函数微分的几何应用　088
一、空间曲线的切线与法平面　088
二、空间曲面的切平面与法线　091
三、向量值函数与向量方程　094
习题 6.7　096

6.8　多元函数的极值　097
一、极小值、极大值与最小值、最大值　097
二、条件极值　103
三、最小二乘法　107

习题 6.8 … 108

*6.9 二元函数的泰勒公式 … 109
　一、泰勒公式 … 109
　二、极值充分条件的证明 … 110
　习题 6.9 … 112
总习题六 … 112

第七章　多元函数积分学 … 115

7.1 重积分的概念与性质 … 115
　一、重积分的概念 … 115
　二、重积分的性质 … 119
　习题 7.1 … 121

7.2 二重积分的计算 … 123
　一、直角坐标系下二重积分的计算 … 123
　习题 7.2 (1) … 130
　二、极坐标系下二重积分的计算 … 131
　习题 7.2 (2) … 136
　* 三、二重积分的换元法 … 137
　* 习题 7.2(3) … 141

7.3 三重积分的计算 … 141
　一、直角坐标系下三重积分的计算 … 141
　二、柱面坐标系下三重积分的计算 … 145
　* 三、球面坐标系下三重积分的计算 … 148
　习题 7.3 … 150

*7.4 含参变量的积分 … 152
　习题 7.4 … 155

7.5 数量值函数的曲线积分 … 156
　一、数量值函数的曲线积分的概念 … 156
　二、数量值函数的曲线积分的计算法 … 158
　习题 7.5 … 163

7.6 数量值函数的曲面积分 … 164
　一、曲面的面积 … 164
　二、数量值函数的曲面积分的概念 … 167

三、数量值函数的曲面积分的计算法　169

　　*四、数量值函数在几何形体上的积分综述　172

　　习题 7.6　174

■ 7.7　多元积分学在物理学上的应用举例　175

　　一、质心　175

　　二、转动惯量　178

　　三、引力　179

　　习题 7.7　181

■ 总习题七　182

第八章　向量值函数的积分与场论　185

■ 8.1　向量值函数在定向曲线上的积分　185

　　一、向量值函数的曲线积分的概念　185

　　二、向量值函数的曲线积分的计算法　189

　　三、两类曲线积分之间的联系　194

　　习题 8.1　195

■ 8.2　格林公式　197

　　一、格林公式　197

　　二、平面定向曲线积分与路径无关的条件　202

　　三、曲线积分基本定理　207

　　习题 8.2　208

■ 8.3　向量值函数在定向曲面上的积分　210

　　一、向量值函数的曲面积分的概念　210

　　二、向量值函数的曲面积分的计算法　214

　　三、两类曲面积分之间的联系　217

　　习题 8.3　220

■ 8.4　高斯公式　221

　　习题 8.4　225

■ 8.5　斯托克斯公式　225

　　习题 8.5　231

- *8.6 场论初步　　　　　　　　　　232
  习题 8.6　　　　　　　　　　　　240
- 总习题八　　　　　　　　　　　　240

第九章　级数　　　　　　　　　　243

- 9.1 常数项级数的概念与基本性质　243
  一、常数项级数的概念　　　　　　243
  二、常数项级数的基本性质　　　　245
  * 三、柯西审敛原理　　　　　　　　248
  习题 9.1　　　　　　　　　　　　249
- 9.2 正项级数和交错级数的审敛法　250
  一、正项级数的审敛法　　　　　　250
  二、交错级数的审敛法　　　　　　257
  习题 9.2　　　　　　　　　　　　259
- 9.3 级数的绝对收敛与条件收敛　　261
  一、级数的绝对收敛与条件收敛　　261
  二、绝对收敛级数的性质　　　　　263
  习题 9.3　　　　　　　　　　　　265
- 9.4 函数项级数　　　　　　　　　266
  一、函数项级数的一般概念　　　　266
  * 二、函数项级数的一致收敛性　　　267
  习题 9.4　　　　　　　　　　　　273
- 9.5 幂级数　　　　　　　　　　　273
  一、幂级数及其收敛性　　　　　　273
  二、幂级数的运算与性质　　　　　279
  习题 9.5　　　　　　　　　　　　282
- 9.6 函数的幂级数展开式　　　　　283
  一、泰勒级数的概念　　　　　　　283
  二、函数展开成幂级数的方法　　　285
  习题 9.6　　　　　　　　　　　　291
- 9.7 函数的幂级数展开式的应用　　291
  一、近似计算　　　　　　　　　　291
  二、微分方程的幂级数解法　　　　292

三、欧拉公式 293

习题 9.7 295

■ 9.8 傅里叶级数 295

一、三角级数和三角函数系的正交性 295

二、函数展开成傅里叶级数 297

三、正弦级数和余弦级数 304

习题 9.8 307

■ 9.9 一般函数的傅里叶级数 307

一、周期为 $2l$ 的周期函数的傅里叶级数 307

* 二、傅里叶级数的复数形式 311

习题 9.9 313

■ 总习题九 313

部分习题参考答案与提示 317

第五章 向量代数与空间解析几何

5.1 向量及其线性运算

一、空间直角坐标系

为建立空间的点以及几何图形与数以及方程的联系，我们把平面直角坐标系推广到空间.

过空间一个定点 O，作三条互相垂直的数轴，分别叫做 x 轴 (横轴)、y 轴 (纵轴) 和 z 轴 (竖轴). 这三条数轴都以 O 为原点且有相同的长度单位，它们的正方向符合**右手法则**，即以右手握住 z 轴，当右手的四个手指从 x 轴的正向转过 $\frac{\pi}{2}$ 角度后指向 y 轴的正向时，竖起的大拇指的指向就是 z 轴的正向 (图 5.1). 由此组成了空间直角坐标系，称为 $Oxyz$ 直角坐标系，点 O 称为该坐标系的**原点**.

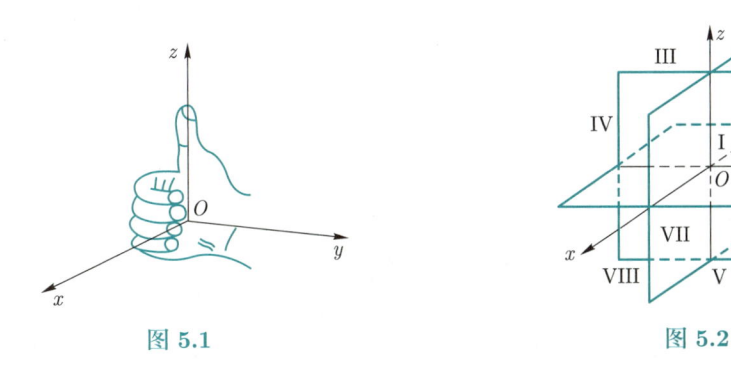

图 5.1

图 5.2

三条坐标轴中每两条可以确定一个平面，称为**坐标面**，由 x 轴和 y 轴确定的坐标面称为 xOy 面，类似地还有 yOz 面与 zOx 面. 这三个坐标面把空间划分成八个部分，每一部分叫做一个卦限. 在 xOy 面上方的四个卦限，其中在 xOy 面上方且在 yOz 面前方、zOx 面右方的是第 I 卦限，再按逆时针方向排定，分别为第 II、III、IV 卦限；第 V、VI、VII、VIII 卦限在 xOy 面下方，也按逆时针排定，依次分别在第 I、II、III、IV 卦限的下方，如图 5.2 所示.

设 M 是空间中的一点, 过 M 作三个平面分别垂直于 x 轴、y 轴和 z 轴, 并交 x 轴、y 轴和 z 轴于 P,Q,R 三点. 点 P,Q,R 分别称为点 M 在 x 轴、y 轴和 z 轴上的**投影点**. 设这三个投影在 x 轴、y 轴和 z 轴上的坐标依次为 x,y 和 z, 于是空间一点 M 惟一地确定了一个有序数组 (x,y,z). 反过来, 对于给定的有序数组 (x,y,z), 可以在 x 轴上取坐标为 x 的点 P, 在 y 轴上取坐标为 y 的点 Q, 在 z 轴上取坐标为 z 的点 R, 过点 P,Q,R 分别作垂直于 x 轴、y 轴和 z 轴的三个平面, 这三个平面的交点 M 就是由有序数组 (x,y,z) 确定的惟一的点 (如图 5.3). 这样, 空间的点与有序数组 (x,y,z) 之间就建立了一一对应的关系. 这个有序数组 (x,y,z) 称为点 M 的坐标, 依次称 x,y,z 为点 M 的横坐标、纵坐标和竖坐标, 并把点 M 记为 $M(x,y,z)$.

空间两点的距离公式 设 $P_1(x_1,y_1,z_1), P_2(x_2,y_2,z_2)$ 是空间两点, 过 P_1 和 P_2 各作三个分别垂直于 x 轴、y 轴、z 轴的平面, 构成一个以 P_1P_2 为对角线的长方体 (图 5.4). 其三个棱的长度分别是 $|x_2-x_1|, |y_2-y_1|$ 和 $|z_2-z_1|$, 于是得对角线 P_1P_2 的长度, 亦即空间两点 P_1 和 P_2 的距离公式为

$$|P_1P_2| = \sqrt{(x_2-x_1)^2+(y_2-y_1)^2+(z_2-z_1)^2}. \tag{1.1}$$

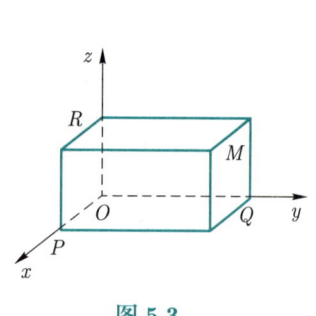

图 5.3

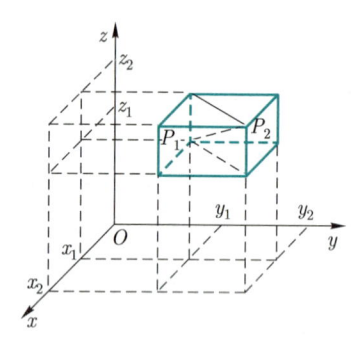

图 5.4

我们知道: 到定点 $P_0(x_0,y_0,z_0)$ 的距离为常数 r 的点的全体是球面. 利用两点的距离公式 (1.1), 球面上的点 (x,y,z) 满足

$$\sqrt{(x-x_0)^2+(y-y_0)^2+(z-z_0)^2} = r,$$

由此得到, 以 $P_0(x_0,y_0,z_0)$ 为球心, r 为半径的**球面方程**为

$$(x-x_0)^2+(y-y_0)^2+(z-z_0)^2 = r^2. \tag{1.2}$$

例 1 求证以 $M_1(4,3,1), M_2(7,1,2), M_3(5,0,-1)$ 为顶点的三角形是一个等边三角形.

证 因为

$$|M_1M_2| = \sqrt{(7-4)^2+(1-3)^2+(2-1)^2} = \sqrt{14},$$

$$|M_2M_3| = \sqrt{(5-7)^2+(0-1)^2+(-1-2)^2} = \sqrt{14},$$

$$|M_3M_1| = \sqrt{(5-4)^2+(0-3)^2+(-1-1)^2} = \sqrt{14},$$

由于 $|M_1M_2| = |M_2M_3| = |M_3M_1|$, 故 $\triangle M_1M_2M_3$ 是等边三角形.

二、 向量以及向量的坐标

1. 向量

在物理、力学以及日常生活中, 我们常常要遇到很多量, 例如: 温度、时间、质量、功、长度、面积与体积等, 这些量只有大小、多少之分, 因此只需用数字就可刻画. 但有些量仅用数字无法准确表达, 例如位移、速度、加速度、力、力矩、动量、冲量等, 诸如此类的量, 单纯地用一个数字不足以描述它们, 因为这些量除了有数量的属性外, 还具有方向的属性. 我们把这种既有大小, 又有方向的量称为**向量** (或**矢量**).

本教材中, 向量通常用黑体字母来表示, 如 s, v, a, f, 在数学中往往用有向线段来表示向量. 如果线段的起点是 M_0, 终点是 M, 那么这个有向线段可以记为 $\overrightarrow{M_0M}$, 它代表一个确定的向量: 线段的长度表示向量的大小, 线段的方向表示向量的方向. 为了叙述和使用的方便, 在以后的讨论中, 我们对向量和表示它的有向线段不加区分, 例如把有向线段 $\overrightarrow{AB}$ 说成向量 $\overrightarrow{AB}$ 或把向量 a 看成有向线段.

实际应用中, 有些向量只与大小、方向有关, 但有些向量还与它的起点有关 (例如力常与作用点有关), 其中大小、方向是共性, 为此数学上只讨论仅具有大小、方向两种属性的向量, 也就是: 如果两个有向线段的大小与方向是相同的, 则不论它们的起点是否相同, 我们就认为它们表示同一个向量, 这样理解的向量叫做**自由向量**.

向量的大小叫做向量的**模**, 向量 a, $\overrightarrow{M_0M}$ 的模依次记作 $|a|$, $|\overrightarrow{M_0M}|$. 模为 1 的向量叫做**单位向量**. 模为零的向量叫做**零向量**, 记为 $\boldsymbol{0}$, 零向量的方向可以看作是任意的.

由于自由向量可在空间自由平移, 由此规定两个非零向量 a 与 b 的夹角: 将 a 或 b 平移使它们的起点重合后, 它们所在的射线之间的夹角 $\theta(0 \leqslant \theta \leqslant \pi)$ 称为 a 与 b 的**夹角**, 通常把 a 与 b 的夹角记为 $\widehat{(a,b)}$ 或 $\widehat{(b,a)}$.

假设 a 和 b 都是非零向量, 如果 a,b 的夹角为 0 或 π, 就称向量 a 与 b **平行**, 记作 $a /\!/ b$; 如果 a 和 b 的夹角为 $\dfrac{\pi}{2}$, 就称向量 a 与 b **垂直**, 记作 $a \perp b$. 由于零向量的方向可以看作是任意的, 因此可以认为零向量与任何向量都平行, 也可以认为零向量与任何向量都垂直.

当两个平行向量的起点平移至同一点处时, 它们的起点和终点必定在一条直线上, 因此, 两个向量平行, 又称两个向量**共线**.

对于三个及三个以上的向量, 如果把它们的起点平移至同一点处时, 它们的终点和共同起点在一个平面上, 就称这些向量**共面**.

2. 向量的坐标

任给一个向量 a, 总可通过平移使其起点位于原点 O, 从而有对应点 M, 满足 $\overrightarrow{OM} = a$ (图 5.5). 容易知道, 点 M 是由向量 a 惟一确定的, 假设点 M 的坐标为 (a_x, a_y, a_z),

则有序数组 (a_x, a_y, a_z) 和向量 $\boldsymbol{a}$ 是一一对应的, 于是把 (a_x, a_y, a_z) 称为向量 $\boldsymbol{a}$ 的**坐标**, 并记为

$$\boldsymbol{a} = (a_x, a_y, a_z), \tag{1.3}$$

(1.3) 式称为向量 $\boldsymbol{a}$ 的**坐标表示式**. 由于 $|\overrightarrow{OM}|$ 是 $\boldsymbol{a}$ 的模, 利用 (1.1) 式得

$$|\boldsymbol{a}| = |\overrightarrow{OM}| = \sqrt{a_x^2 + a_y^2 + a_z^2}. \tag{1.4}$$

图 5.5

空间任何一个点 $M(x, y, z)$, 都对应一个向量 $\boldsymbol{r} = \overrightarrow{OM}$, 称 $\boldsymbol{r}$ 为点 M (关于原点) 的**向径**. 由向量坐标的定义可知 (x, y, z) 既表示点 M, 又表示向量 $\overrightarrow{OM}$, 要注意从上下文中加以区别.

三、向量的线性运算

在实际问题中, 向量与向量之间常发生一定的联系, 并产生出另一个量, 把这种联系抽象成数学形式, 就是向量的运算. 我们先定义向量的加法运算以及向量与数的乘法运算.

1. 向量的加法

从物理与力学中我们知道, 两个力、两个速度均能合成, 得到合力、合速度, 并且合力与合速度都符合平行四边形法则, 由此实际背景出发, 我们定义向量的加法如下:

设向量 $\boldsymbol{a}$ 与 $\boldsymbol{b}$ 不平行, 任取一点 A, 作 $\overrightarrow{AB} = \boldsymbol{a}$, $\overrightarrow{AD} = \boldsymbol{b}$, 以 AB, AD 为邻边的平行四边形 $ABCD$ 的对角线是 AC, 则向量 $\overrightarrow{AC}$ 称为**向量 $\boldsymbol{a}$ 与 $\boldsymbol{b}$ 的和**, 记为 $\boldsymbol{a} + \boldsymbol{b}$ (图 5.6).

以上规则叫做**向量相加的平行四边形法则**. 注意到, 在自由向量的意义下, $\overrightarrow{BC} = \overrightarrow{AD} = \boldsymbol{b}$, 于是得到**向量相加的三角形法则**:

设有两个向量 $\boldsymbol{a}$ 与 $\boldsymbol{b}$, 任取一点 A, 作 $\overrightarrow{AB} = \boldsymbol{a}$, 再以 B 为起点, 作 $\overrightarrow{BC} = \boldsymbol{b}$, 连接 AC, 则向量 $\overrightarrow{AC}$ 称为**向量 $\boldsymbol{a}$ 与 $\boldsymbol{b}$ 的和**, 记为 $\boldsymbol{a} + \boldsymbol{b}$ (图 5.7).

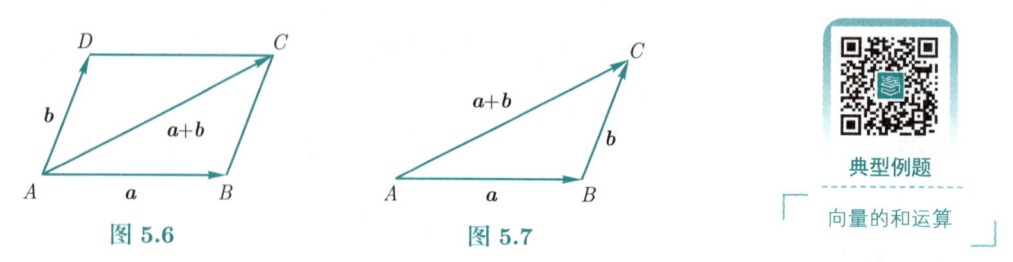

图 5.6

图 5.7

典型例题
向量的和运算

例 2 证明对角线互相平分的四边形是平行四边形.

证 设四边形 $ABCD$ 的对角线相交于 E (如图 5.8 所示), 由条件可知

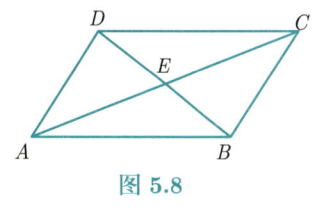

$$\overrightarrow{AE} = \overrightarrow{EC}, \quad \overrightarrow{BE} = \overrightarrow{ED},$$

故

$$\overrightarrow{AE} + \overrightarrow{ED} = \overrightarrow{BE} + \overrightarrow{EC}.$$

利用向量加法的三角形法则, 得

$$\overrightarrow{AD} = \overrightarrow{AE} + \overrightarrow{ED}, \quad \overrightarrow{BC} = \overrightarrow{BE} + \overrightarrow{EC},$$

因此

$$\overrightarrow{AD} = \overrightarrow{BC},$$

这说明线段 AD 与 BC 平行且长度相同. 于是四边形 $ABCD$ 是平行四边形.

2. 向量与数的乘法 (数乘)

对任意的实数 λ 和向量 $\boldsymbol{a}$, 我们定义 λ 与 $\boldsymbol{a}$ 的乘积 (简称**数乘**) 是一个向量, 记为 $\lambda \boldsymbol{a}$, 它的模与方向规定如下:

(1) $|\lambda \boldsymbol{a}| = |\lambda| \cdot |\boldsymbol{a}|$;

(2) 当 $\lambda > 0$ 时, $\lambda \boldsymbol{a}$ 与 $\boldsymbol{a}$ 同方向; 当 $\lambda < 0$ 时, $\lambda \boldsymbol{a}$ 与 $\boldsymbol{a}$ 反方向; 当 $\lambda = 0$ 时, $\lambda \boldsymbol{a} = \boldsymbol{0}$.

对于向量 $\boldsymbol{a}$, 称向量 $(-1)\boldsymbol{a}$ 为 $\boldsymbol{a}$ 的**负向量**, 记作 $-\boldsymbol{a}$, 显然 $-\boldsymbol{a}$ 与 $\boldsymbol{a}$ 的模相等, 而方向相反. 进而可规定两个**向量** $\boldsymbol{b}$ 与 $\boldsymbol{a}$ 的差

$$\boldsymbol{b} - \boldsymbol{a} = \boldsymbol{b} + (-\boldsymbol{a}).$$

即 $\boldsymbol{b}$ 与 $\boldsymbol{a}$ 的差是向量 $\boldsymbol{b}$ 与向量 $-\boldsymbol{a}$ 的和 (图 5.9). 可以看到, 如果 $\boldsymbol{a}$ 和 $\boldsymbol{b}$ 的起点放在同一点, 则 $\boldsymbol{b} - \boldsymbol{a}$ 是由 $\boldsymbol{a}$ 的终点到 $\boldsymbol{b}$ 的终点所得的向量.

向量的加法和数乘运算满足下列运算律 ($\boldsymbol{a}, \boldsymbol{b}, \boldsymbol{c}$ 是任意向量, λ, μ 是任意实数):

$\boldsymbol{a} + \boldsymbol{b} = \boldsymbol{b} + \boldsymbol{a}$ (**加法交换律**);

$\boldsymbol{a} + (\boldsymbol{b} + \boldsymbol{c}) = (\boldsymbol{a} + \boldsymbol{b}) + \boldsymbol{c}$ (**加法结合律**);

$\lambda(\boldsymbol{a} + \boldsymbol{b}) = \lambda \boldsymbol{a} + \lambda \boldsymbol{b}, (\lambda + \mu)\boldsymbol{a} = \lambda \boldsymbol{a} + \mu \boldsymbol{a}$ (**数乘分配律**);

$\lambda(\mu \boldsymbol{a}) = \mu(\lambda \boldsymbol{a}) = (\lambda \mu)\boldsymbol{a}$ (**数乘结合律**).

这里只验证加法结合律. 如图 5.10, 假设 $\overrightarrow{AB} = \boldsymbol{a}, \overrightarrow{BC} = \boldsymbol{b}$, $\overrightarrow{CD} = \boldsymbol{c}$, 利用向量加法的三角形法则得

$$\boldsymbol{a} + (\boldsymbol{b} + \boldsymbol{c}) = \overrightarrow{AB} + (\overrightarrow{BC} + \overrightarrow{CD}) = \overrightarrow{AB} + \overrightarrow{BD} = \overrightarrow{AD},$$

$$(\boldsymbol{a} + \boldsymbol{b}) + \boldsymbol{c} = (\overrightarrow{AB} + \overrightarrow{BC}) + \overrightarrow{CD} = \overrightarrow{AC} + \overrightarrow{CD} = \overrightarrow{AD},$$

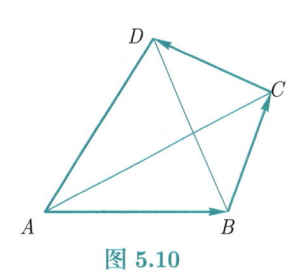

因此加法结合律成立.

向量的加法和数乘运算统称为向量的**线性运算**. 向量 a 与 b 进行线性运算后所得 $\lambda a + \mu b$ (其中 λ 和 μ 为实数) 称为向量 a,b 的一个**线性组合**.

对于非零向量 a, 由数乘运算的定义可知, $\dfrac{1}{|a|}a$ 的方向与 a 相同, 且

$$\left|\frac{1}{|a|}a\right| = \frac{1}{|a|} \cdot |a| = 1,$$

故 $\dfrac{1}{|a|}a$ 是与 a 同方向的单位向量, 记作 e_a, 即

$$e_a = \frac{1}{|a|}a \text{ 或 } a = |a|e_a.$$

定理 设向量 $a \neq 0$, 则 $b /\!/ a$ 的充要条件是存在惟一的实数 λ, 使得 $b = \lambda a$.

证 由数乘的定义可知充分性成立. 下面证必要性.

设 $b /\!/ a$, 若 $b = 0$, 可取 $\lambda = 0$, 则 $b = \lambda a$; 若 $b \neq 0$, 则 $e_b = \pm e_a$ (a 与 b 同向时取正, a 与 b 反向时取负), 于是

$$b = |b|e_b = \pm |b|e_a = \pm |b| \cdot \frac{1}{|a|}a = \lambda a, \tag{1.5}$$

其中 $\lambda = \pm \dfrac{|b|}{|a|}$ (a 与 b 同向时取正, a 与 b 反向时取负).

如果另有实数 μ 满足 $b = \mu a$, 则

$$(\mu - \lambda)a = \mu a - \lambda a = b - b = 0,$$

故

$$|(\mu - \lambda)a| = |\mu - \lambda||a| = 0,$$

由 $|a| \neq 0$ 得 $\mu = \lambda$. 这说明满足条件的 λ 是惟一的. 证毕.

现记 i, j, k 分别是与 x 轴、y 轴、z 轴正向同向的单位向量, 根据向量的坐标的定义, 任何向量 $a = (a_x, a_y, a_z)$, 存在向径 $\overrightarrow{OM} = a$. 以 OM 为对角线作长方体 $RHMK\text{-}OPNQ$, 其中 P,Q,R 为 M 在 x 轴、y 轴、z 轴上的投影 (如图 5.11), 根据向量加法的平行四边形法则得

$$\overrightarrow{OM} = \overrightarrow{ON} + \overrightarrow{OR} = \overrightarrow{OP} + \overrightarrow{OQ} + \overrightarrow{OR}.$$

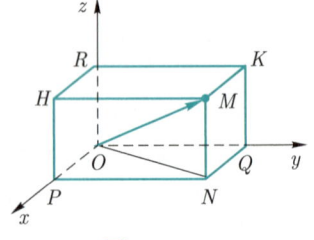

图 5.11

由于 P,Q,R 在 x 轴、y 轴、z 轴上的坐标为 a_x, a_y, a_z, 故按数轴上点的坐标的规定, 有

$$\overrightarrow{OP} = a_x i, \overrightarrow{OQ} = a_y j, \overrightarrow{OR} = a_z k,$$

于是

$$\overrightarrow{OM} = \overrightarrow{OP} + \overrightarrow{OQ} + \overrightarrow{OR} = a_x i + a_y j + a_z k,$$

即
$$a = (a_x, a_y, a_z) = a_x i + a_y j + a_z k, \tag{1.6}$$

上式的右端就叫做向量 a 的**坐标分解式**,其中向量 $a_x i, a_y j, a_z k$ 分别叫做向量 a 在 x 轴、y 轴、z 轴上的**分向量**.

有了向量的坐标分解式,就可利用向量的坐标进行向量的加法、减法和数乘运算.
设 $a = (a_x, a_y, a_z), b = (b_x, b_y, b_z)$,则
$$a = a_x i + a_y j + a_z k, \quad b = b_x i + b_y j + b_z k,$$
利用向量加法的交换律和结合律、数乘的结合律和分配律,有
$$a + b = (a_x + b_x)i + (a_y + b_y)j + (a_z + b_z)k,$$
$$a - b = (a_x - b_x)i + (a_y - b_y)j + (a_z - b_z)k,$$
$$\lambda a = (\lambda a_x)i + (\lambda a_y)j + (\lambda a_z)k,$$
即
$$(a_x, a_y, a_z) + (b_x, b_y, b_z) = (a_x + b_x, a_y + b_y, a_z + b_z),$$
$$(a_x, a_y, a_z) - (b_x, b_y, b_z) = (a_x - b_x, a_y - b_y, a_z - b_z),$$
$$\lambda(a_x, a_y, a_z) = (\lambda a_x, \lambda a_y, \lambda a_z).$$

由此可见,对向量的加、减和数乘,只需对向量的各个坐标分别进行相应的数量运算就行了.

本节定理指出,向量 $b = (b_x, b_y, b_z)$ 与非零向量 $a = (a_x, a_y, a_z)$ 平行相当于 $b = \lambda a$,因此
$$b_x = \lambda a_x, b_y = \lambda a_y, b_z = \lambda a_z,$$
或写作便于记忆的形式:
$$\frac{b_x}{a_x} = \frac{b_y}{a_y} = \frac{b_z}{a_z}①. \tag{1.7}$$

例 3 已知 $M_1(x_1, y_1, z_1), M_2(x_2, y_2, z_2)$,试写出向量 $\overrightarrow{M_1M_2}$ 的坐标.

解 注意到 $\overrightarrow{M_1M_2}$ 是向径 $\overrightarrow{OM_1}$ 的终点到 $\overrightarrow{OM_2}$ 的终点的向量,故
$$\overrightarrow{M_1M_2} = \overrightarrow{OM_2} - \overrightarrow{OM_1},$$
其中
$$\overrightarrow{OM_1} = (x_1, y_1, z_1), \quad \overrightarrow{OM_2} = (x_2, y_2, z_2),$$
于是
$$\overrightarrow{M_1M_2} = (x_2, y_2, z_2) - (x_1, y_1, z_1) = (x_2 - x_1, y_2 - y_1, z_2 - z_1). \tag{1.8}$$

---

① 当 a_x, a_y, a_z 有一个为零时,例如 $a_x = 0, a_y, a_z \neq 0$,(1.7) 式应理解为:$b_x = 0$ 且 $\dfrac{b_y}{a_y} = \dfrac{b_z}{a_z}$;当 a_x, a_y, a_z 有两个为零时,例如 $a_x = a_y = 0, a_z \neq 0$,(1.7) 式应理解为:$b_x = b_y = 0$.

例 4 设向量 $\boldsymbol{a}$ 的起点为 $A(4,0,5)$，终点为 $B(7,1,3)$，求 $\boldsymbol{e_a}$ 的坐标.

解 由 (1.8) 式得
$$\boldsymbol{a} = \overrightarrow{AB} = (7-4, 1-0, 3-5) = (3, 1, -2),$$
故
$$|\boldsymbol{a}| = \sqrt{3^2 + 1^2 + (-2)^2} = \sqrt{14},$$
于是
$$\boldsymbol{e_a} = \frac{1}{|\boldsymbol{a}|}\boldsymbol{a} = \left(\frac{3}{\sqrt{14}}, \frac{1}{\sqrt{14}}, \frac{-2}{\sqrt{14}}\right).$$

例 5 对于有向线段 $\overrightarrow{P_1P_2}(\overrightarrow{P_1P_2} \neq \boldsymbol{0})$，如果点 P 满足 $\overrightarrow{P_1P} = \lambda\overrightarrow{PP_2}$，称 P 是把有向线段 $\overrightarrow{P_1P_2}$ 分成定比 λ 的分点. 假设 $P_1(x_1, y_1, z_1), P_2(x_2, y_2, z_2)$，并给定实数 $\lambda \neq -1$，试求把有向线段 $\overrightarrow{P_1P_2}$ 分成定比 λ 的分点 P 的坐标.

解 记 P_1, P_2, P 关于原点 O 的向径分别为 $\boldsymbol{r}_1, \boldsymbol{r}_2, \boldsymbol{r}$，则
$$\overrightarrow{P_1P} = \boldsymbol{r} - \boldsymbol{r}_1, \quad \overrightarrow{PP_2} = \boldsymbol{r}_2 - \boldsymbol{r},$$
因此
$$\boldsymbol{r} - \boldsymbol{r}_1 = \lambda(\boldsymbol{r}_2 - \boldsymbol{r}),$$
于是
$$\boldsymbol{r} = \frac{1}{1+\lambda}(\boldsymbol{r}_1 + \lambda\boldsymbol{r}_2),$$
把 $\boldsymbol{r}_1 = (x_1, y_1, z_1), \boldsymbol{r}_2 = (x_2, y_2, z_2)$ 代入得
$$\boldsymbol{r} = \left(\frac{x_1 + \lambda x_2}{1+\lambda}, \frac{y_1 + \lambda y_2}{1+\lambda}, \frac{z_1 + \lambda z_2}{1+\lambda}\right),$$
上式右端就是点 P 的坐标.

特别地，当 $\lambda = 1$ 时，得线段 P_1P_2 的中点为
$$P\left(\frac{x_1 + x_2}{2}, \frac{y_1 + y_2}{2}, \frac{z_1 + z_2}{2}\right).$$

应用案例

星形线

四、向量的方向余弦和投影

1. 向量的方向余弦

非零向量 $\boldsymbol{a}$ 与 x 轴、y 轴、z 轴的正向的夹角 α, β, γ 称为 $\boldsymbol{a}$ 的**方向角**，方向角的余弦 $\cos\alpha, \cos\beta, \cos\gamma$ 叫做 $\boldsymbol{a}$ 的**方向余弦**.

如图 5.12, 作 $\overrightarrow{OM} = \boldsymbol{a} = (a_x, a_y, a_z)$, 并记 M 在 x 轴、y 轴、z 轴的投影为 P, Q, R, 则 P, Q, R 在 x 轴、y 轴、z 轴上的坐标分别为 a_x, a_y, a_z, 于是

$$\cos\alpha = \frac{a_x}{|\boldsymbol{a}|}, \quad \cos\beta = \frac{a_y}{|\boldsymbol{a}|}, \quad \cos\gamma = \frac{a_z}{|\boldsymbol{a}|}. \quad (1.9)$$

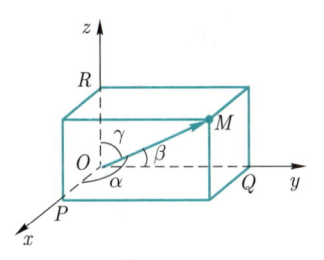

图 5.12

容易知道

$$\cos^2\alpha + \cos^2\beta + \cos^2\gamma = 1, \quad (1.10)$$

且

$$(\cos\alpha, \cos\beta, \cos\gamma) = \frac{1}{|\boldsymbol{a}|}\boldsymbol{a},$$

以上表明, 以方向余弦为坐标的向量就是与 $\boldsymbol{a}$ 同向的单位向量 $\boldsymbol{e_a}$, 即

$$\boldsymbol{e_a} = \frac{1}{|\boldsymbol{a}|}\boldsymbol{a} = (\cos\alpha, \cos\beta, \cos\gamma).$$

例 6 (1) 已知向量 $\boldsymbol{a}$ 的起点为 $A(3, -1, 3)$, 终点为 $B(-1, 2, 15)$, 求 $\boldsymbol{a}$ 的坐标表达式以及它的模与方向角;

(2) 设一物体运动速度 $\boldsymbol{v}$ 的大小为 5, 方向指向 xOy 面的上方, 并与 x 轴、y 轴的正向的夹角分别为 $\frac{\pi}{3}, \frac{\pi}{4}$, 试写出 $\boldsymbol{v}$ 的坐标表达式.

解 (1) $\boldsymbol{a} = (-1-3, 2-(-1), 15-3) = (-4, 3, 12)$, 由 (1.4) 式和 (1.9) 式得

$$|\boldsymbol{a}| = \sqrt{(-4)^2 + 3^2 + 12^2} = 13,$$

$$\cos\alpha = \frac{-4}{13}, \quad \cos\beta = \frac{3}{13}, \quad \cos\gamma = \frac{12}{13},$$

即方向角为 $\alpha = \arccos\left(-\frac{4}{13}\right), \beta = \arccos\frac{3}{13}, \gamma = \arccos\frac{12}{13}$;

(2) 已知 $|\boldsymbol{v}| = 5, \cos\alpha = \cos\frac{\pi}{3} = \frac{1}{2}, \cos\beta = \cos\frac{\pi}{4} = \frac{\sqrt{2}}{2}$. 由关系式 (1.10) 得

$$\cos^2\gamma = 1 - \cos^2\alpha - \cos^2\beta = 1 - \frac{1}{4} - \frac{1}{2} = \frac{1}{4},$$

由于 $\boldsymbol{v}$ 指向 xOy 面的上方, 即 $\boldsymbol{v}$ 与 z 轴正向的夹角 γ 满足 $0 \leqslant \gamma < \frac{\pi}{2}$, 故

$$\cos\gamma = \sqrt{\frac{1}{4}} = \frac{1}{2}.$$

于是

$$\boldsymbol{v} = |\boldsymbol{v}|(\cos\alpha, \cos\beta, \cos\gamma) = 5\left(\frac{1}{2}, \frac{\sqrt{2}}{2}, \frac{1}{2}\right) = \left(\frac{5}{2}, \frac{5\sqrt{2}}{2}, \frac{5}{2}\right).$$

2. 投影

设向量 $a = \overrightarrow{OM}, b = \overrightarrow{ON}$，$a \neq 0$ 且 $\widehat{(a,b)} = \varphi$（如图 5.13）. 过 N 作 OM 的垂线交 OM 于点 N'，则称 $\overrightarrow{ON'}$ 为向量 b 在向量 a 上的**投影向量**，易知

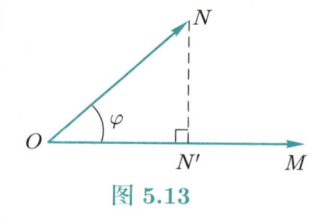

$$\overrightarrow{ON'} = (|\overrightarrow{ON}|\cos\varphi)e_a = (|b|\cos\varphi)e_a,$$

称上式中的数 $|b|\cos\varphi$ 为向量 b 在向量 a 上的**投影**，并记作 $\mathrm{Prj}_a b$，即

$$\mathrm{Prj}_a b = |b|\cos\widehat{(a,b)}.$$

试算试练　$\mathrm{Prj}_a b$ 一定是正数吗？

向量 a 在 i, j, k 上的投影也称为向量 a 在 x 轴、y 轴、z 轴上的投影，分别记作 $\mathrm{Prj}_x a, \mathrm{Prj}_y a, \mathrm{Prj}_z a$，即

$$\mathrm{Prj}_x a = \mathrm{Prj}_i a, \quad \mathrm{Prj}_y a = \mathrm{Prj}_j a, \quad \mathrm{Prj}_z a = \mathrm{Prj}_k a.$$

由向量坐标的定义可知，有序数组 $(\mathrm{Prj}_x a, \mathrm{Prj}_y a, \mathrm{Prj}_z a)$ 就是向量 a 的坐标，即

$$a_x = \mathrm{Prj}_x a, \quad a_y = \mathrm{Prj}_y a, \quad a_z = \mathrm{Prj}_z a.$$

习题 5.1

1. 在空间直角坐标系中，各卦限中的点的坐标有什么特征？指出下列各点所在的卦限：

$$A(1, 2, -3), B(2, -3, -1), C(-3, -1, -2), D(-1, 2, -3).$$

2. 在坐标面上和在坐标轴上的点的坐标各有什么特征？指出下列各点的位置：

$$P(-2, 3, 0), Q(3, 0, -2), R(-2, 0, 0), S(0, 3, 0).$$

3. 求点 (a, b, c) 关于 (1) 各坐标面；(2) 各坐标轴；(3) 坐标原点的对称点的坐标.

4. 自点 $P_0(x_0, y_0, z_0)$ 分别作各坐标面和各坐标轴的垂线，写出各垂足的坐标，进而求出 P_0 到各坐标面和各坐标轴的距离.

5. 过点 $P_0(x_0, y_0, z_0)$ 分别作平行于 z 轴的直线和平行于 xOy 面的平面，问在它们上面的点的坐标各有什么特点？

6. 证明以点 $A(4, 1, 9), B(10, -1, 6), C(2, 4, 3)$ 为顶点的三角形是等腰直角三角形.

7. 设 $u = a - b + 2c, v = -a + 3b + c$，试用 a, b, c 表示 $2u - 3v$.

8. 已知点 $A(2, 1, 4), B(4, 3, -6)$，写出以线段 AB 为直径的球面方程.

9. 已知点 $A(3, -1, 2), B(1, 2, -4), C(-1, 1, 2)$，试求点 D，使得以 A, B, C, D 为顶点的四边形为平行四边形.

10. 证明三点 $A(1, 0, -1), B(3, 4, 5), C(-2, -6, -10)$ 共线.

11. 设长方体的各棱与坐标轴平行, 已知长方体的两个顶点的坐标, 试写出余下六个顶点的坐标:

(1) $(1, 1, 2)$, $(2, 3, 4)$;   (2) $(4, 0, 3)$, $(1, 6, -4)$.

12. 已给正六边形 $ABCDEF$ (字母顺序按逆时针方向), 记 $\overrightarrow{AB} = \boldsymbol{a}$, $\overrightarrow{AE} = \boldsymbol{b}$, 试用向量 $\boldsymbol{a}$ 和 $\boldsymbol{b}$ 表示向量 $\overrightarrow{AC}$, $\overrightarrow{AD}$, $\overrightarrow{AF}$ 和 $\overrightarrow{CB}$.

13. 用向量法证明: 三角形两边中点的连线平行于第三边, 且长度等于第三边的长度的一半.

14. 已知两点 $M_1(4, 0, 1)$ 和 $M_2(3, \sqrt{2}, 2)$, 计算向量 $\overrightarrow{M_1 M_2}$ 的模、方向余弦、方向角以及平行于 $\overrightarrow{M_1 M_2}$ 的单位向量.

15. 设向量的方向余弦分别满足 (1) $\cos\gamma = 0$; (2) $\cos\alpha = 1$; (3) $\cos\alpha = \cos\gamma = 0$, 问这些向量与坐标轴或坐标面的关系如何?

16. 设 $\boldsymbol{a} = 3\boldsymbol{i} + 5\boldsymbol{j} + 8\boldsymbol{k}$, $\boldsymbol{b} = 2\boldsymbol{i} - 4\boldsymbol{j} - 7\boldsymbol{k}$, $\boldsymbol{c} = -5\boldsymbol{i} + \boldsymbol{j} - 4\boldsymbol{k}$, 求向量 $\boldsymbol{l} = 4\boldsymbol{a} + 3\boldsymbol{b} - \boldsymbol{c}$ 在 x 轴上的投影以及在 y 轴上的分向量.

17. 设 $\boldsymbol{a} = \boldsymbol{i} + \boldsymbol{j} + \boldsymbol{k}$, $\boldsymbol{b} = \boldsymbol{i} - 2\boldsymbol{j} + \boldsymbol{k}$, $\boldsymbol{c} = -2\boldsymbol{i} + \boldsymbol{j} + 2\boldsymbol{k}$, 试用单位向量 $\boldsymbol{e}_a, \boldsymbol{e}_b, \boldsymbol{e}_c$ 表示向量 $\boldsymbol{i}, \boldsymbol{j}, \boldsymbol{k}$.

18. 证明: (1) $\mathrm{Prj}_{\boldsymbol{a}}(\boldsymbol{b} + \boldsymbol{c}) = \mathrm{Prj}_{\boldsymbol{a}} \boldsymbol{b} + \mathrm{Prj}_{\boldsymbol{a}} \boldsymbol{c}$; (2) $\mathrm{Prj}_{\boldsymbol{a}}(\lambda \boldsymbol{b}) = \lambda \mathrm{Prj}_{\boldsymbol{a}} \boldsymbol{b}$.

5.2 向量的乘法运算

一、向量的数量积

如果某物体在常力 $\boldsymbol{f}$ 的作用下沿直线从点 M_0 移动至点 M, 用 $\boldsymbol{s}$ 表示物体的位移 $\overrightarrow{M_0 M}$, 那么力 $\boldsymbol{f}$ 所做的功是

$$W = |\boldsymbol{f}| \cdot |\boldsymbol{s}| \cos\theta,$$

其中 θ 是 $\boldsymbol{f}$ 与 $\boldsymbol{s}$ 的夹角 (图 5.14). 由此实际背景出发, 我们来定义两个向量的一种乘法运算.

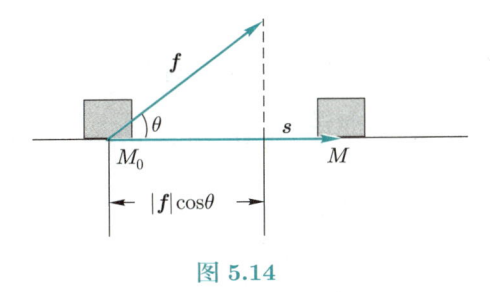

图 5.14

定义 1 设 $\boldsymbol{a}$ 与 $\boldsymbol{b}$ 是两个向量, $\theta = \widehat{(\boldsymbol{a}, \boldsymbol{b})}$, 称数值 $|\boldsymbol{a}||\boldsymbol{b}|\cos\theta$ 为向量 $\boldsymbol{a}$ 与 $\boldsymbol{b}$ 的**数**

量积, 记做 $\boldsymbol{a}\cdot\boldsymbol{b}$, 即

$$\boldsymbol{a}\cdot\boldsymbol{b} = |\boldsymbol{a}||\boldsymbol{b}|\cos\theta. \tag{2.1}$$

向量的数量积也称为**点积**或**内积**.

按数量积的定义, 力 $\boldsymbol{f}$ 所做的功可表为 $W = \boldsymbol{f}\cdot\boldsymbol{s}$.

当 $\boldsymbol{a}\neq\boldsymbol{0}$ 时, (2.1) 式中的因子 $|\boldsymbol{b}|\cos\theta$ 就是向量 $\boldsymbol{b}$ 在向量 $\boldsymbol{a}$ 上的投影 $\mathrm{Prj}_{\boldsymbol{a}}\boldsymbol{b}$, 故

$$\boldsymbol{a}\cdot\boldsymbol{b} = |\boldsymbol{a}|\mathrm{Prj}_{\boldsymbol{a}}\boldsymbol{b},$$

或

$$\mathrm{Prj}_{\boldsymbol{a}}\boldsymbol{b} = \frac{\boldsymbol{a}\cdot\boldsymbol{b}}{|\boldsymbol{a}|}. \tag{2.2}$$

下面我们推导数量积的坐标表达式.

如果把 $\boldsymbol{a},\boldsymbol{b}$ 看成三角形的两边, 那么 $\boldsymbol{a}-\boldsymbol{b}$ 就是第三边 (图 5.15). 由余弦定理得

$$|\boldsymbol{a}||\boldsymbol{b}|\cos\theta = \frac{1}{2}(|\boldsymbol{a}|^2 + |\boldsymbol{b}|^2 - |\boldsymbol{a}-\boldsymbol{b}|^2)^{①},$$

图 5.15

设 $\boldsymbol{a} = (a_x, a_y, a_z), \boldsymbol{b} = (b_x, b_y, b_z)$, 则上式可写成

$$|\boldsymbol{a}||\boldsymbol{b}|\cos\theta = \frac{1}{2}\{(a_x^2 + a_y^2 + a_z^2) + (b_x^2 + b_y^2 + b_z^2) -$$

$$[(a_x - b_x)^2 + (a_y - b_y)^2 + (a_z - b_z)^2]\}$$

$$= a_x b_x + a_y b_y + a_z b_z,$$

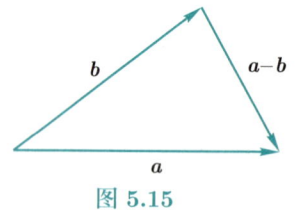

于是

$$\boldsymbol{a}\cdot\boldsymbol{b} = (a_x, a_y, a_z)\cdot(b_x, b_y, b_z) = a_x b_x + a_y b_y + a_z b_z. \tag{2.3}$$

(2.3) 式是两个向量的数量积的坐标计算式, 即**两向量的数量积等于两向量对应坐标的乘积之和**.

容易验证: 如果 $\boldsymbol{a}, \boldsymbol{b}$ 和 $\boldsymbol{c}$ 是任意向量, λ 和 μ 是任意实数, 那么

$\boldsymbol{a}\cdot\boldsymbol{0} = \boldsymbol{0}\cdot\boldsymbol{a} = 0$;

$\boldsymbol{a}\cdot\boldsymbol{a} = |\boldsymbol{a}|^2$;

$\boldsymbol{a}\cdot\boldsymbol{b} = \boldsymbol{b}\cdot\boldsymbol{a}$ (**交换律**);

$\boldsymbol{a}\cdot(\boldsymbol{b}+\boldsymbol{c}) = \boldsymbol{a}\cdot\boldsymbol{b} + \boldsymbol{a}\cdot\boldsymbol{c}$ (**分配律**);

$(\lambda\boldsymbol{a})\cdot(\mu\boldsymbol{b}) = (\lambda\mu)(\boldsymbol{a}\cdot\boldsymbol{b})$.

当 $\boldsymbol{a}$ 和 $\boldsymbol{b}$ 都是非零向量时, 由 (2.1) 式还可以推得

$$\cos(\widehat{\boldsymbol{a},\boldsymbol{b}}) = \frac{\boldsymbol{a}\cdot\boldsymbol{b}}{|\boldsymbol{a}||\boldsymbol{b}|} \text{ 或 } (\widehat{\boldsymbol{a},\boldsymbol{b}}) = \arccos\frac{\boldsymbol{a}\cdot\boldsymbol{b}}{|\boldsymbol{a}||\boldsymbol{b}|}, \tag{2.4}$$

如果 $\boldsymbol{a} = (a_x, a_y, a_z), \boldsymbol{b} = (b_x, b_y, b_z)$, 则

$$\cos(\widehat{\boldsymbol{a},\boldsymbol{b}}) = \frac{a_x b_x + a_y b_y + a_z b_z}{\sqrt{a_x^2 + a_y^2 + a_z^2}\sqrt{b_x^2 + b_y^2 + b_z^2}}. \tag{2.5}$$

---

① 注意到 $\theta = 0$ 时, $|\boldsymbol{a}-\boldsymbol{b}| = ||\boldsymbol{a}|-|\boldsymbol{b}||$; $\theta = \pi$ 时, $|\boldsymbol{a}-\boldsymbol{b}| = |\boldsymbol{a}|+|\boldsymbol{b}|$, 故当 $\boldsymbol{a}/\!/\boldsymbol{b}$ 时等式也成立.

向量的数量积常用来判定两个向量是否垂直, 这就是下面的定理.

定理 $a \perp b$ 的充要条件为 $a \cdot b = 0$.

证 当 a 与 b 有一个为 $\mathbf{0}$, 结论显然成立.

当 a 和 b 都是非零向量时, 按定义, $a \perp b$ 的充要条件是它们的夹角 $(\widehat{a, b}) = \dfrac{\pi}{2}$, 即 $a \cdot b = |a||b|\cos(\widehat{a, b}) = 0$. 证毕.

由上述定理可知, 如果 $a = (a_x, a_y, a_z)$, $b = (b_x, b_y, b_z)$, 则

$a \perp b$ 的充要条件是 $a_x b_x + a_y b_y + a_z b_z = 0$.

例 1 已知 $\triangle ABC$ 的顶点为 $A(1,1,1)$, $B(3,2,1)$ 和 $C(2,1,5)$, 试求 $\angle B$.

解 $\angle B$ 可看成向量 $\overrightarrow{BA}$ 与 $\overrightarrow{BC}$ 的夹角, 由于
$$\overrightarrow{BA} = (1-3, 1-2, 1-1) = (-2, -1, 0),$$
$$\overrightarrow{BC} = (2-3, 1-2, 5-1) = (-1, -1, 4),$$

利用 (2.4) 式得
$$\cos \angle B = \frac{\overrightarrow{BA} \cdot \overrightarrow{BC}}{|\overrightarrow{BA}||\overrightarrow{BC}|} = \frac{(-2) \times (-1) + (-1) \times (-1) + 0 \times 4}{\sqrt{(-2)^2 + (-1)^2 + 0^2}\sqrt{(-1)^2 + (-1)^2 + 4^2}} = \frac{3}{\sqrt{90}} = \frac{\sqrt{10}}{10},$$

因此
$$\angle B = \arccos \frac{\sqrt{10}}{10}.$$

例 2 证明: 平行四边形的两条对角线长度的平方和等于它的四条边长的平方和.

证 设 $ABCD$ 为平行四边形 (如图 5.16), 则
$$\overrightarrow{AB} = \overrightarrow{DC}, \quad \overrightarrow{AD} = \overrightarrow{BC},$$
且
$$\overrightarrow{AC} = \overrightarrow{AB} + \overrightarrow{AD}, \quad \overrightarrow{BD} = \overrightarrow{AD} - \overrightarrow{AB},$$
故
$$|\overrightarrow{AC}|^2 = (\overrightarrow{AB} + \overrightarrow{AD}) \cdot (\overrightarrow{AB} + \overrightarrow{AD})$$
$$= |\overrightarrow{AB}|^2 + 2\overrightarrow{AB} \cdot \overrightarrow{AD} + |\overrightarrow{AD}|^2,$$
$$|\overrightarrow{BD}|^2 = (\overrightarrow{AD} - \overrightarrow{AB}) \cdot (\overrightarrow{AD} - \overrightarrow{AB})$$
$$= |\overrightarrow{AD}|^2 - 2\overrightarrow{AD} \cdot \overrightarrow{AB} + |\overrightarrow{AB}|^2,$$

图 5.16

因此
$$|\overrightarrow{AC}|^2 + |\overrightarrow{BD}|^2 = 2|\overrightarrow{AB}|^2 + 2|\overrightarrow{AD}|^2$$
$$= |\overrightarrow{AB}|^2 + |\overrightarrow{DC}|^2 + |\overrightarrow{AD}|^2 + |\overrightarrow{BC}|^2.$$
证毕.

例 3 设流体流过平面 Π 上一个面积为 A 的区域 D, 流体在该区域上各点处的流速为常向量 v, 又设 e 是垂直于 Π 的单位向量 (图 5.17(a)), 试用数量积表示单位时间内经过该区域且流向 e 所指一侧的流体的质量 (已知流体的密度为常数 ρ).

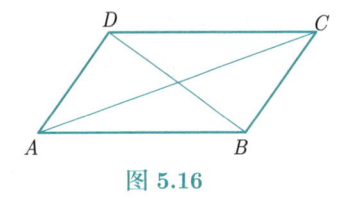

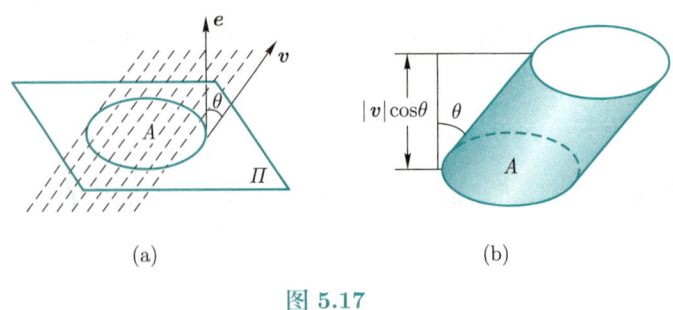

(a)   (b)

图 5.17

解 单位时间内流过这个区域的流体组成一个底面积为 A, 斜高为 $|v|$ 的斜柱体 (图 5.17(b)), 其斜高与底面的垂线之夹角是 v 与 e 的夹角, 故柱体的高为 $|v|\cos\theta$, 体积为

$$V = A|v|\cos\theta = Av \cdot e,$$

从而单位时间内流向该区域指定一侧的流体的质量为

$$\Phi = \rho V = \rho Av \cdot e.$$

这里计算所得的 Φ 称为**流量**, 通常称 Ae 为区域 D 的有向面积并记为 A, 因此

$$\Phi = \rho v \cdot A. \tag{2.6}$$

二、向量的向量积

在研究物体的转动问题时, 要考虑作用在物体上的力所产生的力矩. 下面举一个简单的例子来说明表达力矩的方法. 设 O 是一杠杆的支点, 力 f 作用在杠杆上的 P 点处, f 与 $\overrightarrow{OP}$ 的夹角为 θ (图 5.18). 力学中规定, 力 f 对支点 O 的力矩 M 是一个向量, 它的大小等于力的大小与支点到力线的距离之积, 即

$$|M| = |f||OQ| = |f||\overrightarrow{OP}|\sin\theta,$$

它的方向垂直于 $\overrightarrow{OP}$ 与 f 确定的平面, 并且 $\overrightarrow{OP}, f, M$ 三者的方向符合右手法则 (有序向量组 a, b, c 符合右手法则, 是指当右手的四指从 a 以不超过 π 的转角转向 b 时, 竖起的大拇指的指向是 c 的方向, 见图 5.19). 由此实际背景出发, 我们定义两个向量的另一种乘积, 即两个向量的向量积.

图 5.18   图 5.19

定义 2 设 a, b 是两个向量, 规定 a 与 b 的**向量积**是一个向量, 记作 $a \times b$, 它的模与方向分别为:

(1) $|\boldsymbol{a} \times \boldsymbol{b}| = |\boldsymbol{a}||\boldsymbol{b}| \sin(\widehat{\boldsymbol{a}, \boldsymbol{b}})$;

(2) $\boldsymbol{a} \times \boldsymbol{b}$ 同时垂直于 $\boldsymbol{a}$ 和 $\boldsymbol{b}$, 并且 $\boldsymbol{a}$, $\boldsymbol{b}$, $\boldsymbol{a} \times \boldsymbol{b}$ 符合右手法则 (图 5.20). 向量的向量积也叫**叉积**或**外积**. 有了这一概念, 力矩就可表为 $\boldsymbol{M} = \overrightarrow{OP} \times \boldsymbol{f}$.

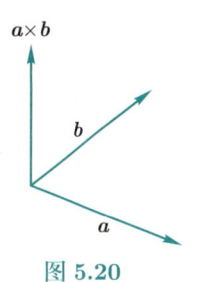

图 5.20

从定义可知, 对任意的向量 $\boldsymbol{a}$ 和 $\boldsymbol{b}$, 有

$\boldsymbol{0} \times \boldsymbol{a} = \boldsymbol{a} \times \boldsymbol{0} = \boldsymbol{0}$;

$\boldsymbol{a} \times \boldsymbol{a} = \boldsymbol{0}$;

$\boldsymbol{a} \times \boldsymbol{b} = -\boldsymbol{b} \times \boldsymbol{a}$ (**反交换律**).

此外, 我们不加证明地给出向量积有如下的运算律: 对任意的向量 $\boldsymbol{a},\boldsymbol{b},\boldsymbol{c}$ 及任意的实数 λ 和 μ, 有

$(\boldsymbol{a} + \boldsymbol{b}) \times \boldsymbol{c} = \boldsymbol{a} \times \boldsymbol{c} + \boldsymbol{b} \times \boldsymbol{c}, \ \boldsymbol{a} \times (\boldsymbol{b} + \boldsymbol{c}) = \boldsymbol{a} \times \boldsymbol{b} + \boldsymbol{a} \times \boldsymbol{c}$ (**分配律**);

$(\lambda \boldsymbol{a}) \times (\mu \boldsymbol{b}) = (\lambda\mu)(\boldsymbol{a} \times \boldsymbol{b})$.

在本章第一节中, 我们给出了两个向量平行的一个充要条件, 下面的例 4 给出了另一个充要条件.

例 4 设 $\boldsymbol{a},\boldsymbol{b}$ 是两个向量, 证明:

$$\boldsymbol{a} /\!/ \boldsymbol{b} \text{ 的充要条件为 } \boldsymbol{a} \times \boldsymbol{b} = \boldsymbol{0}.$$

证 当 $\boldsymbol{a}, \boldsymbol{b}$ 中含零向量时, 命题显然成立.

当 $\boldsymbol{a}$ 和 $\boldsymbol{b}$ 都是非零向量时, 因为 $\boldsymbol{a} \times \boldsymbol{b} = \boldsymbol{0}$ 等价于 $|\boldsymbol{a} \times \boldsymbol{b}| = 0$, 即

$$|\boldsymbol{a}||\boldsymbol{b}| \sin\theta = 0,$$

由于 $\boldsymbol{a},\boldsymbol{b}$ 都是非零向量, 故上式等价于 $\sin\theta = 0$, 即 $\theta = 0$ 或 $\theta = \pi$, 亦即 $\boldsymbol{a} /\!/ \boldsymbol{b}$. 证毕.

下面推导向量积的坐标表达式.

设 $\boldsymbol{a} = (a_x, a_y, a_z)$, $\boldsymbol{b} = (b_x, b_y, b_z)$, 则

$$\boldsymbol{a} = a_x \boldsymbol{i} + a_y \boldsymbol{j} + a_z \boldsymbol{k}, \quad \boldsymbol{b} = b_x \boldsymbol{i} + b_y \boldsymbol{j} + b_z \boldsymbol{k},$$

利用向量积的运算律, 得

$$\begin{aligned}\boldsymbol{a} \times \boldsymbol{b} &= (a_x \boldsymbol{i} + a_y \boldsymbol{j} + a_z \boldsymbol{k}) \times (b_x \boldsymbol{i} + b_y \boldsymbol{j} + b_z \boldsymbol{k}) \\ &= a_x b_x (\boldsymbol{i} \times \boldsymbol{i}) + a_x b_y (\boldsymbol{i} \times \boldsymbol{j}) + a_x b_z (\boldsymbol{i} \times \boldsymbol{k}) + \\ &\quad a_y b_x (\boldsymbol{j} \times \boldsymbol{i}) + a_y b_y (\boldsymbol{j} \times \boldsymbol{j}) + a_y b_z (\boldsymbol{j} \times \boldsymbol{k}) + \\ &\quad a_z b_x (\boldsymbol{k} \times \boldsymbol{i}) + a_z b_y (\boldsymbol{k} \times \boldsymbol{j}) + a_z b_z (\boldsymbol{k} \times \boldsymbol{k}),\end{aligned}$$

由于

$$\boldsymbol{i} \times \boldsymbol{i} = \boldsymbol{j} \times \boldsymbol{j} = \boldsymbol{k} \times \boldsymbol{k} = \boldsymbol{0},$$

按定义容易求得

$$\boldsymbol{i} \times \boldsymbol{j} = \boldsymbol{k}, \quad \boldsymbol{j} \times \boldsymbol{k} = \boldsymbol{i}, \quad \boldsymbol{k} \times \boldsymbol{i} = \boldsymbol{j},$$

$$j \times i = -k, \quad k \times j = -i, \quad i \times k = -j \,^{①},$$

把上述结果代入并整理得

$$a \times b = (a_y b_z - a_z b_y)i + (a_z b_x - a_x b_z)j + (a_x b_y - a_y b_x)k, \tag{2.7}$$

用行列式可表为

$$a \times b = \begin{vmatrix} a_y & a_z \\ b_y & b_z \end{vmatrix} i - \begin{vmatrix} a_x & a_z \\ b_x & b_z \end{vmatrix} j + \begin{vmatrix} a_x & a_y \\ b_x & b_y \end{vmatrix} k, \tag{2.8}$$

或表为如下的行列式

$$a \times b = \begin{vmatrix} i & j & k \\ a_x & a_y & a_z \\ b_x & b_y & b_z \end{vmatrix}. \tag{2.9}$$

上式右端的三阶行列式按第一行展开, 即得 (2.8) 式.

两向量的向量积有如下的几何意义:

(1) $a \times b$ 的模.

由于

$$|a \times b| = |a||b|\sin\theta = |a|h \ (h = |b|\sin\theta),$$

故 $|a \times b|$ 表示以 a 和 b 为邻边的平行四边形的面积 (图 5.21).

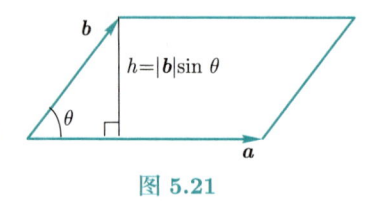

图 5.21

(2) $a \times b$ 的方向.

由定义知, $a \times b$ 与一切既平行于 a 又平行于 b 的平面相垂直.

向量积的几何意义在空间解析几何中有着重要的应用.

例 5 已知 $A(5,7,1), B(3,5,-1), C(2,8,2)$ 位于平面 Π 上, 求垂直于平面 Π 的单位向量 e.

解 $\overrightarrow{AB} = (3-5, 5-7, -1-1) = (-2, -2, -2)$, $\overrightarrow{AC} = (2-5, 8-7, 2-1) = (-3, 1, 1)$, 显然 $\overrightarrow{AB}$ 与 $\overrightarrow{AC}$ 不共线, 由于它们位于平面 Π 内, 故 $\overrightarrow{AB} \times \overrightarrow{AC}$ 垂直于平面 Π, 而

$$n = \overrightarrow{AB} \times \overrightarrow{AC} = \begin{vmatrix} i & j & k \\ -2 & -2 & -2 \\ -3 & 1 & 1 \end{vmatrix} = 8j - 8k,$$

故所求单位向量为

$$e = \pm \frac{1}{|n|} n = \pm \left(0, \frac{\sqrt{2}}{2}, -\frac{\sqrt{2}}{2}\right).$$

---

① 由定义可知 $|i \times j| = |i||j|\sin\frac{\pi}{2} = 1$, 而且 $i \times j$ 与 k 同向, $j \times i$ 与 k 反向, 因此 $i \times j = k$, $j \times i = -k$. 同样可得其他等式.

利用向量积的几何意义, 还可求得点到直线的距离, 如图 5.22, A 和 B 是直线 L 上的两点, C 为直线外一点, 以 $\overrightarrow{AB}$ 和 $\overrightarrow{AC}$ 为邻边作平行四边形, 则它的高

$$h = |\overrightarrow{AC}|\sin\theta = \frac{|\overrightarrow{AB}\times\overrightarrow{AC}|}{|\overrightarrow{AB}|}.$$

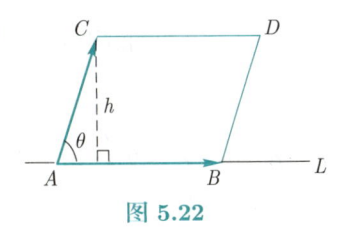

于是, 点 C 到直线 L 的距离为

$$h = \frac{|\overrightarrow{AB}\times\overrightarrow{AC}|}{|\overrightarrow{AB}|}. \tag{2.10}$$

图 5.22

例 6 设 L 是空间过点 $A(1,2,3), B(3,4,5)$ 的直线, 试求点 $C(2,4,7)$ 到直线 L 的距离.

解 $\overrightarrow{AB} = (3-1, 4-2, 5-3) = (2,2,2), \overrightarrow{AC} = (2-1, 4-2, 7-3) = (1,2,4)$, 故

$$\overrightarrow{AB}\times\overrightarrow{AC} = \begin{vmatrix} \boldsymbol{i} & \boldsymbol{j} & \boldsymbol{k} \\ 2 & 2 & 2 \\ 1 & 2 & 4 \end{vmatrix} = 4\boldsymbol{i} - 6\boldsymbol{j} + 2\boldsymbol{k},$$

因此

$$|\overrightarrow{AB}\times\overrightarrow{AC}| = \sqrt{4^2 + (-6)^2 + 2^2} = 2\sqrt{14},$$

$$|\overrightarrow{AB}| = \sqrt{2^2 + 2^2 + 2^2} = 2\sqrt{3},$$

典型例题

向量的向量积

于是, 点 C 到直线的距离为

$$\frac{|\overrightarrow{AB}\times\overrightarrow{AC}|}{|\overrightarrow{AB}|} = \frac{2\sqrt{14}}{2\sqrt{3}} = \frac{\sqrt{42}}{3}.$$

例 7 设刚体以等角速度 $\boldsymbol{\omega}$ 绕 L 轴旋转, 计算刚体上一点 M 的线速度 $\boldsymbol{v}$.

解 刚体旋转时, 我们可用转动轴 L 上的向量 $\boldsymbol{\omega}$ 表示角速度, 它的大小 $|\boldsymbol{\omega}| = \omega$, 它的方向按右手法则定出: 以右手握住 L 轴, 当四指的转动方向与刚体的转向一致时, 竖起的大拇指的指向就是 $\boldsymbol{\omega}$ 的方向 (图 5.23).

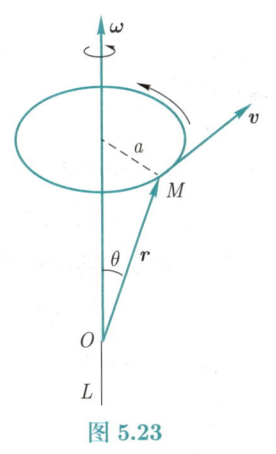

设点 M 到 L 轴的距离为 a, 任取 L 轴上一点记为 O, 并记 $\boldsymbol{r} = \overrightarrow{OM}$, 若用 θ 表示 $\boldsymbol{\omega}$ 与 $\boldsymbol{r}$ 的夹角, 则有 $a = |\boldsymbol{r}|\sin\theta$.

由物理学可知, 线速率 $|\boldsymbol{v}|$ 与角速率 $|\boldsymbol{\omega}|$ 有这样的关系:

$$|\boldsymbol{v}| = |\boldsymbol{\omega}|a = |\boldsymbol{\omega}||\boldsymbol{r}|\sin\theta,$$

即

$$|\boldsymbol{v}| = |\boldsymbol{\omega}\times\boldsymbol{r}|.$$

图 5.23

又注意到 $\boldsymbol{v}$ 垂直于 $\boldsymbol{\omega}$ 与 $\boldsymbol{r}$, 且 $\boldsymbol{\omega}, \boldsymbol{r}, \boldsymbol{v}$ 符合右手法则, 因此得

$$\boldsymbol{v} = \boldsymbol{\omega}\times\boldsymbol{r}.$$

三、 向量的混合积

设 a, b, c 是三个向量, 先作向量积 $a \times b$, 所得向量 $a \times b$ 再与 c 作数量积, 得到的数 $(a \times b) \cdot c$ 叫做向量 a, b, c 的**混合积**, 记为 $[a\ b\ c]$.

下面推导混合积的坐标计算式.

设 $a = (a_x, a_y, a_z)$, $b = (b_x, b_y, b_z)$, $c = (c_x, c_y, c_z)$, 则

$$a \times b = \begin{vmatrix} a_y & a_z \\ b_y & b_z \end{vmatrix} i - \begin{vmatrix} a_x & a_z \\ b_x & b_z \end{vmatrix} j + \begin{vmatrix} a_x & a_y \\ b_x & b_y \end{vmatrix} k,$$

所以

$$(a \times b) \cdot c = \begin{vmatrix} a_y & a_z \\ b_y & b_z \end{vmatrix} c_x - \begin{vmatrix} a_x & a_z \\ b_x & b_z \end{vmatrix} c_y + \begin{vmatrix} a_x & a_y \\ b_x & b_y \end{vmatrix} c_z,$$

利用三阶行列式, 可得到混合积的便于记忆的坐标计算式

$$(a \times b) \cdot c = \begin{vmatrix} a_x & a_y & a_z \\ b_x & b_y & b_z \\ c_x & c_y & c_z \end{vmatrix}. \tag{2.11}$$

容易验证: 混合积有如下的置换规律

$$[a\ b\ c] = [b\ c\ a] = [c\ a\ b].$$

混合积有如下几何意义.

如果向量 a, b, c 不共面, 则它们可看做一个平行六面体的相邻三棱 (如图 5.24), 该平行六面体的底面积为 $|a \times b|$, 且 $a \times b$ 垂直于 a, b 所在的底面.

若记向量 $a \times b$ 与 c 的夹角为 φ, 则当 $0 \leqslant \varphi < \dfrac{\pi}{2}$ 时, $|c| \cos \varphi$ 就是该平行六面体的高 h, 于是

$$(a \times b) \cdot c = |a \times b||c| \cos \varphi = |a \times b| h,$$

即 $[a\ b\ c]$ 为该平行六面体的体积 V. 当 $\dfrac{\pi}{2} < \varphi \leqslant \pi$ 时, 该平行六面体的高为 $h = -|c| \cos \varphi$, 故 $[a\ b\ c] = -V$.

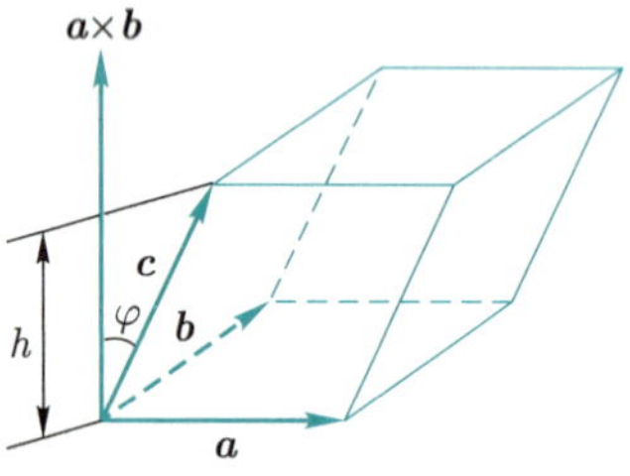

图 5.24

如果向量 a, b, c 共面, 显然 $[a\ b\ c] = 0$.

由此可见, **混合积 $[a\ b\ c]$ 的绝对值是以 a, b, c 为相邻三棱的平行六面体的体积, 且三向量 a, b, c 共面的充要条件是 $[a\ b\ c] = 0$**.

试算试练 试写出空间四点 A, B, C, D 共面的充要条件.

例 8 求以点 $A(1,1,1), B(3,4,4), C(3,5,5)$ 和 $D(2,4,7)$ 为顶点的四面体 $ABCD$ 的体积.

解 由立体几何知道, 四面体 $ABCD$ 的体积是以 $\overrightarrow{AB}, \overrightarrow{AC}, \overrightarrow{AD}$ 为相邻三棱的平行六面体体积的六分之一, 利用混合积的几何意义, 即有

$$V_{ABCD} = \frac{1}{6} |[\overrightarrow{AB}\ \overrightarrow{AC}\ \overrightarrow{AD}]|,$$

而
$$\overrightarrow{AB} = (2,3,3), \quad \overrightarrow{AC} = (2,4,4), \quad \overrightarrow{AD} = (1,3,6),$$
故
$$(\overrightarrow{AB} \times \overrightarrow{AC}) \cdot \overrightarrow{AD} = \begin{vmatrix} 2 & 3 & 3 \\ 2 & 4 & 4 \\ 1 & 3 & 6 \end{vmatrix} = 6,$$
于是所求四面体 $ABCD$ 的体积为
$$V_{ABCD} = \frac{1}{6} \times 6 = 1.$$

例 9 已知直线 L_1 过点 $A(1,3,5)$ 和 $B(-2,0,2)$,直线 L_2 过点 $C(2,3,3)$ 和 $D(1,2,1)$,问: 直线 L_1 与 L_2 是否在一个平面上?

解 显然,L_1 与 L_2 共面的充要条件是点 A, B, C, D 共面,相当于向量 $\overrightarrow{AB}$, $\overrightarrow{AC}$, $\overrightarrow{AD}$ 共面. 由条件得
$$\overrightarrow{AB} = (-3,-3,-3), \quad \overrightarrow{AC} = (1,0,-2), \quad \overrightarrow{AD} = (0,-1,-4),$$
故
$$(\overrightarrow{AB} \times \overrightarrow{AC}) \cdot \overrightarrow{AD} = \begin{vmatrix} -3 & -3 & -3 \\ 1 & 0 & -2 \\ 0 & -1 & -4 \end{vmatrix} = -3 \neq 0,$$
因此 A,B,C,D 不共面. 于是, 直线 L_1, L_2 不在一个平面上, 它们是异面直线.

例 10 如图 5.25, 假设平行四边形 $ABCD$ 的顶点在 xOy 面上的投影分别为 A', B', C' 和 D', 容易知道 $A'B'C'D'$ 也是平行四边形, 且它的面积为
$$\sigma = |(\overrightarrow{A'B'} \times \overrightarrow{A'D'}) \cdot \boldsymbol{k}|.$$
如果记 $\boldsymbol{n} = \overrightarrow{AB} \times \overrightarrow{AD}$, 证明: 平行四边形 $ABCD$ 的面积为 $S = \dfrac{\sigma}{|\cos(\widehat{\boldsymbol{n}, \boldsymbol{k}})|}$.

解 由向量积的几何意义, 平行四边形 $ABCD$ 的面积
$$S = |\overrightarrow{AB} \times \overrightarrow{AD}|,$$
注意到 $\overrightarrow{AB} - \overrightarrow{A'B'}$, $\overrightarrow{AD} - \overrightarrow{A'D'}$ 都平行于 $\boldsymbol{k}$, 故存在数 λ, μ, 使得
$$\overrightarrow{AB} - \overrightarrow{A'B'} = \lambda \boldsymbol{k}, \quad \overrightarrow{AD} - \overrightarrow{A'D'} = \mu \boldsymbol{k},$$
即
$$\overrightarrow{A'B'} = \overrightarrow{AB} - \lambda \boldsymbol{k}, \quad \overrightarrow{A'D'} = \overrightarrow{AD} - \mu \boldsymbol{k},$$

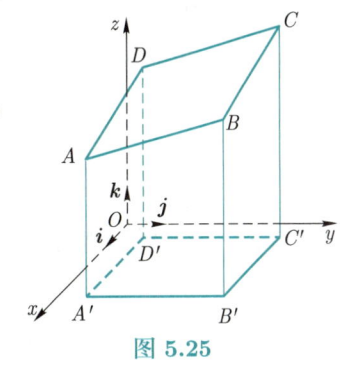

图 5.25

因此
$$(\overrightarrow{A'B'} \times \overrightarrow{A'D'}) \cdot \boldsymbol{k} = [(\overrightarrow{AB} - \lambda \boldsymbol{k}) \times (\overrightarrow{AD} - \mu \boldsymbol{k})] \cdot \boldsymbol{k}$$

$$= (\overrightarrow{AB} \times \overrightarrow{AD}) \cdot \boldsymbol{k} = |\overrightarrow{AB} \times \overrightarrow{AD}| \cos(\widehat{\boldsymbol{n}, \boldsymbol{k}}),$$

于是, 平行四边形 $ABCD$ 的面积

$$S = |\overrightarrow{AB} \times \overrightarrow{AD}| = \frac{|(\overrightarrow{A'B'} \times \overrightarrow{A'D'}) \cdot \boldsymbol{k}|}{|\cos(\widehat{\boldsymbol{n}, \boldsymbol{k}})|} = \frac{\sigma}{|\cos(\widehat{\boldsymbol{n}, \boldsymbol{k}})|}.$$

习题 5.2

1. 设 $\boldsymbol{a} = 2\boldsymbol{i} - 3\boldsymbol{j} + \boldsymbol{k}, \boldsymbol{b} = \boldsymbol{i} - \boldsymbol{j} + 2\boldsymbol{k}$, 求:

(1) $\boldsymbol{a} \cdot \boldsymbol{b}$; (2) $(3\boldsymbol{a}) \cdot (-2\boldsymbol{b})$;

(3) $\boldsymbol{a} \times \boldsymbol{b}$; (4) $(\boldsymbol{a} + \boldsymbol{b}) \times (5\boldsymbol{b})$;

(5) $\mathrm{Prj}_{\boldsymbol{b}}\boldsymbol{a}$; (6) $\cos(\widehat{\boldsymbol{a}, \boldsymbol{b}})$.

2. 设 $\boldsymbol{a} = 3\boldsymbol{i} - \boldsymbol{j} - 4\boldsymbol{k}, \boldsymbol{b} = \boldsymbol{i} + 3\boldsymbol{j} - \boldsymbol{k}, \boldsymbol{c} = \boldsymbol{i} - 2\boldsymbol{j}$, 求:

(1) $(\boldsymbol{a} \cdot \boldsymbol{b})\boldsymbol{c} - (\boldsymbol{a} \cdot \boldsymbol{c})\boldsymbol{b}$; (2) $(\boldsymbol{a} + \boldsymbol{b}) \times (\boldsymbol{b} + \boldsymbol{c})$;

(3) $(\boldsymbol{a} \times \boldsymbol{b}) \cdot \boldsymbol{c}$; (4) $(\boldsymbol{a} \times \boldsymbol{b}) \times \boldsymbol{c}$.

3. 设向量 $\boldsymbol{a}, \boldsymbol{b}, \boldsymbol{c}$ 满足 $\boldsymbol{a} + \boldsymbol{b} + \boldsymbol{c} = \boldsymbol{0}$, 证明:

(1) $\boldsymbol{a} \cdot \boldsymbol{b} + \boldsymbol{b} \cdot \boldsymbol{c} + \boldsymbol{c} \cdot \boldsymbol{a} = -\frac{1}{2}(|\boldsymbol{a}|^2 + |\boldsymbol{b}|^2 + |\boldsymbol{c}|^2)$;

(2) $\boldsymbol{a} \times \boldsymbol{b} = \boldsymbol{b} \times \boldsymbol{c} = \boldsymbol{c} \times \boldsymbol{a}$.

4. 已知 $A(1, -1, 2), B(5, -6, 2), C(1, 3, -1)$, 求:

(1) 与 $\overrightarrow{AB}, \overrightarrow{AC}$ 同时垂直的单位向量;

(2) $\triangle ABC$ 的面积;

(3) 点 B 到过 A,C 两点的直线的距离.

5. 设 $\boldsymbol{a} = 3\boldsymbol{i} + 5\boldsymbol{j} + 2\boldsymbol{k}, \boldsymbol{b} = 2\boldsymbol{i} + \boldsymbol{j} - 7\boldsymbol{k}$, 求满足 $\lambda\boldsymbol{a} + \boldsymbol{b}$ 与 $\boldsymbol{a}$ 垂直的 λ 的值, 并证明此时 $|\lambda\boldsymbol{a} + \boldsymbol{b}|$ 取得最小值.

6. 用向量证明:

(1) 直径所对的圆周角是直角; (2) 三角形的三条高交于一点.

7. 试用行列式的性质证明:

$$(\boldsymbol{a} \times \boldsymbol{b}) \cdot \boldsymbol{c} = (\boldsymbol{b} \times \boldsymbol{c}) \cdot \boldsymbol{a} = (\boldsymbol{c} \times \boldsymbol{a}) \cdot \boldsymbol{b}.$$

5.3 平面与直线

本章从这一节起讨论空间的几何图形及其方程, 这些几何图形包括平面、直线、曲面及曲线. 我们先以曲面为例来说明几何图形的方程.

对空间的一张曲面 S, 当 $Oxyz$ 坐标系取定以后, 曲面上的点 $M(x,y,z)$ 的坐标 x,y,z

一般可以写成一个三元方程 $F(x,y,z) = 0$. 如果曲面 S 与方程 $F(x,y,z) = 0$ 之间存在这样的关系:

(1) 若点 $M(x,y,z)$ 在曲面 S 上,则 M 的坐标 x,y,z 就适合三元方程 $F(x,y,z) = 0$;

(2) 若一组数 x,y,z 适合方程 $F(x,y,z) = 0$,则点 $M(x,y,z)$ 就在曲面 S 上,那么 $F(x,y,z) = 0$ 就叫做曲面 S 的**方程**,而曲面 S 叫做方程 $F(x,y,z) = 0$ 的**图形**.

在这一节里,我们以向量为工具,在空间直角坐标系中讨论最简单而又十分重要的几何图形——平面与直线.

一、 平面的方程

1. 平面的点法式方程

我们知道,过空间的一个已知点 M_0,可以作且只能作一个平面 Π 垂直于给定的非零向量 $\boldsymbol{n}$,所以当平面 Π 上的一点 $M_0(x_0,y_0,z_0)$ 及向量 $\boldsymbol{n} = (A,B,C)$ 为已知时,平面 Π 的位置就完全确定了. 下面我们按上述已知条件来建立平面 Π 的方程.

设 $M(x,y,z)$ 是平面 Π 上的任一点,则 $\overrightarrow{M_0M} \perp \boldsymbol{n}$ (图 5.26),即 $\overrightarrow{M_0M} \cdot \boldsymbol{n} = 0$. 由于 $\boldsymbol{n} = (A,B,C)$, $\overrightarrow{M_0M} = (x - x_0, y - y_0, z - z_0)$,故有

$$A(x - x_0) + B(y - y_0) + C(z - z_0) = 0. \quad (3.1)$$

而当点 $M(x,y,z)$ 不在平面 Π 上时,向量 $\overrightarrow{M_0M}$ 不垂直于 $\boldsymbol{n}$,因此 M 的坐标 x,y,z 不满足方程 (3.1). 所以 (3.1) 式就是平面 Π 的方程. 这里垂直于平面 Π 的非零向量 $\boldsymbol{n}$ 叫做该平面的**法向量**,故把方程 (3.1) 称作**平面的点法式方程**.

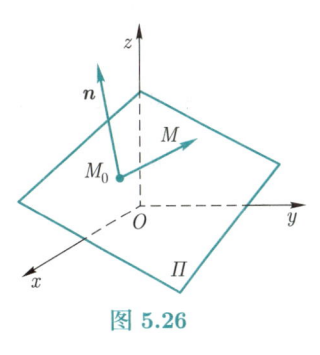

图 5.26

试算试练 平面的法向量惟一吗?

例 1 求过点 $(2,1,3)$ 且以 $\boldsymbol{n} = (3,2,5)$ 为法向量的平面方程.

解 由点法式方程 (3.1),得所求平面的方程是

$$3(x - 2) + 2(y - 1) + 5(z - 3) = 0,$$

即

$$3x + 2y + 5z - 23 = 0.$$

例 2 求过三点 $M_1(2,-1,4), M_2(-1,3,-2)$ 和 $M_3(0,2,3)$ 的平面方程.

解 先求出平面的法向量 $\boldsymbol{n}$. 由于 $\boldsymbol{n} \perp \overrightarrow{M_1M_2}$, $\boldsymbol{n} \perp \overrightarrow{M_1M_3}$,故可取 $\boldsymbol{n} = \overrightarrow{M_1M_2} \times \overrightarrow{M_1M_3}$,而

$$\overrightarrow{M_1M_2} = (-3,4,-6), \quad \overrightarrow{M_1M_3} = (-2,3,-1),$$

因此

$$n = \overrightarrow{M_1M_2} \times \overrightarrow{M_1M_3} = \begin{vmatrix} i & j & k \\ -3 & 4 & -6 \\ -2 & 3 & -1 \end{vmatrix} = 14i + 9j - k,$$

根据点法式方程 (3.1), 得所求平面的方程为

$$14(x-2) + 9(y+1) - (z-4) = 0,$$

即

$$14x + 9y - z - 15 = 0.$$

一般地, 如果平面过已知三点 $M_1(x_1, y_1, z_1), M_2(x_2, y_2, z_2)$ 及 $M_3(x_3, y_3, z_3)$, 设 $M(x, y, z)$ 是平面上任一点, 则向量 $\overrightarrow{M_1M_2}, \overrightarrow{M_1M_3}$ 与 $\overrightarrow{M_1M}$ 共面, 即它们的混合积为零, 于是得

$$\begin{vmatrix} x - x_1 & y - y_1 & z - z_1 \\ x_2 - x_1 & y_2 - y_1 & z_2 - z_1 \\ x_3 - x_1 & y_3 - y_1 & z_3 - z_1 \end{vmatrix} = 0,$$

上式称为**平面的三点式方程**.

2. 平面的一般方程

在点法式方程 (3.1) 中若把 $-(Ax_0 + By_0 + Cz_0)$ 记为 D, 则方程 (3.1) 就成为三元一次方程

$$Ax + By + Cz + D = 0. \tag{3.2}$$

反之, 对给定的三元一次方程 (3.2) (其中 A, B, C 不同时为零), 设 x_0, y_0, z_0 是满足方程 (3.2) 的一组数, 即 $Ax_0 + By_0 + Cz_0 + D = 0$, 把它与 (3.2) 式相减就得

$$A(x - x_0) + B(y - y_0) + C(z - z_0) = 0.$$

由此可见, 方程 (3.2) 是过点 $M_0(x_0, y_0, z_0)$ 并以 $\mathbf{n} = (A, B, C)$ 为法向量的平面方程, 我们把方程 (3.2) 称为**平面的一般方程**.

平面的一般方程中, 一次项的系数 A, B, C 为法向量的坐标, 例如, 方程 $5x - y + 2z - 3 = 0$ 表示法向量为 $\mathbf{n} = (5, -1, 2)$ 的一个平面.

如果平面的一般方程是不完全三元一次方程, 比如:

当 $A = 0$ 时, 法向量 $\mathbf{n} = (0, B, C)$ 垂直于 x 轴, 故方程 $By + Cz + D = 0$ 表示平行于 x 轴的平面;

当 $D = 0$ 时, 方程为 $Ax + Bx + Cz = 0$, 显然该平面过原点.

熟悉它们对于解决平面有关问题会带来方便.

例 3 求过 x 轴和点 $M_0(4, -3, 1)$ 的平面方程.

解 由于所求平面过 x 轴,即该平面平行于 x 轴且过原点,故 (3.2) 式中 $A = D = 0$. 因此可设平面的方程为

$$By + Cz = 0,$$

再利用平面过 $M_0(4,-3,1)$ 的条件,得 $-3B + C = 0$,即 $C = 3B$,以此代入方程 $By + Cz = 0$ 并消去 B,便得所求平面的方程为

$$y + 3z = 0.$$

例 4 设平面与 x 轴、y 轴、z 轴分别交于三点 $P_1(a,0,0), P_2(0,b,0)$ 与 $P_3(0,0,c)$,其中 a,b,c 均不为零,求该平面的方程.

解 设所求平面的一般方程为

$$Ax + By + Cz + D = 0,$$

根据条件,把 P_1, P_2, P_3 的坐标分别代入方程,得

$$aA + D = 0, \quad bB + D = 0, \quad cC + D = 0,$$

即

$$A = -\frac{D}{a}, \quad B = -\frac{D}{b}, \quad C = -\frac{D}{c},$$

以此代入一般方程并消去 D,得所求平面的方程为

$$\frac{x}{a} + \frac{y}{b} + \frac{z}{c} = 1,$$

此方程称为**平面的截距式方程**,a,b,c 依次称作平面在 x 轴、y 轴、z 轴上的**截距**.

二、直线的方程

1. 直线的参数方程与对称式方程

我们知道,过空间一已知点 M_0 可作且只能作一条直线与已知向量 $\boldsymbol{s}$ 平行,故当直线 L 上的一点 $M_0(x_0, y_0, z_0)$ 及向量 $\boldsymbol{s} = (m, n, p)$ 为已知时,直线 L 的位置就完全确定. 下面我们按上述已知条件来建立直线 L 的方程.

对于空间任一点 $M(x, y, z)$,容易知道: M 在 L 上的充要条件是向量 $\overrightarrow{M_0M} \parallel \boldsymbol{s}$,即

$$\overrightarrow{M_0M} = t\boldsymbol{s} \quad (t \in \mathbf{R}),$$

现 $\overrightarrow{M_0M} = (x - x_0, y - y_0, z - z_0)$,$t\boldsymbol{s} = (tm, tn, tp)$,从而有 $x - x_0 = tm$,$y - y_0 = tn$,$z - z_0 = tp$,即得

$$\begin{cases} x = x_0 + tm, \\ y = y_0 + tn, \\ z = z_0 + tp, \end{cases} \tag{3.3}$$

以及

$$\frac{x-x_0}{m} = \frac{y-y_0}{n} = \frac{z-z_0}{p}. \tag{3.4}$$

方程组 (3.3) 叫做直线的**参数方程** (其中 t 为**参数**), 平行于直线 L 的非零向量 $s = (m,n,p)$ 叫做该直线的**方向向量** (m,n,p 称为直线 L 的一组**方向数**), 方程组 (3.4) 叫做直线的**对称式方程**或**点向式方程**.

试算试练 直线的方向向量惟一吗?

与第一节中的 (1.7) 式类似, 若 m, n, p 中有某个数为零, (3.4) 式中对应的分子应理解为零 (详见本目直线的一般方程后的说明).

例 5 求过点 $(1,2,2)$ 且与平面 $5x + 2y - 6z = 0$ 垂直的直线方程.

解 由于所求直线与平面 $5x + 2y - 6z = 0$ 垂直, 故平面的法向量与直线平行, 于是平面的法向量就是直线的方向向量, 即 $s = n = (5, 2, -6)$, 由 (3.3) 式或 (3.4) 式, 得所求直线的参数方程

$$\begin{cases} x = 1 + 5t, \\ y = 2 + 2t, \\ z = 2 - 6t, \end{cases}$$

或对称式方程

$$\frac{x-1}{5} = \frac{y-2}{2} = \frac{z-2}{-6}.$$

2. 直线的一般方程

直线 L 可以看作是两个平面的交线, 如果这两个相交的平面为 $\Pi_1 : A_1x + B_1y + C_1z + D_1 = 0$ 与 $\Pi_2 : A_2x + B_2y + C_2z + D_2 = 0$, 则空间任一点 $M(x,y,z)$ 在直线 L 上, 当且仅当它的坐标 x,y,z 同时满足 Π_1 与 Π_2 的方程, 由此得下列形式的直线方程:

$$\begin{cases} A_1x + B_1y + C_1z + D_1 = 0, \\ A_2x + B_2y + C_2z + D_2 = 0, \end{cases} \tag{3.5}$$

上式称为**直线的一般方程**. 注意, 直线的一般方程不惟一.

如果直线由对称式 (3.4) 给出, 只需把 (3.4) 式分列成

$$\begin{cases} \dfrac{x-x_0}{m} - \dfrac{y-y_0}{n} = 0, \\ \dfrac{x-x_0}{m} - \dfrac{z-z_0}{p} = 0, \end{cases}$$

就得直线的一般方程.

需要指出, 在对称式方程 $\dfrac{x-x_0}{m} = \dfrac{y-y_0}{n} = \dfrac{z-z_0}{p}$ 中, 若 m,n,p 中有一个为零, 例

如 $m=0$, 则对称式方程应理解为一般方程

$$\begin{cases} x - x_0 = 0, \\ \dfrac{y - y_0}{n} = \dfrac{z - z_0}{p}; \end{cases}$$

若 m, n, p 中有两个为零, 例如 $m = n = 0$, 则对称式方程应理解为一般方程

$$\begin{cases} x - x_0 = 0, \\ y - y_0 = 0. \end{cases}$$

如果直线 L 由一般方程 (3.5) 给出, 由于 L 是平面 $\varPi_1$: $A_1 x + B_1 y + C_1 z + D_1 = 0$ 与 $\varPi_2: A_2 x + B_2 y + C_2 z + D_2 = 0$ 的交线, 故 L 应同时垂直于 $\varPi_1, \varPi_2$ 的法向量 $\boldsymbol{n}_1, \boldsymbol{n}_2$, 于是可取 L 的方向向量

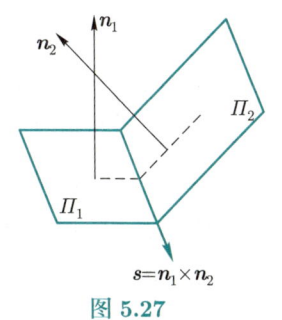

$$\boldsymbol{s} = \boldsymbol{n}_1 \times \boldsymbol{n}_2$$

(图 5.27), 再任取满足方程组 (3.5) 的一组数 x_0, y_0, z_0. 这样, 由点 (x_0, y_0, z_0) 与 $\boldsymbol{s}$ 就可写出直线的参数方程或对称式方程.

图 5.27

例 6 用参数方程和对称式方程表示直线

$$\begin{cases} x + 5y + 2z + 4 = 0, \\ 2x - y + 3z - 3 = 0. \end{cases}$$

解 方程组中两个方程所表示的平面之法向量分别是 $\boldsymbol{n}_1 = (1, 5, 2), \boldsymbol{n}_2 = (2, -1, 3)$, 取

$$\boldsymbol{s} = \boldsymbol{n}_1 \times \boldsymbol{n}_2 = \begin{vmatrix} \boldsymbol{i} & \boldsymbol{j} & \boldsymbol{k} \\ 1 & 5 & 2 \\ 2 & -1 & 3 \end{vmatrix} = 17\boldsymbol{i} + \boldsymbol{j} - 11\boldsymbol{k},$$

再取直线上一点 (x_0, y_0, z_0), 不妨取 $z_0 = 0$, 代入方程组, 得

$$\begin{cases} x_0 + 5y_0 = -4, \\ 2x_0 - y_0 = 3, \end{cases}$$

解得 $x_0 = 1, y_0 = -1$. 根据 (3.3) 式以及 (3.4) 式, 得直线的参数方程为

$$\begin{cases} x = 1 + 17t, \\ y = -1 + t, \\ z = -11t; \end{cases}$$

以及对称式方程为

$$\frac{x-1}{17} = \frac{y+1}{1} = \frac{z}{-11}.$$

习题 5.3

1. 指出下列各平面的位置, 并画出各平面:

(1) $5x - 2 = 0$;

(2) $3x + y = 0$;

(3) $y - z - 1 = 0$;

(4) $6x - 4y + z = 2$.

2. 分别按下列条件求平面方程:

(1) 过点 $(0, 1, 6)$ 且与平面 $3x - 7y + 5z - 12 = 0$ 平行;

(2) 过点 $(-4, 4, 2)$ 且与两向量 $\boldsymbol{a} = 2\boldsymbol{i} + \boldsymbol{j} + \boldsymbol{k}$ 和 $\boldsymbol{b} = \boldsymbol{i} - \boldsymbol{j}$ 平行;

(3) 过两点 $(1, 1, 1)$ 和 $(0, 1, -1)$ 且与平面 $2x + 3y - z + 5 = 0$ 垂直;

(4) 过三点 $(1, 1, -1), (-2, -2, 2)$ 和 $(1, 3, 2)$;

(5) 过 x 轴和点 $(2, -3, 4)$;

(6) 平行于 y 轴且过两点 $(4, 0, -2)$ 和 $(5, 1, 7)$.

3. 写出下列直线的对称式方程和参数方程:

(1) $\begin{cases} x - y + z = 1, \\ 2x + y + z = 4; \end{cases}$ (2) $\begin{cases} 2x + 5z + 3 = 0, \\ x - 3y + z + 2 = 0. \end{cases}$

4. 分别按下列条件求直线方程:

(1) 过点 $(4, -1, 3)$ 且与直线 $\dfrac{x - 3}{-2} = \dfrac{y}{1} = \dfrac{z - 1}{5}$ 平行;

(2) 过点 $(2, -3, 1)$ 且与平面 $2x + 3y - z + 1 = 0$ 垂直;

(3) 过两点 $(3, -3, 2)$ 和 $(0, -1, 5)$;

(4) 过点 $(-5, 2, 0)$ 且与两平面 $x + 2z = 1$ 和 $y - 3z = 2$ 平行.

5.4 平面、直线间的位置关系

一、两平面的夹角

如果两个平面相交, 把两个二面角中的锐角或直角称为**两平面的夹角**. 当两个平面平行时, 它们的夹角记为零.

现设两个相交平面 Π_1, Π_2 的法向量分别为 $\boldsymbol{n}_1 = (A_1, B_1, C_1), \boldsymbol{n}_2 = (A_2, B_2, C_2)$, 则两平面的夹角 θ 或者是 $\widehat{(\boldsymbol{n}_1, \boldsymbol{n}_2)}$ (如图 5.28(a), 当 $\widehat{(\boldsymbol{n}_1, \boldsymbol{n}_2)}$ 为锐角或直角时), 或者是 $\pi - \widehat{(\boldsymbol{n}_1, \boldsymbol{n}_2)}$ (如图 5.28(b), 当 $\widehat{(\boldsymbol{n}_1, \boldsymbol{n}_2)}$ 为钝角时), 故

$$\cos\theta = |\cos\widehat{(\boldsymbol{n}_1, \boldsymbol{n}_2)}| = \frac{|\boldsymbol{n}_1 \cdot \boldsymbol{n}_2|}{|\boldsymbol{n}_1||\boldsymbol{n}_2|},$$

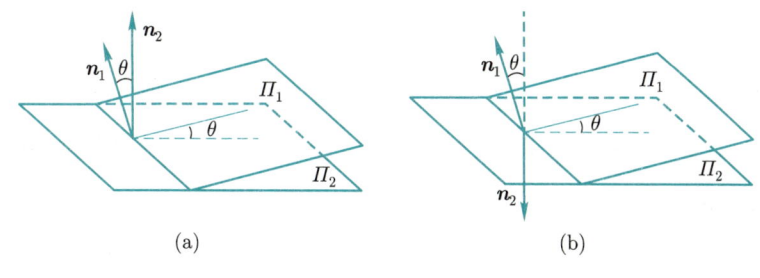

图 5.28

即得

$$\cos\theta = \frac{|A_1A_2 + B_1B_2 + C_1C_2|}{\sqrt{A_1^2 + B_1^2 + C_1^2} \cdot \sqrt{A_2^2 + B_2^2 + C_2^2}}^{①}. \tag{4.1}$$

容易知道，两个平面的夹角就是两个平面的法向量的夹角 (通常取锐角或直角)，且两个平面互相垂直或平行相当于它们的法向量垂直或平行，由向量垂直或平行的充要条件可得:

(1) 平面 Π_1 和 Π_2 互相垂直的充要条件是 $A_1A_2 + B_1B_2 + C_1C_2 = 0$;

(2) 平面 Π_1 和 Π_2 互相平行的充要条件是 $\dfrac{A_1}{A_2} = \dfrac{B_1}{B_2} = \dfrac{C_1}{C_2}$.

例 1 求平面 $2x - y - 2z - 5 = 0$ 与平面 $x + 3y - z - 1 = 0$ 的夹角.

解 两平面的法向量分别为 $\boldsymbol{n}_1 = (2, -1, -2)$, $\boldsymbol{n}_2 = (1, 3, -1)$, 故

$$\cos\theta = |\cos(\widehat{\boldsymbol{n}_1, \boldsymbol{n}_2})| = \frac{|2 \times 1 + (-1) \times 3 + (-2) \times (-1)|}{\sqrt{2^2 + (-1)^2 + (-2)^2} \cdot \sqrt{1^2 + 3^2 + (-1)^2}} = \frac{1}{3\sqrt{11}} = \frac{\sqrt{11}}{33},$$

因此这两个平面的夹角 $\theta = \arccos\dfrac{\sqrt{11}}{33}$.

例 2 求过 z 轴并与平面 $x - y - 2z = 0$ 的夹角为 $\dfrac{\pi}{3}$ 的平面方程.

解 由条件平面过 z 轴，所求平面方程可设为

$$Ax + By = 0,$$

由 (4.1) 式得

$$\frac{|A \times 1 + B \times (-1) + 0 \times (-2)|}{\sqrt{A^2 + B^2}\sqrt{1^2 + (-1)^2 + (-2)^2}} = \frac{|A - B|}{\sqrt{6(A^2 + B^2)}} = \cos\frac{\pi}{3} = \frac{1}{2},$$

即

$$A^2 + 4AB + B^2 = 0,$$

解得 $B = (-2 \pm \sqrt{3})A$. 于是所求平面为

$$x + (-2 - \sqrt{3})y = 0 \text{ 或 } x + (-2 + \sqrt{3})y = 0.$$

---

① 容易知道，如果两个平面平行，(4.1) 式也适用.

二、两直线的夹角

如果两条直线相交，容易知道这两条相交直线所得夹角就是它们的方向向量之间的夹角. 一般地，对于任意的两条直线，我们把两条直线的方向向量的夹角 (通常取锐角或直角) 称为**两直线的夹角**.

设直线 L_1, L_2 的方向向量分别是 $\boldsymbol{s}_1 = (m_1, n_1, p_1), \boldsymbol{s}_2 = (m_2, n_2, p_2)$，则两直线的夹角 φ 或者是 $\widehat{(\boldsymbol{s}_1, \boldsymbol{s}_2)}$ (当 $\widehat{(\boldsymbol{s}_1, \boldsymbol{s}_2)}$ 为锐角或直角时)，或者是 $\pi - \widehat{(\boldsymbol{s}_1, \boldsymbol{s}_2)}$ (当 $\widehat{(\boldsymbol{s}_1, \boldsymbol{s}_2)}$ 为钝角时)，故

$$\cos\varphi = |\cos\widehat{(\boldsymbol{s}_1, \boldsymbol{s}_2)}| = \frac{|\boldsymbol{s}_1 \cdot \boldsymbol{s}_2|}{|\boldsymbol{s}_1||\boldsymbol{s}_2|},$$

即得

$$\cos\varphi = \frac{|m_1 m_2 + n_1 n_2 + p_1 p_2|}{\sqrt{m_1^2 + n_1^2 + p_1^2} \cdot \sqrt{m_2^2 + n_2^2 + p_2^2}}. \tag{4.2}$$

容易知道，两条直线互相垂直或平行相当于它们的方向向量垂直或平行，于是有

(1) 直线 L_1 和 L_2 互相垂直的充要条件是 $m_1 m_2 + n_1 n_2 + p_1 p_2 = 0$;

(2) 直线 L_1 和 L_2 互相平行的充要条件是 $\dfrac{m_1}{m_2} = \dfrac{n_1}{n_2} = \dfrac{p_1}{p_2}$.

例 3 已知直线 $L_1: \begin{cases} x - 2y + 2z - 1 = 0, \\ 3x + 2y - 6 = 0, \end{cases}$ $L_2: \dfrac{x-1}{2} = \dfrac{y-2}{-3} = \dfrac{z}{-4}$，问这两条直线是否平行或垂直?

解 直线 L_1 的方向向量为

$$\boldsymbol{s}_1 = \begin{vmatrix} \boldsymbol{i} & \boldsymbol{j} & \boldsymbol{k} \\ 1 & -2 & 2 \\ 3 & 2 & 0 \end{vmatrix} = (-4, 6, 8) = -2(2, -3, -4),$$

因此直线 L_1 与 L_2 平行.

例 4 已知直线 $L_1: \dfrac{x}{1} = \dfrac{y}{-1} = \dfrac{z+1}{0}$, $L_2: \dfrac{x-1}{1} = \dfrac{y-1}{1} = \dfrac{z-1}{0}$，试证明这是两条异面直线.

证 由条件，直线 L_1 过点 $P_1(0, 0, -1)$，方向向量 $\boldsymbol{s}_1 = (1, -1, 0)$；直线 L_2 过点 $P_2(1, 1, 1)$，方向向量 $\boldsymbol{s}_2 = (1, 1, 0)$. 由于 $\overrightarrow{P_1 P_2} = (1, 1, 2)$，故

$$[\overrightarrow{P_1 P_2}\ \boldsymbol{s}_1\ \boldsymbol{s}_2] = \begin{vmatrix} 1 & 1 & 2 \\ 1 & -1 & 0 \\ 1 & 1 & 0 \end{vmatrix} = 4 \neq 0,$$

因此向量 $\overrightarrow{P_1 P_2}, \boldsymbol{s}_1, \boldsymbol{s}_2$ 不是共面的，于是 L_1 与 L_2 是异面直线.

三、 直线与平面的夹角

直线 L 与平面 Π 的法线① 之间的夹角 θ 的余角 φ 称为**直线与平面的夹角** (图 5.29).

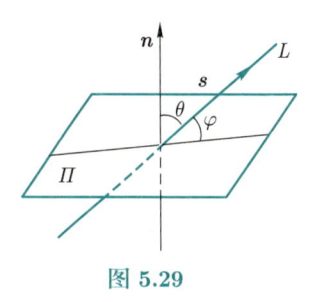

如果直线 L 的方向向量为 $\boldsymbol{s}=(m,n,p)$, 平面 Π 的法向量为 $\boldsymbol{n}=(A,B,C)$, 注意到 $\varphi=\dfrac{\pi}{2}-\theta$, 故
$$\sin\varphi=\cos\theta=|\cos(\widehat{\boldsymbol{n},\boldsymbol{s}})|,$$
因此, 直线与平面的夹角由公式
$$\sin\varphi=\frac{|\boldsymbol{n}\cdot\boldsymbol{s}|}{|\boldsymbol{n}||\boldsymbol{s}|}=\frac{|Am+Bn+Cp|}{\sqrt{A^2+B^2+C^2}\sqrt{m^2+n^2+p^2}} \tag{4.3}$$
确定.

图 5.29

容易知道, 直线与平面垂直相当于直线的方向向量与平面的法向量平行, 直线与平面平行相当于直线的方向向量与平面的法向量垂直, 于是有

(1) 直线 L 与平面 Π 垂直的充要条件是 $\dfrac{A}{m}=\dfrac{B}{n}=\dfrac{C}{p}$;

(2) 直线 L 与平面 Π 平行的充要条件是 $Am+Bn+Cp=0$.

例 5 求直线 $\dfrac{x-2}{1}=\dfrac{y-1}{2}=\dfrac{z-3}{2}$ 与平面 $4x+3y-1=0$ 的交点与夹角.

解 直线的参数方程为
$$x=2+t,\quad y=1+2t,\quad z=3+2t,$$
代入平面方程得
$$4(2+t)+3(1+2t)-1=0.$$
解得 $t=-1$, 把 $t=-1$ 代入直线的参数方程, 即得所求交点的坐标 $x=1,y=-1,z=1$.

由条件, 直线的方向向量 $\boldsymbol{s}=(1,2,2)$, 平面的法向量 $\boldsymbol{n}=(4,3,0)$, 故
$$\sin\varphi=\frac{|1\times 4+2\times 3+2\times 0|}{\sqrt{1^2+2^2+2^2}\sqrt{4^2+3^2+0^2}}=\frac{2}{3},$$
于是, 直线与平面的夹角 $\varphi=\arcsin\dfrac{2}{3}$.

四、 点到平面的距离

设 $P_0(x_0,y_0,z_0)$ 是平面 $\Pi:Ax+By+Cz+D=0$ 外一点, 在平面 Π 上任取一点 $P_1(x_1,y_1,z_1)$, 并作向量 $\overrightarrow{P_1P_0}$. 由图 5.30 可知, P_0 到平面 Π 的距离
$$d=|\overrightarrow{P_1P_0}||\cos\theta|=|\mathrm{Prj}_{\boldsymbol{n}}\overrightarrow{P_1P_0}|,$$

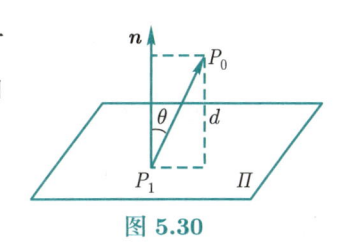

图 5.30

---
① 所谓法线, 就是垂直于平面的直线.

其中 θ 是 $\overrightarrow{P_1P_0}$ 与平面的法向量 $\boldsymbol{n}$ 的夹角, 即

$$d = |\mathrm{Prj}_{\boldsymbol{n}} \overrightarrow{P_1P_0}| = \frac{|\overrightarrow{P_1P_0} \cdot \boldsymbol{n}|}{|\boldsymbol{n}|}.$$

由于

$$\overrightarrow{P_1P_0} \cdot \boldsymbol{n} = Ax_0 + By_0 + Cz_0 - (Ax_1 + By_1 + Cz_1),$$

而 $Ax_1 + By_1 + Cz_1 + D = 0$, 故

$$\overrightarrow{P_1P_0} \cdot \boldsymbol{n} = Ax_0 + By_0 + Cz_0 + D,$$

于是, 点 $P_0(x_0, y_0, z_0)$ 到平面 $Ax + By + Cz + D = 0$ 的距离为

$$d = \frac{|Ax_0 + By_0 + Cz_0 + D|}{\sqrt{A^2 + B^2 + C^2}}. \tag{4.4}$$

例 6 平面 $\Pi : x + y + z = 6$ 与三坐标面围成一四面体, 试求该四面体内所含最大球面的方程.

解 最大球面必同时与三个坐标面以及平面 Π 相切, 故球心 P_0 到平面 Π 以及三坐标面的距离都等于球面的半径 r, 因此球心为 $P_0(r, r, r)$, 由 (4.4) 式得 P_0 到平面 Π 的距离为

$$\frac{|1 \cdot r + 1 \cdot r + 1 \cdot r - 6|}{\sqrt{1^2 + 1^2 + 1^2}} = \sqrt{3}|r - 2|,$$

故

$$\sqrt{3}|r - 2| = r,$$

解得 $r = 3 + \sqrt{3}$ (舍去) 和 $r = 3 - \sqrt{3}$. 于是所求球面方程为

$$(x - 3 + \sqrt{3})^2 + (y - 3 + \sqrt{3})^2 + (z - 3 + \sqrt{3})^2 = (3 - \sqrt{3})^2.$$

五、平面束

用平面束方法处理直线或平面问题, 有时会带来方便, 现在来介绍这一方法. 设直线 L 由一般方程

$$\begin{cases} A_1x + B_1y + C_1z + D_1 = 0, \\ A_2x + B_2y + C_2z + D_2 = 0 \end{cases} \tag{4.5}$$

所确定, 作含参数 λ 的方程

$$\lambda(A_1x + B_1y + C_1z + D_1) + A_2x + B_2y + C_2z + D_2 = 0,$$

即

$$(\lambda A_1 + A_2)x + (\lambda B_1 + B_2)y + (\lambda C_1 + C_2)z + (\lambda D_1 + D_2) = 0. \tag{4.6}$$

对任一 λ, 方程 (4.6) 表示一个平面. 若点 $M(x,y,z)$ 在 L 上, 则 x,y,z 满足方程组 (4.5), 从而满足方程 (4.6), 故方程 (4.6) 表示通过直线 L 的平面. 反之, 通过直线 L 的任一平面 (除平面 $A_1x + B_1y + C_1z + D_1 = 0$ 外) 都包含在方程 (4.6) 所示的这一族平面内. 据此, 我们把 (4.6) 式叫做过直线 L 的**平面束方程**.

例 7 求直线 $\begin{cases} x + 2y + 5z - 2 = 0, \\ 4x - y - z = 0 \end{cases}$ 在平面 $x + y - z = 0$ 上的投影直线的方程.

解 过已知直线的平面束方程为
$$\lambda(x + 2y + 5z - 2) + 4x - y - z = 0,$$
即
$$(\lambda + 4)x + (2\lambda - 1)y + (5\lambda - 1)z + (-2\lambda) = 0.$$
现确定常数 λ, 使其对应的平面与所给平面 $x + y - z = 0$ 垂直, 即法向量 $(\lambda + 4, 2\lambda - 1, 5\lambda - 1)$ 与所给平面的法向量 $(1,1,-1)$ 垂直, 由此得
$$(\lambda + 4) \times 1 + (2\lambda - 1) \times 1 + (5\lambda - 1) \times (-1) = 0,$$
解得 $\lambda = 2$, 故得投影平面的方程为
$$6x + 3y + 9z - 4 = 0,$$
因此投影直线的一般方程为
$$\begin{cases} 6x + 3y + 9z - 4 = 0, \\ x + y - z = 0. \end{cases}$$

下面再举几个与平面、直线有关的问题.

例 8 求过 $L_1: \dfrac{x-3}{4} = \dfrac{y-1}{2} = \dfrac{z}{1}$ 且平行于 $L_2: \dfrac{x}{2} = \dfrac{y}{-3} = \dfrac{z}{7}$ 的平面方程.

解 L_1 的一般方程为
$$\begin{cases} x - 2y - 1 = 0, \\ x - 4z - 3 = 0, \end{cases}$$
过 L_1 的平面束方程为
$$\lambda(x - 2y - 1) + (x - 4z - 3) = 0,$$
即
$$(\lambda + 1)x + (-2\lambda)y - 4z + (-\lambda - 3) = 0.$$
现确定常数 λ, 使所求平面与 L_2 平行, 即法向量 $(\lambda + 1, -2\lambda, -4)$ 与 L_2 的方向向量 $(2, -3, 7)$ 垂直, 由此得
$$(\lambda + 1) \times 2 + (-2\lambda) \times (-3) + (-4) \times 7 = 0,$$
解得 $\lambda = \dfrac{13}{4}$, 代入平面束方程并化简, 即得所求平面的方程为
$$17x - 26y - 16z - 25 = 0.$$

例 9 一平面过直线 $\begin{cases} x+5y+z=0, \\ x-z+4=0, \end{cases}$ 且与平面 $x-4y-8z=3$ 成 $\dfrac{\pi}{4}$ 的夹角，求该平面的方程.

解 过已知直线的平面束方程为
$$\lambda(x+5y+z)+(x-z+4)=0,$$
即
$$(\lambda+1)x+5\lambda y+(\lambda-1)z+4=0.$$
现确定常数 λ, 使所求平面与所给平面成 $\dfrac{\pi}{4}$ 的夹角，即
$$\frac{|(\lambda+1)\times 1+(5\lambda)\times(-4)+(\lambda-1)\times(-8)|}{\sqrt{(\lambda+1)^2+(5\lambda)^2+(\lambda-1)^2}\sqrt{1^2+(-4)^2+(-8)^2}}=\cos\frac{\pi}{4}=\frac{\sqrt{2}}{2},$$
解得 $\lambda=0, \lambda=-\dfrac{4}{3}$, 代入平面束方程并化简，即得所求平面的方程为
$$x-z+4=0,$$
或者
$$x+20y+7z-12=0.$$

例 10 求过点 $P_0(2,1,3)$ 且与 $L: \dfrac{x+1}{3}=\dfrac{y-1}{2}=\dfrac{z}{-1}$ 垂直相交的直线方程.

解 1 先作一平面 Π_1, 使其过点 $P_0(2,1,3)$ 且垂直于 L, 那么该平面的方程应为
$$3(x-2)+2(y-1)-(z-3)=0,$$
即
$$3x+2y-z-5=0.$$
再作一平面 Π_2, 使其过点 $P_0(2,1,3)$ 且通过 L. 为此，先将 L 的方程写成一般方程
$$\begin{cases} 2x-3y+5=0, \\ x+3z+1=0, \end{cases}$$
过 L 的平面束方程为
$$\lambda(2x-3y+5)+(x+3z+1)=0,$$
即
$$(2\lambda+1)x+(-3\lambda)y+3z+(5\lambda+1)=0.$$
将点 $P_0(2,1,3)$ 的坐标代入上述方程，可得 $\lambda=-2$, 代入平面束方程并化简，即得 Π_2 的方程为
$$x-2y-z+3=0.$$
显然所求直线为 Π_1 与 Π_2 的交线，因此所求直线的方程为
$$\begin{cases} 3x+2y-z-5=0, \\ x-2y-z+3=0. \end{cases}$$

解 2 直线 L 的参数方程为

$$\begin{cases} x = -1 + 3t, \\ y = 1 + 2t, \\ z = -t. \end{cases}$$

设所求直线与 L 的交点为 $M_0(-1+3t_0, 1+2t_0, -t_0)$,则所求直线的方向向量为

$$\boldsymbol{s} = \overrightarrow{P_0M_0} = (-3+3t_0, 2t_0, -3-t_0).$$

由于两直线垂直,故 $\boldsymbol{s}$ 与 L 的方向向量 $(3,2,-1)$ 垂直,因此

$$(-3+3t_0) \times 3 + 2t_0 \times 2 + (-3-t_0) \times (-1) = 0,$$

解得 $t_0 = \dfrac{3}{7}$,即得

$$\boldsymbol{s} = \left(-\dfrac{12}{7}, \dfrac{6}{7}, -\dfrac{24}{7}\right) = -\dfrac{6}{7}(2,-1,4),$$

于是,所求直线的方程为

$$\dfrac{x-2}{2} = \dfrac{y-1}{-1} = \dfrac{z-3}{4}.$$

习题 5.4

1. 求平面 $x + 2y - 2z - 7 = 0$ 与各坐标面的夹角的余弦.

2. 求平面 $x - 2y + 2z + 21 = 0$ 与平面 $7x + 24z - 5 = 0$ 之间的二面角的平分面.

3. 求直线 $\begin{cases} 5x - 3y + 3z - 9 = 0, \\ 3x - 2y + z - 1 = 0 \end{cases}$ 与直线 $\begin{cases} 2x + 2y - z + 23 = 0, \\ 3x + 8y + z - 18 = 0 \end{cases}$ 的夹角.

4. 求直线 $\dfrac{x-1}{2} = \dfrac{y}{-1} = \dfrac{z+5}{2}$ 与平面 $x + y - 3z = 2$ 的夹角.

5. 求两平行平面 $Ax + By + Cz + D_1 = 0$ 与 $Ax + By + Cz + D_2 = 0$ 之间的距离.

6. 设 M_0 是直线 L 外的一点,M 是直线 L 上的任意一点,且直线 L 的方向向量为 $\boldsymbol{s}$,证明:点 M_0 到直线 L 的距离为 $d = \dfrac{\left|\overrightarrow{M_0M} \times \boldsymbol{s}\right|}{|\boldsymbol{s}|}$,由此计算

   (1) 点 $M_0(3,-4,4)$ 到直线 $\dfrac{x-4}{2} = \dfrac{y-5}{-2} = \dfrac{z-2}{1}$ 的距离;

   (2) 点 $M_0(3,-1,2)$ 到直线 $\begin{cases} x + y - z + 1 = 0, \\ 2x - y + z - 4 = 0 \end{cases}$ 的距离.

7. 求下列投影的坐标:

   (1) 点 $(1,2,3)$ 在平面 $x + 3y - z + 7 = 0$ 上的投影;

   (2) 点 $(3,-1,-2)$ 在直线 $\dfrac{x+7}{-2} = \dfrac{y}{2} = \dfrac{z-2}{3}$ 上的投影.

8. 求直线 $\begin{cases} 4x - y + 3z - 1 = 0, \\ x + 5y - z + 3 = 0 \end{cases}$ 在平面 $2x - y + z - 5 = 0$ 上的投影直线的方程.

9. 求点 $(-1, 0, 2)$ 关于平面 $x - y + 2z = 0$ 的对称点的坐标.

10. 已知入射光线的路径为 $\dfrac{x-1}{4} = \dfrac{y-1}{3} = \dfrac{z-2}{1}$，求该光线经平面 $x + 2y + 5z + 17 = 0$ 反射后的反射光线的方程.

5.5 曲面与曲线

本节将讨论曲面中的柱面和旋转曲面，以及空间曲线的方程和空间曲线在坐标面上的投影，至于二次曲面的讨论放在下一节进行. 关于曲面和曲线的讨论，总是围绕着两个基本问题进行：

(1) 根据曲面或曲线的几何特征来建立方程；

(2) 根据给定方程的特点，讨论该方程所表示的曲面或曲线的形状.

一、 柱面与旋转曲面

1. 柱面

平行于定直线 L 并沿定曲线 C 移动的直线段所形成的曲面叫做**柱面** (图 5.31)，定曲线 C 叫做柱面的**准线**，动直线段叫做柱面的**母线**.

设柱面 Σ 的母线平行于 z 轴，准线 C 是 xOy 面上的一条曲线，其方程为 $F(x, y) = 0$. 容易知道，空间的点 $M(x, y, z)$ 位于柱面 Σ 上的充要条件是点 $M(x, y, z)$ 在 xOy 面上的投影 $M'(x, y, 0)$ 位于准线 C 上，即 x, y 满足方程 $F(x, y) = 0$. 因此，柱面 Σ 方程是

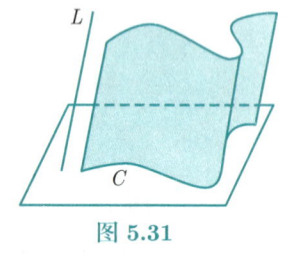

$$F(x, y) = 0. \qquad (5.1)$$

图 5.31

于是，以 xOy 面上的曲线 $F(x, y) = 0$ 为准线、母线平行于 z 轴的柱面方程为 $F(x, y) = 0$. 反之，只含 x, y 而缺 z 的方程 $F(x, y) = 0$ 表示母线平行于 z 轴的柱面，其准线为 xOy 面上的曲线 $F(x, y) = 0, z = 0$.

类似地，只含 x, z 而缺 y 的方程 $G(x, z) = 0$ 与只含 y, z 而缺 x 的方程 $H(y, z) = 0$ 分别表示母线平行于 y 轴的柱面与母线平行于 x 轴的柱面.

试算试练 柱面的方程一定缺一个变量吗？

例如，$\dfrac{x^2}{a^2} + \dfrac{y^2}{b^2} = 1$ 表示母线平行于 z 轴的**椭圆柱面** (图 5.32(a))，$x^2 = 2pz\ (p > 0)$ 表示母线平行于 y 轴的**抛物柱面** (图 5.32(b)).

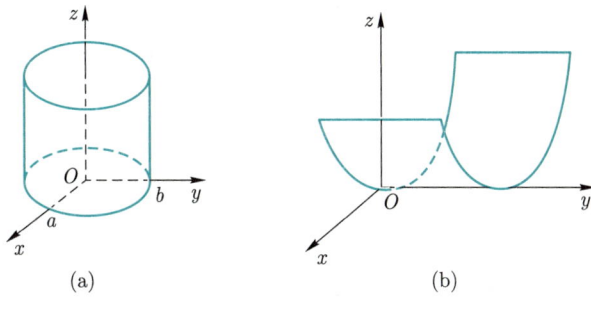

图 5.32

2. 旋转曲面

曲线 C 绕定直线 l 旋转而形成的曲面叫做**旋转曲面**, 其中曲线 C 叫做旋转曲面的**母线**, 定直线 l 叫做旋转曲面的**轴** (或**旋转轴**).

设 C 为 yOz 面上的已知曲线, 其方程为 $f(y,z)=0$, C 绕 z 轴旋转一周得旋转曲面 Σ (图 5.33). $P(x,y,z)$ 为曲面 Σ 上任意一点, 过 P 作垂直于 z 轴 (旋转轴) 的平面, 与 z 轴和曲线 C 分别交于点 $O'(0,0,z)$ 和 $P_0(0,y_1,z)$. 容易知道, 点 $P(x,y,z)$ 位于 Σ 上的充要条件是 P,P_0 都位于以 O' 为圆心的圆周上, 即 $|PO'|=|P_0O'|$, 因此

$$\sqrt{x^2+y^2}=|y_1| \text{ 或 } y_1=\pm\sqrt{x^2+y^2},$$

又 $P_0(0,y_1,z)$ 在母线 C 上, 故满足 $f(y_1,z)=0$, 即

$$f(\pm\sqrt{x^2+y^2},z)=0,$$

于是 yOz 面上的曲线 $f(y,z)=0$ 绕 z 轴旋转一周所得旋转曲面 Σ 的方程为

$$f(\pm\sqrt{x^2+y^2},z)=0. \tag{5.2}$$

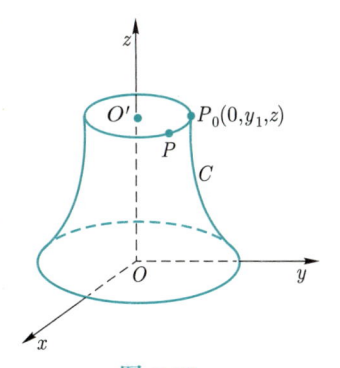

图 5.33

可以看到, (5.2) 式就是母线 C 的方程 $f(y,z)=0$ 中 z 保持不变, 将 y 改写成 $\pm\sqrt{x^2+y^2}$ 所得之方程.

类似地, 若在 $f(y,z)=0$ 中 y 保持不变, 将 z 改成 $\pm\sqrt{x^2+z^2}$, 就得到曲线 C 绕 y 轴旋转而成的曲面的方程

$$f(y,\pm\sqrt{x^2+z^2})=0.$$

其他情形请读者自行类推得到.

例如, xOy 面上的抛物线 $y=x^2$ 绕 y 轴旋转而成的曲面的方程是

$$y=z^2+x^2,$$

该曲面叫做**旋转抛物面** (图 5.34(a)); zOx 面上的椭圆 $\dfrac{x^2}{a^2}+\dfrac{z^2}{b^2}=1$ 绕 x 轴旋转而成的曲面的方程是

$$\frac{x^2}{a^2}+\frac{y^2+z^2}{b^2}=1,$$

(a)

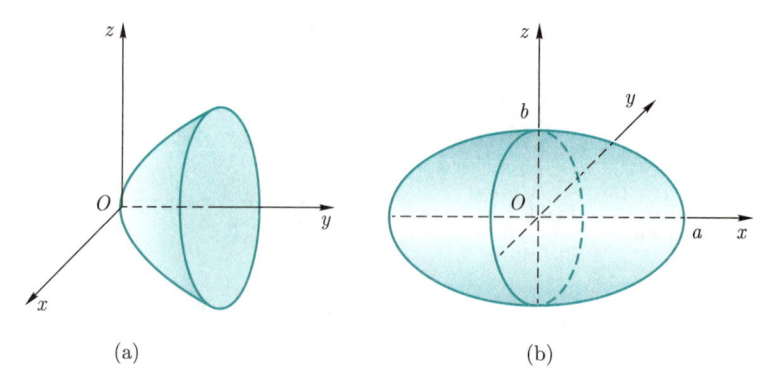

(b)

图 5.34

该曲面叫做**旋转椭球面** (图 5.34(b)).

例如, 曲面 $\dfrac{x^2}{a^2} - \dfrac{y^2}{b^2} - \dfrac{z^2}{b^2} = 1$ (图 5.35(a)) 可看做 xOy 面上的双曲线 $\dfrac{x^2}{a^2} - \dfrac{y^2}{b^2} = 1$ 或 zOx 面上的双曲线 $\dfrac{x^2}{a^2} - \dfrac{z^2}{b^2} = 1$ 绕 x 轴旋转而成的曲面, 该曲面叫做**双叶旋转双曲面**; $\dfrac{x^2}{a^2} - \dfrac{y^2}{b^2} + \dfrac{z^2}{a^2} = 1$ (图 5.35(b)) 可看做 xOy 面上的双曲线 $\dfrac{x^2}{a^2} - \dfrac{y^2}{b^2} = 1$ 或 yOz 面上的双曲线 $-\dfrac{y^2}{b^2} + \dfrac{z^2}{a^2} = 1$ 绕 y 轴旋转而成的曲面, 该曲面叫做**单叶旋转双曲面**.

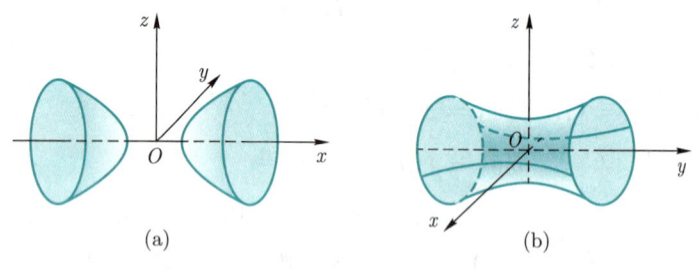

(a)

(b)

图 5.35

例 1 直线 L 绕另一条与它相交的直线 l 旋转一周, 所得曲面为**圆锥面**, 两直线的交点为圆锥面的**顶点**. 试建立顶点在原点, 旋转轴为 z 轴的圆锥面 (图 5.36) 的方程.

解 设在 yOz 面上, 直线 L 的方程为 $z = ky (k > 0)$, 因为旋转轴是 z 轴, 故得圆锥方程为
$$z = \pm k\sqrt{x^2 + y^2},$$
即
$$z^2 = k^2(x^2 + y^2).$$

图 5.36 中所示 $\alpha = \arctan \dfrac{1}{k}$ 叫做**圆锥面半顶角**.

图 5.36

*二、曲面的参数方程

在直角坐标系 $Oxyz$ 中研究曲面的方程时, 除了用三元方程 $F(x, y, z) = 0$ 表示曲面外, 有时还要用到参数方程. 我们看一个例子.

设 Σ 是一个中心在原点,半径为 R 的球面. $M(x,y,z)$ 是球面 Σ 上任意一点. 向径 $\overrightarrow{OM}$ 的长度 $|\overrightarrow{OM}| = R$, 记 θ 是 $\overrightarrow{OM}$ 与 z 轴正向的夹角. φ 是 x 轴正向逆时针转到 $\overrightarrow{OM'}$ ($\overrightarrow{OM}$ 在 xOy 平面上的投影向量) 所成的转角. 由图 5.37 可以看到点 $M(x,y,z)$ 的坐标与 θ, φ 有如下关系

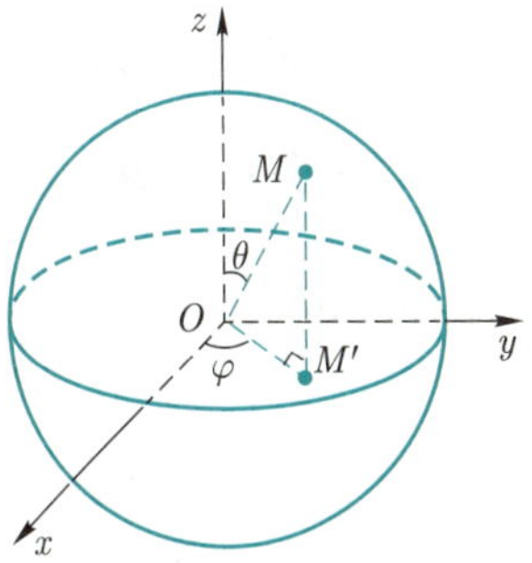

$$\begin{cases} x = R\sin\theta\cos\varphi, \\ y = R\sin\theta\sin\varphi, \quad 0 \leqslant \theta \leqslant \pi, 0 \leqslant \varphi \leqslant 2\pi \\ z = R\cos\theta, \end{cases} \quad (5.3)$$

图 5.37

反过来, 任取一组数 $\theta, \varphi (0 \leqslant \theta \leqslant \pi, 0 \leqslant \varphi \leqslant 2\pi)$, 由关系式 (5.3) 确定了一组数 x, y, z, 因为

$$(x-0)^2 + (y-0)^2 + (z-0)^2 = R^2\sin^2\theta\cos^2\varphi + R^2\sin^2\theta\sin^2\varphi + R^2\cos^2\theta = R^2,$$

即点 $M(x,y,z)$ 到原点的距离为 R, 因此点 M 在球面 Σ 上.

于是关系式 (5.3) 是球面 Σ 上的点满足的充要条件, 通常把 (5.3) 式叫做球面 Σ 的**参数方程**.

一般地, 对于方程组

$$\begin{cases} x = \varphi(u,v), \\ y = \psi(u,v), \quad u \in I_u, v \in I_v, \\ z = \omega(u,v), \end{cases} \quad (5.4)$$

如果关系式 (5.4) 是曲面 S 上的点满足的充要条件, 那么, (5.4) 式就叫做曲面 S 的**参数方程**, 其中 u, v 叫做**参数**. 在实际问题中, 使用曲面的参数方程常常是比较方便的.

例 2 将曲面 $x^2 + y^2 - z^2 = 1$ 用参数方程表示.

解 记 $z = u$, 则 $x^2 + y^2 = 1 + u^2$, 因此

$$\begin{cases} x = \sqrt{1+u^2}\cos v, \\ y = \sqrt{1+u^2}\sin v, \end{cases} v \in [0, 2\pi],$$

于是所求参数方程为

$$\begin{cases} x = \sqrt{1+u^2}\cos v, \\ y = \sqrt{1+u^2}\sin v, \quad u \in (-\infty, +\infty), v \in [0, 2\pi], \\ z = u, \end{cases}$$

其中 u, v 为参数.

三、 曲线的方程

1. 曲线的一般方程

空间的曲线 Γ 可以看成是两个曲面 Σ_1 与 Σ_2 的交线 (图 5.38). 假设 Σ_1,Σ_2 的方程分别是

$$F(x,y,z)=0, G(x,y,z)=0,$$

则曲线 Γ 上的点的坐标应同时满足这两个方程, 即满足方程组

$$\begin{cases} F(x,y,z)=0, \\ G(x,y,z)=0. \end{cases} \quad (5.5)$$

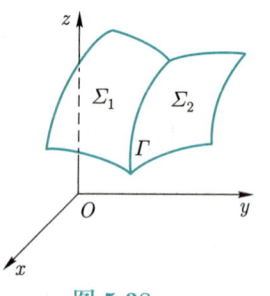

图 5.38

反之, 若点 $M(x,y,z)$ 的坐标满足方程组 (5.5), 这意味着点 M 既在 Σ_1 上又在 Σ_2 上, 因此 M 位于这两个曲面的交线 Γ 上.

于是点 $M(x,y,z)$ 在曲线 Γ 上的充要条件是 M 的坐标 x,y,z 满足方程组 (5.5), 我们把方程组 (5.5) 叫做曲线 Γ 的**一般方程**.

例如, 方程组 $\begin{cases} x^2+y^2=1, \\ 2x+3y+3z=6 \end{cases}$ 表示柱面 $x^2+y^2=1$ 与平面 $2x+3y+3z=6$ 的交线.

例 3 方程组 $\begin{cases} z=\sqrt{a^2-x^2-y^2}, \\ x^2+y^2=ax \end{cases}$ 表示怎样的曲线?

解 方程组中第一个方程表示中心在原点, 半径为 a 的上半球面; 第二个方程为

$$\left(x-\frac{a}{2}\right)^2+y^2=\left(\frac{a}{2}\right)^2,$$

它所表示的是母线平行于 z 轴, 准线是 xOy 面上以点 $\left(\frac{a}{2},0\right)$ 为中心, 半径为 $\frac{a}{2}$ 的圆周的圆柱面, 方程组表示这两个曲面的交线 (图 5.39).

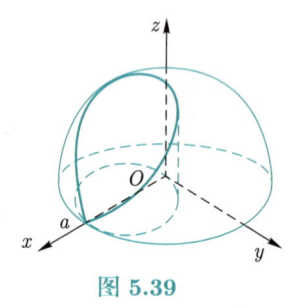

图 5.39

2. 曲线的参数方程

空间曲线也可以用参数方程来表示, 即把曲线上动点的坐标 x,y,z 分别表示成参数 t 的函数

$$\begin{cases} x=x(t), \\ y=y(t), \\ z=z(t). \end{cases} \quad (5.6)$$

当给定 $t=t_1$ 时, 由 (5.6) 式就得到曲线上的一个点 $(x(t_1),y(t_1),z(t_1))$, 随着 t 的变动, 就可得到曲线上的全部点. 方程组 (5.6) 叫做曲线的**参数方程**.

例 4 如果空间一点 M 在圆柱面 $x^2 + y^2 = a^2$ 上以角速率 ω 绕 z 轴旋转, 同时又以线速率 v 沿平行于 z 轴的正方向上升 (其中 ω, v 都是常数), 那么点 M 的轨迹曲线叫**螺旋线**, 试建立其参数方程.

解 取时间 t 为参数. 设当 $t = 0$ 时, 动点位于点 $A(a, 0, 0)$ 处. 经过时间 t, 动点运动到 $M(x, y, z)$ (图 5.40). 记 M 在 xOy 面上的投影为 M', 则 M' 的坐标为 $(x, y, 0)$. 由于动点在圆柱面上以角速率 ω 绕 z 轴旋转, 故经过时间 t, $\angle AOM' = \omega t$. 从而

$$x = |OM'| \cos \angle AOM' = a \cos \omega t,$$
$$y = |OM'| \sin \angle AOM' = a \sin \omega t.$$

又因为动点同时以线速率 v 沿平行于 z 轴的正方向上升, 故

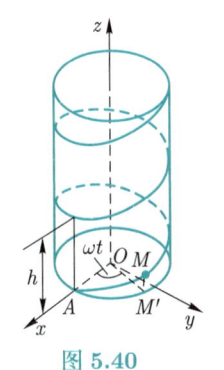

$$z = M'M = vt.$$

图 5.40

因此螺旋线的参数方程为

$$\begin{cases} x = a \cos \omega t, \\ y = a \sin \omega t, \\ z = vt. \end{cases}$$

螺旋线是一种常见的曲线, 比如机用螺丝的外缘曲线通常就是螺旋线. 容易知道, 动点沿螺旋线绕 z 轴旋转一周上升的高度为常数 $h = \dfrac{2\pi v}{\omega}$, 这一数值在工程技术上叫做**螺距**.

四、 曲线在坐标面上的投影

以空间曲线 Γ 为准线, 母线垂直于 xOy 面的柱面叫做 Γ 对 xOy 面的**投影柱面**. 投影柱面与 xOy 面的交线叫做 Γ 在 xOy 面上的**投影曲线** (图 5.41).

设空间曲线 Γ 的一般方程是

$$\begin{cases} F(x, y, z) = 0, \\ G(x, y, z) = 0. \end{cases} \tag{5.7}$$

图 5.41

现在我们来研究由方程组 (5.7) 消去变量 z 后所得的方程

$$H(x, y) = 0. \tag{5.8}$$

由于当点 $M(x, y, z) \in \Gamma$ 时, 其坐标 x, y, z 满足方程组 (5.7), 而方程 (5.8) 是由方程组 (5.7) 消去 z 而得的结果, 故点 M 的前两个坐标 x, y 必满足方程 (5.8), 因此点 M

在 $H(x,y) = 0$ 所表示的柱面上,这说明该柱面包含了曲线 Γ. 从而柱面 $H(x,y) = 0$ 与 xOy 面的交线

$$\begin{cases} H(x,y) = 0, \\ z = 0 \end{cases}$$

必然包含了空间曲线 Γ 在 xOy 面上的投影曲线.

类似地,消去方程组 (5.7) 中的变量 x 或 y,得 $R(y,z) = 0$ 或 $T(z,x) = 0$,再分别与 $x = 0$ 或 $y = 0$ 联立,就得到包含 Γ 在 yOz 面或 zOx 面上的投影曲线的曲线方程:

$$\begin{cases} R(y,z) = 0, \\ x = 0, \end{cases}$$

或

$$\begin{cases} T(z,x) = 0, \\ y = 0. \end{cases}$$

例 5 求曲线

$$\begin{cases} x^2 + y^2 + z^2 = 1, \\ x^2 + (y-1)^2 + (z-1)^2 = 1 \end{cases}$$

在 xOy 面上的投影曲线的方程.

解 为求曲线在 xOy 面上的投影曲线,所给方程组需消去 z. 为此,将两方程相减,得到

$$z = 1 - y.$$

再将上式代入两方程中的任一个,得

$$x^2 + 2y^2 - 2y = 0.$$

结合曲线的图形容易判断出曲线在 xOy 面上的投影曲线方程就是

$$\begin{cases} x^2 + 2y^2 - 2y = 0, \\ z = 0. \end{cases}$$

通过投影曲线还可把某些曲线的一般方程化为参数方程,比如例 5 的这条曲线,通过求投影曲线,就可得到曲线的另一种表示,即

$$\begin{cases} x^2 + 2y^2 - 2y = 0, \\ z = 1 - y \end{cases}$$

所表示的就是该曲线. 把投影柱面方程 $x^2 + 2y^2 - 2y = 0$ 配方为

$$x^2 + 2\left(y - \frac{1}{2}\right)^2 = \frac{1}{2},$$

因此, 曲线上的点 $M(x,y,z)$ 满足 $x = \frac{\sqrt{2}}{2}\cos t$, $y = \frac{1}{2} + \frac{1}{2}\sin t (t \in [0, 2\pi])$, 而且 $z = 1 - y = \frac{1}{2} - \frac{1}{2}\sin t$. 于是, 曲线的参数方程为

$$\begin{cases} x = \frac{\sqrt{2}}{2}\cos t, \\ y = \frac{1}{2} + \frac{1}{2}\sin t, \ t \in [0, 2\pi]. \\ z = \frac{1}{2} - \frac{1}{2}\sin t, \end{cases}$$

例 6 设立体 Ω 由上半球面 $z = \sqrt{20 - x^2 - y^2}$ 和旋转抛物面 $z = x^2 + y^2$ 所围成 (图 5.42), 求 Ω 在 xOy 面上的投影区域①.

解 半球面和旋转抛物面的交线为

$$\Gamma : \begin{cases} z = \sqrt{20 - x^2 - y^2}, \\ z = x^2 + y^2. \end{cases}$$

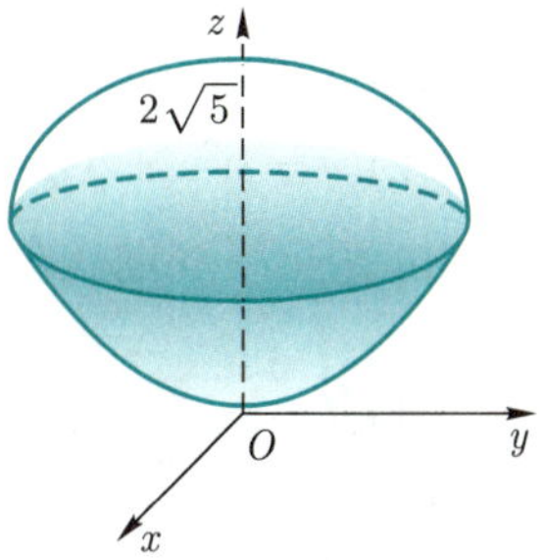

由方程组消去 z, 得到 $x^2 + y^2 = 4$. 容易知道, 交线 Γ 在 xOy 面上的投影曲线就是

$$\begin{cases} x^2 + y^2 = 4, \\ z = 0, \end{cases}$$

图 5.42

这是 xOy 面上的一个圆, 该圆在 xOy 面上所围的部分

$$\begin{cases} x^2 + y^2 \leqslant 4, \\ z = 0 \end{cases}$$

就是 Ω 在 xOy 面上的投影区域.

试算试练 求 Ω 在 yOz 面上的投影区域.

习题 5.5

1. 指出下列方程在平面解析几何中与在空间解析几何中分别表示什么图形:

   (1) $x - 2y = 1$;   (2) $x^2 - 3y^2 = 1$;

   (3) $3x^2 - y = 1$;   (4) $3x^2 + y^2 = 1$.

2. 求下列曲线绕指定轴旋转所生成的旋转曲面的方程:

   (1) zOx 平面上的抛物线 $z^2 = 2 - x$ 绕 x 轴旋转;

   (2) xOy 平面上的双曲线 $4x^2 - 9y^2 = 36$ 绕 x 轴旋转;

   (3) xOy 平面上的圆 $(x - 2)^2 + y^2 = 1$ 绕 y 轴旋转;

---

① 所谓一个立体在坐标面上的投影区域, 是指该立体内的所有点在该坐标面上的投影所组成的集合.

(4) yOz 平面上的直线 $5y - 3z - 1 = 0$ 绕 z 轴旋转.

3. 指出下列方程所表示的曲面哪些是旋转曲面, 这些旋转曲面是怎样形成的:

(1) $x + y^2 + z^2 = 1$; (2) $x^2 + y + z = 1$;

(3) $x^2 - y^2 + z^2 = 1$; (4) $x^2 + y^2 - z^2 + 2z = 1$.

4. 分别按下列条件求动点的轨迹方程, 并指出它们各表示什么曲面:

(1) 动点到坐标原点的距离等于它到点 $(1, 2, 3)$ 的距离的一半;

(2) 动点到坐标原点的距离等于它到平面 $z + 5 = 0$ 的距离;

(3) 动点到点 $(0, 0, 1)$ 的距离等于它到 x 轴的距离;

(4) 动点到 y 轴的距离等于它到 zOx 面的距离的二倍.

5. 画出下列各曲面所围立体的图形:

(1) $x = 0, y = 0, z = 0, x^2 + y^2 = 1, y^2 + z^2 = 1$ (在第 I 卦限内);

(2) $y = x^2, x + y + z = 1, z = 0$.

6. 画出下列曲线在第 I 卦限内的图形:

(1) $\begin{cases} z = \sqrt{1 - x^2 - y^2}, \\ y = x; \end{cases}$ (2) $\begin{cases} z = x^2 + y^2, \\ x + y = 1; \end{cases}$

(3) $\begin{cases} z = \sqrt{x^2 + y^2}, \\ x = 1; \end{cases}$ (4) $\begin{cases} x^2 + y^2 = 1, \\ x^2 + z^2 = 1. \end{cases}$

7. 试把下列曲线方程转换成母线平行于坐标轴的柱面的交线方程:

(1) $\begin{cases} 2x^2 + y^2 + z^2 = 4, \\ x^2 - y^2 + z^2 = 0; \end{cases}$ (2) $\begin{cases} 3y^2 + z^2 + 4x - 4z = 0, \\ y^2 + 3z^2 - 8x - 12z = 0. \end{cases}$

8. 求下列曲线在 xOy 面上的投影曲线的方程:

(1) $\begin{cases} x^2 + y^2 + z^2 = 1, \\ y + z = 1; \end{cases}$ (2) $\begin{cases} z = x^2 + y^2, \\ x + y + z = 2; \end{cases}$

(3) $\begin{cases} x^2 + 3y^2 = 1, \\ z = x^2; \end{cases}$ (4) $\begin{cases} x = \cos 2\theta, \\ y = \sin 2\theta, \\ z = 3\theta. \end{cases}$

9. 将下列曲线的一般方程化为参数方程:

(1) $\begin{cases} x^2 + y^2 + z^2 = 4, \\ x + y = 0; \end{cases}$ (2) $\begin{cases} z = 1 - x^2 - y^2, \\ (x - 1)^2 + y^2 = 1. \end{cases}$

10. 求由 $z = \sqrt{x^2 + y^2 - 1}, x^2 + y^2 = 4$ 和 $z = 0$ 所围立体在 xOy 面上的投影区域.

11. 求旋转抛物面 $2z = x^2 + y^2$ $(0 \leqslant z \leqslant 1)$ 在三个坐标面上的投影区域.

5.6 二次曲面

三元二次方程所表示的曲面叫做**二次曲面**. 上一节旋转曲面中给出的旋转抛物面、旋转椭球面、双叶旋转双曲面和单叶旋转双曲面就是二次曲面. 就如在平面上的二次曲线一样, 空间中的二次曲面也是极其重要的, 并有着广泛的应用. 这一节, 我们将讨论二次曲面, 讨论的方法是用平行于坐标面的平面与二次曲面相截, 考察其截痕的形状, 然后对那些截痕加以综合, 得出曲面的全貌, 这种方法叫做**截痕法**.

1. 椭球面

方程
$$\frac{x^2}{a^2} + \frac{y^2}{b^2} + \frac{z^2}{c^2} = 1 \ (a > 0, b > 0, c > 0) \tag{6.1}$$
表示的曲面叫做**椭球面**. 下面我们根据所给出的方程, 用截痕法来考察椭球面的形状.

由方程可知
$$\frac{x^2}{a^2} \leqslant 1, \quad \frac{y^2}{b^2} \leqslant 1, \quad \frac{z^2}{c^2} \leqslant 1,$$
即
$$|x| \leqslant a, \quad |y| \leqslant b, \quad |z| \leqslant c,$$
这说明椭球面包含在由平面 $x = \pm a, y = \pm b, z = \pm c$ 所围成的长方体内.

先考虑椭球面与三个坐标面的截痕:
$$\begin{cases} \dfrac{x^2}{a^2} + \dfrac{y^2}{b^2} = 1, \\ z = 0, \end{cases} \quad \begin{cases} \dfrac{y^2}{b^2} + \dfrac{z^2}{c^2} = 1, \\ x = 0, \end{cases} \quad \begin{cases} \dfrac{x^2}{a^2} + \dfrac{z^2}{c^2} = 1, \\ y = 0, \end{cases}$$
这些截痕都是椭圆.

再用平行于 xOy 面的平面 $z = h (0 < |h| < c)$ 去截这个曲面, 所得截痕的方程是
$$\begin{cases} \dfrac{x^2}{a^2} + \dfrac{y^2}{b^2} = 1 - \dfrac{h^2}{c^2}, \\ z = h, \end{cases}$$
这些截痕也都是椭圆. 易见, 当 $|h|$ 由 0 变到 c 时, 椭圆由大变小, 最后缩成一点 $(0, 0, \pm c)$. 同样地用平行于 yOz 面或 zOx 面的平面去截这个曲面, 也有类似的结果 (图 5.43). 如果连续地取这样的截痕, 那么可以想象, 这些截痕就组成了一张如图 5.43 所示的椭球面.

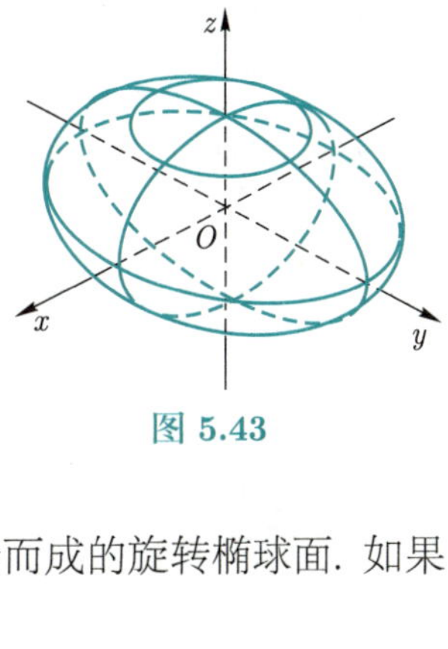

在椭球面方程中, a, b, c 按其大小, 分别叫做椭球面的**长半轴**、**中半轴**、**短半轴**的长度. 如果有两个半轴相等, 如 $a = b$, 则方程表示的是由平面上的椭圆 $\dfrac{y^2}{b^2} + \dfrac{z^2}{c^2} = 1$ 绕 z 轴旋转而成的旋转椭球面. 如果 $a = b = c$, 则方程 $x^2 + y^2 + z^2 = a^2$ 表示一个球面.

图 5.43

2. 抛物面

抛物面分椭圆抛物面与双曲抛物面两种. 方程
$$\frac{x^2}{a^2} + \frac{y^2}{b^2} = \pm z \tag{6.2}$$
所表示的曲面叫做**椭圆抛物面**. 设方程右端取正号, 现在来考察它的形状.

(1) 用 xOy 面 $(z=0)$ 去截这曲面, 截痕为原点.

用平面 $z = h(h>0)$ 去截这曲面, 截痕为椭圆
$$\begin{cases} \dfrac{x^2}{a^2} + \dfrac{y^2}{b^2} = h, \\ z = h. \end{cases}$$

当 $h \to 0$ 时, 截痕退缩为原点; 当 $h < 0$ 时, 截痕不存在. 原点叫做椭圆抛物面的顶点.

(2) 用 zOx 面 $(y=0)$ 去截这曲面, 截痕为抛物线
$$\begin{cases} x^2 = a^2 z, \\ y = 0. \end{cases}$$

用平面 $y = k$ 去截这曲面, 截痕也为抛物线
$$\begin{cases} x^2 = a^2\left(z - \dfrac{k^2}{b^2}\right), \\ y = k. \end{cases}$$

(3) 用 yOz 面 $(x=0)$ 及平面 $x = l$ 去截这曲面, 其结果与 (2) 是类似的.

综合以上分析结果, 可知椭圆抛物面的形状如图 5.44 所示.

方程
$$\frac{x^2}{a^2} - \frac{y^2}{b^2} = \pm z \tag{6.3}$$

所表示的曲面叫做**双曲抛物面**. 设方程右端取正号, 现在来考察它的形状.

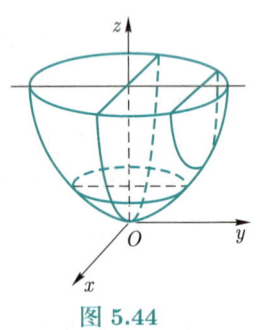

图 5.44

(1) 用平面 $z = h$ 去截这曲面, 截痕方程是
$$\begin{cases} \dfrac{x^2}{a^2} - \dfrac{y^2}{b^2} = h, \\ z = h. \end{cases}$$

当 $h > 0$ 时, 截痕是双曲线, 其实轴平行于 x 轴. 当 $h = 0$ 时, 截痕是 xOy 面上两条相交于原点的直线
$$\frac{x}{a} \pm \frac{y}{b} = 0 \quad (z=0).$$

当 $h < 0$ 时，截痕是双曲线，其实轴平行于 y 轴．

(2) 用平面 $x = k$ 去截这曲面，截痕方程是
$$\begin{cases} \dfrac{y^2}{b^2} = \dfrac{k^2}{a^2} - z, \\ x = k. \end{cases}$$

当 $k = 0$ 时，截痕是 yOz 面上顶点在原点的抛物线且张口朝下．当 $k \neq 0$ 时，截痕都是张口朝下的抛物线，且抛物线的顶点随 $|k|$ 增大而升高．

(3) 用平面 $y = l$ 去截这曲面，截痕均是张口朝上的抛物线
$$\begin{cases} \dfrac{x^2}{a^2} = z + \dfrac{l^2}{b^2}, \\ y = l. \end{cases}$$

综合以上分析结果可知，双曲抛物面的形状如图 5.45 所示．因其形状与马鞍相似，故也叫**鞍形面**．

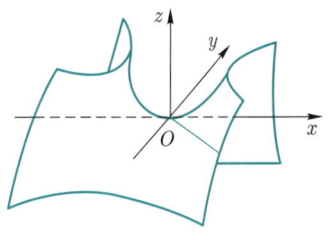

图 5.45

3. 双曲面

双曲面分单叶双曲面与双叶双曲面两种．其中方程
$$\frac{x^2}{a^2} + \frac{y^2}{b^2} - \frac{z^2}{c^2} = 1 \tag{6.4}$$
所表示的曲面叫做**单叶双曲面**．用截痕法可得出它的形状如图 5.46(a) 所示．

方程
$$\frac{x^2}{a^2} + \frac{y^2}{b^2} - \frac{z^2}{c^2} = -1 \tag{6.5}$$
所表示的曲面叫做**双叶双曲面**，它的形状如图 5.46(b) 所示，这里不再赘述．

(a)   (b)

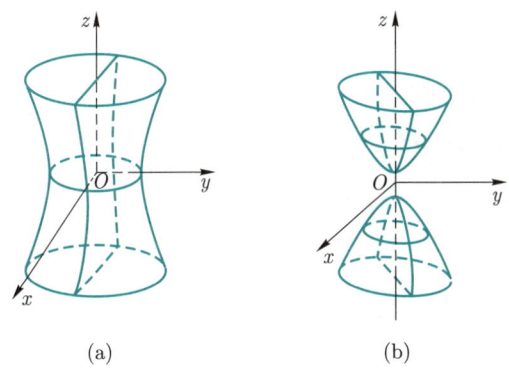

图 5.46

4. 椭圆锥面

方程
$$\frac{x^2}{a^2} + \frac{y^2}{b^2} - \frac{z^2}{c^2} = 0 \tag{6.6}$$
所表示的曲面叫做**椭圆锥面** (或**二次锥面**)，它的形状如图 5.47 所示．

以上讨论的二次曲面都称为**标准形二次曲面**, 它们的方程也称为**标准形二次方程**. 在 $Oxyz$ 坐标系中, 如果将二次曲面作平移, 那么曲面的方程就有所改变. 若曲面 Σ 的方程是 $F(x,y,z) = 0$, 则平移后所得曲面 Σ' 的方程就是 $F(x - x_0, y - y_0, z - z_0) = 0$, Σ' 与 Σ 有相同的形状. 利用这一点, 就可将某些非标准二次方程利用配平方的方法, 找出它的标准形式, 通过平移就可获得它的图形并确定其位置, 例如方程

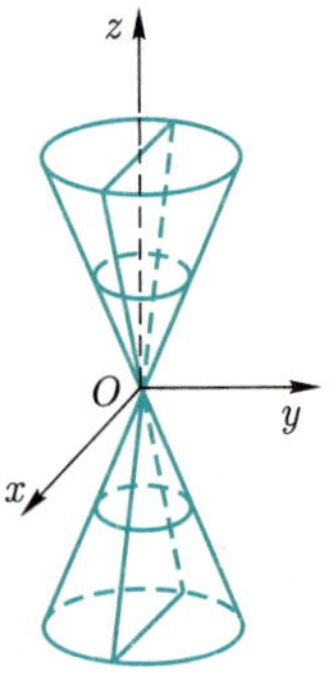

$$2x^2 + y^2 + z^2 + 4x - 4y = 0,$$

利用配平方的方法, 得

$$2(x+1)^2 + (y-2)^2 + z^2 = 6,$$

即

$$\frac{(x+1)^2}{3} + \frac{(y-2)^2}{6} + \frac{z^2}{6} = 1,$$

图 5.47

由此可知它是椭球面, 其中心位于 $(-1, 2, 0)$, 三个半轴长分别是 $\sqrt{3}, \sqrt{6}$ 和 $\sqrt{6}$.

试算试练 求方程 $2x^2 - y^2 + z^2 + 4x - 4y = 0$ 所表示的曲面.

一般的二次方程, 还需借助于线性代数中的二次型, 把给定的二次方程化为标准形, 有关内容请参阅线性代数教材.

习题 5.6

1. 画出下列各方程所表示的二次曲面:

(1) $2x^2 + 4y^2 + z^2 = 1$; (2) $4x^2 + 3y^2 - z^2 = 12$;

(3) $3x^2 - 2y^2 - z^2 = 6$; (4) $5x^2 + 2y^2 - z = 1$.

2. 画出下列各曲面所围立体的图形:

(1) $z = 0, z = 10 - 2x^2 - 5y^2$;

(2) $z = \sqrt{x^2 + 2y^2}, z = \sqrt{4 - x^2 - 2y^2}$;

(3) $z = 0, y + z = 1, z^2 = x^2 + 3y^2 - 3$.

总习题五

1. 设 $\boldsymbol{a} \neq \boldsymbol{0}$, 试问:

(1) 若 $\boldsymbol{a} \cdot \boldsymbol{b} = \boldsymbol{a} \cdot \boldsymbol{c}$, 能否推知 $\boldsymbol{b} = \boldsymbol{c}$?

(2) 若 $\boldsymbol{a} \times \boldsymbol{b} = \boldsymbol{a} \times \boldsymbol{c}$, 能否推知 $\boldsymbol{b} = \boldsymbol{c}$?

(3) 若 $\boldsymbol{a} \cdot \boldsymbol{b} = \boldsymbol{a} \cdot \boldsymbol{c}$ 且 $\boldsymbol{a} \times \boldsymbol{b} = \boldsymbol{a} \times \boldsymbol{c}$, 能否推知 $\boldsymbol{b} = \boldsymbol{c}$?

2. 已知 $\triangle ABC$ 的顶点为 $A(5, -2, -1), B(1, 4, 3), C(1, -1, 2)$, 求从点 C 向 AB 边所引中线的长度.

3. 以向量 a 与 b 为边作平行四边形, 试用 a 与 b 表示 a 边上的高向量.

4. 在边长为 1 的立方体中, 设 OM 为对角线, OA 为棱, 求 $\overrightarrow{OA}$ 在 $\overrightarrow{OM}$ 上的投影.

5. 设 $|a|=1, |b|=2, \widehat{(a,b)} = \dfrac{\pi}{3}$, 计算:

(1) $a+b$ 与 $a-b$ 之间的夹角;

(2) 以 $a+3b$ 与 $a-4b$ 为邻边的平行四边形的面积.

6. 设 $(a+3b) \perp (7a-5b)$, $(a-4b) \perp (7a-2b)$, 求 $\widehat{(a,b)}$.

7. 已知单位向量 $\overrightarrow{OA}$ 与三个坐标轴的夹角相等, B 是点 $M(1,-2,-3)$ 关于点 $N(2,-1,3)$ 的对称点, 求 $\overrightarrow{OA} \times \overrightarrow{OB}$.

8. 已知 $a=(2,-2,-1)$, $b=(-4,7,4)$, 向量 c 平分 a 与 b 的夹角, 且 $|c|=2$, 求 c.

9. 设向量 a, b 满足 $\mathrm{Prj}_a b = 2$, 求 $\displaystyle\lim_{x \to 0} \dfrac{|a+3xb| - |a|}{x}$.

10. 求通过点 $A(-3,0,0)$ 和 $B(0,1,0)$ 且与 zOx 面成 $\dfrac{\pi}{6}$ 角的平面方程.

11. 设一平面与平面 $3x+y-2z=11$ 垂直, 且通过从点 $(1,-1,1)$ 到直线 $\begin{cases} y-z+1=0, \\ x=0 \end{cases}$ 的垂线, 求此平面的方程.

12. 求过点 $(-1,0,4)$ 且平行于平面 $3x-4y+z-10=0$, 又与直线 $x+1 = y-3 = \dfrac{z}{2}$ 相交的直线的方程.

13. 求过点 $(2,-1,2)$ 且与两直线 $\dfrac{x-1}{1} = \dfrac{y-1}{0} = \dfrac{z-1}{1}$, $\dfrac{x-2}{1} = \dfrac{y-1}{1} = \dfrac{z+3}{-3}$ 都相交的直线方程.

14. 求平行于直线 $\begin{cases} y=2x, \\ z=-3x \end{cases}$ 并沿曲线 $\begin{cases} x^2+y^2+z^2=1, \\ z=0 \end{cases}$ 移动的直线所形成的曲面方程.

15. 求过点 $A(1,0,0)$ 和 $B(2,2,3)$ 的直线绕 z 轴旋转所生成的旋转曲面的方程.

16. 求柱面 $z^2 = 2y$ 与锥面 $z = \sqrt{x^2+y^2}$ 所围立体在三个坐标面上的投影.

17. 画出下列各曲面所围立体的图形:

(1) $x^2 = 1-z$, $y=0$, $z=0$, $x+y=1$;

(2) $z = \sqrt{1+x^2+y^2}$, $z = \sqrt{9-x^2-y^2}$.

18. 假设三个直角坐标面都镶上了反射镜, 并将一束激光沿向量 $a=(a_x, a_y, a_z)$ 的方向射向 zOx 面, 试用反射定律证明: 反射光束的方向向量 $b=(a_x, -a_y, a_z)$; 进而推出: 入射光束经三个镜面连续反射后, 最后所得的反射光束平行于入射光束, 请问能否利用此结论来测得地球和月球的距离?

数学星空　　光辉典范——数学家与数学家精神

最杰出的女数学家——爱米·诺特与抽象代数

爱米·诺特（1882—1935）德国数学家. 20 世纪群星璀璨的数学星空中，有一位迄今最杰出的女数学家——爱米·诺特. 她是现代抽象代数学的奠基人. 温存宽厚，心地善良，淡泊名利，始终全身心关注科学研究事业. 在当时女性依然受到歧视的德国，她一直没有正式的教授头衔，但她的科学研究却吸引了一大批来自世界各地的学者，形成了具有世界影响的哥廷根抽象代数学派. 在 20 世纪 30 年代希特勒疯狂的排犹运动中，诺特被迫离开了德国，两年后客死美国. 爱因斯坦特地为她写了悼念文章，称她是"自妇女开始接受高等教育以来有过的最杰出的富有创造性的数学天才".

第六章 多元函数微分学

6.1 多元函数的基本概念

一、多元函数的概念

在一元函数中,我们所讨论的是一个变量 (因变量) 随着另一变量 (自变量) 的变化情形, 而在实际问题中, 很多量并不是由单个变量所确定的, 常常是受到多个因素的影响. 例如, 长方体是由它的三个棱长 a, b 和 c 所确定的, 它的体积 V 与 a, b 和 c 都有关, 并由它们惟一确定, 此时, 我们称 V 是变量 a, b 和 c 的函数. 又如, 电路中的电流 i 与电路中的电阻 R、电容 C、电感 L 和时间 t 有关, 因此 i 是变量 R, C, L 和 t 的函数. 通常, 我们用有序数组来表示上述多个变量, 例如, 上述长方体的三个棱长用有序数组 (a, b, c) 表示, 上述电路中的变量用有序数组 (R, C, L, t) 表示, 一般地, 我们用 $\mathbf{R}^n$ 表示 n 元有序实数组的全体构成的集合, 即

$$\mathbf{R}^n = \{(x_1, x_2, \cdots, x_n) | x_k \in \mathbf{R}, k = 1, 2, 3, \cdots, n\},$$

$\mathbf{R}^n$ 称为 n 维 (实) 空间, 集合中的元素 $(x_1, x_2, \cdots, x_n)$ 也称为 $\mathbf{R}^n$ 中的点或向量, 可记作 $P(x_1, x_2, \cdots, x_n)$ 或 $x = (x_1, x_2, \cdots, x_n)$, $x_k (k = 1, 2, \cdots, n)$ 称为该点的第 k 个坐标或第 k 个分量, 其中 $(0, 0, \cdots, 0)$ 称为 $\mathbf{R}^n$ 的原点.

定义 1 设 D 是 $\mathbf{R}^n$ 的一个非空子集, 从 D 到实数集 $\mathbf{R}$ 的任一映射 f 称为定义在 D 上的一个 n 元**函数** (或**数量值函数**), 记作

$$f: D \subset \mathbf{R}^n \to \mathbf{R},$$

或

$$y = f(P) = f(x_1, x_2, \cdots, x_n), P(x_1, x_2, \cdots, x_n) \in D.$$

其中 $P(x_1, x_2, \cdots, x_n)$ 称为函数 f 的**自变量**, y 称为函数 f 的**因变量**, D 称为函数 f 的**定义域**, $f(D) = \{f(P) | P(x_1, x_2, \cdots, x_n) \in D\}$ 称为函数 f 的**值域**, 并且称 $\mathbf{R}^{n+1}$ 中的子集

$$\{(x_1, x_2, \cdots, x_n, y) | y = f(x_1, x_2, \cdots, x_n), (x_1, x_2, \cdots, x_n) \in D\}$$

为函数 $y = f(x_1, x_2, \cdots, x_n)$ (在 D 上) 的**图形**.

在 n 等于 2 与 3 时，习惯上将点 $P(x_1, x_2)$ 与点 $M(x_1, x_2, x_3)$ 分别写成 $P(x,y)$ 与 $M(x,y,z)$，相应地，二元函数、三元函数常记为 $z = f(P) = f(x,y)$，$u = f(M) = f(x,y,z)$.

一个二元函数 $z = f(x,y)$，$(x,y) \in D$ 的图形
$$\{(x,y,z) | z = f(x,y), (x,y) \in D\}$$
在几何上常表示空间 $\mathbf{R}^3$ 中的一张曲面，在直角坐标下，这张曲面在 xOy 面上的投影就是函数 $f(x,y)$ 的定义域 D (图 6.1). 例如函数 $z = \sqrt{1-x^2-y^2}(x^2+y^2 \leqslant 1)$ 的图形是一张半球面，它在 xOy 坐标面上的投影是圆域 $D = \{(x,y) | x^2 + y^2 \leqslant 1\}$，$D$ 就是函数 $\sqrt{1-x^2-y^2}$ 的定义域.

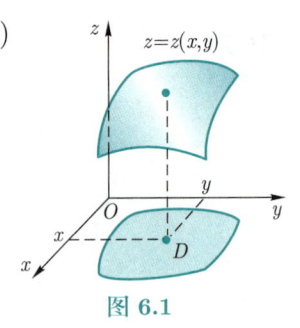

图 6.1

试算试练 已知 $f(x,y) = 2\sin(x^2 y)$，求 $f(1,2)$ 及 $f\left(\dfrac{1}{2}, \pi\right)$.

对于二元函数 $z = f(x,y)$，由方程 $f(x,y) = c$ 所表示的平面曲线称为这个二元函数的**等量线**，容易知道等量线 $f(x,y) = c$ 是曲面 $z = f(x,y)$ 与平面 $z = c$ 的交线在 xOy 面上的投影曲线，在此投影曲线上，任意一点 (x,y) 所对应的曲面上的点均具有相同的竖标 c，或者说具有相同的"高度" c，因此等量线也常被称作**等高线**. 二元函数 $z = f(x,y)$ 的图形除表为空间曲面外，还常常用等量线表示 (例如，在地理地形中的等高线，气象中的等压线、等温线，等等). 例如，二元函数 $z = x^2 + y^2$ 在空间所表示的是旋转抛物面 (图 6.2(a))，图 6.2(b) 所示的是它的等量线.

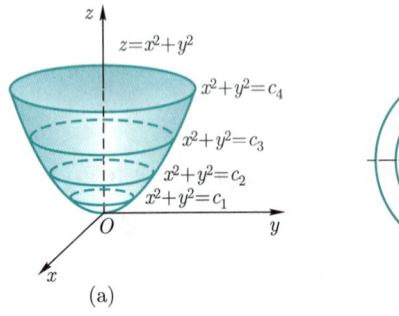

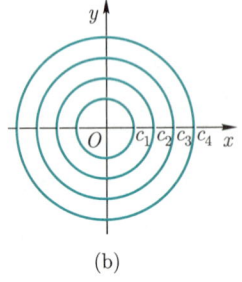

图 6.2

类似地，对于三元函数 $u = f(x,y,z)$，由方程 $f(x,y,z) = c$ 所表示的曲面称为这个三元函数的**等量面**.

试算试练 已知二元函数 $f(x,y) = 10 - x^2 - y^2$，画出该函数的图形，并在平面上画出等量线 $f(x,y) = 1$，$f(x,y) = 6$ 以及 $f(x,y) = 9$.

当我们用某个算式表达多元函数时，凡是使算式有意义的自变量所组成的点集称为这个多元函数的**自然定义域**. 例如，二元函数 $z = \ln(x+y)$ 的自然定义域为
$$\{(x,y) | x + y > 0\}$$

(图 6.3). 又如, 二元函数 $z = \sqrt{1-x^2-y^2}$ 的自然定义域为
$$\{(x,y)|x^2+y^2 \leqslant 1\}.$$
我们约定, 凡用算式表达的多元函数, 除另有说明外, 其定义域都是指自然定义域.

在一元函数有关问题中, 我们常需要了解函数的四个特性: 有界性、单调性、奇偶性和周期性, 其中的有界性的定义对于多元函数仍然适用:

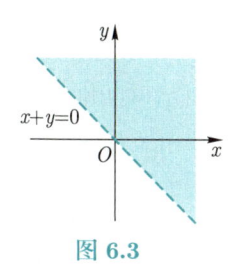

图 6.3

设有 n 元函数 $y = f(P)$, 其定义域为 $D \subseteq \mathbf{R}^n$, 集合 $X \subset D$. 若存在正数 M, 使对任一点 $P \in X$, 有 $|f(P)| \leqslant M$, 则称 $f(P)$ 在 X 上**有界**, M 称为 $f(P)$ 在 X 上的一个**界**.

二、 平面和空间中的重要子集

我们知道, 研究一元函数 $f(x)$ 及其性质, 都是基于数轴上的点、点集、区间、邻域, 以及两点间的距离等概念, 因此, 为了研究多元函数, 我们需要在平面和空间中引入对应的概念, 为方便起见, 下面以平面 $\mathbf{R}^2$ 为例叙述这些概念.

1. 邻域

设 $P_0(x_0,y_0) \in \mathbf{R}^2$, δ 为某一正数, 在 $\mathbf{R}^2$ 中与点 $P_0(x_0,y_0)$ 的距离小于 δ 的点 $P(x,y)$ 的全体, 称为**点 $P_0(x_0,y_0)$ 的 δ 邻域**, 记作 $U(P_0, \delta)$, 即
$$U(P_0, \delta) = \{(x,y)|\sqrt{(x-x_0)^2+(y-y_0)^2} < \delta\}.$$
在几何上, $U(P_0, \delta)$ 就是平面上以点 $P_0(x_0,y_0)$ 为中心, 以 δ 为半径的圆盘 (不含圆周).

$U(P_0, \delta)$ 中除去点 $P_0(x_0,y_0)$ 后所剩部分, 称为**点 $P_0(x_0,y_0)$ 的去心 δ 邻域**, 记作 $\mathring{U}(P_0, \delta)$.

如果不需要强调邻域的半径, 通常就用 $U(P_0)$ 或 $\mathring{U}(P_0)$ 分别表示点 P_0 的某个邻域或某个去心邻域.

2. 内点、边界点和聚点

设集合 $E \subset \mathbf{R}^2$, 点 $P, Q \in \mathbf{R}^2$, 如果存在 $\delta > 0$, 使得 $U(P, \delta) \subset E$, 则称 P 是 E 的**内点** (图 6.4). 若在点 Q 的任一邻域内, 既有集合 E 的点, 又有余集 $\complement E$ 的点, 则称 Q 是 E 的**边界点** (图 6.4), E 的边界点的全体称为 E 的**边界**, 记作 ∂E (图 6.4). 如果对任意给定的 $\delta > 0$, P 的去心邻域 $\mathring{U}(P, \delta)$ 中总有 E 中的点 (P 本身可属于 E, 也可不属于 E), 则称 P 是 E 的**聚点**.

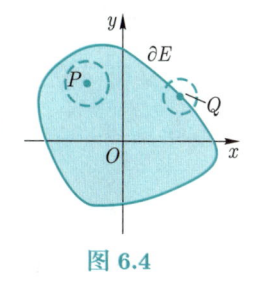

图 6.4

例如, 点集 $E = \{(x,y)|1 \leqslant x^2+y^2 < 4\}$, 对于 $\mathbf{R}^2$ 内的点 $P(x_0,y_0)$, 若 $1 < x_0^2+y_0^2 < 4$, 则点 P 为 E 的内点; 若 $x_0^2+y_0^2 = 1$ 或 $x_0^2+y_0^2 = 4$, 则点 P 为 E 的边界

点; 若 $1 \leqslant x_0^2 + y_0^2 \leqslant 4$, 则点 P 为 E 的聚点. E 的边界 ∂E 为集合 $\{(x,y)|x^2+y^2=1\} \cup \{(x,y)|x^2+y^2=4\}$.

3. 开集与闭集

设集合 $E \subset \mathbf{R}^2$, 如果 E 中每一点都是 E 的内点, 则称 E 是 $\mathbf{R}^2$ 中的**开集**; 如果 E 的余集 $\complement E$ 是 $\mathbf{R}^2$ 中的开集, 则称 E 是 $\mathbf{R}^2$ 中的**闭集**[①].

例如, $\{(x,y)|1 < x^2 + y^2 < 4\}$ 是 $\mathbf{R}^2$ 中的开集; $\{(x,y)|1 \leqslant x^2 + y^2 \leqslant 4\}$ 是 $\mathbf{R}^2$ 中的闭集; 而 $\{(x,y)|1 \leqslant x^2 + y^2 < 4\}$ 既不是 $\mathbf{R}^2$ 中的开集, 也不是 $\mathbf{R}^2$ 中的闭集.

4. 有界集与无界集

设集合 $E \subset \mathbf{R}^2$, 如果存在常数 $M > 0$, 使得对所有的 $P(x,y) \in E$, 都有 $\sqrt{x^2 + y^2} < M$, 则称 E 是 $\mathbf{R}^2$ 中的**有界集**. 一个集合如果不是有界集, 就称为是**无界集**.

5. 区域、闭区域

设 E 是 $\mathbf{R}^2$ 中的非空开集, 如果对于 E 中任意两点 P_1 与 P_2, 总存在 E 中的折线把 P_1 与 P_2 连结起来, 则称 E 是 $\mathbf{R}^2$ 中的**区域** (或**开区域**). 可见, 区域即为"连通"的开集. 开区域连同它的边界一起, 称为**闭区域**.

例如, $\{(x,y)|x + y > 0\}$ 以及 $\{(x,y)|1 < x^2 + y^2 < 4\}$ 都是 $\mathbf{R}^2$ 中的开区域, $\{(x,y)|x + y \geqslant 0\}$ 以及 $\{(x,y)|1 \leqslant x^2 + y^2 \leqslant 4\}$ 都是 $\mathbf{R}^2$ 中的闭区域.

以上是平面 $\mathbf{R}^2$ 上的一些重要子集, 把平面上两点之间的距离公式替换为空间情形, 就可平行地得到空间 $\mathbf{R}^3$ 上的邻域、区域等重要子集. 更一般地, 我们有 n 维空间 $\mathbf{R}^n$ 上两点 $P(x_1, x_2, \cdots, x_n)$ 和 $Q(y_1, y_2, \cdots, y_n)$ 之间的距离, 记作 $\rho(P,Q)$, 为如下规定的一个数:

$$\rho(P,Q) = \sqrt{(y_1 - x_1)^2 + (y_2 - x_2)^2 + \cdots + (y_n - x_n)^2}, \tag{1.1}$$

从而, 上述重要子集可逐一推广到 n 维空间 $\mathbf{R}^n$ 中去.

三、多元函数的极限

现在利用上一目中的重要子集来定义二元函数的极限:

定义 2 设二元函数 $f(P) = f(x,y)$ 的定义域为 D, $P_0(x_0, y_0)$ 是 D 的聚点, 如果存在常数 A, 使得对于任意给定的正数 ε, 总存在正数 δ, 只要点 $P(x,y) \in D \cap \mathring{U}(P_0, \delta)$, 就有

$$|f(P) - A| = |f(x,y) - A| < \varepsilon,$$

则称 A 为函数 $f(x,y)$ 当 $P(x,y)$ (在 D 上) 趋于 $P_0(x_0, y_0)$ 时的 (**二重**) **极限**, 记作

$$\lim_{P \to P_0} f(P) = A, \quad \lim_{(x,y) \to (x_0, y_0)} f(x,y) = A,$$

[①] 通常约定空集 $\varnothing$ 是开集, 这样 $\varnothing$ 及 $\mathbf{R}^2$ 都既是 $\mathbf{R}^2$ 中的开集, 也是 $\mathbf{R}^2$ 中的闭集.

或者
$$f(P) \to A \ (P \to P_0), \quad f(x,y) \to A \ ((x,y) \to (x_0, y_0)).$$

上述二元函数的极限可推广到三元函数以及一般的 n 元函数, 这里就不赘述了.

例 1 设 $f(x,y) = \dfrac{x^2 y}{x^2 + y^2}$, 证明 $\lim\limits_{(x,y) \to (0,0)} f(x,y) = 0$.

证 容易知道, $f(x,y)$ 的定义域为 $D = \mathbf{R} \setminus \{(0,0)\}$, 原点 $O(0,0)$ 是 D 的聚点. 因为
$$|f(x,y) - 0| = \left|\frac{x^2 y}{x^2 + y^2}\right| \leqslant |y| \leqslant \sqrt{x^2 + y^2},$$

故对于任意给定的正数 ε, 取 $\delta = \varepsilon$, 则当 $P(x,y) \in \overset{\circ}{U}(O, \delta)$ 时, 就有
$$|f(x,y) - 0| < \varepsilon,$$

所以结论成立.

多元函数极限的定义与一元函数极限的定义有着完全相同的形式, 这使得有关一元函数的极限运算法则 (极限的保号性, 四则运算、复合运算的极限运算法则, 以及夹逼准则, 等等) 都可以平行地推广到多元函数上来, 这里就不一一罗列了.

例 2 求 $\lim\limits_{(x,y) \to (3,0)} \dfrac{\ln(1+xy) + \sin(2y)}{y}$.

解 令 $f(x,y) = \dfrac{\ln(1+xy) + \sin(2y)}{y}$, 则函数 $f(x,y)$ 的定义域 $D = \{(x,y) | xy > -1, y \neq 0\}$ (图 6.5), 根据极限的定义, 只需在其 $x > 0$ 的部分内进行极限的运算.

由极限的四则运算法则, 得
$$\lim_{(x,y) \to (3,0)} \frac{\ln(1+xy) + \sin(2y)}{y} = \lim_{(x,y) \to (3,0)} \left[\frac{\ln(1+xy)}{xy} \cdot x + 2 \cdot \frac{\sin(2y)}{2y}\right]$$
$$= \lim_{(x,y) \to (3,0)} \frac{\ln(1+xy)}{xy} \cdot \lim_{(x,y) \to (3,0)} x + 2 \lim_{(x,y) \to (3,0)} \frac{\sin(2y)}{2y},$$

根据复合函数的极限运算法则, 得
$$\lim_{(x,y) \to (3,0)} \frac{\ln(1+xy)}{xy} = \lim_{u \to 0} \frac{\ln(1+u)}{u} = 1, \quad \lim_{(x,y) \to (3,0)} \frac{\sin(2y)}{2y} = \lim_{v \to 0} \frac{\sin v}{v} = 1.$$

于是, 所求极限
$$\lim_{(x,y) \to (3,0)} \frac{\ln(1+xy) + \sin(2y)}{y} = 1 \cdot 3 + 2 \cdot 1 = 5.$$

必须指出, 按照二重极限的定义, 所谓当 $(x,y) \to (x_0, y_0)$ 时 $f(x,y)$ 的极限存在为 A, 是指动点 $P(x,y)$ 在 D 上以任何方式趋于定点 $P_0(x_0, y_0)$ 时, $f(x,y)$ 都以常数 A 为极限. 如果仅当 $P(x,y)$ 在 D 上以某种特殊方式趋于 $P_0(x_0, y_0)$ 时, $f(x,y)$ 趋于

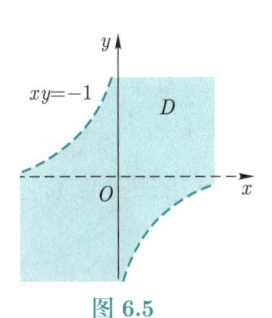

图 6.5

常数 A, 那么还不能断定 $f(x,y)$ 存在极限. 但是如果当 $P(x,y)$ 在 D 上以不同方式趋于 $P_0(x_0, y_0)$ 时, $f(x,y)$ 趋于不同的常数, 那么便能断定 $f(x,y)$ 的极限不存在.

例 3 设 $f(x,y) = \dfrac{xy}{x^2 + y^2}$, 证明: 当 $(x,y) \to (0,0)$ 时 $f(x,y)$ 的极限不存在.

证 因为, 当点 $(x,y)(x^2 + y^2 \neq 0)$ 位于 x 轴上时, $f(x,y) = f(x,0) = 0$, 故点 (x,y) 沿 x 轴趋于原点 $(0,0)$ 时极限存在为零, 即

$$\lim_{\substack{(x,y)\to(0,0)\\y=0}} f(x,y) = \lim_{x\to 0} f(x,0) = 0;$$

当点 $(x,y)(x^2 + y^2 \neq 0)$ 位于直线 $y = x$ 上时, $f(x,y) = f(x,x) = \dfrac{1}{2}$, 故点 (x,y) 沿直线 $y = x$ 趋于原点 $(0,0)$ 时极限存在为 $\dfrac{1}{2}$, 即

$$\lim_{\substack{(x,y)\to(0,0)\\y=x}} f(x,y) = \lim_{x\to 0} f(x,x) = \dfrac{1}{2},$$

由于上述两个极限值不同, 故当 $(x,y) \to (0,0)$ 时, $f(x,y)$ 的极限不存在.

典型例题

极限不存在的判定

四、多元函数的连续性

有了多元函数的极限概念, 就可以定义多元函数的连续性. 下面以二元函数为例给出连续的定义.

定义 3 设二元函数 $f(x,y)$ 的定义域为 D, $P_0(x_0, y_0)$ 是 D 的聚点, 且 $P(x_0, y_0) \in D$, 如果

$$\lim_{(x,y)\to(x_0,y_0)} f(x,y) = f(x_0, y_0),$$

则称**函数** $f(x,y)$ **在点** $P_0(x_0, y_0)$ **处连续** (点 $P_0(x_0, y_0)$ 是函数 $f(x,y)$ 的**连续点**); 如果函数 $f(x,y)$ 在点 $P_0(x_0, y_0)$ 处不连续, 则称**函数** $f(x,y)$ **在点** $P_0(x_0, y_0)$ **处间断** (点 $P_0(x_0, y_0)$ 是函数 $f(x,y)$ 的**间断点**).

如果 $f(x,y)$ 在 D 上的每一点处都连续, 则称**函数** $f(x,y)$ **在** D **上连续**, 或称 $f(x,y)$ **是** D **上的连续函数**, 记作 $f \in C(D)$.

例如, 二元函数

$$f(x,y) = \begin{cases} \dfrac{x^2 y}{x^2 + y^2}, & x^2 + y^2 \neq 0, \\ 0, & x^2 + y^2 = 0, \end{cases}$$

由例 1 知 $\lim\limits_{(x,y)\to(0,0)} f(x,y) = 0 = f(0,0)$, 故 $f(x,y)$ 在原点 $(0,0)$ 处连续; 对于 $\mathbf{R}^2$ 上任意给定的其他点 $(x_0, y_0)(x_0^2 + y_0^2 \neq 0)$, 利用极限运算法则得

$$\lim_{(x,y)\to(x_0,y_0)} \dfrac{x^2 y}{x^2 + y^2} = \dfrac{\lim\limits_{(x,y)\to(x_0,y_0)} x^2 y}{\lim\limits_{(x,y)\to(x_0,y_0)} (x^2 + y^2)} = \dfrac{x_0^2 y_0}{x_0^2 + y_0^2},$$

即 $\lim\limits_{(x,y)\to(x_0,y_0)} f(x,y) = f(x_0,y_0)$. 因此, $f(x,y)$ 是 $\mathbf{R}^2$ 上的连续函数. 而由例 3 知, 当 $(x,y) \to (0,0)$ 时, 二元函数

$$g(x,y) = \begin{cases} \dfrac{xy}{x^2+y^2}, & x^2+y^2 \neq 0, \\ 0, & x^2+y^2 = 0 \end{cases}$$

的极限不存在, 故 $g(x,y)$ 在原点 $(0,0)$ 处间断.

和一元函数一样, 利用多元函数的极限运算法则可以证明, **多元连续函数的和、差、积、商 (在分母不为零处) 仍是连续函数, 多元连续函数的复合函数也是连续函数**. 例如, 设 $f(x) = x$, $g(y) = y^2$, 则 $f(x)$ 和 $g(y)$ 都是 $\mathbf{R}$ 上的一元连续函数. 如果将 $f(x), g(y)$ 都看成是定义在 $\mathbf{R}^2$ 上的关于变量 x 和 y 的二元函数, 那么它们都是 $\mathbf{R}^2$ 上的二元连续函数. 按照多元连续函数的四则运算法则, 二元函数 $x+y^2$, xy^2, $\dfrac{x}{y^2}$ $(y \neq 0)$ 都在各自的自然定义域上连续.

与一元初等函数相类似, 一个**多元初等函数**是指能用一个算式表示的多元函数, 这个算式由常量及具有不同自变量的一元基本初等函数经过有限次的四则运算和复合运算而得到. 例如, $x+y^2$, $\dfrac{x-y}{1+x^2}$, e^{xy^2}, $\sin(x^2+y^2+z)$ 等都是多元初等函数. 根据上面的分析, 即可得到下述结论: **一切多元初等函数在定义域中的任一区域上都是连续的**.

特别地, 如果 P_0 是多元初等函数 $f(P)$ 的定义域的内点, 则函数 $f(P)$ 在点 P_0 处连续, 于是, 当 $P \to P_0$ 时函数 $f(P)$ 的极限存在等于函数在点 P_0 的函数值, 即

$$\lim_{P\to P_0} f(P) = f(P_0).$$

例 4 设 $f(x,y) = \dfrac{x}{\sqrt{1+xy}-1}$, 试求 $\lim\limits_{(x,y)\to(0,1)} f(x,y)$.

证 容易知道, $f(x,y)$ 的定义域为 $D = \{(x,y) | xy \geqslant -1, x \neq 0, y \neq 0\}$, $P_0(0,1)$ 是 D 的聚点. 在 D 内进行有理化, 得

$$f(x,y) = \dfrac{x(\sqrt{1+xy}+1)}{(\sqrt{1+xy}-1)(\sqrt{1+xy}+1)} = \dfrac{\sqrt{1+xy}+1}{y},$$

函数 $g(x,y) = \dfrac{\sqrt{1+xy}+1}{y}$ 的定义域为 $D' = \{(x,y) | xy \geqslant -1, y \neq 0\}$, 点 $P_0(0,1)$ 是 D' 的内点, 因此

$$\lim_{(x,y)\to(0,1)} f(x,y) = \lim_{(x,y)\to(0,1)} g(x,y) = g(0,1) = 2.$$

最后我们列举有界闭区域上多元连续函数的几个性质, 这些性质分别与闭区间上一元连续函数的性质相对应.

性质 1 有界闭区域 D 上的多元连续函数是 D 上的有界函数.

性质 2 有界闭区域 D 上的多元连续函数在 D 上存在最大值和最小值.

性质 3 有界闭区域 D 上的多元连续函数必取得介于最小值和最大值之间的任何值.

性质 4* 有界闭区域 D 上的多元连续函数必在 D 上一致连续.

习题 6.1

1. 根据已知条件, 写出下列函数的表达式:

(1) $f(x,y) = \dfrac{xy^2}{x+y^2}$, 求 $f\left(xy, \dfrac{y}{x}\right)$;

(2) $f\left(\dfrac{x}{y}\right) = \sqrt{\dfrac{xy}{x^2+y^2}}$, 求 $f(x+y)$;

(3) $f(x,y) = 2x - 3y + 1$, 求 $f(f(x^2,y), x-y)$;

(4) $f(x-y, \ln x) = \left(1 - \dfrac{y}{x}\right)\dfrac{\mathrm{e}^x}{\mathrm{e}^y \ln(x^x)}$, 求 $f(x,y)$.

2. 求下列函数的定义域, 并画出定义域的图形:

(1) $f(x,y) = \ln \sin x$; (2) $f(x,y) = \ln(2x^2 + y^2 - 4)$;

(3) $f(x,y) = \dfrac{xy}{\sqrt{2-|x|-|y|}}$; (4) $f(x,y,z) = \sqrt{9-x^2-y^2-z^2}$.

3. 求下列极限:

(1) $\lim\limits_{(x,y)\to(0,1)} \dfrac{x - x^2 y + 3}{x^2 y^3 + 3xy - y^2}$; (2) $\lim\limits_{(x,y)\to(2,2)} \dfrac{x+y-4}{\sqrt{x+y}-2}$;

(3) $\lim\limits_{(x,y)\to(0,0)} \dfrac{\mathrm{e}^x \sin(x+2y)}{x+2y}$; (4) $\lim\limits_{(x,y)\to(0,0)} \dfrac{x^2 y^2}{x^2 + y^2}$.

4. 证明下列函数当 $(x,y) \to (0,0)$ 时极限不存在:

(1) $f(x,y) = \dfrac{x^3 y}{x^6 + y^2}$; (2) $f(x,y) = \dfrac{x^3 y^3}{x^3 + y^3}$.

5. 证明连续函数的局部保号性: 设函数 $f(x,y)$ 在点 $P(x_0, y_0)$ 处连续, 且 $f(x_0, y_0) > 0$ (或 $f(x_0, y_0) < 0$), 则在点 P 的某个邻域内, $f(x,y) > 0$ (或 $f(x,y) < 0$).

6. 讨论函数 $f(x,y) = \begin{cases} (x^2+y^2)\ln(x^2+y^2), & x^2+y^2 \neq 0, \\ 0, & x^2+y^2 = 0 \end{cases}$ 在点 $(0,0)$ 处的连续性.

6.2 偏导数

一、偏导数

大家知道, 一元函数的导数定义为函数增量与自变量增量的比值的极限, 它刻画了函数对于自变量的变化率. 对于多元函数来说, 由于自变量个数的增多, 函数关系就更为复杂, 但是我们仍然可以考虑函数对于某一个自变量的变化率, 也就是在其中一个自变量发生变化, 而其余自变量都保持不变的情形下, 考虑函数对于该自变量的变化率. 例如, 由物理学知, 一定量理想气体的体积 V, 压强 p 与温度 T 之间存在着某种联系, 我们可以观察在等温条件下 (T 视为常数) 体积对于压强的变化率, 也可以分析在等压过程中

(p 视为常数) 体积对于温度的变化率. 多元函数对于某一个自变量的变化率引出了多元函数的偏导数概念.

定义 设函数 $z = f(x,y)$ 在点 (x_0, y_0) 的某邻域内有定义, 当 y 固定在 y_0, 而 x 在 x_0 处取得增量 Δx 时, 函数相应地取得增量 $f(x_0 + \Delta x, y_0) - f(x_0, y_0)$, 称为函数 $z = f(x,y)$ 在点 (x_0, y_0) 处对 x 的**偏增量**. 如果

$$\lim_{\Delta x \to 0} \frac{f(x_0 + \Delta x, y_0) - f(x_0, y_0)}{\Delta x}$$

存在, 则称此极限为**函数 $z = f(x,y)$ 在点 (x_0, y_0) 对 x 的偏导数**, 记作

$$f_x(x_0, y_0), \quad \left.\frac{\partial f}{\partial x}\right|_{(x_0, y_0)}, \quad z_x|_{(x_0, y_0)} \quad \text{或} \quad \left.\frac{\partial z}{\partial x}\right|_{(x_0, y_0)},$$

即

$$f_x(x_0, y_0) = \lim_{\Delta x \to 0} \frac{f(x_0 + \Delta x, y_0) - f(x_0, y_0)}{\Delta x}. \tag{2.1}$$

类似地, 当 x 固定在 x_0, 而 y 在 y_0 处取得增量 Δy 时, 函数相应地取得增量 $f(x_0, y_0 + \Delta y) - f(x_0, y_0)$, 称为函数 $z = f(x,y)$ 在点 (x_0, y_0) 处对 y 的**偏增量**. 如果

$$\lim_{\Delta y \to 0} \frac{f(x_0, y_0 + \Delta y) - f(x_0, y_0)}{\Delta y}$$

存在, 则称此极限为**函数 $z = f(x,y)$ 在点 (x_0, y_0) 对 y 的偏导数**, 记作

$$f_y(x_0, y_0), \quad \left.\frac{\partial f}{\partial y}\right|_{(x_0, y_0)}, \quad z_y|_{(x_0, y_0)} \quad \text{或} \quad \left.\frac{\partial z}{\partial y}\right|_{(x_0, y_0)},$$

即

$$f_y(x_0, y_0) = \lim_{\Delta y \to 0} \frac{f(x_0, y_0 + \Delta y) - f(x_0, y_0)}{\Delta y}. \tag{2.2}$$

当函数 $z = f(x,y)$ 在点 (x_0, y_0) 对 x 的偏导数 $f_x(x_0, y_0)$ 和对 y 的偏导数 $f_y(x_0, y_0)$ 都存在时, 简称 $f(x,y)$ **在点 (x_0, y_0) 处可偏导**.

如果函数 $z = f(x,y)$ 在某平面区域 D 内的每一点 (x,y) 处都可偏导, 则在 D 上可得两个以 x, y 为自变量的函数 (点 (x,y) 处的函数值分别为 $f_x(x,y), f_y(x,y)$), 称它们为 $f(x,y)$ 的**偏导函数**, 记作 $f_x(x,y), f_y(x,y)$ 或 z_x, z_y 或 $\dfrac{\partial f}{\partial x}, \dfrac{\partial f}{\partial y}$ 或 $\dfrac{\partial z}{\partial x}, \dfrac{\partial z}{\partial y}$ 等. 在不致产生误解时, 偏导函数也简称为偏导数.

试算试练 已知 $f(x,y) = x^2 y$, 分别写出在下列变化过程中函数的增量:

(1) 从点 $(1,2)$ 到点 $(1 + \Delta x, 2)$;

(2) 从点 $(1,2)$ 到点 $(1, 2 + \Delta y)$.

从偏导数的定义可以看出, 计算多元函数的偏导数并不需要新的方法. 例如当我们计算 $f(x,y)$ 对 x 的偏导数时, 因为已将 y 视为常数, 故若令 $\varphi(x) = f(x,y)$, 那么

$$f_x(x,y) = \varphi'(x).$$

所以 $f(x,y)$ 对 x 的偏导数就是 $\varphi(x)$ 的导数. 例如, 函数

$$f(x,y) = \begin{cases} \dfrac{xy}{x^2+y^2}, & x^2+y^2 \neq 0, \\ 0, & x^2+y^2 = 0, \end{cases}$$

若记 $\varphi(x) = f(x,0), \psi(y) = f(0,y)$, 则 $\varphi(x) \equiv 0, \psi(y) \equiv 0$, 因此 $f_x(0,0) = \varphi'(0) = 0$, $f_y(0,0) = \psi'(0) = 0$.

试算试练 已知 $f(x,y) = x^2 y$, 用定义计算下列偏导数和导数, 并说明它们之间的关系:

(1) $f_x(1,2)$; (2) 设 $g(x) = f(x,2)$, 求 $g'(1)$.

例 1 求 $f(x,y) = x^2 y + x\sin(3y)$ 在点 $(0,1)$ 的偏导数.

解 将 y 视为常量, 对 x 求导, 得

$$f_x(x,y) = 2xy + \sin(3y),$$

同样将 x 视为常量, 对 y 求导, 得

$$f_y(x,y) = x^2 + 3x\cos(3y),$$

于是

$$f_x(0,1) = \sin 3, \quad f_y(0,1) = 0.$$

例 2 设 $z = \arctan\dfrac{y}{x}$, 求 $\dfrac{\partial z}{\partial x}$ 和 $\dfrac{\partial z}{\partial y}$.

解 将 y 视为常量, 对 x 求导, 得

$$\frac{\partial z}{\partial x} = \frac{1}{1+\left(\dfrac{y}{x}\right)^2} \cdot \left(-\frac{y}{x^2}\right) = -\frac{y}{x^2+y^2},$$

将 x 视为常量, 对 y 求导, 得

$$\frac{\partial z}{\partial y} = \frac{1}{1+\left(\dfrac{y}{x}\right)^2} \cdot \frac{1}{x} = \frac{x}{x^2+y^2}.$$

典型例题
偏导数的计算

例 3 由电学可知, 三个电阻 (阻抗分别为 R_1, R_2 和 R_3) 并联后的阻抗 R 满足

$$\frac{1}{R} = \frac{1}{R_1} + \frac{1}{R_2} + \frac{1}{R_3},$$

试求 $R_1 = 10\,\Omega, R_2 = 20\,\Omega, R_3 = 30\,\Omega$ 时, R 的三个偏导数 $\dfrac{\partial R}{\partial R_1}, \dfrac{\partial R}{\partial R_2}$ 和 $\dfrac{\partial R}{\partial R_3}$.

解 将 R_2 和 R_3 都视为常量, 两端对 R_1 求导[①], 得

$$-\frac{1}{R^2} \cdot \frac{\partial R}{\partial R_1} = -\frac{1}{R_1^2},$$

解得

$$\frac{\partial R}{\partial R_1} = \frac{R^2}{R_1^2},$$

[①] 这是利用了一元函数微分学中隐函数的求导法, 也可直接写出函数 $R = \dfrac{R_1 R_2 R_3}{R_1 R_2 + R_2 R_3 + R_3 R_1}$ 再计算偏导数.

根据自变量 R_1, R_2, R_3 在表达式中的对称性, 立即可写出

$$\frac{\partial R}{\partial R_2} = \frac{R^2}{R_2^2}, \quad \frac{\partial R}{\partial R_3} = \frac{R^2}{R_3^2}.$$

当 $R_1 = 10\ \Omega$, $R_2 = 20\ \Omega$, $R_3 = 30\ \Omega$ 时, $R = \dfrac{60}{11} \approx 5.45$. 于是, 所求该点的偏导数分别为

$$\left.\frac{\partial R}{\partial R_1}\right|_{(10,20,30)} = \frac{36}{121} \approx 0.30, \quad \left.\frac{\partial R}{\partial R_2}\right|_{(10,20,30)} = \frac{9}{121} \approx 0.07,$$

$$\left.\frac{\partial R}{\partial R_3}\right|_{(10,20,30)} = \frac{4}{121} \approx 0.03.$$

上述结果表明, 这三个电阻中阻抗最小的电阻阻抗的变化, 对于电路的影响是最大的, 这是并联电路的特点.

例 4 已知理想气体的状态方程 $pV = RT$ (R 为常数), 求证:

$$\frac{\partial p}{\partial V} \cdot \frac{\partial V}{\partial T} \cdot \frac{\partial T}{\partial p} = -1.$$

证 由方程 $pV = RT$ 可得

$$p = \frac{RT}{V},$$

故

$$\frac{\partial p}{\partial V} = -\frac{RT}{V^2}.$$

由方程 $pV = RT$ 同样可得

$$V = \frac{RT}{p} \quad \text{及} \quad T = \frac{pV}{R},$$

因此, 有

$$\frac{\partial V}{\partial T} = \frac{R}{p} \quad \text{及} \quad \frac{\partial T}{\partial p} = \frac{V}{R}.$$

于是

$$\frac{\partial p}{\partial V} \cdot \frac{\partial V}{\partial T} \cdot \frac{\partial T}{\partial p} = -\frac{RT}{V^2} \cdot \frac{R}{p} \cdot \frac{V}{R} = -\frac{RT}{pV} = -1.$$

例 4 表明, 用作偏导数记号的 $\dfrac{\partial p}{\partial V}$, $\dfrac{\partial V}{\partial T}$ 与 $\dfrac{\partial T}{\partial p}$ 应当作为整体记号来看待, 不能看作分子与分母之商. 在偏导数记号 $\dfrac{\partial z}{\partial x}$ 中, 单独的分子与分母并未赋以独立的含义.

例 5 设

$$f(x,y) = \begin{cases} \dfrac{x^2 y}{x^2 + y^2}, & x^2 + y^2 \neq 0, \\ 0, & x^2 + y^2 = 0. \end{cases}$$

求 $f(x,y)$ 的偏导数.

解 当 $x^2+y^2 \neq 0$ 时，我们有

$$f_x(x,y) = \frac{2xy(x^2+y^2) - x^2y \cdot 2x}{(x^2+y^2)^2} = \frac{2xy^3}{(x^2+y^2)^2},$$

$$f_y(x,y) = \frac{x^2(x^2+y^2) - x^2y \cdot 2y}{(x^2+y^2)^2} = \frac{x^2(x^2-y^2)}{(x^2+y^2)^2}.$$

当 $x^2+y^2 = 0$ 时，由 $f(x,0) = f(0,y) = 0$ 可得

$$f_x(0,0) = \frac{\mathrm{d}f(x,0)}{\mathrm{d}x}\bigg|_{x=0} = 0,$$

$$f_y(0,0) = \frac{\mathrm{d}f(0,y)}{\mathrm{d}y}\bigg|_{y=0} = 0.$$

偏导数的几何意义 如图 6.6，曲面 Σ 的方程为 $z = f(x,y)$，点 $M_0(x_0, y_0, f(x_0, y_0))$ 为曲面 Σ 上的一点，其中二元函数 $f(x,y)$ 在点 (x_0, y_0) 处的偏导数存在. 过点 M_0 作平面 $y = y_0$，则此平面与曲面 Σ 相交所得曲线的方程为

$$\begin{cases} z = f(x,y), \\ y = y_0 \end{cases} \text{或} \begin{cases} z = f(x, y_0), \\ y = y_0. \end{cases}$$

由于偏导数 $f_x(x_0, y_0)$ 等于一元函数 $\varphi(x) = f(x, y_0)$ 在 $x = x_0$ 处的导数 $\varphi'(x_0)$，故由一元函数导数的几何意义可知：

偏导数 $f_x(x_0, y_0)$ 在几何上表示曲线 $\begin{cases} z = f(x,y), \\ y = y_0 \end{cases}$ 在点 $M_0(x_0, y_0, f(x_0, y_0))$ 处的切线 L_1 对 x 轴的斜率；

偏导数 $f_y(x_0, y_0)$ 在几何上表示曲线 $\begin{cases} z = f(x,y), \\ x = x_0 \end{cases}$ 在点 $M_0(x_0, y_0, f(x_0, y_0))$ 处的切线 L_2 对 y 轴的斜率.

我们知道，一元函数如果在某一点可导，那么函数在该点一定连续，但是对于多元函数来说，**如果它在某一点可偏导，则并不能保证它在该点连续**. 例如，函数

$$f(x,y) = \begin{cases} 0, & xy \neq 0, \\ 1, & xy = 0, \end{cases}$$

容易知道，$f(x,0) \equiv 1, f(0,y) \equiv 1$，故 $f_x(0,0) = f_y(0,0) = 0$.

但由于

$$\lim_{\substack{(x,y)\to(0,0)\\y=x}} f(x,y) = \lim_{\substack{(x,y)\to(0,0)\\y=x}} 0 = 0, \quad \lim_{\substack{(x,y)\to(0,0)\\y=0}} f(x,y) = \lim_{\substack{(x,y)\to(0,0)\\y=0}} 1 = 1,$$

故 $\lim_{(x,y)\to(0,0)} f(x,y)$ 不存在，因此 $f(x,y)$ 在原点 $(0,0)$ 处不连续.

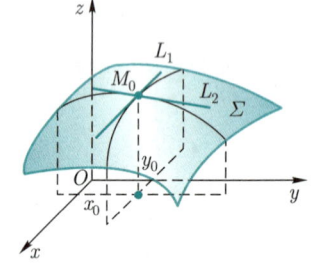

图 6.6

二、高阶偏导数

设函数 $z = f(x,y)$ 在平面区域 D 内处处存在偏导数 $f_x(x,y)$ 与 $f_y(x,y)$, 如果这两个偏导函数仍可偏导, 则称它们的偏导数为函数 $z = f(x,y)$ 的二阶偏导数, 按照求导次序的不同, 我们有下列四种不同的二阶偏导数.

函数 $f(x,y)$ 关于 x 的二阶偏导数, 记作 $\dfrac{\partial^2 z}{\partial x^2}$, $f_{xx}(x,y)$, z_{xx} 等, 由下式定义:

$$\frac{\partial^2 z}{\partial x^2} \text{ (或 } f_{xx}(x,y)) = \frac{\partial}{\partial x}\left(\frac{\partial z}{\partial x}\right); \tag{2.3}$$

类似地可定义其他三种二阶偏导数, 其记号和定义分别为:

$$\frac{\partial^2 z}{\partial x \partial y} \text{ (或 } f_{xy}(x,y)) = \frac{\partial}{\partial y}\left(\frac{\partial z}{\partial x}\right), \tag{2.4}$$

$$\frac{\partial^2 z}{\partial y \partial x} \text{ (或 } f_{yx}(x,y)) = \frac{\partial}{\partial x}\left(\frac{\partial z}{\partial y}\right), \tag{2.5}$$

$$\frac{\partial^2 z}{\partial y^2} \text{ (或 } f_{yy}(x,y)) = \frac{\partial}{\partial y}\left(\frac{\partial z}{\partial y}\right), \tag{2.6}$$

其中偏导数 $\dfrac{\partial^2 z}{\partial x \partial y}$ 和 $\dfrac{\partial^2 z}{\partial y \partial x}$ 称为函数 $z = f(x,y)$ 的二阶**混合偏导数**. 仿此可继续定义多元函数的更为高阶的偏导数, 并且可仿此引入相应的记号. 例如, 三元函数 $u = f(x,y,z)$, 其中的二阶偏导数 $\dfrac{\partial^2 u}{\partial x \partial y}$ 为

$$\frac{\partial^2 u}{\partial x \partial y} \text{ (或 } f_{xy}(x,y,z)) = \frac{\partial}{\partial y}\left(\frac{\partial u}{\partial x}\right),$$

三阶偏导数 $\dfrac{\partial^3 u}{\partial x \partial y \partial z}$ 和四阶偏导数 $\dfrac{\partial^4 u}{\partial x \partial y^2 \partial z}$ 分别为

$$\frac{\partial^3 u}{\partial x \partial y \partial z} \text{ (或 } f_{xyz}(x,y,z)) = \frac{\partial}{\partial z}\left(\frac{\partial^2 u}{\partial x \partial y}\right) = \frac{\partial}{\partial z}\left[\frac{\partial}{\partial y}\left(\frac{\partial u}{\partial x}\right)\right],$$

$$\frac{\partial^4 u}{\partial x \partial y^2 \partial z} \text{ (或 } f_{xyyz}(x,y,z)) = \frac{\partial}{\partial z}\left(\frac{\partial^3 u}{\partial x \partial y^2}\right) = \frac{\partial}{\partial z}\left[\frac{\partial^2}{\partial y^2}\left(\frac{\partial u}{\partial x}\right)\right].$$

例 6 求 $z = x^2 y + \mathrm{e}^{xy}$ 的四个二阶偏导数.

解 先求一阶偏导数, 得

$$\frac{\partial z}{\partial x} = 2xy + y\mathrm{e}^{xy}, \quad \frac{\partial z}{\partial y} = x^2 + x\mathrm{e}^{xy},$$

故所求二阶偏导数为

$$\frac{\partial^2 z}{\partial x^2} = 2y + y^2 \mathrm{e}^{xy}, \quad \frac{\partial^2 z}{\partial x \partial y} = 2x + (\mathrm{e}^{xy} + y \cdot x\mathrm{e}^{xy}) = 2x + (1+xy)\mathrm{e}^{xy},$$

$$\frac{\partial^2 z}{\partial y \partial x} = 2x + (e^{xy} + x \cdot y e^{xy}) = 2x + (1+xy)e^{xy}, \quad \frac{\partial^2 z}{\partial y^2} = x^2 e^{xy}.$$

我们看到, 在例 6 中混合偏导数 $\dfrac{\partial^2 z}{\partial x \partial y} = \dfrac{\partial^2 z}{\partial y \partial x}$, 事实上, 我们有如下的定理.

定理 如果函数 $z = f(x,y)$ 的两个二阶混合偏导数 $f_{xy}(x,y)$ 与 $f_{yx}(x,y)$ 在区域 D 内连续, 那么在该区域内有

$$f_{xy}(x,y) = f_{yx}(x,y).$$

这一结果的证明从略. 对于更为高阶的混合偏导数, 也有类似的结论成立, 例如 $f(x,y)$ 在区域 D 内具有连续的三阶偏导数, 则 $f(x,y)$ 在 D 内的三阶混合偏导数与求偏导数的次序无关, 即

$$\frac{\partial^3 f}{\partial x^2 \partial y} = \frac{\partial^3 f}{\partial x \partial y \partial x} = \frac{\partial^3 f}{\partial y \partial x^2}, \quad \frac{\partial^3 f}{\partial x \partial y^2} = \frac{\partial^3 f}{\partial y \partial x \partial y} = \frac{\partial^3 f}{\partial y^2 \partial x}.$$

例 7 验证函数 $z = \sin(x - ay)$ 满足方程

$$\frac{\partial^2 z}{\partial y^2} = a^2 \frac{\partial^2 z}{\partial x^2}. \tag{2.7}$$

证 因为

$$\frac{\partial z}{\partial x} = \cos(x - ay), \quad \frac{\partial z}{\partial y} = -a \cos(x - ay),$$

$$\frac{\partial^2 z}{\partial x^2} = -\sin(x - ay), \quad \frac{\partial^2 z}{\partial y^2} = -a^2 \sin(x - ay),$$

所以

$$\frac{\partial^2 z}{\partial y^2} = a^2 \frac{\partial^2 z}{\partial x^2}.$$

例 8 验证函数 $z = \ln \sqrt{x^2 + y^2}$ 满足方程

$$\frac{\partial^2 z}{\partial x^2} + \frac{\partial^2 z}{\partial y^2} = 0. \tag{2.8}$$

证 因为

$$\frac{\partial z}{\partial x} = \frac{x}{x^2 + y^2}, \quad \frac{\partial^2 z}{\partial x^2} = \frac{(x^2+y^2) - x \cdot 2x}{(x^2+y^2)^2} = \frac{y^2 - x^2}{(x^2+y^2)^2},$$

由 x,y 在函数表达式中的对称性, 立即可写出

$$\frac{\partial z}{\partial y} = \frac{y}{x^2 + y^2}, \quad \frac{\partial^2 z}{\partial y^2} = \frac{x^2 - y^2}{(x^2+y^2)^2},$$

从而有

$$\frac{\partial^2 z}{\partial x^2} + \frac{\partial^2 z}{\partial y^2} = 0.$$

方程 (2.7), (2.8) 中含未知的多元函数的一阶、二阶偏导数, 这样的方程称为**偏微分方程**. 偏微分方程是描述自然现象、反映自然规律的一种重要手段. 方程 (2.7) (a 是常数) 称为**波动方程**, 它可用来描述各类波的运动. 方程 (2.8) 称为**拉普拉斯 (Laplace) 方程**, 满足这一方程的函数称为**二元调和函数**, 它在热传导、流体运动等问题中有着重要的应用.

习题 6.2

1. 求下列函数在指定点处的一阶偏导数：

(1) $z = x^2 - xy + y^2$, 点 $(1,2)$; (2) $z = e^{-x} \sin(x+y)$, 点 $\left(0, \dfrac{\pi}{2}\right)$;

(3) $u = \ln(x + 2y + 3z)$, 点 $(1,2,1)$.

2. 求下列函数的一阶偏导数：

(1) $z = \dfrac{x}{x^2 + y^2}$; (2) $z = \sec^2 \dfrac{x}{y}$;

(3) $z = \ln(y + \sqrt{x^2 + y^2})$; (4) $z = x^y \cdot y^x$;

(5) $u = \arctan(x + 3z)^{2y}$; (6) $u = \displaystyle\int_{xz}^{yz} e^{t^2} dt$.

3. 设 $f(x,y) = \begin{cases} \dfrac{xy}{\sqrt{x^2+y^2}}, & (x,y) \neq (0,0), \\ 0, & (x,y) = (0,0), \end{cases}$ 求 $f_x(0,0)$, $f_y(0,0)$.

4. 求曲面 $z = \sqrt{3 + 2x^2 + y^2}$ 与平面 $y = 2$ 的交线在点 $(1,2,3)$ 处的切线与 x 轴正向之间的夹角.

5. 求下列函数的所有二阶偏导数：

(1) $z = xe^{xy} + y + 1$; (2) $z = y\operatorname{arccot} x$;

(3) $z = \tan^2(x - y)$; (4) $z = \dfrac{y}{x} + \dfrac{x}{y}$.

6. 是否存在一个函数 $f(x,y)$, 使得 $f_x(x,y) = 2x - 3y$, $f_y(x,y) = 3x - 2y$?

7. 求下列函数的指定高阶偏导数：

(1) $z = xe^{x^2 y}$, 求 z_{xxy}; (2) $z = \dfrac{y+x}{y-x}$, 求 z_{xyx}.

8. 验证函数 $u(t,x) = e^{-kn^2 t} \sin nx$ 满足热传导方程 $u_t = ku_{xx}$.

9. 验证下列函数满足波动方程 $u_{tt} = a^2 u_{xx}$:

(1) $u(t,x) = \sin(x + at)$; (2) $u(t,x) = \ln(2x + 2at)$;

(3) $u(t,x) = \tan(x - at)$.

10. 验证下列函数满足拉普拉斯方程 $u_{xx} + u_{yy} = 0$:

(1) $u(x,y) = \ln\sqrt{x^2 + y^2}$; (2) $u(x,y) = e^{-2y} \cos 2x$.

6.3 复合函数的求导法则

我们知道, 如果函数 $x = g(t)$ 在点 t 可导, 函数 $y = f(x)$ 在对应点 x 可导, 则复合函数 $y = f[g(t)]$ 在点 t 可导, 且有如下的链式求导法则

$$\frac{dy}{dt} = \frac{dy}{dx} \cdot \frac{dx}{dt}, \tag{3.1}$$

现在我们要将这一法则推广到多元复合函数.

链式法则对于不同的函数复合情况有不同的表达形式,下面给出其中的两种典型情形.

情形 1 复合函数的中间变量均为一元函数的情形.

如果函数 $x = \varphi(t), y = \psi(t)$ 都在点 t 可导,函数 $z = f(x,y)$ 在对应点 (x,y) 具有连续偏导数[①],则复合函数 $z = f[\varphi(t), \psi(t)]$ 在点 t 可导,且有

$$\frac{\mathrm{d}z}{\mathrm{d}t} = \frac{\partial z}{\partial x} \cdot \frac{\mathrm{d}x}{\mathrm{d}t} + \frac{\partial z}{\partial y} \cdot \frac{\mathrm{d}y}{\mathrm{d}t}. \tag{3.2}$$

证 给 t 以增量 Δt,相应地使函数 $x = \varphi(t), y = \psi(t)$ 获得了增量 Δx 与 Δy,复合函数 $z = f[\varphi(t), \psi(t)]$ 获得了增量 Δz,则

$$\Delta z = f(x + \Delta x, y + \Delta y) - f(x,y)$$
$$= [f(x + \Delta x, y + \Delta y) - f(x, y + \Delta y)] + [f(x, y + \Delta y) - f(x,y)],$$

利用拉格朗日中值定理,存在 $\theta_1, \theta_2 \in (0,1)$,使得

$$f(x + \Delta x, y + \Delta y) - f(x, y + \Delta y) = f_x(x + \theta_1 \Delta x, y + \Delta y)\Delta x,$$
$$f(x, y + \Delta y) - f(x,y) = f_y(x, y + \theta_2 \Delta y)\Delta y.$$

由于函数 $z = f(x,y)$ 在点 (x,y) 处的偏导数连续,故

$$f_x(x + \theta_1 \Delta x, y + \Delta y) = f_x(x,y) + \alpha, \quad f_y(x, y + \theta_2 \Delta y) = f_y(x,y) + \beta,$$

其中 $\alpha = \alpha(\Delta x, \Delta y), \beta = \beta(\Delta x, \Delta y)$ 均为当 $(\Delta x, \Delta y) \to (0,0)$ 时的无穷小. 因此

$$\Delta z = f(x + \Delta x, y + \Delta y) - f(x,y) = f_x(x,y)\Delta x + f_y(x,y)\Delta y + (\alpha \Delta x + \beta \Delta y), \tag{3.3}$$

由条件可知当 $\Delta t \to 0$ 时,$(\Delta x, \Delta y) \to (0,0)$,于是

$$\lim_{\Delta t \to 0} \frac{\Delta z}{\Delta t} = \lim_{\Delta t \to 0} \left[f_x(x,y) \frac{\Delta x}{\Delta t} + f_y(x,y) \frac{\Delta y}{\Delta t} + \left(\alpha \frac{\Delta x}{\Delta t} + \beta \frac{\Delta y}{\Delta t} \right) \right]$$
$$= f_x(x,y) \frac{\mathrm{d}x}{\mathrm{d}t} + f_y(x,y) \frac{\mathrm{d}y}{\mathrm{d}t},$$

从而证明了复合函数 $z = f[\varphi(t), \psi(t)]$ 在点 t 处可导,且有公式 (3.2) 成立.

在公式 (3.2) 中的导数 $\frac{\mathrm{d}z}{\mathrm{d}t}$ 称为**全导数**.

例 1 设 $z = \frac{v}{u}, u = \mathrm{e}^t, v = \sqrt{t}$,求全导数 $\frac{\mathrm{d}z}{\mathrm{d}t}$.

解 $\dfrac{\mathrm{d}z}{\mathrm{d}t} = \dfrac{\partial z}{\partial u} \cdot \dfrac{\mathrm{d}u}{\mathrm{d}t} + \dfrac{\partial z}{\partial v} \cdot \dfrac{\mathrm{d}v}{\mathrm{d}t} = -\dfrac{v}{u^2} \cdot \mathrm{e}^t + \dfrac{1}{u} \cdot \dfrac{1}{2\sqrt{t}} = \dfrac{1-2t}{2\mathrm{e}^t \sqrt{t}}.$

例 2 设 $z = u\sin v + \arctan w, u = \mathrm{e}^x, v = x^2, w = 1-x$,求全导数 $\frac{\mathrm{d}z}{\mathrm{d}x}$.

[①] 多元函数在一点处的偏导数连续是指:函数在该点的某邻域内偏导数存在,且所有偏导数在该点都连续.

解
$$\frac{\mathrm{d}z}{\mathrm{d}x} = \frac{\partial z}{\partial u} \cdot \frac{\mathrm{d}u}{\mathrm{d}x} + \frac{\partial z}{\partial v} \cdot \frac{\mathrm{d}v}{\mathrm{d}x} + \frac{\partial z}{\partial w} \cdot \frac{\mathrm{d}w}{\mathrm{d}x}$$
$$= \sin v \cdot \mathrm{e}^x + u \cos v \cdot 2x + \frac{1}{1+w^2} \cdot (-1)$$
$$= \mathrm{e}^x(\sin x^2 + 2x \cos x^2) - \frac{1}{1+(x-1)^2}.$$

公式 (3.2) 可利用向量的数量积写出, 即
$$\frac{\mathrm{d}z}{\mathrm{d}t} = \left(\frac{\partial z}{\partial x}, \frac{\partial z}{\partial y}\right) \cdot \left(\frac{\mathrm{d}x}{\mathrm{d}t}, \frac{\mathrm{d}y}{\mathrm{d}t}\right),$$

其中向量 $\left(\frac{\partial z}{\partial x}, \frac{\partial z}{\partial y}\right)$ 称为函数 $z = f(x,y)$ 在点 (x,y) 处的梯度 $\mathbf{grad}f(x,y)$ (见本章第六节), 记 $\boldsymbol{r}(t) = (\varphi(t), \psi(t))$, 称为向量值函数, 则 $\boldsymbol{r}' = \left(\frac{\mathrm{d}x}{\mathrm{d}t}, \frac{\mathrm{d}y}{\mathrm{d}t}\right)$ (见本章第七节), 于是全导数可写成
$$\frac{\mathrm{d}z}{\mathrm{d}t} = \mathbf{grad}f(x,y) \cdot \boldsymbol{r}',$$

可以看到它与一元函数的链式法则是一致的.

试算试练 幂指函数 $y = x^{\sin x}(x > 0)$ 可以看成是由 $y = u^v$, $u = x$, $v = \sin x$ 复合而成的, 试利用多元函数求导的链式法则求 $\dfrac{\mathrm{d}y}{\mathrm{d}x}$.

情形 2 复合函数的中间变量均为多元函数的情形.

如果函数 $u = \varphi(x,y)$ 和 $v = \psi(x,y)$ 都在点 (x,y) 处具有连续偏导数, 函数 $z = f(u,v)$ 在对应点 (u,v) 具有连续偏导数, 则复合函数 $z = f[\varphi(x,y), \psi(x,y)]$ 在点 (x,y) 处的偏导数连续, 且有

$$\frac{\partial z}{\partial x} = \frac{\partial z}{\partial u} \cdot \frac{\partial u}{\partial x} + \frac{\partial z}{\partial v} \cdot \frac{\partial v}{\partial x}, \quad \frac{\partial z}{\partial y} = \frac{\partial z}{\partial u} \cdot \frac{\partial u}{\partial y} + \frac{\partial z}{\partial v} \cdot \frac{\partial v}{\partial y}. \tag{3.4}$$

这一结论的证明从略. 如果单就偏导数的计算而言, (3.4) 式可由 (3.2) 式直接推得. 事实上, 由于求 $\dfrac{\partial z}{\partial x}$ 时是将 y 视为常数 (中间变量 u, v 看作 x 的一元函数), 求 $\dfrac{\partial z}{\partial y}$ 时是将 x 视为常数 (中间变量 u, v 看作 y 的一元函数), 因此可分别看作情形 1, 于是由公式 (3.2) 就可推得公式 (3.4).

例 3 设 $z = u \sin v + v \sin u$, $u = x + y$, $v = x\mathrm{e}^y$, 求 $\dfrac{\partial z}{\partial x}$ 和 $\dfrac{\partial z}{\partial y}$.

解
$$\frac{\partial z}{\partial x} = \frac{\partial z}{\partial u} \cdot \frac{\partial u}{\partial x} + \frac{\partial z}{\partial v} \cdot \frac{\partial v}{\partial x} = (\sin v + v \cos u) \cdot 1 + (u \cos v + \sin u) \cdot \mathrm{e}^y$$
$$= \mathrm{e}^y[x \cos(x+y) + \sin(x+y)] + [(x+y)\mathrm{e}^y \cos(x\mathrm{e}^y) + \sin(x\mathrm{e}^y)],$$
$$\frac{\partial z}{\partial y} = \frac{\partial z}{\partial u} \cdot \frac{\partial u}{\partial y} + \frac{\partial z}{\partial v} \cdot \frac{\partial v}{\partial y} = (\sin v + v \cos u) \cdot 1 + (u \cos v + \sin u) \cdot x\mathrm{e}^y$$
$$= x\mathrm{e}^y[\cos(x+y) + \sin(x+y)] + [x\ (x+y)\mathrm{e}^y \cos(x\mathrm{e}^y) + \sin(x\mathrm{e}^y)].$$

例 4 设 $z = f(x^2 - y^2, y^2 - x^2)$, 其中 $f(u,v)$ 具有连续偏导数, 证明
$$y\frac{\partial z}{\partial x} + x\frac{\partial z}{\partial y} = 0.$$

证 令 $u = x^2 - y^2$, $v = y^2 - x^2$, 则

$$\frac{\partial z}{\partial x} = \frac{\partial f}{\partial u} \cdot \frac{\partial u}{\partial x} + \frac{\partial f}{\partial v} \cdot \frac{\partial v}{\partial x} = 2x\frac{\partial f}{\partial u} - 2x\frac{\partial f}{\partial v} = 2x\left(\frac{\partial f}{\partial u} - \frac{\partial f}{\partial v}\right),$$

$$\frac{\partial z}{\partial y} = \frac{\partial f}{\partial u} \cdot \frac{\partial u}{\partial y} + \frac{\partial f}{\partial v} \cdot \frac{\partial v}{\partial y} = -2y\frac{\partial f}{\partial u} + 2y\frac{\partial f}{\partial v} = 2y\left(\frac{\partial f}{\partial v} - \frac{\partial f}{\partial u}\right),$$

故

$$y\frac{\partial z}{\partial x} + x\frac{\partial z}{\partial y} = 2xy\left(\frac{\partial f}{\partial u} - \frac{\partial f}{\partial v}\right) + 2xy\left(\frac{\partial f}{\partial v} - \frac{\partial f}{\partial u}\right) = 0.$$

试算试练 复合函数 $z = f(x+y, 2x-y)$ 可以由哪几个函数复合而成? 把它们表示出来.

多元函数的复合可以有多种形式, 在具体的运算中应先把函数间的复合关系分析清楚, 再把上述两种典型情形运用到相应的场合. 例如, 三元函数 $z = f(u,v,w)$ 与 $u = u(x,y)$, $v = v(x,y)$, $w = w(x,y)$ 复合, 如果这些函数都具有连续偏导数, 则复合函数也具有连续偏导数, 且

$$\frac{\partial z}{\partial x} = \frac{\partial f}{\partial u} \cdot \frac{\partial u}{\partial x} + \frac{\partial f}{\partial v} \cdot \frac{\partial v}{\partial x} + \frac{\partial f}{\partial w} \cdot \frac{\partial w}{\partial x},$$

$$\frac{\partial z}{\partial y} = \frac{\partial f}{\partial u} \cdot \frac{\partial u}{\partial y} + \frac{\partial f}{\partial v} \cdot \frac{\partial v}{\partial y} + \frac{\partial f}{\partial w} \cdot \frac{\partial w}{\partial y}.$$

复合函数的中间变量也可以既有一元函数, 又有多元函数, 甚至会出现中间变量本身又是复合函数的自变量的情形, 例如, $u = F(x,y,z)$ 与 $z = f(x,y)$ 的复合, 如果 $F(x,y,z)$ 和 $f(x,y)$ 分别在相应的区域内具有连续偏导数, 则复合函数也具有连续偏导数, 且

$$\frac{\partial u}{\partial x} = \frac{\partial F}{\partial x} + \frac{\partial F}{\partial z} \cdot \frac{\partial z}{\partial x},$$

$$\frac{\partial u}{\partial y} = \frac{\partial F}{\partial y} + \frac{\partial F}{\partial z} \cdot \frac{\partial z}{\partial y},$$

这里请注意: $\frac{\partial u}{\partial x}$ 表示复合函数 $F[x,y,z(x,y)]$ 对 x 的偏导数 (y 看作常数), 而 $\frac{\partial F}{\partial x}$ 表示三元函数 $F(x,y,z)$ 对 x 的偏导数 (y, z 均看作常数), 因此 $\frac{\partial u}{\partial x}$ 与 $\frac{\partial F}{\partial x}$ 是不同的, $\frac{\partial u}{\partial y}$ 与 $\frac{\partial F}{\partial y}$ 也有类似的区别.

例 5 设 $z = \sin(x^2 y)$, $x = s^2$, $y = s + \ln t$, 求 $\frac{\partial z}{\partial s}$ 和 $\frac{\partial z}{\partial t}$.

解
$$\frac{\partial z}{\partial s} = \frac{\partial z}{\partial x} \cdot \frac{\mathrm{d}x}{\mathrm{d}s}① + \frac{\partial z}{\partial y} \cdot \frac{\partial y}{\partial s}$$

$$= 2xy\cos(x^2y) \cdot 2s + x^2\cos(x^2y) \cdot 1 = s^3(5s + 4\ln t)\cos(s^5 + s^4\ln t),$$

$$\frac{\partial z}{\partial t} = \frac{\partial z}{\partial y} \cdot \frac{\partial y}{\partial t} = x^2\cos(x^2y) \cdot \frac{1}{t} = \frac{s^4}{t}\cos(s^5 + s^4\ln t).$$

---

① 这里中间变量 x 是 s 的一元函数, 故应该是导数记号 $\dfrac{\mathrm{d}x}{\mathrm{d}s}$.

例 6 设 $u = f(x,y,z), z = x^2 - y^2$，求 $\dfrac{\partial u}{\partial x}$ 和 $\dfrac{\partial u}{\partial y}$.

解 $\dfrac{\partial u}{\partial x} = \dfrac{\partial f}{\partial x} + \dfrac{\partial f}{\partial z} \cdot \dfrac{\partial z}{\partial x} = \dfrac{\partial f}{\partial x} + 2x\dfrac{\partial f}{\partial z},$

$\dfrac{\partial u}{\partial y} = \dfrac{\partial f}{\partial y} + \dfrac{\partial f}{\partial z} \cdot \dfrac{\partial z}{\partial y} = \dfrac{\partial f}{\partial y} - 2y\dfrac{\partial f}{\partial z}.$

上述多元复合函数的链式法则也适用于高阶偏导数的运算，例如，当用于复合的各个函数的二阶偏导数都连续时，它们的复合函数的二阶偏导数也连续，在求得了复合函数的一阶偏导数后，可继续通过链式法则 (结合导数的四则运算法则) 计算复合函数的二阶偏导数.

例 7 设 $z = f\left(\dfrac{y}{x}, x\ln y\right)$，其中 $f(u,v)$ 具有连续的二阶偏导数，求 $\dfrac{\partial^2 z}{\partial x \partial y}$.

解 令 $u = \dfrac{y}{x}, v = x\ln y$，则

$$\dfrac{\partial z}{\partial x} = \dfrac{\partial f}{\partial u} \cdot \dfrac{\partial u}{\partial x} + \dfrac{\partial f}{\partial v} \cdot \dfrac{\partial v}{\partial x} = -\dfrac{y}{x^2}\dfrac{\partial f}{\partial u} + \ln y\dfrac{\partial f}{\partial v},$$

故

$$\dfrac{\partial^2 z}{\partial x \partial y} = \dfrac{\partial}{\partial y}\left(\dfrac{\partial z}{\partial x}\right)$$

$$= -\left[\dfrac{\partial}{\partial y}\left(\dfrac{y}{x^2}\right) \cdot \dfrac{\partial f}{\partial u} + \dfrac{y}{x^2}\dfrac{\partial}{\partial y}\left(\dfrac{\partial f}{\partial u}\right)\right] + \left[\dfrac{\partial(\ln y)}{\partial y} \cdot \dfrac{\partial f}{\partial v} + \ln y \cdot \dfrac{\partial}{\partial y}\left(\dfrac{\partial f}{\partial v}\right)\right]$$

$$= -\dfrac{1}{x^2}\dfrac{\partial f}{\partial u} - \dfrac{y}{x^2}\dfrac{\partial}{\partial y}\left(\dfrac{\partial f}{\partial u}\right) + \dfrac{1}{y}\dfrac{\partial f}{\partial v} + \ln y\dfrac{\partial}{\partial y}\left(\dfrac{\partial f}{\partial v}\right),$$

其中

$$\dfrac{\partial}{\partial y}\left(\dfrac{\partial f}{\partial u}\right) = \dfrac{\partial}{\partial u}\left(\dfrac{\partial f}{\partial u}\right) \cdot \dfrac{\partial u}{\partial y} + \dfrac{\partial}{\partial v}\left(\dfrac{\partial f}{\partial u}\right) \cdot \dfrac{\partial v}{\partial y} = \dfrac{1}{x}\dfrac{\partial^2 f}{\partial u^2} + \dfrac{x}{y}\dfrac{\partial^2 f}{\partial u \partial v},$$

$$\dfrac{\partial}{\partial y}\left(\dfrac{\partial f}{\partial v}\right) = \dfrac{\partial}{\partial u}\left(\dfrac{\partial f}{\partial v}\right) \cdot \dfrac{\partial u}{\partial y} + \dfrac{\partial}{\partial v}\left(\dfrac{\partial f}{\partial v}\right) \cdot \dfrac{\partial v}{\partial y} = \dfrac{1}{x}\dfrac{\partial^2 f}{\partial v \partial u} + \dfrac{x}{y}\dfrac{\partial^2 f}{\partial v^2}.$$

由条件可知 $\dfrac{\partial^2 f}{\partial u \partial v} = \dfrac{\partial^2 f}{\partial v \partial u}$，因此

$$\dfrac{\partial^2 z}{\partial x \partial y} = -\dfrac{1}{x^2}\dfrac{\partial f}{\partial u} - \dfrac{y}{x^2}\left(\dfrac{1}{x}\dfrac{\partial^2 f}{\partial u^2} + \dfrac{x}{y}\dfrac{\partial^2 f}{\partial u \partial v}\right) + \dfrac{1}{y}\dfrac{\partial f}{\partial v} + \ln y\left(\dfrac{1}{x}\dfrac{\partial^2 f}{\partial v \partial u} + \dfrac{x}{y}\dfrac{\partial^2 f}{\partial v^2}\right)$$

$$= -\dfrac{1}{x^2}\dfrac{\partial f}{\partial u} + \dfrac{1}{y}\dfrac{\partial f}{\partial v} - \dfrac{y}{x^3}\dfrac{\partial^2 f}{\partial u^2} + \dfrac{\ln y - 1}{x}\dfrac{\partial^2 f}{\partial u \partial v} + \dfrac{x\ln y}{y}\dfrac{\partial^2 f}{\partial v^2}.$$

为表达简便，我们常用 f'_i 表示多元函数 f 对第 i 个自变量的偏导数，用 f''_{ij} 表示 f 先对第 i 个自变量后对第 j 个自变量的二阶偏导数，这样上述的 $\dfrac{\partial f}{\partial u}, \dfrac{\partial f}{\partial v}, \dfrac{\partial^2 f}{\partial u^2}, \dfrac{\partial^2 f}{\partial u \partial v},$

典型例题

二阶偏导数的计算

$\dfrac{\partial^2 f}{\partial v^2}$ 就可分别写成 f_1', f_2', f_{11}'', f_{12}'', f_{22}'', 于是例 7 可写成如下形式:

$$\frac{\partial z}{\partial x} = -\frac{y}{x^2}f_1' + \ln y f_2',$$

$$\frac{\partial^2 z}{\partial x \partial y} = -\frac{1}{x^2}f_1' + \frac{1}{y}f_2' - \frac{y}{x^3}f_{11}'' + \frac{\ln y - 1}{x}f_{12}'' + \frac{x \ln y}{y}f_{22}''.$$

例 8 设 $z = f(u,v)$ 具有二阶连续偏导数, 记 $u = x - at$, $v = x + at$ $(a > 0)$, 试证明

$$\frac{\partial^2 z}{\partial x^2} - \frac{1}{a^2}\frac{\partial^2 z}{\partial t^2} = 4\frac{\partial^2 z}{\partial u \partial v}.$$

证 考察复合函数 $z = f(x - at, x + at)$, 利用链式法则, 得

$$\begin{aligned}\frac{\partial z}{\partial x} &= \frac{\partial z}{\partial u} \cdot \frac{\partial u}{\partial x} + \frac{\partial z}{\partial v} \cdot \frac{\partial v}{\partial x} = f_u + f_v, \\ \frac{\partial z}{\partial t} &= \frac{\partial z}{\partial u} \cdot \frac{\partial u}{\partial t} + \frac{\partial z}{\partial v} \cdot \frac{\partial v}{\partial t} = -af_u + af_v,\end{aligned} \quad (3.5)$$

因此

$$\frac{\partial^2 z}{\partial x^2} = \frac{\partial}{\partial x}\left(\frac{\partial z}{\partial x}\right) = \frac{\partial f_u}{\partial x} + \frac{\partial f_v}{\partial x},$$

$$\frac{\partial^2 z}{\partial t^2} = \frac{\partial}{\partial t}\left(\frac{\partial z}{\partial t}\right) = -a\frac{\partial f_u}{\partial t} + a\frac{\partial f_v}{\partial t},$$

其中上述等式右端的四个偏导数, 再次利用链式法则, 得

$$\frac{\partial f_u}{\partial x} = \frac{\partial f_u}{\partial u} \cdot \frac{\partial u}{\partial x} + \frac{\partial f_u}{\partial v} \cdot \frac{\partial v}{\partial x} = f_{uu} + f_{uv},$$

$$\frac{\partial f_v}{\partial x} = \frac{\partial f_v}{\partial u} \cdot \frac{\partial u}{\partial x} + \frac{\partial f_v}{\partial v} \cdot \frac{\partial v}{\partial x} = f_{vu} + f_{vv},$$

$$\frac{\partial f_u}{\partial t} = \frac{\partial f_u}{\partial u} \cdot \frac{\partial u}{\partial t} + \frac{\partial f_u}{\partial v} \cdot \frac{\partial v}{\partial t} = -af_{uu} + af_{uv},$$

$$\frac{\partial f_v}{\partial t} = \frac{\partial f_v}{\partial u} \cdot \frac{\partial u}{\partial t} + \frac{\partial f_v}{\partial v} \cdot \frac{\partial v}{\partial t} = -af_{vu} + af_{vv}.$$

由条件可知 $f_{uv} = f_{vu}$, 故

$$\frac{\partial^2 z}{\partial x^2} = f_{uu} + 2f_{uv} + f_{vv},$$

$$\frac{\partial^2 z}{\partial t^2} = a^2(f_{uu} - 2f_{uv} + f_{vv}),$$

于是

$$\frac{\partial^2 z}{\partial x^2} - \frac{1}{a^2}\frac{\partial^2 z}{\partial t^2} = 4f_{uv}.$$

由例 8 可知, 通过变量代换可把方程 $\dfrac{\partial^2 z}{\partial x^2} = \dfrac{1}{a^2}\dfrac{\partial^2 z}{\partial t^2}$ 转化为 $\dfrac{\partial^2 z}{\partial u \partial v} = 0$, 从而求得方程的解, 这是在求解微分方程中常用的, 可以看到链式法则在其中起到了重要作用.

习题 6.3

1. 求下列复合函数的一阶导数:

(1) $z = 2ye^x$, $x = \cos t$, $y = \sin t$;

(2) $z = \arctan(x+y)$, $x = \ln t$, $y = t^2$;

(3) $u = \dfrac{x}{z} + \dfrac{y}{z}$, $x = \cos^2 t$, $y = \sin^2 t$, $z = \dfrac{1}{t}$;

(4) $u = (y+z)\tan x$, $y = e^{2x}$, $z = x^3$.

2. 求下列复合函数的一阶偏导数:

(1) $z = xy^2 + \dfrac{y}{x^2}$, $x = s\cos t$, $y = s\sin t$;

(2) $z = y\arctan\left(\dfrac{x}{y}\right)$, $x = s + 2t$, $y = s - t$;

(3) $z = \tan(x^2 y)$, $x = e^{2t}$, $y = s\ln t$;

(4) $u = xy + yz + zx$, $x = s + t$, $y = s - t$, $z = st$.

3. 求下列复合函数的一阶偏导数 (f 具有连续的一阶导数或一阶偏导数):

(1) $z = f(x^2 + y^2, \ln x - \ln y)$;   (2) $z = \dfrac{f(x-y)}{2x + 3y}$;

(3) $u = f(x, xy, xyz)$;   (4) $u = f\left(\dfrac{z-y}{x}\right) + f\left(\dfrac{z}{x-y}\right)$.

4. 求下列复合函数的指定的偏导数 (f 具有连续的二阶导数或二阶偏导数):

(1) $z = f\left(\dfrac{x}{y}\right)$, $\dfrac{\partial^2 z}{\partial x \partial y}$, $\dfrac{\partial^2 z}{\partial y^2}$;   (2) $z = f(x, 2x + 3y)$, $\dfrac{\partial^2 z}{\partial x^2}$, $\dfrac{\partial^2 z}{\partial x \partial y}$;

(3) $z = f\left(\dfrac{x}{y}, \dfrac{y}{x}\right)$, $\dfrac{\partial^2 z}{\partial x \partial y}$;   (4) $z = f\left(xy, \dfrac{x^2 - y^2}{2}\right)$, $\dfrac{\partial^2 z}{\partial x^2}$, $\dfrac{\partial^2 z}{\partial y^2}$.

5. 设有一圆锥体,其底面半径以 0.1 cm/s 的速率在减少的同时高度以 0.2 cm/s 的速率也在减少,试求当底面半径为 30 cm,高度为 60 cm 时其体积的变化率.

6. 设函数 $f(x), g(x)$ 具有连续的二阶导数,证明: 函数 $u = f(s + at) + g(s - at)$ 满足波动方程 $\dfrac{\partial^2 u}{\partial t^2} = a^2 \dfrac{\partial^2 u}{\partial s^2}$.

7. 设函数 $f(x, y, z)$ 具有连续的一阶偏导数,并且满足 $f(tx, ty, tz) = t^n f(x, y, z)$, 证明:

$$x\dfrac{\partial f}{\partial x} + y\dfrac{\partial f}{\partial y} + z\dfrac{\partial f}{\partial z} = nf(x, y, z).$$

6.4 全微分

在定义二元函数 $f(x, y)$ 的偏导数时,我们曾经考虑了单个自变量的变化所引起的函数的变化,在实际问题中,我们还常常需要研究当 x, y 都有少许变化时函数 $f(x, y)$ 的变

化, 即
$$\Delta z = f(x_0 + \Delta x, y_0 + \Delta y) - f(x_0, y_0),$$
这里的 Δz 称为函数 $f(x,y)$ 的**全增量**. 例如, 设有一矩形薄板, 其边长分别为 x, y, 由于温度的变化它们各自获得增量 $\Delta x, \Delta y$, 此时面积 A 的改变量就是如下的全增量
$$\Delta A = (x + \Delta x)\cdot(y + \Delta y) - xy = y\Delta x + x\Delta y + \Delta x \Delta y.$$
当 $\Delta x, \Delta y$ 很小时, 面积的全增量 ΔA 可近似为 $y\Delta x + x\Delta y$, 这是 $\Delta x, \Delta y$ 的线性函数[①] (x 和 y 看作常数). 而其余部分 $\Delta x \Delta y$, 当 $(\Delta x, \Delta y) \to (0,0)$ 时是 $\sqrt{(\Delta x)^2 + (\Delta y)^2}$ 的高阶无穷小, 即
$$\lim_{(\Delta x, \Delta y)\to(0,0)} \frac{\Delta x \Delta y}{\sqrt{(\Delta x)^2 + (\Delta y)^2}} = 0,$$
故全增量 ΔA 可以写成
$$\Delta A = (y\Delta x + x\Delta y) + o\left(\sqrt{(\Delta x)^2 + (\Delta y)^2}\right).$$
多元函数全增量的这种局部线性近似性质引出了多元函数的可微性概念.

定义 设函数 $z = f(x,y)$ 在点 (x_0, y_0) 的某邻域内有定义, 如果函数在点 (x_0, y_0) 处的全增量
$$\Delta z = f(x_0 + \Delta x, y_0 + \Delta y) - f(x_0, y_0),$$
可以表示为
$$\Delta z = A\Delta x + B\Delta y + o(\rho), \tag{4.1}$$
其中 A, B 是不依赖于 $\Delta x, \Delta y$ 的两个常数, $\rho = \sqrt{(\Delta x)^2 + (\Delta y)^2}$, 则称函数 $z = f(x,y)$ 在点 (x_0, y_0) 处**可微**, 并称 $A\Delta x + B\Delta y$ 为函数 $z = f(x,y)$ 在点 (x_0, y_0) 的**全微分**, 记作 $\mathrm{d}z$, 即
$$\mathrm{d}z = A\Delta x + B\Delta y.$$
习惯上, 自变量的增量 $\Delta x, \Delta y$ 常写成 $\mathrm{d}x, \mathrm{d}y$, 并分别称为自变量 x, y 的微分, 故全微分 $\mathrm{d}z$ 常写成
$$\mathrm{d}z = A\mathrm{d}x + B\mathrm{d}y.$$
当函数 $z = f(x,y)$ 在某平面区域 D 内处处可微时, 我们称 $z = f(x,y)$ 为 D 内的**可微函数**.

试算试练 设函数 $z = (x+1)^2 + 2y$, 求

(1) 从点 $(1,1)$ 到点 $(1+\Delta x, 1+\Delta y)$ 时因变量的增量 Δz;

(2) 点 $(1,1)$ 处函数的偏导数点 $f_x(1,1), f_y(1,1)$;

(3) 极限 $\displaystyle\lim_{\substack{\Delta x \to 0 \\ \Delta y \to 0}} \frac{\Delta z - [f_x(1,1)\Delta x + f_y(1,1)\Delta y]}{\sqrt{(\Delta x)^2 + (\Delta y)^2}}.$

从多元函数可微的定义, 我们容易得到下述结果.

[①] 所谓 $x_1, x_2, \cdots, x_n$ 的线性函数, 也就是 $x_1, x_2, \cdots, x_n$ 的 n 元一次齐次多项式, 即可表示为 $\alpha_1 x_1 + \alpha_2 x_2 + \cdots + \alpha_n x_n$, 其中 $\alpha_1, \alpha_2, \cdots, \alpha_n$ 均为常数.

定理 1 (可微的必要条件) 若函数 $z = f(x,y)$ 在点 (x_0, y_0) 处可微, 则

(1) $f(x,y)$ 在点 (x_0, y_0) 处连续;

(2) $f(x,y)$ 在点 (x_0, y_0) 处的偏导数存在, 且有 $A = f_x(x_0, y_0)$, $B = f_y(x_0, y_0)$, 即 $z = f(x,y)$ 在点 (x_0, y_0) 的全微分为

$$\mathrm{d}z = f_x(x_0, y_0)\mathrm{d}x + f_y(x_0, y_0)\mathrm{d}y. \tag{4.2}$$

证 (1) 容易知道, 函数 $z = f(x,y)$ 在点 (x_0, y_0) 处连续 $\Leftrightarrow \lim\limits_{(\Delta x, \Delta y) \to (0,0)} \Delta z = 0$.

现由于 $z = f(x,y)$ 在点 (x_0, y_0) 可微, 故 (4.1) 式成立, 利用极限运算法则得

$$\lim\limits_{(\Delta x, \Delta y) \to (0,0)} [A\Delta x + B\Delta y + o(\sqrt{(\Delta x)^2 + (\Delta y)^2})] = 0,$$

从而 $\lim\limits_{(\Delta x, \Delta y) \to (0,0)} \Delta z = 0$, 因此 $f(x,y)$ 在点 (x_0, y_0) 处连续.

(2) 取 $\Delta y = 0$, 则 $\rho = |\Delta x| (\neq 0)$, 此时 (4.1) 式变为

$$f(x_0 + \Delta x, y_0) - f(x_0, y_0) = A\Delta x + o(|\Delta x|),$$

等式两边同除以 Δx, 并令 $\Delta x \to 0$, 得

$$\lim\limits_{\Delta x \to 0} \frac{f(x_0 + \Delta x, y_0) - f(x_0, y_0)}{\Delta x} = A.$$

同理可得

$$\lim\limits_{\Delta y \to 0} \frac{f(x_0, y_0 + \Delta y) - f(x_0, y_0)}{\Delta y} = B.$$

所以 $f(x,y)$ 在点 (x_0, y_0) 处的偏导数存在, 且 $f_x(x_0, y_0) = A$, $f_y(x_0, y_0) = B$, 证毕.

定理 1 给出了函数在一点处可微应满足的必要条件, 这些条件对于保证函数的可微性并不是充分的. 例如函数

$$z = f(x,y) = \begin{cases} \dfrac{xy}{\sqrt{x^2 + y^2}}, & (x,y) \neq (0,0), \\ 0, & (x,y) = (0,0) \end{cases}$$

在点 $(0,0)$ 处连续且可偏导, $f_x(0,0) = f_y(0,0) = 0$ (习题 6.2 第 3 题), 但由于

$$\frac{\Delta z - [f_x(0,0)\Delta x + f_y(0,0)\Delta y]}{\rho} = \frac{\Delta x \Delta y}{(\Delta x)^2 + (\Delta y)^2},$$

当 $(\Delta x, \Delta y) \to (0,0)$ 时, 由第一节的例 3 可知, 上式极限不存在, 因此 $z = f(x,y)$ 在点 $(0,0)$ 处不可微. 这表明, 多元函数在一点处连续且可偏导仅是函数在该点可微的必要条件. 在这一点上, 多元函数与一元函数是不相同的.

但是, 如果把条件加强为偏导数连续, 则函数必定可微.

定理 2 (可微的充分条件) 如果函数 $z = f(x,y)$ 在点 (x_0, y_0) 处具有连续偏导数, 则函数 $f(x,y)$ 在点 (x_0, y_0) 处可微.

证 由于函数 $z = f(x,y)$ 在点 (x_0, y_0) 处具有连续偏导数, 故 (3.3) 式成立 (见本章第三节情形 1 的证明). 即, 对于充分小的 Δx 与 $\Delta y ((\Delta x)^2 + (\Delta y)^2 \neq 0)$, 都有

$$\Delta z = f(x_0 + \Delta x, y_0 + \Delta y) - f(x_0, y_0) = f_x(x_0, y_0)\Delta x + f_y(x_0, y_0)\Delta y + \alpha \Delta x + \beta \Delta y, \tag{4.3}$$

其中 $\alpha = \alpha(\Delta x, \Delta y)$, $\beta = \beta(\Delta x, \Delta y)$ 均为当 $(\Delta x, \Delta y) \to (0,0)$ 时的无穷小. 利用夹逼准则可知, 当 $(\Delta x, \Delta y) \to (0,0)$ 时, 有

$$\left|\frac{\alpha \Delta x}{\rho}\right| \leqslant |\alpha| \to 0, \quad \left|\frac{\beta \Delta y}{\rho}\right| \leqslant |\beta| \to 0,$$

故

$$\alpha \Delta x + \beta \Delta y = o(\rho).$$

于是, 函数 $f(x,y)$ 在点 (x_0, y_0) 处可微.

根据这一定理可知, 如果 $z = f(x,y)$ 在平面区域 D 内具有连续偏导数, 那么 $z = f(x,y)$ 是 D 内的可微函数.

以上所作的讨论可以完全类似地推广到二元以上的多元函数. 比如, 三元函数 $u = f(x,y,z)$ 在点 (x,y,z) 处的全增量为

$$\Delta u = f(x + \Delta x, y + \Delta y, z + \Delta z) - f(x,y,z),$$

如果上述全增量 Δu 可表示为

$$\Delta u = A\Delta x + B\Delta y + C\Delta z + o(\rho),$$

其中 A, B, C 是不依赖于 $\Delta x, \Delta y, \Delta z$ 的三个常数, $\rho = \sqrt{(\Delta x)^2 + (\Delta y)^2 + (\Delta z)^2}$, 则称函数 $u = f(x,y,z)$ 在点 (x,y,z) 处可微, 并称 $A\Delta x + B\Delta y + C\Delta z$ 为函数 $u = f(x,y,z)$ 在点 (x,y,z) 处的全微分, 记作 $\mathrm{d}u$, 即

$$\mathrm{d}u = A\Delta x + B\Delta y + C\Delta z = A\mathrm{d}x + B\mathrm{d}y + C\mathrm{d}z.$$

同样有可微的必要条件 (定理 1) 和充分条件 (定理 2), 且 $A = f_x(x,y,z)$, $B = f_y(x,y,z)$, $C = f_z(x,y,z)$, 即

$$\mathrm{d}f(x,y,z) = f_x(x,y,z)\mathrm{d}x + f_y(x,y,z)\mathrm{d}y + f_z(x,y,z)\mathrm{d}z.$$

例 1 计算函数 $z = 4xy^3 + x^2y$ 在点 $(2,1)$ 的全微分.

解 因为 $z_x = 4y^3 + 2xy$, $z_y = 12xy^2 + x^2$, 所以

$$\mathrm{d}z|_{(2,1)} = z_x|_{(2,1)}\mathrm{d}x + z_y|_{(2,1)}\mathrm{d}y = 8\mathrm{d}x + 28\mathrm{d}y.$$

例 2 计算函数 $u = x + \sin\dfrac{y}{2} + \mathrm{e}^{yz}$ 的全微分.

解 因为 $u_x = 1$, $u_y = \dfrac{1}{2}\cos\dfrac{y}{2} + z\mathrm{e}^{yz}$, $u_z = y\mathrm{e}^{yz}$, 所以

$$\mathrm{d}u = u_x\mathrm{d}x + u_y\mathrm{d}y + u_z\mathrm{d}z = \mathrm{d}x + \left(\frac{1}{2}\cos\frac{y}{2} + z\mathrm{e}^{yz}\right)\mathrm{d}y + y\mathrm{e}^{yz}\mathrm{d}z.$$

多元函数的 (全) 微分运算同样具有我们在一元函数微分学中所提到的微分运算法则, 同样具有微分形式不变性. 例如, 设函数 $z = f(u,v)$, $u = u(x,y)$, $v = v(x,y)$ 的偏导数都连续, 利用链式法则, 有

$$z_x = \frac{\partial z}{\partial u} \cdot \frac{\partial u}{\partial x} + \frac{\partial z}{\partial v} \cdot \frac{\partial v}{\partial x}, \quad z_y = \frac{\partial z}{\partial u} \cdot \frac{\partial u}{\partial y} + \frac{\partial z}{\partial v} \cdot \frac{\partial v}{\partial y},$$

故
$$\mathrm{d}z = z_x\mathrm{d}x + z_y\mathrm{d}y = \left(\frac{\partial z}{\partial u}\cdot\frac{\partial u}{\partial x} + \frac{\partial z}{\partial v}\cdot\frac{\partial v}{\partial x}\right)\mathrm{d}x + \left(\frac{\partial z}{\partial u}\cdot\frac{\partial u}{\partial y} + \frac{\partial z}{\partial v}\cdot\frac{\partial v}{\partial y}\right)\mathrm{d}y$$
$$= \frac{\partial z}{\partial u}\left(\frac{\partial u}{\partial x}\mathrm{d}x + \frac{\partial u}{\partial y}\mathrm{d}y\right) + \frac{\partial z}{\partial v}\left(\frac{\partial v}{\partial x}\mathrm{d}x + \frac{\partial v}{\partial y}\mathrm{d}y\right),$$

注意到
$$\frac{\partial u}{\partial x}\mathrm{d}x + \frac{\partial u}{\partial y}\mathrm{d}y = \mathrm{d}u, \quad \frac{\partial v}{\partial x}\mathrm{d}x + \frac{\partial v}{\partial y}\mathrm{d}y = \mathrm{d}v,$$

因此
$$\mathrm{d}z = \frac{\partial z}{\partial u}\mathrm{d}u + \frac{\partial z}{\partial v}\mathrm{d}v,$$

即
$$\mathrm{d}f(u,v) = f_u(u,v)\mathrm{d}u + f_v(u,v)\mathrm{d}v. \tag{4.4}$$

于是, 只要函数 $f(u,v)$ 具有连续偏导数, 无论 u 和 v 是自变量还是中间变量, (4.4) 式总是成立的, 这个性质称为**全微分形式不变性**.

例 3 假设函数 $f(u,v)$ 具有连续偏导数, 试利用全微分形式不变性计算 $z = f\left(x^2y, \frac{x}{y}\right)$ 的全微分 $\mathrm{d}z$.

解 由条件可知, 函数 $z = f\left(x^2y, \frac{x}{y}\right)$ 可微. 利用全微分形式不变性, 得
$$\mathrm{d}z = f_1'\cdot\mathrm{d}(x^2y) + f_2'\cdot\mathrm{d}\left(\frac{x}{y}\right),$$

由微分运算法则得
$$\mathrm{d}(x^2y) = y\,\mathrm{d}(x^2) + x^2\,\mathrm{d}y = 2xy\,\mathrm{d}x + x^2\,\mathrm{d}y,$$
$$\mathrm{d}\left(\frac{x}{y}\right) = \frac{y\mathrm{d}x - x\mathrm{d}y}{y^2} = \frac{1}{y}\mathrm{d}x - \frac{x}{y^2}\mathrm{d}y.$$

因此
$$\mathrm{d}z = f_1'(2xy\mathrm{d}x + x^2\mathrm{d}y) + f_2'\left(\frac{1}{y}\mathrm{d}x - \frac{x}{y^2}\mathrm{d}y\right)$$
$$= \left(2xyf_1' + \frac{1}{y}f_2'\right)\mathrm{d}x + \left(x^2f_1' - \frac{x}{y^2}f_2'\right)\mathrm{d}y.$$

和一元函数的微分类似, 全微分可用于多元函数的近似计算.

设函数 $f(x,y)$ 可微, 则当 $\Delta x, \Delta y$ 都很小时, $\Delta z \approx \mathrm{d}z$, 即
$$\Delta z = f(x_0 + \Delta x, y_0 + \Delta y) - f(x_0, y_0) \approx f_x(x_0, y_0)\Delta x + f_y(x_0, y_0)\Delta y,$$
记 $x = x_0 + \Delta x, y = y_0 + \Delta y$, 就可得到 $f(x,y)$ 的近似计算公式
$$f(x,y) = f(x_0, y_0) + \Delta z \approx f(x_0, y_0) + f_x(x_0, y_0)(x - x_0) + f_y(x_0, y_0)(y - y_0). \tag{4.5}$$

试算试练 已知一元函数 $f(x)$ 在 $(0,0)$ 处的一阶近似公式为 $f(x) \approx f(0) + f'(0) \cdot x$, 若二元函数 $f(x,y)$ 具有连续的一阶偏导数, 试写出它在 $(0,0)$ 处的一阶近似公式.

例 4 计算 $1.04^{2.02}$ 的近似值.

解 设 $f(x,y) = x^y$, 则
$$f_x(1,2) = yx^{y-1}\big|_{(1,2)} = 2, \quad f_y(1,2) = x^y \ln x\big|_{(1,2)} = 0,$$
由于函数 $f(x,y) = x^y$ 在点 $(1,2)$ 处的偏导数连续, 因此可微, 利用 (4.5) 式得
$$1.04^{2.02} = f(1.04, 2.02) \approx f(1,2) + f_x(1,2) \times (1.04 - 1) + f_y(1,2) \times (2.02 - 2)$$
$$= 1 + 2 \times 0.04 + 0 \times 0.02 = 1.08.$$

最后我们来说明一下二元函数可微的几何意义.

设二元函数 $z = f(x,y)$ 在点 (x_0, y_0) 可微, 则在 (x_0, y_0) 的某邻域内, (4.5) 式成立, 记 (4.5) 式的右端为
$$z = f(x_0, y_0) + f_x(x_0, y_0)(x - x_0) + f_y(x_0, y_0)(y - y_0),$$
它表示通过点 $M_0(x_0, y_0, f(x_0, y_0))$ 并以 $\boldsymbol{n} = (f_x(x_0, y_0), f_y(x_0, y_0), -1)$ 为法向量的一张平面 Π. 这说明如果 $z = f(x,y)$ 在点 (x_0, y_0) 可微, 则曲面 $z = f(x,y)$ 在点 $M_0(x_0, y_0, f(x_0, y_0))$ 近旁的一小部分可以用平面 Π 来近似, 而这张平面就是曲面在点 M_0 处的切平面 (见图 6.7). 关于切平面的进一步讨论, 将在本章第七节中进行.

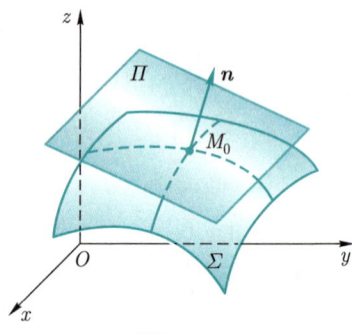

图 6.7

习题 6.4

1. 求函数 $z = x^2 + 2y^2$ 当 $x = 1, y = 1, \Delta x = -0.1, \Delta y = 0.1$ 时的全增量与全微分.

2. 求函数 $z = \arctan \dfrac{x+y}{x-y}$ 当 $x = 1, y = 0$ 时的全微分.

3. 求下列函数的全微分:

(1) $z = y \ln(x^2 + 2y)$;   (2) $z = \tan(x - y)$;

(3) $z = (x^2 + y^2)\mathrm{e}^{-\frac{y}{x}}$;   (4) $u = \arcsin \dfrac{y}{z + 2x}$.

4. 设 $f(x,y) = \begin{cases} \dfrac{xy}{x^2 + y^2}, & (x,y) \neq (0,0), \\ 0, & (x,y) = (0,0), \end{cases}$ 试用函数可微的必要条件证明 $f(x,y)$ 在点 $(0,0)$ 处不可微.

5. 设 $f(x,y) = \begin{cases} (x^2 + y^2)\cos \dfrac{1}{\sqrt{x^2 + y^2}}, & (x,y) \neq (0,0), \\ 0, & (x,y) = (0,0), \end{cases}$ 试用定义证明 $f(x,y)$

在点 $(0,0)$ 处可微.

6. 利用全微分求下列函数在给定点处的近似值:

(1) e^{2y-x} 在点 $(0.01, -0.02)$ 处;

(2) $\ln(x+2y+3z)$ 在点 $(1.1, 2.9, -2.02)$ 处.

7. 一圆柱体储水罐, 其底面半径为 30 cm, 高为 60 cm, 受热膨胀后其半径增加了 0.1 cm, 高度增加了 0.2 cm, 求该储水罐的容积增加值的近似值.

8. 一长方体容器长、宽、高分别为 $2\text{ m}, 3\text{ m}, 4\text{ m}$, 若其长和宽分别增加 10 cm, 高减少 10 cm, 求其对角线的长度变化量的近似值.

6.5 隐函数的求导公式

一、一个方程的情形

在一元微分学中我们已经提出了隐函数的概念, 并且通过举例的方式指出了不经过显化直接由方程

$$F(x,y)=0$$

求出它所确定的隐函数的导数的方法, 现在我们来继续讨论这一问题: 在什么条件下方程 $F(x,y)=0$ 可以惟一地确定函数 $y=y(x)$, 并且 $y(x)$ 是可导的? 以下定理对此作了回答.

定理 1 设二元函数 $F(x,y)$ 在区域 D 内有定义, 点 $(x_0,y_0)\in D$, 且满足:

(1) $F(x,y)$ 在 D 内具有连续偏导数;

(2) $F(x_0,y_0)=0$;

(3) $F_y(x_0,y_0)\neq 0$,

则方程 $F(x,y)=0$ 在点 (x_0,y_0) 的某邻域内惟一确定一个导函数连续的一元函数 $y=y(x)$, 满足条件 $y_0=y(x_0)$, 且有

$$\frac{dy}{dx}=-\frac{F_x}{F_y}. \tag{5.1}$$

隐函数 $y=y(x)$ 的存在性及其导函数的连续性证明从略. 下面在此基础之上推导 (5.1) 式. 所谓方程 $F(x,y)=0$ 在点 $P_0(x_0,y_0)$ 的某个邻域 $U(P_0,\delta)$ 内确定了隐函数 $y=y(x)$, 是指存在 x_0 的某个邻域 $U(x_0,\delta_0)(\delta_0<\delta)$, 使得邻域 $U(x_0,\delta_0)$ 内任一点 x, 都有惟一点 $(x,y(x))\in U(P_0,\delta)$ (如图 6.8), 满足

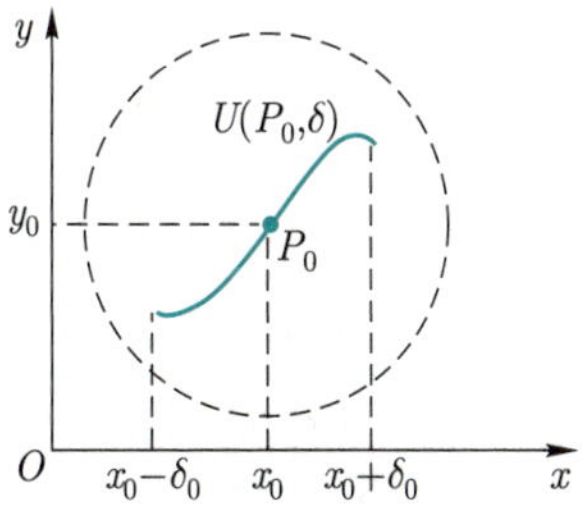

$$F[x,y(x)]\equiv 0. \tag{5.2}$$

图 6.8

在 (5.2) 式两端对 x 求导, 根据链式法则, 得

$$\frac{\partial F}{\partial x} + \frac{\partial F}{\partial y} \cdot \frac{dy}{dx} = 0.$$

由于 F_y 连续且 $F_y(x_0, y_0) \neq 0$, 故不妨设在 $U(P_0, \delta)$ 内 $F_y \neq 0$, 于是从上式解得 $\dfrac{dy}{dx}$, 即得 (5.1) 式.

例 1 验证方程 $x^4 + y^4 - 2 = 0$ 在任一点 $P_0(x_0, y_0)(x_0^4 + y_0^4 = 2)$ 处都可惟一确定一个导函数连续的隐函数 $y = y(x)$ 或 $x = x(y)$, 并求 $\left.\dfrac{dy}{dx}\right|_{(1,-1)}$.

解 设 $F(x, y) = x^4 + y^4 - 2$, 则 $F(x, y)$ 具有连续偏导数, 且

$$F_x = 4x^3, \quad F_y = 4y^3,$$

因此, 若 $y_0 \neq 0$, 则 $F_y(x_0, y_0) \neq 0$, 由定理 1 可知 $F(x, y) = 0$ 在点 $P_0(x_0, y_0)$ 的某邻域内惟一确定一个导函数连续的一元函数 $y = y(x)$; 若 $y_0 = 0$, 则 $x_0 \neq 0$, 故 $F_x(x_0, y_0) \neq 0$, 由定理 1 可知 $F(x, y) = 0$ 在点 $P_0(x_0, y_0)$ 的某邻域内惟一确定一个导函数连续的一元函数 $x = x(y)$.

利用 (5.1) 式, 得

$$\left.\frac{dy}{dx}\right|_{(1,-1)} = -\frac{F_x(1, -1)}{F_y(1, -1)} = 1.$$

例 2 设函数 $y = y(x)$ 由方程 $\arctan \dfrac{y}{x} = \ln \sqrt{x^2 + y^2}$ 所确定, 求 $\dfrac{dy}{dx}$.

解 记

$$F(x, y) = \arctan \frac{y}{x} - \ln \sqrt{x^2 + y^2} = \arctan \frac{y}{x} - \frac{1}{2} \ln(x^2 + y^2),$$

则

$$F_x(x, y) = \frac{1}{1 + \left(\frac{y}{x}\right)^2} \cdot \left(-\frac{y}{x^2}\right) - \frac{1}{2} \cdot \frac{2x}{x^2 + y^2} = -\frac{x + y}{x^2 + y^2},$$

$$F_y(x, y) = \frac{1}{1 + \left(\frac{y}{x}\right)^2} \cdot \frac{1}{x} - \frac{1}{2} \cdot \frac{2y}{x^2 + y^2} = \frac{x - y}{x^2 + y^2},$$

利用 (5.1) 式得

$$\frac{dy}{dx} = -\frac{F_x(x, y)}{F_y(x, y)} = \frac{x + y}{x - y}①.$$

定理 1 可以推广到三元以及三元以上方程的情形.

定理 2 设三元函数 $F(x, y, z)$ 在区域 Ω 内有定义, 点 $(x_0, y_0, z_0) \in \Omega$, 且满足:

(1) $F(x, y, z)$ 在 Ω 内具有连续偏导数;

---

① 由 (5.1) 式的推导可知, (5.1) 式需在 (x_0, y_0) 邻近且满足条件 $F_y(x, y) \neq 0$, 故这里的 (x, y) 需满足方程且 $x \neq y$, 以后类似情形不再说明.

(2) $F(x_0, y_0, z_0) = 0$;

(3) $F_z(x_0, y_0, z_0) \neq 0$,

则方程 $F(x, y, z) = 0$ 在点 (x_0, y_0, z_0) 的某邻域内惟一确定一个偏导数连续的二元函数 $z = z(x, y)$, 它满足条件 $z_0 = z(x_0, y_0)$, 且有

$$\frac{\partial z}{\partial x} = -\frac{F_x}{F_z}, \quad \frac{\partial z}{\partial y} = -\frac{F_y}{F_z}. \tag{5.3}$$

下面仅推导 (5.3) 式. 与定理 1 相仿, 隐函数 $z = z(x, y)$ 在 (x_0, y_0) 的某邻域内满足

$$F[x, y, z(x, y)] \equiv 0,$$

上式两端分别对 x、对 y 求偏导数, 由链式法则, 得

$$\frac{\partial F}{\partial x} + \frac{\partial F}{\partial z} \cdot \frac{\partial z}{\partial x} = 0, \quad \frac{\partial F}{\partial y} + \frac{\partial F}{\partial z} \cdot \frac{\partial z}{\partial y} = 0.$$

因为 F_z 连续, 且 $F_z(x_0, y_0, z_0) \neq 0$, 所以存在点 (x_0, y_0, z_0) 的某个邻域, 在该邻域内 $F_z \neq 0$, 于是从上式解出 $\dfrac{\partial z}{\partial x}, \dfrac{\partial z}{\partial y}$, 即得 (5.3) 式.

试算试练 验证方程 $xy + z^3 x = 2yz$ 在点 $(1, 1, 1)$ 的某个邻域内惟一确定一个有连续偏导数的隐函数 $z = z(x, y)$, 并求出该隐函数的偏导数.

例 3 设函数 $F(u, v)$ 具有连续偏导数, 由方程 $F\left(\dfrac{z+x}{y}, \dfrac{y+z}{x}\right) = 0$ 确定了隐函数 $z = z(x, y)$, 试证明:

$$x\frac{\partial z}{\partial x} + y\frac{\partial z}{\partial y} = z.$$

解 记

$$H(x, y, z) = F\left(\frac{z+x}{y}, \frac{y+z}{x}\right),$$

则

$$H_x(x, y, z) = F_u \cdot \frac{1}{y} + F_v \cdot \left(-\frac{y+z}{x^2}\right) = \frac{x^2 F_u - y(y+z)F_v}{x^2 y},$$

$$H_y(x, y, z) = F_u \cdot \left(-\frac{z+x}{y^2}\right) + F_v \cdot \frac{1}{x} = \frac{-x(z+x)F_u + y^2 F_v}{xy^2},$$

$$H_z(x, y, z) = F_u \cdot \frac{1}{y} + F_v \cdot \frac{1}{x} = \frac{xF_u + yF_v}{xy},$$

由 (5.3) 式得

$$\frac{\partial z}{\partial x} = -\frac{H_x(x, y, z)}{H_z(x, y, z)} = -\frac{x^2 F_u - y(y+z)F_v}{x(xF_u + yF_v)}, \quad \frac{\partial z}{\partial y} = -\frac{H_y(x, y, z)}{H_z(x, y, z)} = -\frac{-x(z+x)F_u + y^2 F_v}{y(xF_u + yF_v)}.$$

因此

$$x\frac{\partial z}{\partial x} + y\frac{\partial z}{\partial y} = -\frac{x^2 F_u - y(y+z)F_v}{xF_u + yF_v} - \frac{-x(z+x)F_u + y^2 F_v}{xF_u + yF_v} = z.$$

利用全微分形式不变性可直接求得隐函数的全微分, 从而得到隐函数的导数或偏导数. 例如, 由全微分形式不变性并利用微分运算法则, 得

$$\mathrm{d}F\left(\frac{z+x}{y}, \frac{y+z}{x}\right) = F_u \mathrm{d}\left(\frac{z+x}{y}\right) + F_v \mathrm{d}\left(\frac{y+z}{x}\right)$$

$$= F_u\left[\frac{(\mathrm{d}z+\mathrm{d}x)\cdot y - (z+x)\cdot \mathrm{d}y}{y^2}\right] + F_v\left[\frac{(\mathrm{d}y+\mathrm{d}z)\cdot x - (y+z)\cdot \mathrm{d}x}{x^2}\right]$$

$$= \frac{x^2 F_u - y(y+z)F_v}{x^2 y}\mathrm{d}x + \frac{-x\,(z+x)F_u + y^2 F_v}{xy^2}\mathrm{d}y + \frac{xF_u + yF_v}{xy}\mathrm{d}z,$$

于是, 方程 $F\left(\dfrac{z+x}{y}, \dfrac{y+z}{x}\right) = 0$ 两端计算微分, 得上式右端等于零, 从而可解得例 3 中隐函数的全微分

$$\mathrm{d}z = \frac{-x^2 F_u + y(y+z)F_v}{x\,(xF_u + yF_v)}\mathrm{d}x + \frac{x\,(z+x)F_u - y^2 F_v}{y(xF_u + yF_v)}\mathrm{d}y,$$

从而, 同样可得隐函数的偏导数.

如果上述定理中的 $F(x,y), F(x,y,z)$ 还具有二阶连续偏导数, 则相应的隐函数具有二阶连续导函数或二阶连续偏导数.

例 4 设函数 $z = z(x,y)$ 由方程 $xy + yz + zx = 1$ 所确定, 求 $\dfrac{\partial z}{\partial x}$ 和 $\dfrac{\partial^2 z}{\partial x \partial y}$.

解 记

$$F(x,y,z) = xy + yz + zx - 1,$$

则

$$F_x(x,y,z) = y+z, \quad F_y(x,y,z) = z+x, \quad F_z(x,y,z) = x+y,$$

因此

$$\frac{\partial z}{\partial x} = -\frac{F_x(x,y,z)}{F_z(x,y,z)} = -\frac{y+z}{x+y}, \quad \frac{\partial z}{\partial y} = -\frac{F_y(x,y,z)}{F_z(x,y,z)} = -\frac{z+x}{x+y}.$$

于是

$$\frac{\partial^2 z}{\partial x \partial y} = \frac{\partial}{\partial y}\left(\frac{\partial z}{\partial x}\right) = -\frac{\left(1 + \dfrac{\partial z}{\partial y}\right)\cdot(x+y) - (y+z)\cdot 1}{(x+y)^2}$$

$$= -\frac{\left(1 - \dfrac{z+x}{x+y}\right)\cdot(x+y) - (y+z)}{(x+y)^2} = \frac{2z}{(x+y)^2}.$$

二、方程组的情形

由一个方程所确定的隐函数可推广到方程组的情形, 而且上一目中, 在方程 (5.2) 两端对自变量 x 求导而得到隐函数的导数的方法也适用于方程组的情形. 下面举例说明由

方程组所确定的隐函数的导数或偏导数的计算.

例 5 已知方程组 $\begin{cases} 3x + y - e^z = 6, \\ x + 2y + z = 0 \end{cases}$ 确定了一对隐函数 $y = y(x), z = z(x)$,试计算 $\dfrac{dy}{dx}$ 和 $\dfrac{dz}{dx}$.

解 在给定方程的两端对自变量 x 求导,得

$$\begin{cases} 3 + \dfrac{dy}{dx} - e^z \dfrac{dz}{dx} = 0, \\ 1 + 2\dfrac{dy}{dx} + \dfrac{dz}{dx} = 0, \end{cases}$$

解得 $\dfrac{dy}{dx} = -\dfrac{e^z + 3}{2e^z + 1}, \dfrac{dz}{dx} = \dfrac{5}{2e^z + 1}$.

例 6 设 $\begin{cases} xu - yv = 0, \\ yu + xv = 1, \end{cases}$ 求 $\dfrac{\partial u}{\partial x}, \dfrac{\partial u}{\partial y}, \dfrac{\partial v}{\partial x}$ 和 $\dfrac{\partial v}{\partial y}$.

解 将 u 与 v 都看做 x, y 的二元函数,在所给方程的两端对 x 求偏导,经移项后得

$$\begin{cases} x\dfrac{\partial u}{\partial x} - y\dfrac{\partial v}{\partial x} = -u, \\ y\dfrac{\partial u}{\partial x} + x\dfrac{\partial v}{\partial x} = -v. \end{cases}$$

当系数行列式 $\begin{vmatrix} x & -y \\ y & x \end{vmatrix} = x^2 + y^2 \neq 0$ 时,解此方程组得

$$\dfrac{\partial u}{\partial x} = -\dfrac{xu + yv}{x^2 + y^2}, \quad \dfrac{\partial v}{\partial x} = \dfrac{yu - xv}{x^2 + y^2}.$$

类似地,在所给方程的两端对 y 求偏导可求得

$$\dfrac{\partial u}{\partial y} = \dfrac{xv - yu}{x^2 + y^2}, \quad \dfrac{\partial v}{\partial y} = -\dfrac{xu + yv}{x^2 + y^2}.$$

一般地,若三元函数 $F(x, y, z), G(x, y, z)$ 满足:

(1) $F(x, y, z), G(x, y, z)$ 在点 (x_0, y_0, z_0) 的某邻域内有定义且具有连续偏导数;

(2) $F(x_0, y_0, z_0) = 0, G(x_0, y_0, z_0) = 0$;

(3) $\dfrac{\partial(F, G)}{\partial(y, z)}\bigg|_{(x_0, y_0, z_0)} = \begin{vmatrix} F_y & F_z \\ G_y & G_z \end{vmatrix}_{(x_0, y_0, z_0)} \neq 0$,

则方程组 $\begin{cases} F(x, y, z) = 0, \\ G(x, y, z) = 0 \end{cases}$ 在点 (x_0, y_0, z_0) 的某邻域内惟一确定了一对导函数连续的一元函数 $\begin{cases} y = y(x), \\ z = z(x), \end{cases}$ 它们满足条件 $y_0 = y(x_0), z_0 = z(x_0)$,且有

$$\frac{\mathrm{d}y}{\mathrm{d}x} = -\frac{\dfrac{\partial(F,G)}{\partial(x,z)}}{\dfrac{\partial(F,G)}{\partial(y,z)}}, \quad \frac{\mathrm{d}z}{\mathrm{d}x} = -\frac{\dfrac{\partial(F,G)}{\partial(y,x)}}{\dfrac{\partial(F,G)}{\partial(y,z)}}, \tag{5.4}$$

其中 $\dfrac{\partial(F,G)}{\partial(y,z)} = \begin{vmatrix} F_y & F_z \\ G_y & G_z \end{vmatrix}$ 称为函数 F, G 关于 y, z 的**雅可比 (Jacobi) 行列式**.

概念解析

谈谈隐函数存在定理

隐函数存在定理是多元微分学中的一个基础性定理. 由于定理的结论仅局限于 (单个方程或方程组的) 解近旁的某一小范围内, 因此这类定理属于局部存在性定理, 但即便这样, 隐函数存在定理在多元微分学的应用中仍然起着重要的作用.

习题 6.5

1. 求下列方程所确定的隐函数 $y = y(x)$ 的一阶导数:

   (1) $\mathrm{e}^y + 6xy + x^2 = 1$;
   (2) $\ln(x^2 + y) = x^3 y + \sin x$;
   (3) $\sqrt[x]{y} = \sqrt[y]{x}$;
   (4) $\mathrm{e}^{2x+1} = \displaystyle\int_0^{x-y} \frac{\sin t}{t} \mathrm{d}t$.

2. 求下列方程所确定的隐函数 $z = z(x, y)$ 的一阶偏导数:

   (1) $z^3 + 5yz = x^3 y^2$;
   (2) $x \cos y + y \cos z + z \cos x = 1$;
   (3) $x\mathrm{e}^x - y\mathrm{e}^y = z\mathrm{e}^z$;
   (4) $xz \ln(x + 2y) + \cos(xyz) = 0$.

3. 求下列方程所确定的隐函数的指定偏导数:

   (1) $z^3 + xyz = 1$, $\dfrac{\partial^2 z}{\partial x^2}$;
   (2) $z + \ln(x + 2y - z) = 2$, $\dfrac{\partial^2 z}{\partial x \partial y}$;
   (3) $\mathrm{e}^{y+z} \arctan(y - x) = 1$, $\dfrac{\partial^2 z}{\partial x \partial y}$;
   (4) $3z + \ln z = \displaystyle\int_y^{2x} \mathrm{e}^{-t^2} \mathrm{d}t$, $\dfrac{\partial^2 z}{\partial x \partial y}$.

4. 设 $u = xy^2 z^3$.

   (1) 若 $z = z(x, y)$ 是由方程 $x^2 + y^2 + z^2 = 3xyz$ 所确定的隐函数, 求 $\left.\dfrac{\partial u}{\partial x}\right|_{(1,1,1)}$;

   (2) 若 $y = y(z, x)$ 是由方程 $x^2 + y^2 + z^2 = 3xyz$ 所确定的隐函数, 求 $\left.\dfrac{\partial u}{\partial x}\right|_{(1,1,1)}$.

5. 求下列方程组所确定的隐函数的导数或偏导数:

   (1) $\begin{cases} x + y + z = 1, \\ \mathrm{e}^{yz} = xyz, \end{cases}$ $\dfrac{\mathrm{d}y}{\mathrm{d}x}, \dfrac{\mathrm{d}z}{\mathrm{d}x}$;

   (2) $\begin{cases} x^2 + y^2 + z = 1, \\ x^2 + 4y^2 + 9z = 1, \end{cases}$ $\dfrac{\mathrm{d}y}{\mathrm{d}x}, \dfrac{\mathrm{d}z}{\mathrm{d}x}$;

(3) $\begin{cases} x = \ln(u\cos v), \\ y = u\sin v, \end{cases}$ $\dfrac{\partial u}{\partial x}, \dfrac{\partial u}{\partial y}, \dfrac{\partial v}{\partial x}, \dfrac{\partial v}{\partial y};$

(4) $\begin{cases} x = ue^v \sin u, \\ y = ue^v \cos u, \\ z = ue^v, \end{cases}$ $\dfrac{\partial z}{\partial x}, \dfrac{\partial z}{\partial y}.$

6. 设 $y = y(x), z = z(x)$ 是由方程 $z = xf(x+y)$ 和 $F(x,y,z) = 0$ 所确定的隐函数, 其中 f 和 F 分别具有一阶连续的导数和偏导数, 求 $\dfrac{\mathrm{d}z}{\mathrm{d}x}$.

6.6 方向导数与梯度

一、方向导数

在第二节给出了偏导数概念, 我们知道偏导数是函数沿坐标轴的变化率, 但在实际问题中常常还需要考虑在一点处沿其他方向的变化率问题, 比如在登山运动中为了尽快地登上山峰 (可看做高度 h 是地理位置 (x,y) 的二元函数 $h = f(x,y)$), 需要考虑各个方向上的变化率, 理想情况下, 在登山的这条线路上每一点的行进方向都是沿着该点变化率最大的方向. 下面我们以二元函数为例来讨论这个问题.

给定点 $P_0(x_0, y_0)$ 以及向量 $\boldsymbol{l}$, $\boldsymbol{e}_l$ 为其单位向量, 设 L 为过点 $P_0(x_0, y_0)$ 且以 $\boldsymbol{l}$ 为方向向量的直线, 对于直线 L 上任一点 P,
$$\overrightarrow{P_0P} = t\boldsymbol{e}_l,$$
容易知道, $|t| = |\overrightarrow{P_0P}|$ 为 P 与 P_0 之间的距离, 且 $t > 0$ 时, $\overrightarrow{P_0P}$ 与 $\boldsymbol{l}$ 方向相同; 当 $t < 0$ 时, $\overrightarrow{P_0P}$ 与 $\boldsymbol{l}$ 方向相反. 因此称 t 是**点 P 到点 P_0 的有向距离**[①].

现设函数 $z = f(x,y)$ 在点 $P_0(x_0, y_0)$ 的某个邻域内有定义, 为了研究函数 $z = f(x,y)$ 在点 $P_0(x_0, y_0)$ 处沿着方向 $\boldsymbol{l}$ 的变化情况, 我们考虑函数的增量 $f(P) - f(P_0)$ 与 P 到 P_0 的有向距离 t 的比值
$$\frac{f(P) - f(P_0)}{t},$$
如果当点 P 沿着直线趋于 P_0 (即 $t \to 0$) 时, 上述比值的极限存在, 那么该极限就表示了函数 $z = f(x,y)$ 在点 P_0 处沿着方向 $\boldsymbol{l}$ 的变化率.

定义 1 设函数 $z = f(x,y)$ 在点 $P_0(x_0, y_0)$ 的某个邻域内有定义, $\boldsymbol{l}$ 是一非零向量, 其方向余弦为 $\cos\alpha, \cos\beta$, 如果极限
$$\lim_{t \to 0} \frac{f(x_0 + t\cos\alpha, y_0 + t\cos\beta) - f(x_0, y_0)}{t} \tag{6.1}$$

[①] 由点的坐标和向量的坐标可知, 如果把 L 看作数轴 (P_0 为原点, $\boldsymbol{l}$ 为数轴的正向), 则 t 就是点 P 的坐标, 而有向距离是相对该数轴而言的. 容易知道, $\boldsymbol{l}$ 反向则有向距离变号.

存在，则称此极限为函数 $z = f(x,y)$ 在点 P_0 处沿方向 $\boldsymbol{l}$ 的**方向导数**，记作 $\left.\dfrac{\partial f}{\partial l}\right|_{(x_0, y_0)}$，即

$$\left.\frac{\partial f}{\partial l}\right|_{(x_0, y_0)} = \lim_{t \to 0} \frac{f(x_0 + t\cos\alpha, y_0 + t\cos\beta) - f(x_0, y_0)}{t}.$$

根据前面的讨论可知，方向导数 $\left.\dfrac{\partial f}{\partial l}\right|_{(x_0, y_0)}$ 就是函数 $z = f(x, y)$ 在点 $P_0(x_0, y_0)$ 处沿方向 $\boldsymbol{l}$ 的变化率，而且如果 $\boldsymbol{l} = \boldsymbol{i} = (1, 0)$，则

$$\left.\frac{\partial f}{\partial l}\right|_{(x_0, y_0)} = \lim_{t \to 0} \frac{f(x_0 + t, y_0) - f(x_0, y_0)}{t} = f_x(x_0, y_0),$$

如果 $\boldsymbol{l} = \boldsymbol{j} = (0, 1)$，则

$$\left.\frac{\partial f}{\partial l}\right|_{(x_0, y_0)} = \lim_{t \to 0} \frac{f(x_0, y_0 + t) - f(x_0, y_0)}{t} = f_y(x_0, y_0),$$

所以，方向导数是偏导数概念的推广．而如果 $\boldsymbol{l} = -\boldsymbol{i}$（或 $\boldsymbol{l} = -\boldsymbol{j}$），则 $\left.\dfrac{\partial f}{\partial l}\right|_{(x_0, y_0)}$ 为 $-f_x(x_0, y_0)$（或 $-f_y(x_0, y_0)$）．

方向导数的计算本质上仍然是一元函数导数的计算，因为若令 $\varphi(t) = f(x_0 + t\cos\alpha, y_0 + t\cos\beta)$，则

$$\lim_{t \to 0} \frac{\varphi(t) - \varphi(0)}{t} = \lim_{t \to 0} \frac{f(x_0 + t\cos\alpha, y_0 + t\cos\beta) - f(x_0, y_0)}{t},$$

所以 $\left.\dfrac{\partial f}{\partial l}\right|_{(x_0, y_0)} = \varphi'(0)$．

例 1 求 $f(x, y) = x^2 y$ 在点 $(1, 1)$ 处沿方向 $\boldsymbol{l} = (1, 2)$ 的方向导数．

解 这里 $x_0 = y_0 = 1$，$\boldsymbol{e}_{\boldsymbol{l}} = \dfrac{\sqrt{5}}{5}(1, 2)$，故设

$$\varphi(t) = f\left(1 + \frac{\sqrt{5}}{5}t, 1 + \frac{2\sqrt{5}}{5}t\right) = \left(1 + \frac{\sqrt{5}}{5}t\right)^2 \left(1 + \frac{2\sqrt{5}}{5}t\right),$$

因此

$$\varphi'(t) = \frac{2\sqrt{5}}{5}\left(1 + \frac{\sqrt{5}}{5}t\right)\left(1 + \frac{2\sqrt{5}}{5}t\right) + \frac{2\sqrt{5}}{5}\left(1 + \frac{\sqrt{5}}{5}t\right)^2,$$

于是

$$\left.\frac{\partial f}{\partial l}\right|_{(1,1)} = \varphi'(0) = \frac{4\sqrt{5}}{5}.$$

下面给出方向导数存在的一个充分条件，并给出利用偏导数来计算方向导数的方法．

定理 设函数 $z = f(x, y)$ 在点 (x_0, y_0) 处可微，则函数 $f(x, y)$ 在点 (x_0, y_0) 沿任一方向 $\boldsymbol{l}$ 的方向导数存在，且有

$$\left.\frac{\partial f}{\partial l}\right|_{(x_0, y_0)} = f_x(x_0, y_0)\cos\alpha + f_y(x_0, y_0)\cos\beta, \tag{6.2}$$

其中 $\cos\alpha, \cos\beta$ 为 $\boldsymbol{l}$ 的方向余弦.

证 由于 $f(x,y)$ 在点 (x_0, y_0) 处可微, 故对于任意的 $\Delta x, \Delta y (\rho = \sqrt{(\Delta x)^2 + (\Delta y)^2}$ 足够小且不等于零), 都有

$$f(x_0 + \Delta x, y_0 + \Delta y) - f(x_0, y_0) = f_x(x_0, y_0)\Delta x + f_y(x_0, y_0)\Delta y + o(\rho).$$

现取 $\Delta x = t\cos\alpha, \Delta y = t\cos\beta$, 则 $\rho = |t|$, 当 $t \neq 0$ 时有

$$f(x_0 + t\cos\alpha, y_0 + t\cos\beta) - f(x_0, y_0) = f_x(x_0, y_0) \cdot t\cos\alpha + f_y(x_0, y_0) \cdot t\cos\beta + o(|t|),$$

将等式两边同除以 t, 并令 $t \to 0$, 得

$$\lim_{t \to 0} \frac{f(x_0 + t\cos\alpha, y_0 + t\cos\beta) - f(x_0, y_0)}{t} = f_x(x_0, y_0)\cos\alpha + f_y(x_0, y_0)\cos\beta.$$

即得 $\left.\dfrac{\partial f}{\partial l}\right|_{(x_0, y_0)}$ 存在, 且有 (6.2) 式成立.

例 2 求 $f(x, y) = x + 2y + xy^2 + \cos(2x + y)$ 在点 $(0,0)$ 沿方向 $\boldsymbol{l} = (3, 4)$ 的方向导数.

解 与 $\boldsymbol{l}$ 同方向的单位向量 $\boldsymbol{e}_l = \left(\dfrac{3}{5}, \dfrac{4}{5}\right)$, 由于

$$f_x(x, y) = 1 + y^2 - 2\sin(2x + y), \quad f_y(x, y) = 2 + 2xy - \sin(2x + y),$$

故函数 $f(x, y)$ 的偏导数连续, 因此可微, 由 (6.2) 式得

$$\left.\frac{\partial f}{\partial l}\right|_{(0,0)} = f_x(0, 0) \cdot \frac{3}{5} + f_y(0, 0) \cdot \frac{4}{5} = 1 \cdot \frac{3}{5} + 2 \cdot \frac{4}{5} = \frac{11}{5}.$$

试算试练 已知函数 $f(x, y) = x^2 + xy$, 点 $P(1, 2)$ 及向量 $\boldsymbol{l}(1, 1)$, 求: (1) $f_x(1, 2)$, $f_y(1, 2)$; (2) $\boldsymbol{e}_l$; (3) $(f_x(1, 2), f_y(1, 2)) \cdot \boldsymbol{e}_l$.

方向导数的几何意义 设 L 为 xOy 面上经过点 (x_0, y_0) 且以 $\boldsymbol{e}_l = (\cos\alpha, \cos\beta)$ 为方向向量的直线, 过直线 L 作平行于 z 轴的铅直平面 Π, 并把平面 Π 与曲面 $z = f(x, y)$ 的交线记作 Γ (图 6.9). 由于方向导数 $\left.\dfrac{\partial f}{\partial l}\right|_{(x_0, y_0)}$ 是函数 $f(x, y)$ 在点 (x_0, y_0) 处沿方向 $\boldsymbol{e}_l$ 的变化率, 因此 $\left.\dfrac{\partial f}{\partial l}\right|_{(x_0, y_0)}$ 在几何上表示平面曲线 Γ 在点 $M_0(x_0, y_0, f(x_0, y_0))$ 处的切线 M_0T 相对于 $\boldsymbol{e}_l$ 的斜率.

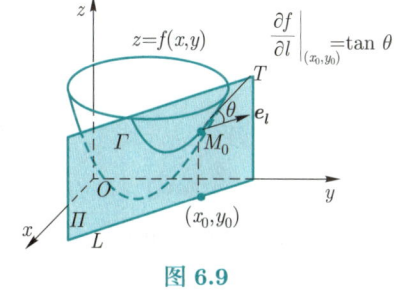

图 6.9

上述方向导数的定义可推广到更多元的多元函数, 例如三元函数 $u = f(x, y, z)$ 在点 (x_0, y_0, z_0) 处沿方向 $\boldsymbol{l}$ 的方向导数 $\left.\dfrac{\partial f}{\partial l}\right|_{(x_0, y_0, z_0)}$ 定义为

$$\left.\frac{\partial f}{\partial l}\right|_{(x_0, y_0, z_0)} = \lim_{t \to 0} \frac{f(x_0 + t\cos\alpha, y_0 + t\cos\beta, z_0 + t\cos\gamma) - f(x_0, y_0, z_0)}{t},$$

其中 $\cos\alpha, \cos\beta, \cos\gamma$ 为 $\boldsymbol{l}$ 的方向余弦.

同样可以证明, 若 $f(x,y,z)$ 在点 (x_0,y_0,z_0) 处可微, 则 $f(x,y,z)$ 在 (x_0,y_0,z_0) 处沿任意方向的方向导数存在, 且

$$\left.\frac{\partial f}{\partial l}\right|_{(x_0,y_0,z_0)} = f_x(x_0,y_0,z_0)\cos\alpha + f_y(x_0,y_0,z_0)\cos\beta + f_z(x_0,y_0,z_0)\cos\gamma, \quad (6.3)$$

其中 $\cos\alpha, \cos\beta, \cos\gamma$ 为 $\boldsymbol{l}$ 的方向余弦.

例 3 求 $f(x,y,z) = xy + yz + zx - 3xyz$ 在点 $M(1,2,3)$ 处沿 M 点的向径方向的方向导数.

解 根据条件, 方向为 $\boldsymbol{l} = \overrightarrow{OM} = (1,2,3)$, 由于
$$f_x(x,y,z) = y + z - 3yz, \quad f_y(x,y,z) = x + z - 3xz, \quad f_z(x,y,z) = y + x - 3xy,$$
故 $f(x,y,z)$ 的偏导数连续从而可微, 由 (6.3) 式得所求方向导数为

$$\left.\frac{\partial f}{\partial l}\right|_{(1,2,3)} = f_x(1,2,3) \cdot \frac{1}{\sqrt{1^2 + 2^2 + 3^2}} + f_y(1,2,3) \cdot \frac{2}{\sqrt{1^2 + 2^2 + 3^2}} +$$
$$f_z(1,2,3) \cdot \frac{3}{\sqrt{1^2 + 2^2 + 3^2}}$$
$$= -13 \cdot \frac{1}{\sqrt{14}} - 5 \cdot \frac{2}{\sqrt{14}} - 3 \cdot \frac{3}{\sqrt{14}} = -\frac{16}{7}\sqrt{14}.$$

二、梯度

如果把 (6.2) 式的右端看作两个向量的数量积, 即
$$f_x(x_0,y_0)\cos\alpha + f_y(x_0,y_0)\cos\beta = (f_x(x_0,y_0), f_y(x_0,y_0)) \cdot (\cos\alpha, \cos\beta),$$
就引入了一个重要的向量——梯度.

定义 2 设函数 $f(x,y)$ 在点 (x_0,y_0) 可微, 称向量
$$f_x(x_0,y_0)\boldsymbol{i} + f_y(x_0,y_0)\boldsymbol{j}$$
为函数 $f(x,y)$ 在点 (x_0,y_0) 处的**梯度**, 记作 $\mathbf{grad}f(x_0,y_0)$ 或 $\nabla f(x_0,y_0)$[①], 即
$$\mathbf{grad}f(x_0,y_0) \text{ (或 } \nabla f(x_0,y_0)) = f_x(x_0,y_0)\boldsymbol{i} + f_y(x_0,y_0)\boldsymbol{j}.$$

利用梯度概念, 我们可以将方向导数计算公式 (6.2) 写成

$$\left.\frac{\partial f}{\partial l}\right|_{(x_0,y_0)} = \mathbf{grad}f(x_0,y_0) \cdot \boldsymbol{e}_l = \mathrm{Prj}_l\,\mathbf{grad}f(x_0,y_0). \quad (6.4)$$

即函数 $f(x,y)$ 在点 (x_0,y_0) 处沿方向 $\boldsymbol{l}$ 的方向导数等于函数在该点处的梯度与单位向量 $\boldsymbol{e}_l$ 的数量积, 或函数在该点处的梯度在方向 $\boldsymbol{l}$ 上的投影.

由 (6.4) 式可知, 如果函数 $z = f(x,y)$ 在点 (x_0,y_0) 可微, 则 $\left.\dfrac{\partial f}{\partial l}\right|_{(x_0,y_0)} = \left|\mathbf{grad}f(x_0, y_0)\right|\cos\theta$ (θ 为梯度 $\mathbf{grad}f(x_0,y_0)$ 与 $\boldsymbol{l}$ 的夹角), 故当 $\theta = 0$, 即 $\boldsymbol{l}$ 与 $\mathbf{grad}f(x_0,y_0)$ 方

---
① ∇ 为 Nabla 算子, 其定义见第八章第六节.

向一致时, $f(x,y)$ 在点 (x_0, y_0) 处沿该方向的方向导数取得最大值 $|\mathbf{grad} f(x_0, y_0)|$, 于是函数 $f(x,y)$ 在点 (x_0, y_0) 处沿梯度 $\mathbf{grad} f(x_0, y_0)$ 方向的方向导数最大 (其最大方向导数为梯度的模 $|\mathbf{grad} f(x_0, y_0)|$), 即可微函数在给定点处沿梯度方向取到该点处的最大增长率.

试算试练 已知函数 $f(x,y) = xe^y + \cos(xy)$, 点 $P(2,0)$ 及与 l 同方向的单位向量 $e_l = (\cos\theta, \sin\theta)$, 求

(1) $\left.\dfrac{\partial f}{\partial l}\right|_P$; (2) $\left.\dfrac{\partial f}{\partial l}\right|_P$ 的最大值, 并说明取得最大值的方向;

(3) $f(x,y)$ 在点 $P(2,0)$ 处的梯度及梯度的模, 并与 (2) 的结果进行比较说明.

梯度的概念可以推广到二元以上的函数. 以三元函数为例, 若 $u = f(x, y, z)$ 在点 $P(x_0, y_0, z_0)$ 可微, 则向量

$$f_x(x_0, y_0, z_0)\boldsymbol{i} + f_y(x_0, y_0, z_0)\boldsymbol{j} + f_z(x_0, y_0, z_0)\boldsymbol{k}$$

就称为函数 $u = f(x,y,z)$ 在点 $P(x_0, y_0, z_0)$ 处的梯度, 记作 $\mathbf{grad} f(x_0, y_0, z_0)$ 或 $\nabla f(x_0, y_0, z_0)$. 同样地, 当 $u = f(x,y,z)$ 在点 $P(x_0, y_0, z_0)$ 可微时, 有

$$\left.\dfrac{\partial f}{\partial l}\right|_{(x_0, y_0, z_0)} = \mathbf{grad} f(x_0, y_0, z_0) \cdot e_l = \operatorname{Prj}_l \mathbf{grad} f(x_0, y_0, z_0).$$

例 4 求函数 $f(x,y) = x^2 + 2y^2 - 3xy$ 在点 $(1,1)$ 处的梯度以及沿梯度方向的方向导数.

解 由于

$$f_x(x,y) = 2x - 3y, \quad f_y(x,y) = 4y - 3x,$$

故函数 $f(x,y)$ 在点 $(1,1)$ 处的梯度为

$$\mathbf{grad} f(1,1) = (f_x(1,1), f_y(1,1)) = (-1, 1),$$

函数 $f(x,y)$ 在点 $(1,1)$ 处沿梯度方向的方向导数就是梯度的模, 即

$$\left.\dfrac{\partial f}{\partial l}\right|_{(1,1)} = |\mathbf{grad} f(1,1)| = \sqrt{2}.$$

例 5 求 $f(x,y,z) = x^2 + y^z$ 在点 $(1,2,0)$ 处沿方向 $\boldsymbol{l} = (3, 4, 12)$ 的方向导数.

解 由于

$$f_x(x,y,z) = 2x, \quad f_y(x,y,z) = zy^{z-1}, \quad f_z(x,y,z) = y^z \ln y,$$

故

$$\mathbf{grad} f(1,2,0) = (f_x(1,2,0), f_y(1,2,0), f_z(1,2,0)) = (2, 0, \ln 2),$$

将 l 单位化得 $e_l = \left(\dfrac{3}{13}, \dfrac{4}{13}, \dfrac{12}{13}\right)$, 因此所求方向导数为

$$\left.\dfrac{\partial f}{\partial l}\right|_{(1,2,0)} = \mathbf{grad} f(1,2,0) \cdot e_l = 2 \times \dfrac{3}{13} + 0 \times \dfrac{4}{13} + \ln 2 \times \dfrac{12}{13} = \dfrac{6(1 + 2\ln 2)}{13}.$$

例 6 假设某一山峰的形状为 $h = f(x,y) = 800 - 0.01x^2 - 0.02y^2$, 现有一登山运动员位于 $P(100, 50, 650)$, 为了最快到达山顶, 问在该点处应沿哪个方向行进? 并求出按该方向行进时的仰角 α.

解 该运动员应该沿高度上升最快的方向行进, 故行进方向 l 应该是函数 $f(x,y)$ 在 $(100, 50)$ 处的梯度方向, 即

$$l = \mathbf{grad} f(100, 50) = (f_x(100, 50), f_y(100, 50)) = (-2, -2).$$

根据方向导数的几何意义可知

$$\tan \alpha = \left.\frac{\partial f}{\partial l}\right|_{(100,50)} = |\mathbf{grad} f(100, 50)| = 2\sqrt{2},$$

因此

$$\alpha = \arctan 2\sqrt{2} \approx 1.23 \text{ rad} \approx 70.5°.$$

梯度与等量线 设函数 $z = f(x,y)$ 具有连续偏导数, 由隐函数求导法可知, 等量线 $f(x,y) = c$ 上任一点 (x_0, y_0) 处的切线垂直于 $(f_x(x_0, y_0), f_y(x_0, y_0))$, 即点 $P(x_0, y_0)$ 处的梯度 $\mathbf{grad} f(x_0, y_0)$ 是过该点的等量线 $f(x,y) = c$ 在点 P 处的一个法向量, 由于在梯度方向取得最大增长率, 故梯度方向是由低值的等量线指向高值的等量线. 例如, 函数 $f(x,y) = 1 - x^2 - y^2$ (图 6.10 (a)), 其等量线为同心圆周 $x^2 + y^2 = 1 - c$ (图 6.10(b)), 任一点 $P(x_0, y_0)$ 处的梯度为 $\mathbf{grad} f(x_0, y_0) = (-2x_0, -2y_0)$, 它是圆周 $x^2 + y^2 = 1 - c$ 的法线方向, 其方向为从点 $P(x_0, y_0)$ 指向原点 $O(0,0)$ (对于函数 $f(x,y)$ 而言, 离原点越近相应的函数值越大).

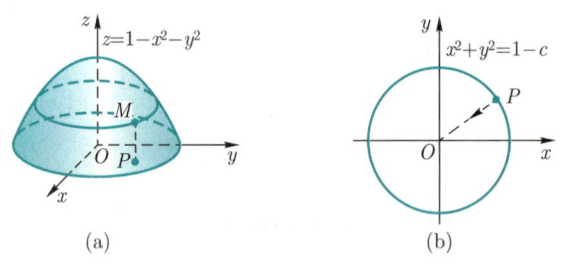

图 6.10

例 7 设 l 是椭圆 $2x^2 + y^2 = 6$ 在点 $P(1, 2)$ 处指向椭圆外侧的法向量, 求函数 $f(x,y) = \sqrt{5x^2 + y^2}$ 在点 P 处沿方向 l 的方向导数.

解 记 $h(x,y) = 2x^2 + y^2$, 则椭圆 $2x^2 + y^2 = 6$ 是 $h(x,y)$ 的一条等量线, 故

$$\mathbf{grad} h(1, 2) = (h_x(1, 2), h_y(1, 2)) = (4, 4)$$

是椭圆 $2x^2 + y^2 = 6$ 在点 $P(1, 2)$ 处指向外侧的法向量 (离原点 $O(0, 0)$ 越远, $h(x,y)$ 的函数值越大), 因此

$$e_l = \frac{\sqrt{2}}{2}(1, 1).$$

由于
$$f_x(x,y) = \frac{5x}{\sqrt{5x^2+y^2}}, \quad f_y(x,y) = \frac{y}{\sqrt{5x^2+y^2}},$$
故
$$\mathbf{grad}f(1,2) = (f_x(1,2), f_y(1,2)) = \left(\frac{5}{3}, \frac{2}{3}\right),$$
于是, 利用 (6.4) 式得所求方向导数为
$$\left.\frac{\partial f}{\partial l}\right|_{(1,2)} = \mathbf{grad}f(1,2) \cdot \boldsymbol{e}_l = \frac{5}{3} \times \frac{\sqrt{2}}{2} + \frac{2}{3} \times \frac{\sqrt{2}}{2} = \frac{7\sqrt{2}}{6}.$$

习题 6.6

1. 求下列函数在指定点 P_0 处沿指定方向 $\boldsymbol{l}$ 的方向导数:

(1) $z = 2x^2 + y^2$, $P_0(-1,1)$, $\boldsymbol{l} = (3,-4)$;

(2) $z = \arctan\frac{y}{x} + \sqrt{3}\arcsin\frac{xy}{2}$, $P_0(1,1)$, $\boldsymbol{l}$ 为从点 $(-1,-1)$ 到 $(2,-3)$ 的方向;

(3) $u = x^2 + 2y^2 - 3z^2$, $P_0(1,1,1)$, $\boldsymbol{l} = (1,1,1)$;

(4) $u = 3\mathrm{e}^x \cos(yz)$, $P_0(0,0,0)$, $\boldsymbol{l}$ 为从点 $(-1,0,1)$ 到 $(1,1,-1)$ 的方向.

2. 设平面区域内的点 $P(x,y)$ (单位: m) 的温度 $T(x,y) = x\sin 2y$ (单位: ℃), 一个质点在此区域内沿着以原点为中心, 半径为 1 m 的圆周做顺时针运动, 则质点在点 $P_0\left(\frac{1}{2}, \frac{\sqrt{3}}{2}\right)$ 处的温度变化有多快?

3. 设一金属球体内各点处的温度与该点离球心的距离成反比, 证明: 球体内任意一点 (球心除外) 处沿着指向球心的方向温度上升得最快.

4. 设平面上某金属板的电压分布为 $V(x,y) = x^2 + xy + y^2$, 在 $P_0(-1,1)$ 处:

(1) 沿哪个方向电压升高得最快? 此时上升的速率为多少?

(2) 沿哪个方向电压下降得最快? 此时下降的速率为多少?

(3) 沿哪个方向电压变化得最慢?

5. 设函数 $f(x,y)$ 具有连续偏导数, 如果平面曲线 L 在任一点 (x,y) 处的切线方向总是平行于函数 $f(x,y)$ 在 (x,y) 处的梯度 $\mathbf{grad}\, f(x,y)$, 那么称曲线 L 为函数 $f(x,y)$ 的一条**梯度线**.

(1) 试证明: 梯度线 L 的方程为 $y = y(x)$, 满足微分方程 $\dfrac{\mathrm{d}y}{\mathrm{d}x} = \dfrac{f_y(x,y)}{f_x(x,y)}$.

(2) 试求出例 6 中函数 $f(x,y)$ 过 $(100,50)$ 的梯度线 (沿该曲线行进的运动员将最快到达山顶).

6. 求函数 $u = \dfrac{x^2}{a^2} + \dfrac{y^2}{b^2} + \dfrac{z^2}{c^2}$ 在点 $M(x,y,z)$ 处沿该点向径 $\boldsymbol{r} = \overrightarrow{OM}$ 方向的方向

导数, 若对所有的点 M 均有 $\left.\dfrac{\partial u}{\partial r}\right|_M = |\nabla u(M)|$, 问 a, b, c 之间有何关系?

7. 设函数 $u(x, y), v(x, y)$ 都具有连续偏导数, 证明:

(1) $\nabla(au + bv) = a\nabla u + b\nabla v$, 其中 a, b 为常数;

(2) $\nabla(uv) = v\nabla u + u\nabla v$;

(3) $\nabla\left(\dfrac{u}{v}\right) = \dfrac{v\nabla u - u\nabla v}{v^2}(v \neq 0)$;

(4) $\nabla(u^n) = nu^{n-1}\nabla u$, 其中 n 是正整数.

■ 6.7 多元函数微分的几何应用

一、空间曲线的切线与法平面

我们知道, 平面上曲线的切线是割线的极限位置, 这同样适用于空间情形. 设 Γ 是空间的一条曲线, M_0 是 Γ 上的一定点, M 为 Γ 上任一点, 如果当 M 沿曲线 Γ 趋向于 M_0 时割线 M_0M 存在极限位置 M_0T, 则称直线 M_0T 为曲线 Γ 在点 M_0 处的**切线** (图 6.11), 切线 M_0T 的方向向量称为曲线 Γ 在点 M_0 处的**切向量**, M_0 称为**切点**.

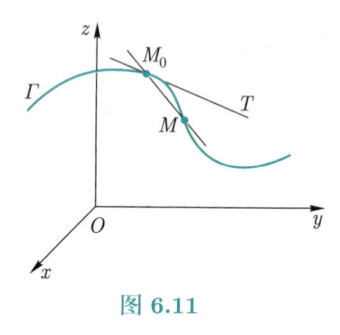

图 6.11

现设空间曲线 Γ 的方程为

$$\begin{cases} x = x(t), \\ y = y(t), \quad t \in I, \\ z = z(t), \end{cases} \tag{7.1}$$

若 $x'(t), y'(t), z'(t)$ 在区间 I 内连续且不同时为零[①], 点 $M_0(x_0, y_0, z_0) \in \Gamma$ 对应于参数 $t = t_0$. 对于曲线 Γ 上任一点 $M(x(t), y(t), z(t))$, 记

$$\Delta x = x(t) - x_0 = x(t) - x(t_0), \Delta y = y(t) - y_0 = y(t) - y(t_0),$$
$$\Delta z = z(t) - z_0 = z(t) - z(t_0),$$

则 $(\Delta x, \Delta y, \Delta z)$ 是割线 M_0M 的一个方向向量, 除以 $\Delta t = t - t_0$ 所得向量

$$\left(\dfrac{\Delta x}{\Delta t}, \dfrac{\Delta y}{\Delta t}, \dfrac{\Delta z}{\Delta t}\right)$$

仍是割线 M_0M 的方向向量. 当 M 沿曲线 Γ 趋向于 M_0 时 (即 $\Delta t \to 0$), 由条件可知

$$\lim_{\Delta t \to 0} \dfrac{\Delta x}{\Delta t} = x'(t_0), \quad \lim_{\Delta t \to 0} \dfrac{\Delta y}{\Delta t} = y'(t_0), \quad \lim_{\Delta t \to 0} \dfrac{\Delta z}{\Delta t} = z'(t_0),$$

[①] 此时称曲线 Γ 是**光滑**的, 光滑曲线在任一点处都有切线, 且切线随着切点的移动而连续转动.

从而, $\boldsymbol{\tau} = (x'(t_0), y'(t_0), z'(t_0))$ 是曲线 Γ 在点 M_0 处的一个切向量, 曲线 Γ 在点 M_0 处的切线方程为

$$\frac{x-x_0}{x'(t_0)} = \frac{y-y_0}{y'(t_0)} = \frac{z-z_0}{z'(t_0)}.$$

我们把过 M_0 且垂直于切线的平面称为曲线 Γ 在点 M_0 处的**法平面**, 由此定义得法平面的方程为

$$x'(t_0)(x-x_0) + y'(t_0)(y-y_0) + z'(t_0)(z-z_0) = 0.$$

例 1 已知螺旋线 Γ 的方程为 $x = 2\cos t, y = 2\sin t, z = 3t$, 求它在 $t = \dfrac{\pi}{4}$ 处的切线与法平面方程.

解 在 $t = \dfrac{\pi}{4}$ 处所对应的点为 $M_0\left(\sqrt{2}, \sqrt{2}, \dfrac{3\pi}{4}\right)$, 在该点处的切向量为

$$\boldsymbol{\tau} = (x', y', z')|_{t=\frac{\pi}{4}} = (-\sqrt{2}, \sqrt{2}, 3),$$

于是所求切线方程为

$$\frac{x-\sqrt{2}}{-\sqrt{2}} = \frac{y-\sqrt{2}}{\sqrt{2}} = \frac{z-\dfrac{3\pi}{4}}{3},$$

法平面方程为

$$-\sqrt{2}(x-\sqrt{2}) + \sqrt{2}(y-\sqrt{2}) + 3\left(z-\frac{3\pi}{4}\right) = 0,$$

即

$$\sqrt{2}x - \sqrt{2}y - 3z + \frac{9\pi}{4} = 0.$$

如果空间曲线 Γ 有一般方程

$$\begin{cases} F(x, y, z) = 0, \\ G(x, y, z) = 0, \end{cases}$$

点 $M_0(x_0, y_0, z_0) \in \Gamma$. 由本章第五节可知, 若函数 $F(x, y, z)$ 和 $G(x, y, z)$ 在点 M_0 的某个邻域内具有连续偏导数且 $J = \dfrac{\partial(F,G)}{\partial(y,z)}\bigg|_{(x_0,y_0,z_0)} \neq 0$ 时, 方程组 $\begin{cases} F(x, y, z) = 0, \\ G(x, y, z) = 0 \end{cases}$ 确定了一对导函数连续的隐函数 $y = y(x), z = z(x)$. 此时曲线 Γ 在点 M_0 邻近有参数方程

$$x = x, \quad y = y(x), \quad z = z(x),$$

故 $(1, y'(x_0), z'(x_0))$ 是曲线 Γ 在点 M_0 处的一个切向量, 由 (5.4) 式得

$$(1, y'(x_0), z'(x_0)) = \frac{1}{J}\left(\frac{\partial(F,G)}{\partial(y,z)}, \frac{\partial(F,G)}{\partial(z,x)}, \frac{\partial(F,G)}{\partial(x,y)}\right)_{(x_0,y_0,z_0)},$$

于是

$$\boldsymbol{\tau} = \left(\frac{\partial(F,G)}{\partial(y,z)}, \frac{\partial(F,G)}{\partial(z,x)}, \frac{\partial(F,G)}{\partial(x,y)}\right)_{(x_0,y_0,z_0)} = \begin{vmatrix} \boldsymbol{i} & \boldsymbol{j} & \boldsymbol{k} \\ F_x & F_y & F_z \\ G_x & G_y & G_z \end{vmatrix}_{(x_0,y_0,z_0)} \quad (7.2)$$

是曲线 Γ 在点 M_0 处的一个切向量.

例 2 求曲线 $\Gamma: \begin{cases} x^2+y^2+z^2=14, \\ x+y-z=0 \end{cases}$ 在点 $M_0(1,2,3)$ 处的切线与法平面方程.

解 容易知道 M_0 在曲线 Γ 上,记 $F(x,y,z)=x^2+y^2+z^2-14$, $G(x,y,z)=x+y-z$,则在点 M_0 处,

$$F_x=2, \quad F_y=4, \quad F_z=6, \quad G_x=1, \quad G_y=1, \quad G_z=-1.$$

从而

$$\boldsymbol{\tau} = \begin{vmatrix} \boldsymbol{i} & \boldsymbol{j} & \boldsymbol{k} \\ F_x & F_y & F_z \\ G_x & G_y & G_z \end{vmatrix}_{(1,2,3)} = \begin{vmatrix} \boldsymbol{i} & \boldsymbol{j} & \boldsymbol{k} \\ 2 & 4 & 6 \\ 1 & 1 & -1 \end{vmatrix} = -2(5,-4,1).$$

于是,所求切线方程为

$$\frac{x-1}{5} = \frac{y-2}{-4} = \frac{z-3}{1},$$

法平面方程为

$$5(x-1) - 4(y-2) + (z-3) = 0,$$

即

$$5x - 4y + z = 0.$$

试算试练 试写出下列曲线在指定点处的切向量 $\boldsymbol{\tau}$:

(1) 空间曲线 $\Gamma: \begin{cases} x=t, \\ y=2t^2, \\ z=3t^3, \end{cases} t=1;$

(2) 空间曲线 $\Gamma: \begin{cases} y=2x+1, \\ z=3x-2, \end{cases} (1,3,1);$

(3) 空间曲线 $\Gamma: \begin{cases} x^2+y^2-z=3, \\ x-y+z=1, \end{cases} (1,2,2).$

二、 空间曲面的切平面与法线

设曲面 Σ 的方程为
$$F(x,y,z)=0,$$
$M_0(x_0,y_0,z_0)$ 是 Σ 上的一点, 并假设 $F(x,y,z)$ 的偏导数连续且不同时为零[①]. 现考察曲面 Σ 上过 M_0 的光滑曲线 Γ (图 6.12), 假定 Γ 有参数方程

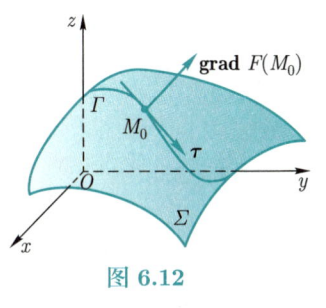

$$x=\varphi(t), \quad y=\psi(t), \quad z=\omega(t),$$

图 6.12

参数 $t=t_0$ 对应于点 M_0 且 $\varphi'(t_0), \psi'(t_0)$ 和 $\omega'(t_0)$ 不同时为零, 则曲线 Γ 在点 M_0 处的切向量 $\boldsymbol{\tau}=(\varphi'(t_0),\psi'(t_0),\omega'(t_0))$, 切线方程为

$$\frac{x-x_0}{\varphi'(t_0)}=\frac{y-y_0}{\psi'(t_0)}=\frac{z-z_0}{\omega'(t_0)}. \tag{7.3}$$

下面证明, 曲面 Σ 上过 M_0 的任一光滑曲线在点 M_0 处的切线都在同一个平面上.

事实上, 由于曲线 Γ 在曲面 Σ 上, 故
$$F[\varphi(t),\psi(t),\omega(t)]\equiv 0,$$
上式两端对 t 求导, 得
$$F_x\cdot\varphi'(t)+F_y\cdot\psi'(t)+F_z\cdot\omega'(t)=0,$$
令 $t=t_0$ 得
$$\mathbf{grad}F(M_0)\cdot\boldsymbol{\tau}=0,$$
于是, 切线 (7.3) 位于过点 M_0 以 $\mathbf{grad}F(M_0)$ 为法向量的平面 Π 上.

上述平面 Π 称为曲面 Σ 在点 M_0 (称为**切点**) 处的**切平面**, 切平面的方程为
$$F_x(M_0)(x-x_0)+F_y(M_0)(y-y_0)+F_z(M_0)(z-z_0)=0.$$
过切点 M_0 与切平面垂直的直线称为曲面 Σ 在点 M_0 处的**法线**, 法线方程为
$$\frac{x-x_0}{F_x(M_0)}=\frac{y-y_0}{F_y(M_0)}=\frac{z-z_0}{F_z(M_0)}.$$
切平面的法向量称为**曲面 Σ 在点 M_0 处的法向量**, 而向量 $\mathbf{grad}F(M_0)$ 是曲面 Σ 在点 M_0 处的一个法向量.

试算试练 试写出下列曲面在指定点处的法向量 $\boldsymbol{n}$:

(1) 曲面 $\Sigma: x^2+y^2+z^2=14, (1,3,2)$;

(2) 曲面 $\Sigma: z=x^2+2y^2, (1,-1,3)$.

例 3 求曲面 $\Sigma: 3x^2+y^2-z^2=27$ 在点 $(3,1,1)$ 处的切平面方程及法线方程.

解 容易知道点 $(3,1,1)$ 在曲面 Σ 上. 记 $F(x,y,z)=3x^2+y^2-z^2-27$, 则
$$\boldsymbol{n}=\nabla F(3,1,1)=(6x,2y,-2z)|_{(3,1,1)}=2(9,1,-1),$$

[①] 此时称曲面 Σ 是**光滑**的, 光滑曲面在任一点处都有切平面, 且切平面随着切点的移动而连续转动.

故所求切平面方程为
$$9(x-3)+(y-1)-(z-1)=0,$$
即
$$9x+y-z-27=0.$$
法线方程为
$$\frac{x-3}{9}=\frac{y-1}{1}=\frac{z-1}{-1}.$$

如果曲面 Σ 的方程为 $z=f(x,y)$，令 $F(x,y,z)=f(x,y)-z$，则曲面 Σ 的方程可改写为
$$F(x,y,z)=f(x,y)-z=0,$$
于是曲面 Σ 在点 $M_0(x_0,y_0,z_0)$（其中 $z_0=f(x_0,y_0)$）处的法向量为
$$\boldsymbol{n}=(f_x(x_0,y_0),f_y(x_0,y_0),-1),$$
切平面为
$$f_x(x_0,y_0)(x-x_0)+f_y(x_0,y_0)(y-y_0)-(z-z_0)=0.$$

例 4 求曲面 $z=\mathrm{e}^{xy}+x^2$ 在点 $(1,0,2)$ 处的切平面方程及法线方程.

解 容易知道点 $(1,0,2)$ 在所给曲面上. 由于
$$\boldsymbol{n}=(z_x,z_y,-1)|_{(1,0)}=(y\mathrm{e}^{xy}+2x,x\mathrm{e}^{xy},-1)|_{(1,0,2)}=(2,1,-1),$$
故所求切平面方程为
$$2(x-1)+(y-0)-(z-2)=0,$$
即
$$2x+y-z=0.$$
法线方程为
$$\frac{x-1}{2}=\frac{y}{1}=\frac{z-2}{-1}.$$

下面我们用求曲面的切平面的方法，来求出由一般方程给出的空间曲线的切线方程.

例 5 求曲线 $\Gamma:\begin{cases}x^2+y^2+z^2=9,\\ x^2+y^2=4x\end{cases}$ 在点 $M_0(2,2,1)$ 处的切线方程.

解 显然点 M_0 在曲线 Γ 上. 记 $F(x,y,z)=x^2+y^2+z^2-9$，$G(x,y,z)=x^2+y^2-4x$，则
$$\mathbf{grad}F(M_0)=(2x,2y,2z)_{M_0}=2(2,2,1),$$
$$\mathbf{grad}G(M_0)=(2x-4,2y,0)_{M_0}=2(0,2,0),$$
故曲面 $F(x,y,z)=0$ 及 $G(x,y,z)=0$ 在点 M_0 处的切平面分别为
$$2(x-2)+2(y-2)+(z-1)=0,\quad 0\cdot(x-2)+2(y-2)+0\cdot(z-1)=0,$$

即
$$2x+2y+z=9, \quad y=2,$$
容易知道, 曲线 Γ 在点 M_0 处的切线是上述两个切平面的交线, 故所求切线方程为
$$\begin{cases} 2x+2y+z=9, \\ y=2. \end{cases}$$

由例 5 可知, 如果曲线 Γ 是两个曲面 $F(x,y,z)=0$ 及 $G(x,y,z)=0$ 的交线, 那么曲线 Γ 在点 M_0 $(M_0 \in \Gamma)$ 处的切向量 $\boldsymbol{\tau}$ 与这两个曲面在点 M_0 处的法向量 $\mathbf{grad}F(M_0)$ 及 $\mathbf{grad}G(M_0)$ 都垂直, 故

$$\boldsymbol{\tau} = \mathbf{grad}F(M_0) \times \mathbf{grad}G(M_0) = \begin{vmatrix} \boldsymbol{i} & \boldsymbol{j} & \boldsymbol{k} \\ F_x & F_y & F_z \\ G_x & G_y & G_z \end{vmatrix}_{M_0},$$

上式就是在上一目所得到的 (7.2) 式.

设曲面 Σ 的方程为下列参数方程
$$\begin{cases} x=\varphi(u,v), \\ y=\psi(u,v), \quad (u,v) \in D_{uv}, \\ z=\omega(u,v), \end{cases} \tag{7.4}$$

其中 $\varphi(u,v)$, $\psi(u,v)$ 和 $\omega(u,v)$ 具有连续偏导数. 若 $M_0(x_0,y_0,z_0) \in \Sigma$ 所对应的参数为 $u=u_0$, $v=v_0$, 且 $\dfrac{\partial(z,x)}{\partial(u,v)}$, $\dfrac{\partial(y,z)}{\partial(u,v)}$ 和 $\dfrac{\partial(x,y)}{\partial(u,v)}$ 在点 (u_0,v_0) 处不同时为零.

考察如下用参数方程表示的两条曲线
$$\begin{cases} x=\varphi(u,v_0), \\ y=\psi(u,v_0), \\ z=\omega(u,v_0), \end{cases} \quad \begin{cases} x=\varphi(u_0,v), \\ y=\psi(u_0,v), \\ z=\omega(u_0,v), \end{cases}$$

容易知道, 上述两条曲线都在曲面 Σ 上, 且它们在点 M_0 处的切向量分别为
$$\boldsymbol{\tau}_1 = (\varphi_u, \psi_u, \omega_u)|_{(u_0,v_0)}, \quad \boldsymbol{\tau}_2 = (\varphi_v, \psi_v, \omega_v)|_{(u_0,v_0)}.$$

由于上述两条曲线在点 M_0 处的切线都在曲面 Σ 在点 M_0 处的切平面 Π 上, 因此切平面 Π 的法向量 $\boldsymbol{n}$ 同时垂直 $\boldsymbol{\tau}_1$ 和 $\boldsymbol{\tau}_2$. 于是, 曲面 Σ 在点 $M_0(x_0,y_0,z_0)$ 处的一个法向量为

$$\boldsymbol{n} = \boldsymbol{\tau}_1 \times \boldsymbol{\tau}_2 = \begin{vmatrix} \boldsymbol{i} & \boldsymbol{j} & \boldsymbol{k} \\ \varphi_u & \psi_u & \omega_u \\ \varphi_v & \psi_v & \omega_v \end{vmatrix}_{(u_0,v_0)} = \left(\dfrac{\partial(y,z)}{\partial(u,v)}, \dfrac{\partial(z,x)}{\partial(u,v)}, \dfrac{\partial(x,y)}{\partial(u,v)} \right)_{(u_0,v_0)}. \tag{7.5}$$

例 6 求螺旋面
$$\begin{cases} x=u\cos v, \\ y=u\sin v, \quad u \geqslant 0, \quad v \in \mathbf{R} \\ z=v, \end{cases}$$

在点 $M_0(1,0,0)$ 处的切平面方程及法线方程.

解 点 M_0 对应于 $u=1, v=0$, 故曲面在点 $M_0(1,0,0)$ 处的法向量为

$$\begin{vmatrix} \boldsymbol{i} & \boldsymbol{j} & \boldsymbol{k} \\ x_u & y_u & z_u \\ x_v & y_v & z_v \end{vmatrix}_{(1,0)} = \begin{vmatrix} \boldsymbol{i} & \boldsymbol{j} & \boldsymbol{k} \\ \cos v & \sin v & 0 \\ -u\sin v & u\cos v & 1 \end{vmatrix}_{(1,0)} = \begin{vmatrix} \boldsymbol{i} & \boldsymbol{j} & \boldsymbol{k} \\ 1 & 0 & 0 \\ 0 & 1 & 1 \end{vmatrix} = (0,-1,1),$$

于是, 所求切平面为

$$0(x-1) - y + z = 0,$$

即

$$y = z.$$

法线方程为

$$\frac{x-1}{0} = \frac{y}{-1} = \frac{z}{1}.$$

三、 向量值函数与向量方程

在曲线 $\varGamma$ 的参数方程 (7.1) 中, 如果记 $\boldsymbol{r} = x\boldsymbol{i} + y\boldsymbol{j} + z\boldsymbol{k}$, $\boldsymbol{f}(t) = x(t)\boldsymbol{i} + y(t)\boldsymbol{j} + z(t)\boldsymbol{k}$, 则 (7.1) 式可表为如下的形式:

$$\boldsymbol{r} = \boldsymbol{f}(t), \quad t \in I, \tag{7.6}$$

(7.6) 式称为曲线 $\varGamma$ 的**向量方程**.

容易知道, (7.6) 式实际上定义了区间 I 到 $\mathbf{R}^3$ 的一个映射, 一般地有如下的定义.

定义 设数集 D 是 $\mathbf{R}$ 的一个非空子集, 从 D 到 $\mathbf{R}^n$ 的任一映射 $\boldsymbol{f}$ 称为定义在 D 上的一个 (一元) **向量值函数**, 通常记作

$$\boldsymbol{r} = \boldsymbol{f}(t), \quad t \in D,$$

其中数集 D 称为函数的**定义域**, t 称为**自变量**, $\boldsymbol{r}$ 称为**因变量**.

于是, 曲线 $\varGamma$ 的向量方程 (7.6) 就是区间 I 上的一元向量值函数; 反之, 向径 $\boldsymbol{f}(t)(n=3^{[1]})$ 的终点 M 的轨迹 (图 6.13), 常常是条空间曲线 $\varGamma$, 曲线 $\varGamma$ 称为**一元向量值函数** $\boldsymbol{r} = \boldsymbol{f}(t)(t \in I)$ **的图形**.

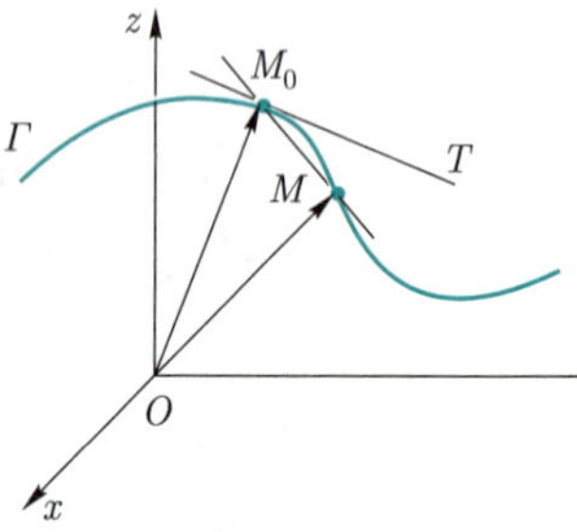

对于向量值函数, 可以类似于数量值函数给出极限、连续、导数的定义, 现简述如下:

图 6.13

1. 极限

设向量值函数 $\boldsymbol{r} = \boldsymbol{f}(t)$ 在 $t = t_0$ 的某个去心邻域内有定义, 若存在一个常向量 $\boldsymbol{r}_0$, 使得对于任意给定的正数 ε, 总存在正数 δ, 只要 t 满足 $0 < |t - t_0| < \delta$, 就有

---

[1] 如果没有特别说明, 本教材中的向量值函数都特指 $n=3$ 情形, 以后不再说明.

$|\boldsymbol{f}(t) - \boldsymbol{r}_0| < \varepsilon$ 成立. 那么称常向量 $\boldsymbol{r}_0$ 为向量值函数 $\boldsymbol{r} = \boldsymbol{f}(t)$ 当 $t \to t_0$ 时的极限, 记作

$$\lim_{t \to t_0} \boldsymbol{f}(t) = \boldsymbol{r}_0 \quad \text{或} \quad \boldsymbol{f}(t) \to \boldsymbol{r}_0 (t \to t_0).$$

2. 连续

设向量值函数 $\boldsymbol{r} = \boldsymbol{f}(t)$ 在 $t = t_0$ 的某个邻域内有定义, 如果 $\lim_{t \to t_0} \boldsymbol{f}(t) = \boldsymbol{f}(t_0)$, 则称向量值函数 $\boldsymbol{r} = \boldsymbol{f}(t)$ 在 $t = t_0$ 连续.

3. 导数

设向量值函数 $\boldsymbol{r} = \boldsymbol{f}(t)$ 在 $t = t_0$ 的某个邻域内有定义, 如果

$$\lim_{\Delta t \to 0} \frac{\Delta \boldsymbol{r}}{\Delta t} = \lim_{\Delta t \to 0} \frac{\boldsymbol{f}(t_0 + \Delta t) - \boldsymbol{f}(t_0)}{\Delta t}$$

存在, 则称向量值函数 $\boldsymbol{r} = \boldsymbol{f}(t)$ 在 $t = t_0$ 可导, 称上述极限为 $\boldsymbol{r} = \boldsymbol{f}(t)$ 在 $t = t_0$ 处的导数或导向量, 记作 $\boldsymbol{f}'(t_0)$, $\boldsymbol{r}'|_{t=t_0}$ 或 $\dfrac{\mathrm{d}\boldsymbol{f}}{\mathrm{d}t}\bigg|_{t=t_0}, \dfrac{\mathrm{d}\boldsymbol{r}}{\mathrm{d}t}\bigg|_{t=t_0}$.

根据上述定义, 设 $\boldsymbol{f}(t) = (x(t), y(t), z(t))$, 则

(1) $\lim_{t \to t_0} \boldsymbol{f}(t) = \boldsymbol{r}_0 = (x_0, y_0, z_0) \Leftrightarrow \lim_{t \to t_0} x(t) = x_0, \lim_{t \to t_0} y(t) = y_0, \lim_{t \to t_0} z(t) = z_0$;

(2) $\boldsymbol{r} = \boldsymbol{f}(t)$ 在 $t = t_0$ 连续 $\Leftrightarrow x(t), y(t)$ 和 $z(t)$ 都在 $t = t_0$ 连续;

(3) $\boldsymbol{r} = \boldsymbol{f}(t)$ 在 $t = t_0$ 可导 $\Leftrightarrow x(t), y(t)$ 和 $z(t)$ 都在 $t = t_0$ 可导, 且 $\boldsymbol{f}'(t_0) = (x'(t_0), y'(t_0), z'(t_0))$.

如果向量值函数 $\boldsymbol{r} = \boldsymbol{f}(t)$ 在 $t = t_0$ 可导, 其图形为曲线 Γ (图 6.13), 设 $\overrightarrow{OM_0} = \boldsymbol{f}(t_0), \overrightarrow{OM} = \boldsymbol{f}(t_0 + \Delta t)$, 则

$$\frac{\Delta \boldsymbol{r}}{\Delta t} = \frac{\boldsymbol{f}(t_0 + \Delta t) - \boldsymbol{f}(t_0)}{\Delta t} = \frac{1}{\Delta t} \overrightarrow{M_0 M}$$

为割线 $M_0 M$ 的方向向量, 由于当 $\Delta t \to 0$ 时割线 $M_0 M$ 趋向于曲线 Γ 在点 M_0 处的切线 $M_0 T$ (若切线存在), 于是

$$\boldsymbol{f}'(t_0) = \lim_{\Delta t \to 0} \frac{\Delta \boldsymbol{r}}{\Delta t}$$

是曲线 Γ 在点 M_0 处的一个切向量.

向量值函数的导数除具有上述几何意义外, 还有如下的物理意义. 设向量值函数 $\boldsymbol{r} = \boldsymbol{f}(t)$ 是质点 M 的位置函数, 则

(1) $\boldsymbol{v}(t_0) = \dfrac{\mathrm{d}\boldsymbol{r}}{\mathrm{d}t}\bigg|_{t=t_0}$ 是质点 M 在 $t = t_0$ 时刻的速度;

(2) $\boldsymbol{a}(t_0) = \dfrac{\mathrm{d}\boldsymbol{v}}{\mathrm{d}t}\bigg|_{t=t_0} = \dfrac{\mathrm{d}}{\mathrm{d}t}\left(\dfrac{\mathrm{d}\boldsymbol{r}}{\mathrm{d}t}\right)\bigg|_{t=t_0}$ 是质点 M 在 $t = t_0$ 时刻的加速度.

例 7 设曲线 Γ 的向量方程为 $\boldsymbol{r} = (\cos t, \sin t, t)$, 试求它在 $t = \dfrac{\pi}{4}$ 相应点处的单位切向量, 并证明曲线 Γ 在任一点处的切线与 z 轴成定角.

解 由于曲线 Γ 在任一点处的切向量就是向量值函数的导数, 故
$$\boldsymbol{\tau} = \boldsymbol{r}' = (-\sin t, \cos t, 1)$$
是曲线 Γ 在相应点处的切向量, 因此
$$\boldsymbol{e}_{\boldsymbol{\tau}}|_{t=\frac{\pi}{4}} = \frac{1}{\sqrt{2}}\left(-\frac{\sqrt{2}}{2}, \frac{\sqrt{2}}{2}, 1\right) = \left(-\frac{1}{2}, \frac{1}{2}, \frac{\sqrt{2}}{2}\right).$$
由于 $\boldsymbol{\tau}$ 与 $\boldsymbol{k}$ 所成夹角为
$$\theta = \arccos\frac{\boldsymbol{\tau}\cdot\boldsymbol{k}}{|\boldsymbol{\tau}||\boldsymbol{k}|} = \arccos\frac{\sqrt{2}}{2} = \frac{\pi}{4},$$
故曲线 Γ 在任一点处的切线与 z 轴的夹角都是 $\frac{\pi}{4}$.

和曲线的参数方程一样, 曲面的参数方程 (7.4) 可表示为向量方程
$$\boldsymbol{r} = \boldsymbol{f}(u,v), \quad (u,v) \in D_{uv},$$
其中 $\boldsymbol{f}(u,v) = (\varphi(u,v), \psi(u,v), \omega(u,v))((u,v) \in D_{uv})$ 称为 D_{uv} 上的**二元向量值函数**. 同样可定义二元向量值函数的偏导数或偏导向量 $\left.\frac{\partial \boldsymbol{f}}{\partial u}\right|_{(u_0,v_0)}$ 和 $\left.\frac{\partial \boldsymbol{f}}{\partial v}\right|_{(u_0,v_0)}$, 即
$$\left.\frac{\partial \boldsymbol{f}}{\partial u}\right|_{(u_0,v_0)} = \boldsymbol{g}'(u_0), \quad \left.\frac{\partial \boldsymbol{f}}{\partial v}\right|_{(u_0,v_0)} = \boldsymbol{h}'(v_0),$$
其中 $\boldsymbol{g}(u) = \boldsymbol{f}(u,v_0), \boldsymbol{h}(v) = \boldsymbol{f}(u_0,v)$. 而 $\left.\frac{\partial \boldsymbol{f}}{\partial u} \times \frac{\partial \boldsymbol{f}}{\partial v}\right|_{(u_0,v_0)}$ 就是曲面 $\boldsymbol{r} = \boldsymbol{f}(u,v)$ 在点 $M_0(\varphi(u_0,v_0), \psi(u_0,v_0), \omega(u_0,v_0))$ 处的法向量.

习题 6.7

1. 求下列曲线在指定点处的切线与法平面的方程:

(1) 空间曲线 Γ: $\begin{cases} x = t\cos t, \\ y = t\sin t, \\ z = 2t, \end{cases}$ $\left(0, \frac{\pi}{2}, \pi\right)$;

(2) 空间曲线 Γ: $\begin{cases} y^2 = 3 + x, \\ z^2 = 10 - x, \end{cases}$ $(1, 2, 3)$;

(3) 空间曲线 Γ: $\begin{cases} x^2 + y^2 = 4, \\ z = x^2 + y^2, \end{cases}$ $(-\sqrt{3}, 1, 4)$;

(4) 空间曲线 Γ: $\begin{cases} x^2 + y^2 + z^2 = 11, \\ x^3 + 3x^2y^2 + y^3 + 4xy - z^2 = 0, \end{cases}$ $(1, 1, 3)$.

2. 求下列曲面在指定点处的切平面与法线的方程:

(1) 曲面 Σ: $x^2 + y^2 + z^2 = 14$, $(1, 2, 3)$;

(2) 曲面 $\Sigma : x - z^2 - 2z = 1$, $(1, 1, 0)$;

(3) 曲面 $\Sigma : z = \mathrm{e}^{-x^2-y^2}$, $(0, 0, 1)$;

(4) 曲面 $\Sigma : z = 4x^2 + y^2$, $(1, 1, 5)$.

3. 设 $f(x, y) = \dfrac{x^2}{4} + y^2$, 求 $\nabla f(-2, 1)$, 并用它来求等量线 $f(x, y) = 2$ 在点 $(-2, 1)$ 处的切线方程. 在同一平面内画出 $f(x, y)$ 的等量线、切线与梯度的草图.

4. 求曲面 $z = \dfrac{x^2}{2} + y^2$ 平行于平面 $2x + 2y - z = 0$ 的切平面方程.

5. 求由空间曲线 $\begin{cases} 2x^2 + y^2 = 15, \\ z = 0 \end{cases}$ 绕 x 轴旋转一周所得的旋转椭球面在点 $(1, 2, 3)$ 处的指向椭球外侧的单位法向量.

6. 证明: 锥面 $z = \sqrt{x^2 + y^2} + 3$ 的所有切平面都经过锥面的顶点.

7. 证明: 曲面 $xyz = c^3$ (c 为常数) 上任意点处的切平面在各坐标轴上的截距之积为常数.

8. 设函数 $f(u, v)$ 具有连续的偏导数, 证明: 曲面 $f(x - az, y - bz) = 0$ (a, b 为非零常数) 上任意一点处的切平面均与直线 $\dfrac{x}{a} = \dfrac{y}{b} = z$ 平行.

9. 证明: 螺旋线 $\begin{cases} x = 2\cos t, \\ y = 2\sin t, \\ z = 4t \end{cases}$ 上任意点处的切线与 z 轴的夹角为定值.

10. 在椭球面 $\dfrac{x^2}{a^2} + \dfrac{y^2}{b^2} + \dfrac{z^2}{c^2} = 1$ 上求一点, 使得在该点处的切平面在坐标轴上的三个截距相等.

11. 若两曲面在它们的某一交点处的两个法向量垂直, 则称两曲面在该点处正交. 证明: 曲面 $z^2 = x^2 + y^2$ 与曲面 $x^2 + y^2 + z^2 = 2$ 在点 $\left(0, \dfrac{\sqrt{2}}{2}, \dfrac{\sqrt{2}}{2}\right)$ 处正交.

12. 求球面 $x^2 + y^2 + z^2 = 14$ 与椭球面 $3x^2 + y^2 + z^2 = 16$ 在点 $(1, -3, 2)$ 处夹角 (即此处两切平面的夹角) 的余弦.

6.8 多元函数的极值

一、极小值、极大值与最小值、最大值

在实际问题中, 常常会遇到多元函数的最小值、最大值问题. 类似于一元函数, 多元函数的最小值、最大值与极小值、极大值也有着密切关系, 为此, 先运用多元函数的微分学来寻求多元函数的极小值和极大值, 进而解决函数的最小值、最大值问题. 下面就以二元函数为例来讨论.

定义 设函数 $f(x,y)$ 在点 (x_0,y_0) 的某邻域内有定义. 如果对于该邻域内的任一点 (x,y), 都有
$$f(x,y) \geqslant f(x_0,y_0),$$
则称**函数** $f(x,y)$ **在点** (x_0,y_0) **有极小值** $f(x_0,y_0)$, 点 (x_0,y_0) 称为函数 $f(x,y)$ 的**极小值点**.

如果对于该邻域内的任一点 (x,y), 都有
$$f(x,y) \leqslant f(x_0,y_0),$$
则称**函数** $f(x,y)$ **在点** (x_0,y_0) **有极大值** $f(x_0,y_0)$, 点 (x_0,y_0) 称为函数 $f(x,y)$ 的**极大值点**. 极小值与极大值统称为**极值**, 使函数取得极值的点称为**极值点**.

例如, 函数 $f_1(x,y) = x^2 + y^2$ 在点 $(0,0)$ 有极小值 0, 它同时是函数的最小值 (图 6.14(a)); 函数 $f_2(x,y) = 1 - \sqrt{x^2+y^2}$ 在点 $(0,0)$ 有极大值 1, 它也同时是函数的最大值 (图 6.14(b)); 函数 $f_3(x,y) = (1-x^2-y^2)^2$ 在点 $(0,0)$ 有极大值 1, 但这个函数没有最大值 (图 6.15(a)); 而函数 $f_4(x,y) = xy$ 在点 $(0,0)$ 的任意邻域内总能取到正值与负值, 所以点 $(0,0)$ 不是它的极值点 (图 6.15(b)).

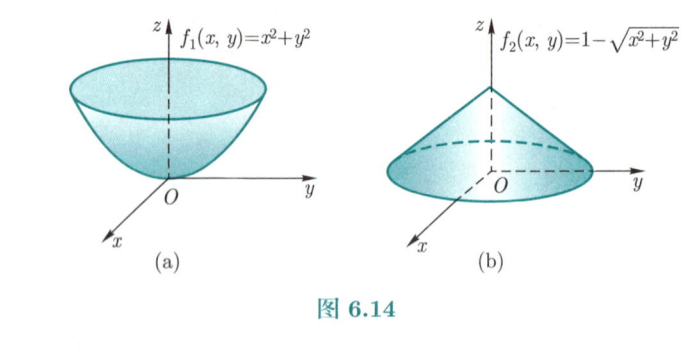

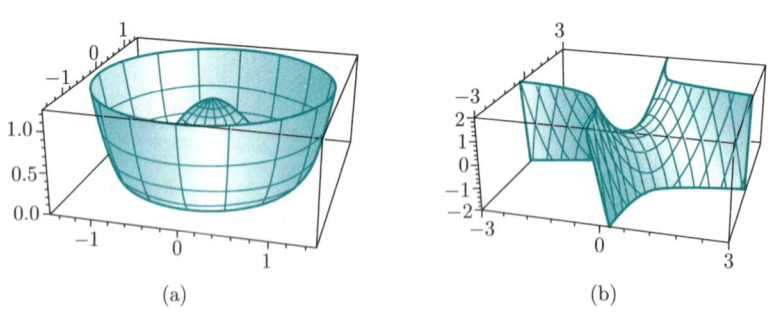

图 6.14

图 6.15

以上关于二元函数的极值概念很容易推广到一般的 n 元函数.

定理 1 如果函数 $f(x,y)$ 在点 (x_0,y_0) 处有极值, 并且 $f(x,y)$ 在点 (x_0,y_0) 可偏导, 则 $f_x(x_0,y_0) = f_y(x_0,y_0) = 0$.

证 因为函数 $f(x,y)$ 在点 (x_0,y_0) 有极值, 考察一元函数 $f(x,y_0)$, 容易知道函数 $f(x,y_0)$ 在 $x = x_0$ 可导且有极值, 由于可导函数的极值点是驻点, 因此 $f(x,y_0)$ 在 $x = x_0$

的导数为零, 即
$$f_x(x_0,y_0)=0,$$
同理可得 $f_y(x_0,y_0)=0$.

从几何上看, 如果函数 $f(x,y)$ 在点 (x_0,y_0) 可偏导且有极值, 则曲面 $z=f(x,y)$ 在点 $M_0(x_0,y_0,z_0)$ (其中 $z_0=f(x_0,y_0)$) 的法向量为 $\boldsymbol{n}=f_x(x_0,y_0)\boldsymbol{i}+f_y(x_0,y_0)\boldsymbol{j}-\boldsymbol{k}=-\boldsymbol{k}$, 因此曲面在点 M_0 处的切平面平行于 xOy 面.

定理 1 是可偏导函数有极值的必要条件, 定理中使 $f_x(x_0,y_0)=f_y(x_0,y_0)=0$ 的点称为函数 $f(x,y)$ 的**驻点** (或**稳定点**), 于是就有与一元函数相同的结论, **可偏导函数的极值点必定是函数的驻点**. 由此可知, 驻点是函数的可疑极值点, 例如函数 $f_1(x,y)=x^2+y^2$ 的驻点 $(0,0)$ 是极小值点. 除此以外, 偏导数不存在的点也是函数的可疑极值点, 例如函数 $f_2(x,y)=1-\sqrt{x^2+y^2}$ 在 $(0,0)$ 处的偏导数不存在, 但 $(0,0)$ 是 $f_2(x,y)$ 的极大值点. 而函数 $f_4(x,y)=xy$ 虽然有驻点 $(0,0)$, 但该驻点却不是极值点. 那么, 怎样来进一步判定这些可疑极值点是否为函数的极值点呢? 下面给出二元函数取得极值的一个充分条件.

定理 2 设函数 $f(x,y)$ 在包含点 (x_0,y_0) 的区域 D 内具有二阶连续偏导数, (x_0,y_0) 是 $f(x,y)$ 的驻点, 即 $\mathbf{grad}f(x_0,y_0)=\mathbf{0}$, 记
$$A=f_{xx}(x_0,y_0),\quad B=f_{xy}(x_0,y_0),\quad C=f_{yy}(x_0,y_0),$$
那么

(1) 当 $AC-B^2>0$ 时, $f(x_0,y_0)$ 是极值, 且当 $A>0$ 时, $f(x_0,y_0)$ 是极小值, 当 $A<0$ 时, $f(x_0,y_0)$ 是极大值;

(2) 当 $AC-B^2<0$ 时, $f(x_0,y_0)$ 不是极值.

定理 2 的证明见本章第九节第二目. 而如果驻点处 $AC-B^2=0$, $f(x_0,y_0)$ 是否为极值需另作讨论. 例如函数 $f(x,y)=x^2+y^4, g(x,y)=-x^2-y^4, h(x,y)=x^2+y^3$, 容易验证点 $(0,0)$ 是这三个函数的驻点, 并且这三个函数在点 $(0,0)$ 处都满足 $AC-B^2=0$, 但 $f(x,y)$ 在点 $(0,0)$ 有极小值, $g(x,y)$ 在点 $(0,0)$ 有极大值, 而 $h(x,y)$ 在点 $(0,0)$ 没有极值.

下面我们举例说明寻找二元函数极值的步骤.

例 1 求函数 $f(x,y)=x^3+y^3-3xy$ 的极值.

解 根据必要条件, 先解方程组
$$\begin{cases} f_x(x,y)=3x^2-3y=0,\\ f_y(x,y)=3y^2-3x=0, \end{cases}$$
求得两个驻点 $(0,0)$ 和 $(1,1)$. 又
$$f_{xx}(x,y)=6x,\quad f_{xy}(x,y)=-3,$$

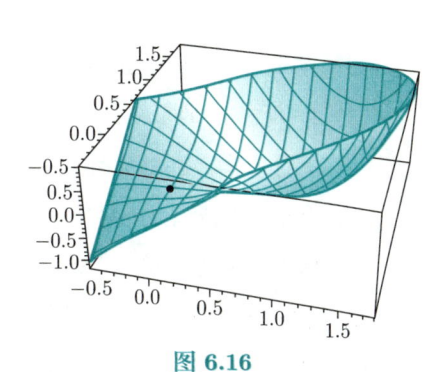

图 **6.16**

$$f_{yy}(x,y) = 6y,$$

故在点 $(0,0)$ 处, $A = C = 0$, $B = -3$, $AC - B^2 = -9 < 0$, 因此 $(0,0)$ 不是函数 $f(x,y)$ 的极值点; 在点 $(1,1)$ 处, $A = C = 6$, $B = -3$, $AC - B^2 = 27 > 0$, 因此函数 $f(x,y)$ 在点 $(1,1)$ 处取得极小值 $f(1,1) = -1$.

图 6.16 是由计算机画出的函数 $z = f(x,y)$ 的图形, 可以看出在点 $(0,0)$ (图 6.16 中的黑点) 处曲面呈马鞍形, 这样的点称为**鞍点**.

例 2 求函数 $f(x,y) = 3x^2y + y^3 - 3x^2 - 3y^2$ 的极值.

解 根据必要条件, 先解方程组
$$\begin{cases} f_x(x,y) = 6xy - 6x = 0, \\ f_y(x,y) = 3x^2 + 3y^2 - 6y = 0, \end{cases}$$

求得四个驻点 $(-1,1)$, $(0,0)$, $(0,2)$ 和 $(1,1)$. 再求出函数的二阶偏导数
$$f_{xx}(x,y) = 6y - 6, \quad f_{xy}(x,y) = 6x, \quad f_{yy}(x,y) = 6y - 6,$$

四个驻点处的 A 与 $AC - B^2$ 的值列表如下:

(x,y)	$(-1,1)$	$(0,0)$	$(0,2)$	$(1,1)$
A	0	-6	6	0
$AC - B^2$	-36	36	36	-36

于是由取得极值的充分条件可知, 函数 $f(x,y)$ 在点 $(0,0)$ 处取得极大值 $f(0,0) = 0$, 在点 $(0,2)$ 处取得极小值 $f(0,2) = -4$, 而另外两个驻点不是函数 $f(x,y)$ 的极值点.

图 6.17 所示的是函数 $z = f(x,y)$ 的图形, 其中两个灰点为点 $(-1,1)$ 和 $(1,1)$ 在曲面上相应的点, 两个黑点为极值点, 可以看到点 $(-1,1)$ 和 $(1,1)$ 为鞍点.

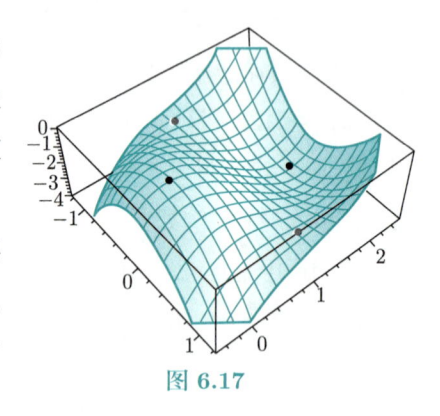

图 6.17

试算试练 已知二元函数 $f(x,y) = x^2 + xy + 3x + 2y + 5$,

(1) 求 $f(x,y)$ 的驻点;

(2) 分别计算出在驻点处的二阶导数 $A = f_{xx}, B = f_{xy}, C = f_{yy}$ 的值;

(3) 计算出驻点处的 $AC - B^2$;

(4) 驻点是否是极值点? 是极大值点还是极小值点? 极值是多少?

最后讨论最小值最大值问题. 设连续函数 $f(x,y)$ 在区域 D 上可偏导, 计算 $f(x,y)$ 在 D 上的最小值或最大值, 一般可按如下的步骤进行:

1. 确定所求最小值或最大值的存在性

如果 D 是平面上的一个有界闭区域. 由于 $f(x,y)$ 在 D 上连续, 故由连续函数的最小值最大值定理可知 $f(x,y)$ 在 D 上必存在最小值和最大值.

如果函数 $f(x,y)$ 具有实际问题的背景, 一般可根据问题的性质来确定 $f(x,y)$ 在 D 上一定存在最小值或最大值.

2. 找出可疑的最小值最大值点

容易知道, 如果函数的最小值或最大值在 D 的内部取到, 一般它们就是函数的极值. 据此我们可以先求出 $f(x,y)$ 在 D 的内部所有可疑的极值点, 由于 $f(x,y)$ 可偏导, 故可疑的极值点必定是驻点. 除 D 内的驻点外, 函数 $f(x,y)$ 还可能在 D 的边界上取到最小值或最大值.

因此, 函数 $f(x,y)$ 在 D 上可疑的最小值最大值点, 必定是函数 $f(x,y)$ 在 D 内部的驻点, 以及函数 $f(x,y)$ 在 D 的边界上的最小值最大值点.

3. 确定所求的最小值或最大值

计算出函数 $f(x,y)$ 在可疑的最小值最大值点处的函数值, 如果所求最小值或最大值存在, 则比较这些函数值的大小就可得到所求的最小值或最大值. 特别地, 如果可以判定所求最小值或最大值在 D 的内部取到, 而且函数 $f(x,y)$ 在 D 的内部有惟一驻点, 那么该驻点一定是函数 $f(x,y)$ 在 D 上的最小值或最大值点.

例 3 求函数 $f(x,y) = x^2 - xy + y^2 + y$ 在单位圆盘 $D = \{(x,y)|x^2+y^2 \leqslant 1\}$ 上的最小值和最大值.

解 由于函数 $f(x,y)$ 在有界闭区域 D 上连续, 故所求最小值和最大值存在.

解方程组

$$\begin{cases} f_x(x,y) = 2x - y = 0, \\ f_y(x,y) = -x + 2y + 1 = 0, \end{cases}$$

得惟一驻点 $\left(-\dfrac{1}{3}, -\dfrac{2}{3}\right)$.

考察函数 $f(x,y)$ 在 D 的边界上的取值情况. 如图 6.18 所示, D 的边界可看作上下两个半圆周组成. 在上半圆周 L_1 上 $y = \sqrt{1-x^2}$, 故 $f(x,y)$ 在 L_1 上为一元函数

$$g(x) = f(x, \sqrt{1-x^2}) = (1-x)\sqrt{1-x^2} + 1, \quad -1 \leqslant x \leqslant 1,$$

在下半圆周 L_2 上 $y = -\sqrt{1-x^2}$, 故 $f(x,y)$ 在 L_2 上为一元函数

$$h(x) = f(x, -\sqrt{1-x^2}) = (x-1)\sqrt{1-x^2} + 1, \quad -1 \leqslant x \leqslant 1.$$

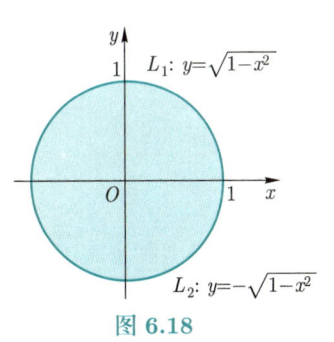

图 6.18

由于
$$g'(x) = \frac{2x^2 - x - 1}{\sqrt{1-x^2}} = \frac{(2x+1)(x-1)}{\sqrt{1-x^2}},$$

令 $g'(x) = 0$ 得 $(-1,1)$ 内的惟一驻点 $x = -\frac{1}{2}$, 因此 $g(x)$ 可疑的最小值最大值点为 $x = -\frac{1}{2}, \pm 1$. 同样, $h(x)$ 可疑的最小值最大值点也是 $x = -\frac{1}{2}, \pm 1$.

计算各点的函数值
$$f\left(-\frac{1}{3}, -\frac{2}{3}\right) = -\frac{1}{3} \approx -0.333, \quad g\left(-\frac{1}{2}\right) = \frac{3\sqrt{3}}{4} + 1 \approx 2.299,$$
$$h\left(-\frac{1}{2}\right) = -\frac{3\sqrt{3}}{4} + 1 \approx -0.299, \quad g(\pm 1) = h(\pm 1) = 1,$$

于是, 函数 $f(x,y)$ 在 D 的最小值 m 和最大值 M 为
$$m = \min\left\{f\left(-\frac{1}{3}, -\frac{2}{3}\right), g(-1), g\left(-\frac{1}{2}\right), g(1), h(-1), h\left(-\frac{1}{2}\right), h(1)\right\}$$
$$= f\left(-\frac{1}{3}, -\frac{2}{3}\right) = -\frac{1}{3},$$
$$M = \max\left\{f\left(-\frac{1}{3}, -\frac{2}{3}\right), g(-1), g\left(-\frac{1}{2}\right), g(1), h(-1), h\left(-\frac{1}{2}\right), h(1)\right\}$$
$$= g\left(-\frac{1}{2}\right) = \frac{3\sqrt{3}}{4} + 1.$$

例 4 如果在某楼顶要做一个容积为 10 m^3 的长方体水箱, 已知单位面积箱体与箱盖的建造成本为 $1:3$, 问当长、宽、高各取多少尺寸时, 可以使费用最省?

解 设水箱的长为 x m, 宽为 y m, 则高应为 $\frac{10}{xy}$ m, 设箱体的建造费用为 k 元$/\text{m}^2$, 箱盖的建造费用为 $3k$ 元$/\text{m}^2$, 则建造箱体所用材料的面积 A 为
$$A = xy + 2\left(x \cdot \frac{10}{xy} + y \cdot \frac{10}{xy}\right) = xy + \frac{20}{y} + \frac{20}{x},$$

因此, 建造费用为
$$W = k\left(xy + \frac{20}{y} + \frac{20}{x}\right) + 3kxy \quad (x > 0, y > 0),$$

解方程组
$$\begin{cases} W_x = ky - \dfrac{20k}{x^2} + 3ky = 0, \\ W_y = kx - \dfrac{20k}{y^2} + 3kx = 0, \end{cases}$$

得惟一驻点 $x = y = \sqrt[3]{5}$, 此时高为 $\dfrac{10}{(\sqrt[3]{5})^2} = 2\sqrt[3]{5}$. 根据题意, 这个水箱的最低建造费用一定存在, 故在惟一驻点处, 建造费用 W 取得最小值, 也就是当水箱的长、宽、高分别为 $\sqrt[3]{5}$ m, $\sqrt[3]{5}$ m, $2\sqrt[3]{5}$ m 时, 水箱的建造费用最低.

例 5 某厂家生产的一种产品同时在两个市场销售,售价分别为 p_1 和 p_2 (单位: 元),销售量分别为 q_1 和 q_2 (单位: 件),已知需求函数为

$$q_1 = 2000 - 0.2p_1, \quad q_2 = 1000 - 0.05p_2,$$

总成本函数为

$$C = 3000 + 4000(q_1 + q_2) \text{ (元)}.$$

试问: 厂家如何确定两个市场的售价, 使其获得最大利润? 并求出最大利润.

解 容易知道, 该产品在两个市场上的总销售收入为

$$R = p_1 q_1 + p_2 q_2 = 2000p_1 - 0.2p_1^2 + 1000p_2 - 0.05p_2^2,$$

总利润为

$$L = R - C = 2800p_1 - 0.2p_1^2 + 1200p_2 - 0.05p_2^2 - 12003000,$$

解方程组

$$\begin{cases} L_{p_1} = 2800 - 0.4p_1 = 0, \\ L_{p_2} = 1200 - 0.1p_2 = 0, \end{cases}$$

得惟一驻点 $p_1 = 7000, p_2 = 12000$. 根据题意, 最大利润是一定存在的, 故在该驻点处必定获得最大利润, 其最大利润为

$$L_{p_1=7000, p_2=12000} = 4.997 \times 10^6 \text{ (元)}.$$

应用案例
血管几何学

二、 条件极值

上面所讨论的极值问题, 是在函数定义域的内部取到的. 除极值点必须是函数定义域的内点外别无要求, 所以称这种类型的极值为**无条件极值**, 但在上一目的例 3 中, 除区域 D 内的驻点外, 还讨论了在 D 的边界上的最小值最大值, 此时对自变量的变化进行了约束 $x^2 + y^2 = 1$, 因此在边界上的最小值最大值, 就是函数 $f(x,y) = x^2 - xy + y^2 + y$ 在条件 $x^2 + y^2 = 1$ 下的最小值最大值. 我们称上述问题为**条件极值**, 其中 $f(x,y) = x^2 - xy + y^2 + y$ 称为**目标函数**, $x^2 + y^2 = 1$ 为**约束条件**.

现在来寻找目标函数 $f(x,y)$ 在约束条件 $\varphi(x,y) = 0$ 下取得条件极值的必要条件.

假设 $f(x,y)$ 和 $\varphi(x,y)$ 具有连续偏导数, 若 $f(x,y)$ 在点 $P_0(x_0, y_0)$ 处取得条件极值且 $\mathbf{grad}\varphi(x_0, y_0) \neq \mathbf{0}$.

仿照上一目例 3 的做法. 由于 $\varphi(x,y)$ 具有连续偏导数且 $\mathbf{grad}\varphi(x_0, y_0) \neq \mathbf{0}$, 不妨设 $\varphi_y(x_0, y_0) \neq 0$, 由隐函数存在定理可知, 方程 $\varphi(x,y) = 0$ 确定了一个具有连续导数的函数 $y = y(x)$, 把它代入目标函数后就得到

$$f[x, y(x)].$$

由于 $f(x,y)$ 在 (x_0,y_0) 处取得条件极值, 这就相当于函数 $f[x,y(x)]$ 在 $x=x_0$ 处取得了极值, 由一元可导函数取得极值的必要条件可知, 必有

$$\frac{\mathrm{d}}{\mathrm{d}x}f[x,y(x)]\Big|_{x=x_0} = f_x(x_0,y_0) + f_y(x_0,y_0)\frac{\mathrm{d}y}{\mathrm{d}x}\Big|_{x=x_0} = 0,$$

由隐函数求导公式得 $\dfrac{\mathrm{d}y}{\mathrm{d}x}\Big|_{x=x_0} = -\dfrac{\varphi_x(x_0,y_0)}{\varphi_y(x_0,y_0)}$, 代入上式得

$$f_x(x_0,y_0) - \frac{f_y(x_0,y_0)\varphi_x(x_0,y_0)}{\varphi_y(x_0,y_0)} = 0.$$

上式以及约束条件 $\varphi(x_0,y_0) = 0$ 就是函数 $z=f(x,y)$ 在点 (x_0,y_0) 处取得条件极值的必要条件. 若记

$$\lambda = -\frac{f_y(x_0,y_0)}{\varphi_y(x_0,y_0)},$$

上述必要条件就转化为

$$\begin{cases} f_x(x_0,y_0) + \lambda\varphi_x(x_0,y_0) = 0, \\ f_y(x_0,y_0) + \lambda\varphi_y(x_0,y_0) = 0, \\ \varphi(x_0,y_0) = 0. \end{cases}$$

根据上述分析, 对于条件极值的求解有如下**拉格朗日乘子法**:

设函数 $f(x,y)$ 和 $\varphi(x,y)$ 具有连续的偏导数, 引进函数

$$L = f(x,y) + \lambda\varphi(x,y), \tag{8.1}$$

称上述函数为**拉格朗日函数**, 参数 λ 称为**拉格朗日乘子**.

如果 $x=x_0, y=y_0$ 是方程组

$$\begin{cases} f_x(x,y) + \lambda\varphi_x(x,y) = 0, \\ f_y(x,y) + \lambda\varphi_y(x,y) = 0, \\ \varphi(x,y) = 0 \end{cases} \tag{8.2}$$

的解, 即 (x_0,y_0) 是拉格朗日函数的驻点, 那么点 (x_0,y_0) 是目标函数 $f(x,y)$ 在约束条件 $\varphi(x,y)=0$ 下的可疑极值点.

按上述方法, 我们再来寻找例 3 中函数在 D 的边界上的最小值最大值点. 先构造拉格朗日函数

$$L = x^2 - xy + y^2 + y + \lambda(x^2 + y^2 - 1),$$

解方程组

$$\begin{cases} L_x = 2x - y + 2\lambda x = 0, \\ L_y = -x + 2y + 1 + 2\lambda y = 0, \\ x^2 + y^2 = 1, \end{cases}$$

由前两个方程得 $y^2 = 2(1+\lambda)xy = x(x-1)$, 再结合第三个方程即条件 $x^2 + y^2 = 1$, 就可解得拉格朗日函数的驻点 $\left(-\dfrac{1}{2}, -\dfrac{\sqrt{3}}{2}\right)$, $\left(-\dfrac{1}{2}, \dfrac{\sqrt{3}}{2}\right)$ 和 $(1, 0)$, 由于

$$f\left(-\dfrac{1}{2}, -\dfrac{\sqrt{3}}{2}\right) = -\dfrac{3\sqrt{3}}{4} + 1, \quad f\left(-\dfrac{1}{2}, \dfrac{\sqrt{3}}{2}\right) = \dfrac{3\sqrt{3}}{4} + 1, \quad f(1, 0) = 1,$$

因此, 函数 $f(x, y)$ 在 D 的边界上的最小值为 $f\left(-\dfrac{1}{2}, -\dfrac{\sqrt{3}}{2}\right) = -\dfrac{3\sqrt{3}}{4} + 1$, 最大值为 $f\left(-\dfrac{1}{2}, \dfrac{\sqrt{3}}{2}\right) = \dfrac{3\sqrt{3}}{4} + 1$.

例 6 现要在一平整的场地上搭建一个容积为 V m³ 的长方体的应急板房, 问如何设计使得所用材料最少?

解 设板房的长为 x m, 宽为 y m, 高为 z m, 则容积为 $xyz = V$, 所需材料 (以面积计) 为

$$A = xy + 2(yz + zx),$$

因此, 所求的是在约束条件 $xyz = V$ 下目标函数 $f(x, y, z) = xy + 2(yz + zx)$ ($x > 0$, $y > 0$, $z > 0$) 的最小值.

先构造拉格朗日函数

$$L = xy + 2(yz + zx) + \lambda(xyz - V) \quad (x > 0, y > 0, z > 0),$$

求解方程组

$$\begin{cases} L_x = y + 2z + \lambda yz = 0, \\ L_y = x + 2z + \lambda xz = 0, \\ L_z = 2(x + y) + \lambda xy = 0, \\ xyz = V, \end{cases}$$

将前三个方程的两端依次乘 x, y 和 z, 得

$$x(y + 2z) = -\lambda xyz = y(x + 2z) = 2z(x + y),$$

从而得

$$x = y = 2z,$$

代入最后一个方程即约束方程, 就得到 $x = y = 2z = \sqrt[3]{2V}$, 根据问题性质知所求面积 A 的最小值一定存在, 所以, 在长、宽各为 $\sqrt[3]{2V}$ m, 高为 $\dfrac{\sqrt[3]{2}}{2}V$ m 时, 建造板房所用材料最少.

上述方法可推广到二元以上的函数以及多个约束条件的情形. 例如, 要求三元函数

$$u = f(x, y, z)$$

在约束条件

$$\varphi(x, y, z) = 0 \quad \text{和} \quad \psi(x, y, z) = 0$$

下的条件极值, 可以先作拉格朗日函数 $L = f(x,y,z) + \lambda\varphi(x,y,z) + \mu\psi(x,y,z)$, 其中 λ 和 μ 是参数, 然后求解方程组

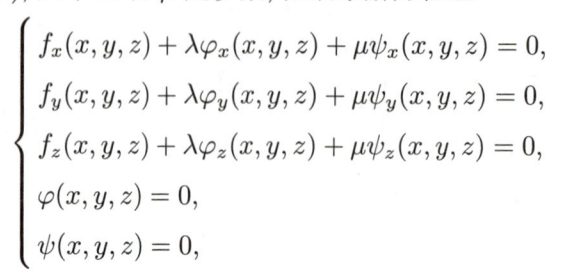

$$\begin{cases} f_x(x,y,z) + \lambda\varphi_x(x,y,z) + \mu\psi_x(x,y,z) = 0, \\ f_y(x,y,z) + \lambda\varphi_y(x,y,z) + \mu\psi_y(x,y,z) = 0, \\ f_z(x,y,z) + \lambda\varphi_z(x,y,z) + \mu\psi_z(x,y,z) = 0, \\ \varphi(x,y,z) = 0, \\ \psi(x,y,z) = 0, \end{cases}$$

则解得的 x_0, y_0, z_0 就是可疑极值点的坐标.

例 7 求坐标原点到曲线 $\Gamma: \begin{cases} x^2 + y^2 = z^2, \\ x + 2y + z = 4 \end{cases}$ 的最近最远距离.

解 设 (x,y,z) 是曲线 Γ 上任一点, 它与原点的距离为 $d = \sqrt{x^2 + y^2 + z^2}$, 从而所求问题转化为目标函数 $f(x,y,z) = x^2 + y^2 + z^2$ 在约束条件 $x^2 + y^2 - z^2 = 0$ 和 $x + 2y + z - 4 = 0$ 下的最小值最大值. 先构造拉格朗日函数

$$L = x^2 + y^2 + z^2 + \lambda(x^2 + y^2 - z^2) + \mu(x + 2y + z - 4),$$

求解方程组

$$\begin{cases} L_x = 2x + 2\lambda x + \mu = 0, \\ L_y = 2y + 2\lambda y + 2\mu = 0, \\ L_z = 2z - 2\lambda z + \mu = 0, \\ x^2 + y^2 = z^2, \\ x + 2y + z = 4, \end{cases}$$

变形前三个方程为

$$2(1+\lambda)x = -\mu, \quad (1+\lambda)y = -\mu, \quad 2(1-\lambda)z = -\mu,$$

因此

$$\begin{cases} z = 0, \\ \lambda = -1, \mu = 0 \end{cases} \quad \text{或} \quad \begin{cases} 2x = y, \\ \lambda \neq -1, \end{cases}$$

从而, 驻点满足

$$\begin{cases} z = 0, \\ x^2 + y^2 = z^2, \\ x + 2y + z = 4 \end{cases} \text{(无解, 舍去)} \quad \text{或} \quad \begin{cases} 2x = y, \\ x^2 + y^2 = z^2, \\ x + 2y + z = 4, \end{cases}$$

求得两组解 $x_1 = 1 - \dfrac{\sqrt{5}}{5}, y_1 = 2 - \dfrac{2\sqrt{5}}{5}, z_1 = -1 + \sqrt{5}$ 及 $x_2 = 1 + \dfrac{\sqrt{5}}{5}, y_2 = 2 + \dfrac{2\sqrt{5}}{5}, z_2 = -1 - \sqrt{5}$.

由于

$$x_1^2 + y_1^2 + z_1^2 = 12 - 4\sqrt{5}, \quad x_2^2 + y_2^2 + z_2^2 = 12 + 4\sqrt{5},$$

而根据问题性质知所求距离的最小值和最大值一定都存在，因此所得两个驻点一定就是距离的最小值点和最大值点，于是，原点到曲线 Γ 的最近距离、最远距离分别为 $2\sqrt{3-\sqrt{5}}, 2\sqrt{3+\sqrt{5}}$.

上面讨论了函数取得 (有约束或无约束) 极值的条件，从理论上讲，已经可以用来寻找函数的极值与最小值最大值. 但是在实践中还会遇到许多困难. 例如为了获取目标函数或拉格朗日函数的驻点，需要求解一个方程组，这种方程组一般是非线性的. 求解非线性方程组并没有一个普遍适用的方法，往往依赖于我们的经验和直觉，因此，在实际求解中常通过数值计算的方法，在计算机上完成具体的计算. 这方面的内容，请参阅数值计算、非线性优化的有关书籍.

三、最小二乘法

我们知道变量之间的关系式是非常重要的，常常是解决问题的基础. 事实上，如果已知相关变量之间的函数关系式，就能方便地考察这些变量的变化趋势，在工程技术与科学实验中，常常尝试通过实验来获得相关变量之间的函数关系，例如两个变量情形，如果通过实验得到两个变量 x 与 y 的 m 组实验数据 $(x_1, y_1), (x_2, y_2), \cdots, (x_m, y_m)$，通过分析这些实验数据，找出这两个变量间的函数关系的近似解析表达式 (常称为**经验公式**)，从而对除了实验数据外的对应情况作出某种分析与判断. 这种方法称为数据拟合，**最小二乘法**就是常用的一种数据拟合方法，方法如下 (以两个变量情形为例):

(1) 依据对问题所做的分析，通过数学建模或者通过整理归纳实验数据，能够判定两个变量 x, y 间大体上满足某种类型的函数关系 $y = f(x, \alpha_1, \alpha_2, \cdots, \alpha_n)$，其中 $\alpha_1, \alpha_2, \cdots, \alpha_n$ 为 n 个待定的参数;

(2) 根据 m 组 (一般要求 $m > n$) 实验数据 $(x_1, y_1), (x_2, y_2), \cdots, (x_m, y_m)$，得到每一点处的偏差为
$$r_i = f(x_i, \alpha_1, \alpha_2, \cdots, \alpha_n) - y_i;$$

(3) 求得参数 $\alpha_1 = \hat{\alpha}_1, \alpha_2 = \hat{\alpha}_2, \cdots, \alpha_n = \hat{\alpha}_n$，使得
$$\sum_{i=1}^{m} r_i^2 = \sum_{i=1}^{m} [f(x_i, \alpha_1, \alpha_2, \cdots, \alpha_n) - y_i]^2$$
在 $\alpha_1 = \hat{\alpha}_1, \alpha_2 = \hat{\alpha}_2, \cdots, \alpha_n = \hat{\alpha}_n$ 取最小值.

按最小二乘法所得参数 $\hat{\alpha}_1, \hat{\alpha}_2, \cdots, \hat{\alpha}_n$ 称为**最小二乘解**，通过最小二乘法所得拟合函数 $y = f(x, \hat{\alpha}_1, \hat{\alpha}_2, \cdots, \hat{\alpha}_n)$ 就是变量 x 和 y 的近似函数表达式. 特别当 $y = f(x, \alpha_1, \alpha_2, \cdots, \alpha_n)$ 是 n 个参数的一次函数时 (x 视为常量)，其最小二乘解一定存在，且是函数的惟一驻点，下面我们通过例子来加以具体说明.

例 8 根据统计，某个城市冰淇淋的销量 q (单位: 万支) 与该城市的温度 T 有如下六对数据:

T	22°C	25°C	27°C	31°C	33°C	36°C
q	87	110	115	155	160	183

试用最小二乘法建立 q 与 T 之间的经验公式 $q = aT + b$.

解 记
$$M = \sum_{i=1}^{6}(aT_i + b - q_i)^2,$$
则
$$M_a = \sum_{i=1}^{6} 2T_i(aT_i + b - q_i) = 2a\sum_{i=1}^{6} T_i^2 + 2b\sum_{i=1}^{6} T_i - 2\sum_{i=1}^{6} q_i T_i = 4(2592a + 87b - 12221),$$
$$M_b = \sum_{i=1}^{6} 2(aT_i + b - q_i) = 2a\sum_{i=1}^{6} T_i + 12b - 2\sum_{i=1}^{6} q_i = 12(29a + b - 135),$$
令 $M_a = 0, M_b = 0$ 解得惟一驻点 $a = \dfrac{476}{69} \approx 6.899$, $b = -\dfrac{4489}{69} \approx -65.058$. 于是, 由最小二乘法得到该城市冰淇淋的销量 q 与该城市的温度 T 的经验公式
$$q = \frac{476}{68}T - \frac{4489}{69} \approx 6.899T - 65.058 \text{ (万支)}.$$

习题 6.8

1. 求下列二元函数的极值:

(1) $f(x,y) = 4xy - x^4 - y^4$;

(2) $f(x,y) = xy(1 - x - y)$;

(3) $f(x,y) = e^{2x}(x + y^2 + 2y)$;

(4) $f(x,y) = 3axy - x^3 - y^3\ (a > 0)$.

2. 求下列函数在约束方程下的最小值和最大值:

(1) $f(x,y) = 3x - 4y,\ \dfrac{x^2}{9} + \dfrac{y^2}{4} = 1$;

(2) $f(x,y,z) = 8x^2 + 4yz - 16z + 600,\ 4x^2 + y^2 + 4z^2 = 16$.

3. 求下列函数在指定区域 D 上的最小值和最大值:

(1) $f(x,y) = x^2 y(4 - x - y)$, D 是以点 $(0,0)$, $(0,6)$, $(6,0)$ 为顶点的闭三角形区域;

(2) $f(x,y) = (4x - x^2)\cos y$, $D = \left\{(x,y) \Big| 1 \leqslant x \leqslant 3, -\dfrac{\pi}{4} \leqslant y \leqslant \dfrac{\pi}{4}\right\}$;

(3) $f(x,y) = x^2 - y^2 + 4$, $D = \left\{(x,y) \Big| \dfrac{x^2}{9} + \dfrac{y^2}{4} \leqslant 1\right\}$;

(4) $f(x,y) = x^2 + y^2$, $D = \{(x,y) | (x-1)^2 + (y-2)^2 \leqslant 9\}$.

4. 平面内一矩形内接于椭圆 $\dfrac{x^2}{16} + \dfrac{y^2}{9} = 1$(其边平行于坐标轴), 求其面积的最大值.

5. 求平面内曲线 $x^2 + xy + y^2 = 1$ 上距离原点最近和最远的点.

6. 设 x, y, z 为实数,且满足关系式 $\mathrm{e}^x + y^2 + |z| = 3$,证明:$\mathrm{e}^x y^2 |z| \leqslant 1$.

7. 某养殖场饲养两种鱼,开始时,两种鱼放养的数量分别为 x, y 万尾,收获时两种鱼的收获量分别为 $(3 - \alpha x - \beta y)x, (4 - \beta x - 2\alpha y)y$ 万尾 (α, β 为常数且 $\alpha > \beta > 0$),问如何放养才能使得收获的鱼量最大.

8. 求曲面 $xyz = 1$ 上距离原点最近的点的坐标.

9. 求曲线 $\begin{cases} z = x^2 + 2y^2, \\ z = 6 - 2x^2 - y^2 \end{cases}$ 上 z 坐标的最大值和最小值.

10. 求表面积为 a^2 的有盖长方体水箱的最大容积.

*6.9 二元函数的泰勒公式

一、泰勒公式

我们知道,如果 $y = f(x)$ 在 x_0 的某个邻域 $U(x_0)$ 内有直到 $n + 1$ 阶的导数,就有如下的泰勒公式:对于任意的 h,只要 $x_0 + h \in U(x_0)$,必存在 $\theta \in (0, 1)$,使得

$$f(x_0 + h) = f(x_0) + f'(x_0)h + \frac{f''(x_0)}{2!}h^2 + \cdots + \frac{f^{(n)}(x_0)}{n!}h^n + \frac{f^{(n+1)}(x_0 + \theta h)}{(n+1)!}h^{n+1}.$$

一元函数的泰勒公式可推广到多元函数,这里我们只讨论二元函数的泰勒公式. 为方便起见,以下的定理 1 仅写出 $n = 1$ 的情形并加以证明.

定理 1 设函数 $z = f(x, y)$ 在点 $P_0(x_0, y_0)$ 的某邻域 $U(P_0)$ 内具有连续的二阶偏导数,则对于任意的 h 和 k,只要 $(x_0 + h, y_0 + k) \in U(P_0)$,必存在 $\theta \in (0, 1)$,使得

$$\begin{aligned} f(x_0 + h, y_0 + k) = & f(x_0, y_0) + f_x(x_0, y_0)h + f_y(x_0, y_0)k + \\ & \frac{1}{2!}[f_{xx}(x, y)h^2 + 2f_{xy}(x, y)hk + f_{yy}(x, y)k^2]_{\substack{x = x_0 + \theta h \\ y = y_0 + \theta k}}. \end{aligned} \quad (9.1)$$

证 记 $\varphi(t) = f(x_0 + ht, y_0 + kt)$,则 $\varphi(t)$ 在 $t = 0$ 的某个邻域内具有连续的二阶导数,利用全导数公式得

$$\varphi'(t) = hf_x(x_0 + ht, y_0 + kt) + kf_y(x_0 + ht, y_0 + kt),$$

$$\begin{aligned} \varphi''(t) = & h[hf_{xx}(x_0 + ht, y_0 + kt) + kf_{xy}(x_0 + ht, y_0 + kt)] + \\ & k[hf_{yx}(x_0 + ht, y_0 + kt) + kf_{yy}(x_0 + ht, y_0 + kt)] \\ = & h^2 f_{xx}(x_0 + ht, y_0 + kt) + 2hk f_{xy}(x_0 + ht, y_0 + kt) + k^2 f_{yy}(x_0 + ht, y_0 + kt)[1], \end{aligned}$$

由一元函数的泰勒公式可知,存在 $\theta \in (0, 1)$,使得

$$f(x_0 + h, y_0 + k) = \varphi(1) = \varphi(0) + \varphi'(0) + \frac{\varphi''(\theta)}{2}$$

---
[1] 由 $f(x, y)$ 的二阶偏导数连续可知混合偏导相等,即 $f_{xy}(x, y) = f_{yx}(x, y)$.

$$= f(x_0, y_0) + hf_x(x_0, y_0) + kf_y(x_0, y_0) +$$
$$\frac{1}{2}[h^2 f_{xx}(x,y) + 2hk f_{xy}(x,y) + k^2 f_{yy}(x,y)]_{\substack{x=x_0+\theta h,\\ y=y_0+\theta k}}$$

证毕.

例如, 函数 $f(x,y) = \mathrm{e}^x \sin y$ 具有连续的二阶偏导数, 由于
$$f_x(x,y) = \mathrm{e}^x \sin y, \ f_y(x,y) = \mathrm{e}^x \cos y,$$
$$f_{xx}(x,y) = \mathrm{e}^x \sin y, \ f_{xy}(x,y) = f_{yx}(x,y) = \mathrm{e}^x \cos y, \ f_{yy}(x,y) = -\mathrm{e}^x \sin y,$$
故存在 $\theta \in (0,1)$, 使得
$$f(x,y) = f(0,0) + f_x(0,0)x + f_y(0,0)y +$$
$$\frac{1}{2}[x^2 f_{xx}(\theta x, \theta y) + 2xy f_{xy}(\theta x, \theta y) + y^2 f_{yy}(\theta x, \theta y)]$$
$$= y + \frac{1}{2}[x^2 \mathrm{e}^{\theta x} \sin(\theta y) + 2xy \mathrm{e}^{\theta x} \cos(\theta y) - y^2 \mathrm{e}^{\theta x} \sin(\theta y)]$$
$$= y + \frac{1}{2}\mathrm{e}^{\theta x}[(x^2 - y^2)\sin(\theta y) + 2xy \cos(\theta y)].$$

二、 极值充分条件的证明

下面利用定理 1 证明上一节中的定理 2, 即如下的定理.

定理 2 设函数 $f(x,y)$ 在包含点 (x_0, y_0) 的区域 D 内具有二阶连续偏导数, (x_0, y_0) 是 $f(x,y)$ 的驻点, 即 $\mathbf{grad} f(x_0, y_0) = \mathbf{0}$, 记
$$A = f_{xx}(x_0, y_0), \quad B = f_{xy}(x_0, y_0), \quad C = f_{yy}(x_0, y_0),$$
那么

(1) 当 $AC - B^2 > 0$ 时, $f(x_0, y_0)$ 是极值, 且当 $A > 0$ 时, $f(x_0, y_0)$ 是极小值, 当 $A < 0$ 时, $f(x_0, y_0)$ 是极大值;

(2) 当 $AC - B^2 < 0$ 时, $f(x_0, y_0)$ 不是极值.

证 根据条件 $f_x(x_0, y_0) = f_y(x_0, y_0) = 0$, 由二元泰勒公式 (9.1) 得
$$f(x_0+h, y_0+k) = f(x_0, y_0) + \frac{1}{2!}[f_{xx}(x,y)h^2 + 2f_{xy}(x,y)hk + f_{yy}(x,y)k^2]_{\substack{x=x_0+\theta h\\ y=y_0+\theta k}}.$$

(1) 当 $AC - B^2 > 0$ 时, 必有 $A < 0$ 且 $C < 0$ 或 $A > 0$ 且 $C > 0$, 不妨设 $A < 0$ 且 $C < 0$. 由保号性可知, 存在 $P_0(x_0, y_0)$ 的某个邻域 $U(P_0)$, 使得在该邻域内 $f_{xx}(x,y) < 0, f_{yy}(x,y) < 0$, 且
$$f_{xx}(x,y)f_{yy}(x,y) - f_{xy}^2(x,y) > 0$$
恒成立. 由于
$$f_{xx}(x,y)h^2 + 2f_{xy}(x,y)hk + f_{yy}(x,y)k^2$$

$$= \frac{[f_{xx}(x,y)h + f_{xy}(x,y)k]^2 + k^2[f_{xx}(x,y)f_{yy}(x,y) - f_{xy}^2(x,y)]}{f_{xx}(x,y)}, \quad (9.2)$$

因此, 只要 $(x,y) \in U(P_0)$ 且 $h^2 + k^2 \neq 0$, 都有
$$f_{xx}(x,y)h^2 + 2f_{xy}(x,y)hk + f_{yy}(x,y)k^2 < 0,$$
于是, 只要 $(x_0 + h, y_0 + k) \in \overset{\circ}{U}(P_0)$, 有
$$f(x_0 + h, y_0 + k) = f(x_0, y_0) + \frac{1}{2!}[f_{xx}(x,y)h^2 + 2f_{xy}(x,y)hk + f_{yy}(x,y)k^2]_{\substack{x=x_0+\theta h\\y=y_0+\theta k}}$$
$$< f(x_0, y_0),$$
即, 当 $AC - B^2 > 0$ 且 $A < 0$ 时, 函数在 $P_0(x_0, y_0)$ 取得极大值.

同理可得, 当 $AC - B^2 > 0$ 且 $A > 0$ 时, 函数在 $P_0(x_0, y_0)$ 取得极小值.

(2) 当 $AC - B^2 < 0$ 时, 同样由保号性可知, 存在 $P_0(x_0, y_0)$ 的某个邻域 $U(P_0)$, 使得在该邻域内,
$$f_{xx}(x,y)f_{yy}(x,y) - f_{xy}^2(x,y) < 0$$
恒成立.

当 $A = f_{xx}(x_0, y_0) \neq 0$ 时. 不妨设 $A > 0$, 由保号性, 不妨设在 $U(P_0)$ 内 $f_{xx}(x,y) > 0$, 故只要 $(x_0 + h, y_0) \in U(P_0)$, 必有
$$f(x_0 + h, y_0) = f(x_0, y_0) + \frac{1}{2!}f_{xx}(x_0 + \theta h, y_0)h^2 > f(x_0, y_0).$$
记
$$F(h,k) = [f_{xx}(x,y)h^2 + 2f_{xy}(x,y)hk + f_{yy}(x,y)k^2]_{\substack{x=x_0+\theta h\\y=y_0+\theta k}},$$
利用 (9.2) 式得
$$\lim_{\substack{(h,k)\to(0,0)\\h=-\frac{B}{A}k}} \frac{F(h,k)}{k^2} = \frac{AC - B^2}{A} < 0,$$
由保号性可知, 在 P_0 的任意去心邻域内都存在 $(x_0 + h_1, y_0 + k_1)$, 使得 $F(h_1, k_1) < 0$, 从而
$$f(x_0 + h_1, y_0 + k_1) < f(x_0, y_0).$$
于是, 在 P_0 的任意去心邻域内都存在点 $(x_0 + h, y_0)$ 和 $(x_0 + h_1, y_0 + k_1)$, 使得
$$f(x_0 + h, y_0) > f(x_0, y_0) \quad \text{且} \quad f(x_0 + h_1, y_0 + k_1) < f(x_0, y_0),$$
这说明, $P_0(x_0, y_0)$ 不是函数 $f(x,y)$ 的极值点.

同理可证, 当 $AC - B^2 < 0$ 且 $C \neq 0$ 时, $P_0(x_0, y_0)$ 也不是函数 $f(x,y)$ 的极值点.

当 $A = C = 0$ 时, 由 $AC - B^2 < 0$ 知 $B \neq 0$. 不妨设 $B > 0$, 则
$$\lim_{(h,k)\to(0,0)} \frac{F(h,k)}{hk} = 2f_{xy}(x_0, y_0) = 2B > 0,$$
由保号性, 不妨设在 $\overset{\circ}{U}(P_0)$ 内的点 $(x_0 + h, y_0 + k)$ 都有
$$\frac{F(h,k)}{hk} > 0,$$

于是，只要 $(x_0+h_1, y_0+k_1) \in U(P_0)$ 且 $h_1 k_1 < 0$，都有 $F(h_1, k_1) < 0$，从而 $f(x_0 + h_1, y_0 + k_1) < f(x_0, y_0)$；只要 $(x_0 + h_2, y_0 + k_2) \in U(P_0)$ 且 $h_2 k_2 > 0$，都有 $F(h_1, k_1) > 0$，从而 $f(x_0+h_1, y_0+k_1) > f(x_0, y_0)$. 这说明，$P_0(x_0, y_0)$ 不是函数 $f(x, y)$ 的极值点.

综上所述，当 $AC - B^2 < 0$ 时，$P_0(x_0, y_0)$ 必定不是函数 $f(x, y)$ 的极值点.

概念解析
二元函数的等值线及其应用

习题 6.9

1. 试写出函数 $f(x, y) = x^2 - xy + y^2 - 2x + 7y - 9$ 在点 $(1, 2)$ 处的一阶泰勒公式.
2. 求函数 $y = \ln(1 + x + y)$ 在原点 $(0, 0)$ 的一阶泰勒公式.

总习题六

1. 填空题

(1) 如果点 $P(x, y)$ 以不同的方式趋于 $P_0(x_0, y_0)$ 时，函数 $f(x, y)$ 趋于不同的常数，则函数 $f(x, y)$ 在点 $P_0(x_0, y_0)$ 处的二重极限_____.

(2) 函数 $f(x, y)$ 在点 $P_0(x_0, y_0)$ 连续是函数在该点处可微的_____条件，是函数在该点处可偏导的_____条件.

(A) 充分非必要 (B) 必要非充分
(C) 充分且必要 (D) 既非充分又非必要

(3) 函数 $f(x, y) = \begin{cases} \dfrac{xy}{x^2+y^2}, & (x,y) \neq (0,0) \\ 0, & (x,y) = (0,0) \end{cases}$ 在点 $(0, 0)$ 处_____；函数 $g(x, y) = \begin{cases} \dfrac{xy}{\sqrt{x^2+y^2}}, & (x,y) \neq (0,0) \\ 0, & (x,y) = (0,0) \end{cases}$ 在点 $(0, 0)$ 处_____.

(A) 连续但不可偏导 (B) 可偏导但不连续
(C) 连续且可偏导 (D) 既不连续又不可偏导

(4) 函数 $f(x, y)$ 的二阶偏导数 f_{xy} 与 f_{yx} 在区域 D 内相等的充分条件是_____.

(5) (隐函数存在定理) 函数 $F(x, y, z)$ 在 $P_0(x_0, y_0, z_0)$ 的某个邻域内有连续偏导数，$F(x_0, y_0, z_0) = 0$，且满足_____，则方程 $F(x, y, z) = 0$ 在 P_0 的某个邻域内可确定可导的隐函数 $x = x(y, z)$.

(6) $\mathbf{grad} f(x_0, y_0)$ 的方向是函数 $f(x, y)$ 在 $P_0(x_0, y_0)$ 处取得 _____ 的方向；

grad $f(x_0, y_0)$ 是等量线 $f(x,y) = f(x_0,y_0)$ 在 $P_0(x_0, y_0)$ 处的 _____ 向量 (填 "切" 或 "法"), 并指向等量线的 _____ 值方向 (填 "高" 或 "低").

2. 函数 $f(x,y) = \begin{cases} \dfrac{x(x^2-y^2)}{x^2+y^2}, & (x,y) \neq (0,0), \\ 0, & (x,y) = (0,0), \end{cases}$ 问: 在点 $(0,0)$ 处 $f(x,y)$

(1) 是否连续?　　　　　　(2) 是否可偏导?　　　　　　(3) 是否可微?

3. 设可微函数 $z = z(x,y)$ 满足方程 $x\dfrac{\partial z}{\partial x} + y\dfrac{\partial z}{\partial y} = 0$. 证明: 在极坐标下, 上述方程变换为 $\dfrac{\partial z}{\partial \rho} = 0$.

4. 设函数 $z = z(x,y)$ 有连续的二阶偏导数, 证明: 在变换 $\xi = \dfrac{y}{x}, \eta = y$ 下, 方程
$$x^2 \frac{\partial^2 z}{\partial x^2} + 2xy \frac{\partial^2 z}{\partial x \partial y} + y^2 \frac{\partial^2 z}{\partial y^2} = 0$$
可变形为 $\dfrac{\partial^2 z}{\partial \eta^2} = 0$.

5. 设函数 $z = z(x,y)$ 由方程 $\sin z - xyz = 1$ 所确定, 求 $\dfrac{\partial^2 z}{\partial x \partial y}$.

6. 设 $u = f(x,y,z)$ 有连续的偏导数, 其中 $y = y(x)$ 和 $z = z(x)$ 分别由方程 $e^{xy} - y = 1$ 和 $e^z - xz = 2$ 所确定, 求 $\dfrac{du}{dx}$.

7. 设函数 $u = u(x,y)$, $v = v(x,y)$ 由方程 $x = x(u,v)$, $y = y(u,v)$ 所确定, 其中 $x(u,v)$, $y(u,v)$ 是具有连续偏导数的已知函数, 求 $\dfrac{\partial u}{\partial x}$, $\dfrac{\partial v}{\partial x}$.

8. 设 $z = F[x + f(x-2y), y]$, 其中 F, f 具有连续的二阶偏导数或导数, 求 $\dfrac{\partial^2 z}{\partial y^2}$.

9. 设函数 $z = z(x,y)$ 由方程 $x^2 - 6xy + 10y^2 - 2yz - z^2 + 18 = 0$ 所确定, 求 $z(x,y)$ 的极值.

10. 设有一平面温度场 $T(x,y) = 100 - x^2 - 2y^2$, 场内一粒子从 $A(4,2)$ 处出发, 且始终沿着温度上升最快的方向运动, 试建立粒子运动所满足的微分方程, 并求出粒子运动的路径方程.

11. 已知直线 $L: \begin{cases} x + y + a = 0, \\ x + by - z - 3 = 0 \end{cases}$ 在曲面 $z = x^2 + y^2$ 于点 $(1, -2, 5)$ 处的切平面 Π 上, 求常数 a, b 的值.

12. 设 $P(x_1, y_1)$ 是椭圆 $\dfrac{x^2}{a^2} + \dfrac{y^2}{b^2} = 1$ 外的一点, 若 $Q(x_2, y_2)$ 是椭圆上距离 P 最近的一点, 试用拉格朗日乘子法证明: PQ 是椭圆的法线.

13. 证明: 函数 $f(x,y) = (1 + e^y)\cos x - ye^y$ 有无数个极大值, 但无极小值.

14. 在经过 $(1, 2, 3)$ 的平面中, 哪个平面与三坐标平面在第 I 卦限内围成的四面体体积最小?

15. 设有一小山,取它的底面所在平面为 xOy 面,则其底部所占的区域为 $D = \{(x,y) \mid x^2 + y^2 - xy \leqslant 75\}$,小山的高度函数为 $h(x,y) = 75 - x^2 - y^2 + xy$.

(1) 设 $P_0(x_0, y_0)$ 为 D 上某一点,问 $h(x,y)$ 在该点处沿平面上什么方向的方向导数最大?记此方向导数的最大值为 $f(x_0, y_0)$,求 $f(x_0, y_0)$ 的表达式.

(2) 现想用此山开展攀岩活动,为此需要在山脚寻找一上山坡度最大的点作为攀岩的起点(即在 D 的边界线 $x^2 + y^2 - xy = 75$ 上寻找使得 $f(x,y)$ 取得最大值的点). 试确定攀岩起点的位置.

数学星空　　光辉典范——数学家与数学家精神

数学强国之梦——陈省身与当代中国数学

　　陈省身(1911—2004)　美籍华人数学家. 他是第一个中国自己培养的数学研究生,第一位荣获世界最高数学大奖的华人数学家. 他被誉为现代微分几何的奠基人. 他用自己的前半生证明了中国人可以做世界最好的数学;他的后半生,则毫无保留地献给了整个中国的数学事业. 他吹响了向数学强国进军的号角!

第七章　多元函数积分学

7.1 重积分的概念与性质

本节我们将从几何和物理的实际问题引入二重积分的概念, 三重积分的概念作为二重积分概念的推广只作简要叙述.

一、重积分的概念

1. 曲顶柱体的体积

所谓**曲顶柱体**是指这样的一种立体, 它的底是 xOy 面上的有界闭区域 D[①], 它的侧面是以 D 的边界曲线为准线而母线平行于 z 轴的柱面的一部分, 它的顶是曲面 $z = f(x,y)$, $(x,y) \in D$, 这里 $f(x,y) \geqslant 0$ 且在 D 上连续 (图 7.1). 现在我们来讨论如何计算上述曲顶柱体的体积 V.

我们知道, 如果 $f(x,y) \equiv h$, 上述立体是以 D 为底、高为 h 的柱体, 其体积可以用公式

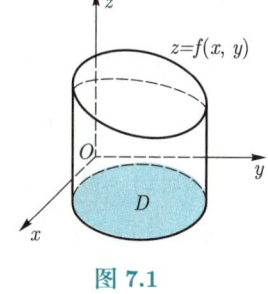

$$体积 = 底面积 \times 高$$

来计算. 现在, 当点 (x,y) 在区域 D 上变动时, 高度 $f(x,y)$ 是变量, 因此它的体积不能直接用上式来计算. 但可以知道, 这里曲顶柱体的体积的计算与上册第三章中曲边梯形的面积的计算是类似的, 为此我们采用同样的思想和方法来解决这里的问题.

第一步: 划分　用一组曲线网把 D 分成 n 个小闭区域

$$\Delta D_1, \Delta D_2, \cdots, \Delta D_n.$$

现以这些小闭区域的边界曲线为准线, 作母线平行于 z 轴的柱面, 这些柱面把原来的曲

[①] 为简便起见, 除特别说明外, 都假定平面有界闭区域有有限面积, 空间有界闭区域有有限体积.

顶柱体分为 n 个细曲顶柱体，记这些细曲顶柱体的体积为 $\Delta V_i(i=1,2,\cdots,n)$，则

$$V = \sum_{i=1}^{n} \Delta V_i.$$

第二步：近似 当小区域 ΔD_i ($i=1,2,\cdots,n$) 的直径[①]很小时，由于 $f(x,y)$ 连续，在同一个小闭区域上，$f(x,y)$ 变化很小，此时细曲顶柱体可近似看作平顶柱体. 为此，我们在 ΔD_i 中任取一点 (ξ_i, η_i)，以 $f(\xi_i, \eta_i)$ 为高而底为 ΔD_i 的平顶柱体 (图 7.2) 的体积为

$$f(\xi_i, \eta_i)\Delta \sigma_i,$$

其中 $\Delta \sigma_i$ 为 ΔD_i 的面积. 于是

$$\Delta V_i \approx f(\xi_i, \eta_i)\Delta \sigma_i \quad (i=1,2,\cdots,n).$$

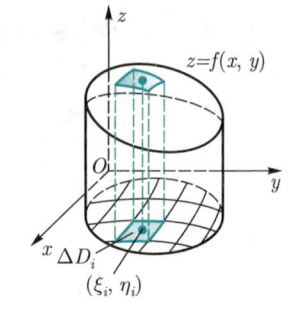

图 7.2

第三步：求和 将上述 n 个细平顶柱体体积相加，即得曲顶柱体体积的近似值，即

$$V = \sum_{i=1}^{n} \Delta V_i \approx \sum_{i=1}^{n} f(\xi_i, \eta_i)\Delta \sigma_i.$$

第四步：逼近 令 n 个小闭区域的直径中的最大值 (记作 λ) 趋于零，取上述和的极限，便得所求的曲顶柱体的体积 V，即

$$V = \lim_{\lambda \to 0} \sum_{i=1}^{n} f(\xi_i, \eta_i)\Delta \sigma_i. \tag{1.1}$$

2. 平面薄片的质量

设有一平面薄片占有 xOy 面上的有界闭区域 D，它在点 (x,y) 处的面密度为 $\mu(x,y)$，这里 $\mu(x,y) > 0$ 且在 D 上连续. 现在要计算该薄片的质量 M.

根据密度的定义，如果 $\mu(x,y) \equiv \mu_0$，即它是密度均匀薄片时，其质量可以用公式

$$\text{质量} = \text{面密度} \times \text{面积}$$

来计算. 现在，当点 (x,y) 在区域 D 上变动时，面密度 $\mu(x,y)$ 是变量，薄片的质量就不能直接用上述公式来计算. 但是上面用来处理曲顶柱体体积问题的方法完全适用于本问题.

先作划分. 我们把薄片分成 n 个小块后，由于 $\mu(x,y)$ 连续，只要小块所占的闭区域 ΔD_i 的直径很小，这些小块就可以近似地看作密度均匀薄片. 在 ΔD_i 上任取一点 (ξ_i, η_i)，得到质量 ΔM_i 的近似值

$$\mu(\xi_i, \eta_i)\Delta \sigma_i \quad (i=1,2,\cdots,n)$$

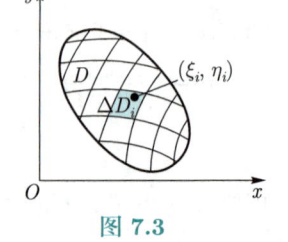

图 7.3

---
① 一个闭区域的直径是指区域上任意两点间距离的最大值.

(图 7.3). 通过求和即得平面薄片的质量的近似值

$$M = \sum_{i=1}^{n} \Delta M_i \approx \sum_{i=1}^{n} \mu(\xi_i, \eta_i) \Delta \sigma_i,$$

最后通过取极限就可得到所求的平面薄片的质量

$$M = \lim_{\lambda \to 0} \sum_{i=1}^{n} \mu(\xi_i, \eta_i) \Delta \sigma_i. \tag{1.2}$$

上面两个问题的实际意义虽然不同, 但我们通过相同的步骤都把所求量归结为同一形式的和的极限. 在物理、力学、几何和工程技术中, 有许多物理量或几何量都可归结为这一形式的和的极限. 因此我们要一般地研究这种和的极限, 并抽象出下述二重积分的定义.

3. 二重积分的定义

对于定义在平面有界闭区域 D 上的二元函数 $f(x,y)$, 把 D 分成 n 个小区域

$$\Delta D_1, \Delta D_2, \cdots, \Delta D_n, \tag{1.3}$$

第 i 个小区域 ΔD_i 的面积记作 $\Delta \sigma_i$, 在第 i 个小区域 ΔD_i 上任取一点 (ξ_i, η_i), 作乘积

$$f(\xi_i, \eta_i) \Delta \sigma_i,$$

并把这 n 个小区域上的上述乘积求和, 得到

$$\sum_{i=1}^{n} f(\xi_i, \eta_i) \Delta \sigma_i, \tag{1.4}$$

这个依赖于划分 (1.3) 和点 (ξ_i, η_i) 的选取的和称为**函数** $f(x,y)$ **在区域** D **上的 (黎曼) 积分和**.

定义 1 设函数 $f(x,y)$ 在有界闭区域 D 上有界.

对于 D 的任意划分 (1.3), 以及小区域 ΔD_i 上任意选取的点 (ξ_i, η_i). 记 $\lambda = \max\limits_{1 \leqslant i \leqslant n}\{\Delta D_i \text{ 的直径}\}$, 如果当 $\lambda \to 0$ 时, 使得由 (1.4) 式所定义的积分和 $\sum\limits_{i=1}^{n} f(\xi_i, \eta_i) \Delta \sigma_i$ 的极限总存在, 且与划分 (1.3) 和点 (ξ_i, η_i) 的取法无关, 则称**函数** $f(x,y)$ **在** D **上可积**, 这个极限称为**函数** $f(x,y)$ **在** D **上的二重积分**, 记作 $\iint\limits_{D} f(x,y) \, \mathrm{d}\sigma$, 即

$$\iint\limits_{D} f(x,y) \, \mathrm{d}\sigma = \lim_{\lambda \to 0} \sum_{i=1}^{n} f(\xi_i, \eta_i) \Delta \sigma_i, \tag{1.5}$$

其中 $f(x,y)$ 叫做**被积函数**, x, y 叫做**积分变量**, $f(x,y) \, \mathrm{d}\sigma$ 叫做**被积表达式**, $\mathrm{d}\sigma$ 叫做**面积元素**, $\iint$ 叫做**二重积分号**, D 叫做**积分区域**.

很明显, 二重积分是定积分概念在二元函数情形下的推广.

二重积分记号 $\iint\limits_{D} f(x,y) \, \mathrm{d}\sigma$ 中的面积元素 $\mathrm{d}\sigma$ 象征着积分和中的 $\Delta \sigma_i$. 在二重积分的定义中对闭区域 D 的划分是任意的, 如果在直角坐标系中用轴向矩形网络 (即分别平

行于两坐标轴的直线网络) 来划分 D, 那么除了包含边界点的一些小闭区域外, 其余的小闭区域都是矩形闭区域. 设矩形闭区域 ΔD_i 的边长为 Δx_j 和 Δy_k, 则 $\Delta \sigma_i = \Delta x_j \Delta y_k$. 因此, 在直角坐标系中, 常把面积元素 $\mathrm{d}\sigma$ 记作 $\mathrm{d}x\,\mathrm{d}y$ (叫做**直角坐标系中的面积元素**), 相应地, 把二重积分记作

$$\iint_D f(x,y)\,\mathrm{d}x\,\mathrm{d}y.$$

我们不加证明地指出, 当 $f(x,y)$ 在有界闭区域 D 上连续时, (1.5) 式右端的极限必定存在, 也就是说, **如果函数 $f(x,y)$ 在有界闭区域 D 上连续, 那么它在 D 上的二重积分必定存在**.

由二重积分的定义可知, 曲顶柱体的体积是曲顶柱体的变高 $f(x,y)$ 在底面区域 D 上的二重积分

$$V = \iint_D f(x,y)\,\mathrm{d}\sigma,$$

平面薄片的质量是它的面密度 $\mu(x,y)$ 在薄片所占闭区域 D 上的二重积分

$$M = \iint_D \mu(x,y)\,\mathrm{d}\sigma.$$

试算试练　设有一平面薄片在 xOy 面上占据区域 D, 且其在点 (x,y) 处的面密度为 $x^2 + y^2$, 其中 $D = \{(x,y)\mid x^2 + y^2 \leqslant 1\}$, 试用二重积分表达该平面薄片的质量.

4. 三重积分的定义

二重积分作为积分和的极限的概念, 可以很自然地推广到三重积分.

定义 2　设函数 $f(x,y,z)$ 在空间有界闭区域 Ω 上有界. 对于 Ω 的任意划分: $\Delta\Omega_1, \Delta\Omega_2, \cdots, \Delta\Omega_n$, 以及小区域 $\Delta\Omega_i$ 上的任意选取的点 (ξ_i, η_i, ζ_i). 记 $\lambda = \max\limits_{1\leqslant i\leqslant n}\{\Delta\Omega_i$ 的直径$\}$, 如果当 $\lambda \to 0$ 时, **积分和** $\sum\limits_{i=1}^{n} f(\xi_i, \eta_i, \zeta_i)\Delta V_i$ 的极限总存在 (ΔV_i 为小区域 $\Delta\Omega_i$ 的体积), 且与 Ω 的划分和点 (ξ_i, η_i, ζ_i) 的取法无关, 则称**函数 $f(x,y,z)$ 在 Ω 上可积**, 这个极限称为**函数 $f(x,y,z)$ 在 Ω 上的三重积分**, 记作 $\iiint\limits_{\Omega} f(x,y,z)\,\mathrm{d}V$, 即

$$\iiint\limits_{\Omega} f(x,y,z)\,\mathrm{d}V = \lim_{\lambda \to 0} \sum_{i=1}^{n} f(\xi_i, \eta_i, \zeta_i)\Delta V_i. \tag{1.6}$$

可以证明, 当函数 $f(x,y,z)$ 在有界闭区域 Ω 上连续时, (1.6) 式右端的极限必定存在, 也就是说, **如果函数 $f(x,y,z)$ 在有界闭区域 Ω 上连续, 那么它在 Ω 上的三重积分必定存在**. 关于二重积分的一些术语, 例如被积函数、积分区域等, 也可相应地用到三重积分上.

三重积分中的 $\mathrm{d}V$ 象征着积分和中的 ΔV_i，叫做**体积元素**. 在直角坐标系中，如果用平行于坐标面的平面来划分 Ω，那么除了包含 Ω 的边界点的一些不规则小闭区域外，得到的小闭区域 $\Delta \Omega_i$ 均为轴向长方体. 设小长方体闭区域 $\Delta \Omega_i$ 的边长为 Δx_j, Δy_k, Δz_l，则 $\Delta V_i = \Delta x_j \Delta y_k \Delta z_l$. 因此在直角坐标系中，常把体积元素 $\mathrm{d}V$ 记作 $\mathrm{d}x\,\mathrm{d}y\,\mathrm{d}z$ (叫做**直角坐标系中的体积元素**)，从而，也把三重积分记作

$$\iiint\limits_{\Omega} f(x,y,z)\,\mathrm{d}x\,\mathrm{d}y\,\mathrm{d}z.$$

如果某物体占有了空间有界闭区域 Ω，该物体的体密度 $f(x,y,z)$ 在 Ω 上连续，则 $\sum_{i=1}^{n} f(\xi_i,\eta_i,\zeta_i)\Delta V_i$ 是该物体的质量 M 的近似值，这个和当 $\lambda \to 0$ 时的极限就是该物体的质量 M，即

$$M = \iiint\limits_{\Omega} f(x,y,z)\,\mathrm{d}V.$$

二、重积分的性质

比较重积分与定积分的定义可以看到，这两种积分有着相似的形成过程，并且是同一类型的和式的极限，所以重积分有着与定积分相类似的性质. 现以二重积分为例将这些性质叙述于下，其中 D 是 xOy 面上的有界闭区域，函数 $f(x,y)$, $g(x,y)$ 都在 D 上可积.

性质 1 对任意的常数 α 和 β，函数 $\alpha f(x,y) + \beta g(x,y)$ 在 D 上可积，且

$$\iint\limits_{D} [\alpha f(x,y) + \beta g(x,y)]\,\mathrm{d}\sigma = \alpha \iint\limits_{D} f(x,y)\,\mathrm{d}\sigma + \beta \iint\limits_{D} g(x,y)\,\mathrm{d}\sigma. \tag{1.7}$$

这一性质称为重积分的**线性性质**.

性质 2 如果 D 被分成两个闭区域 D_1 与 D_2 (D_1 与 D_2 最多有公共边界)，则 $f(x,y)$ 在 D_1 与 D_2 上也都可积，且

$$\iint\limits_{D} f(x,y)\,\mathrm{d}\sigma = \iint\limits_{D_1} f(x,y)\,\mathrm{d}\sigma + \iint\limits_{D_2} f(x,y)\,\mathrm{d}\sigma. \tag{1.8}$$

这一性质称为重积分的**区域可加性**.

性质 3 如果被积函数 $f(x,y) \equiv 1$，则它在 D 上的二重积分 (记作 $\iint\limits_{D} \mathrm{d}\sigma$) 等于积分区域 D 的面积 σ，即

$$\iint\limits_{D} \mathrm{d}\sigma = \sigma. \tag{1.9}$$

性质 4 如果函数 $f(x,y)$ 在 D 上非负 ($f(x,y) \geqslant 0$),则

$$\iint\limits_{D} f(x,y) \, d\sigma \geqslant 0. \tag{1.10}$$

由性质 1 及性质 4, 还可得到如下推论:

(1) 若函数 $f(x,y)$, $g(x,y)$ 在 D 上满足 $f(x,y) \leqslant g(x,y)$, 则

$$\iint\limits_{D} f(x,y) \, d\sigma \leqslant \iint\limits_{D} g(x,y) \, d\sigma; \tag{1.11}$$

(2)
$$\left| \iint\limits_{D} f(x,y) \, d\sigma \right| \leqslant \iint\limits_{D} |f(x,y)| \, d\sigma^{①}; \tag{1.12}$$

(3) 若函数 $f(x,y)$ 在 D 上满足 $m \leqslant f(x,y) \leqslant M$, 则

$$m\sigma \leqslant \iint\limits_{D} f(x,y) \, d\sigma \leqslant M\sigma, \tag{1.13}$$

其中 σ 表示 D 的面积.

性质 5 如果函数 $f(x,y)$ 在 D 上连续, 则在 D 上至少存在一点 (ξ, η), 使得

$$\iint\limits_{D} f(x,y) \, d\sigma = f(\xi, \eta)\sigma, \tag{1.14}$$

其中 σ 表示 D 的面积. 这一结果称为重积分的**中值定理**.

例 1 比较二重积分 $\iint\limits_{D} (x^2 - y^2) \, d\sigma$ 与 $\iint\limits_{D} \sqrt{x^2 - y^2} \, d\sigma$ 的大小, 其中 D 是以 $(0,0)$, $(1,-1)$ 和 $(1,1)$ 为顶点的三角形区域 (图 7.4).

解 对任意的 $(x,y) \in D$, 有

$$0 \leqslant x^2 - y^2 \leqslant x^2 \leqslant 1,$$

故在 D 上满足

$$x^2 - y^2 \leqslant \sqrt{x^2 - y^2},$$

由性质 4 的推论 (1.11) 得

$$\iint\limits_{D} (x^2 - y^2) \, d\sigma \leqslant \iint\limits_{D} \sqrt{x^2 - y^2} \, d\sigma.$$

例 2 估计二重积分 $\iint\limits_{D} \sqrt{x^2 + y^2} \, d\sigma$ 的范围, 其中 $D = \{(x,y) | (x-2)^2 + (y-1)^2 \leqslant 4\}$.

解 被积函数可看做点 (x,y) 与原点之间的距离, 原点在积分区域 D 外 (见图 7.5), 故被积函数在 D 的边界上取到最小值和最大值. 利用拉格朗日乘数法, 记

---

① 可以证明: 当 $f(x,y)$ 在 D 上可积时, $|f(x,y)|$ 在 D 上也可积.

图 7.4

图 7.5

$$L = x^2 + y^2 + \lambda[(x-2)^2 + (y-1)^2 - 4]^{①},$$

令 $L_x = L_y = 0$ 得

$$2x + 2\lambda(x-2) = 0, \quad 2y + 2\lambda(y-1) = 0,$$

解得 $x = 2y$, 再与 D 的边界曲线方程 $(x-2)^2 + (y-1)^2 = 4$ 联立解得 $x = 2 \pm \dfrac{4\sqrt{5}}{5}$, $y = 1 \pm \dfrac{2\sqrt{5}}{5}$. 于是, 被积函数在 $\left(2 - \dfrac{4\sqrt{5}}{5}, 1 - \dfrac{2\sqrt{5}}{5}\right)$ 取得最小值 $\sqrt{5} - 2$, 在 $\left(2 + \dfrac{4\sqrt{5}}{5}, 1 + \dfrac{2\sqrt{5}}{5}\right)$ 取得最大值 $\sqrt{5} + 2$.

根据条件, 区域 D 是半径为 2 的圆, 面积为 4π, 由性质 4 的推论 (1.13) 式得

$$4(\sqrt{5} - 2)\pi \leqslant \iint\limits_{D} \sqrt{x^2 + y^2}\,\mathrm{d}\sigma \leqslant 4(\sqrt{5} + 2)\pi,$$

由于

$$4(\sqrt{5} - 2)\pi = 2.966\cdots > 2.966,$$

$$4(\sqrt{5} + 2)\pi = 53.232\cdots < 53.233,$$

故二重积分 $\iint\limits_{D} \sqrt{x^2 + y^2}\,\mathrm{d}\sigma$ 的值介于 2.966 与 53.233 之间.

典型例题

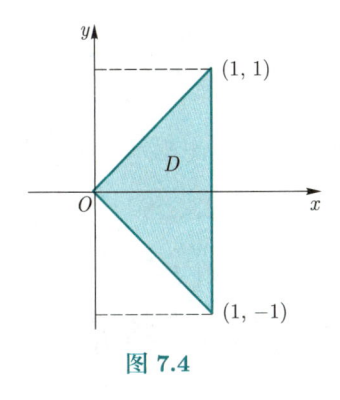

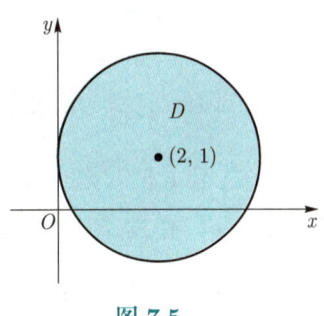

重积分的性质

习题 7.1

1. 利用二重积分的定义和性质, 计算下列积分的值:

(1) $\iint\limits_{D} 2\,\mathrm{d}\sigma$, 其中 $D = \{(x,y) \mid 1 \leqslant x \leqslant 3,\ 2 \leqslant y \leqslant 4\}$;

(2) $\iint\limits_{D} \sqrt{x^2 + y^2}\,\mathrm{d}\sigma$, 其中 $D = \{(x,y) \mid x^2 + y^2 \leqslant 1\}$.

2. 设函数 $f(x,y)$ 在 $D = \{(x,y) \mid 0 \leqslant x \leqslant 1,\ 0 \leqslant y \leqslant 2\}$ 上连续, 且满足 $f(x,y) =$

---

① 容易知道 $\sqrt{x^2 + y^2}$ 与 $x^2 + y^2$ 的最小值点和最大值点是相同的, 为方便起见目标函数取作 $x^2 + y^2$.

$3 - \iint\limits_{D} f(x,y) \, d\sigma$,求 $f(x,y)$.

3. 重积分也具有与定积分类似的对称性结论,例如,对于二重积分 $I = \iint\limits_{D} f(x,y) \, d\sigma$,当积分区域 D 关于 x 轴对称时有如下结论:

若函数 $f(x,y)$ 在 D 上连续且满足 $f(x,-y) = -f(x,y)$,则 $I = 0$;

若函数 $f(x,y)$ 在 D 上连续且满足 $f(x,-y) = f(x,y)$[①],则 $I = 2\iint\limits_{D_1} f(x,y) \, d\sigma$,其中 D_1 为 D 中满足 $y \geqslant 0$ 的那部分.

(1) 请仿照上面给出积分区域 D 关于 y 轴对称时的结论;

(2) 计算 $\iint\limits_{D} (2 + y\cos x + xy\sin y) \, d\sigma$,其中 $D = \{(x,y) | \, x^2 + y^2 \leqslant 1\}$.

4. 利用二重积分的性质,比较积分 $I_1 = \iint\limits_{D} (x^2 + y^2) \, d\sigma$ 与 $I_2 = \iint\limits_{D} \sqrt{x^2 + y^2} \, d\sigma$ 的大小:

(1) $D = \{(x,y) | \, x^2 + y^2 \leqslant 1\}$;

(2) $D = \{(x,y) | \, (x-2)^2 + (y-1)^2 \leqslant 1\}$.

5. 利用二重积分的性质,估计下列积分的范围:

(1) $I = \iint\limits_{D} (x^2 + y^2) \, d\sigma$,其中 $D = \{(x,y) | \, 1 \leqslant x \leqslant 2, \, 2 \leqslant y \leqslant 4\}$;

(2) $I = \iint\limits_{D} \ln(x^2 + y^2) \, d\sigma$,其中 $D = \{(x,y) | \, 2 \leqslant x^2 + y^2 \leqslant 4\}$;

(3) $I = \iint\limits_{D} (4x^2 + 4y^2 + 1) \, d\sigma$,其中 $D = \{(x,y) | \, (x-1)^2 + (y-1)^2 \leqslant 1\}$.

6. 计算极限 $\lim\limits_{r \to 0^+} \dfrac{1}{\pi r^2} \iint\limits_{D} e^{x^2+y^2} \cos(x+y) \, d\sigma$ 的值,其中 $D = \{(x,y) | \, x^2 + y^2 \leqslant r^2\}$.

7. 设 D 为平面有界闭区域,函数 $f(x,y)$ 与 $g(x,y)$ 都在 D 上连续,且 $g(x,y)$ 在 D 上不变号,证明:存在 $(\xi, \eta) \in D$,使得
$$\iint\limits_{D} f(x,y) g(x,y) \, d\sigma = f(\xi, \eta) \iint\limits_{D} g(x,y) \, d\sigma.$$

8. 设 D 为平面有界闭区域,函数 $f(x,y)$ 在 D 上连续,证明:若 $f(x,y)$ 在 D 上非负,且 $\iint\limits_{D} f(x,y) \, d\sigma = 0$,则在 D 上 $f(x,y) \equiv 0$.

[①] 函数 $f(x,y)$ 若满足 $f(x,-y) = -f(x,y)$,则称 $f(x,y)$ 关于 x 是奇函数;若满足 $f(x,-y) = f(x,y)$,则称 $f(x,y)$ 关于 x 是偶函数. 相应地,还有函数 $f(x,y)$ 关于 y 是奇函数或偶函数,对于三元函数 $f(x,y,z)$ 也有关于 x (或关于 y、关于 z) 的奇函数或偶函数.

7.2 二重积分的计算

本节讨论二重积分的计算. 二重积分的值通常采用两次定积分的计算来获得, 根据被积函数和积分区域的具体情况, 有时利用直角坐标系比较方便, 有时则利用极坐标系比较方便. 下面我们分别加以讨论.

一、直角坐标系下二重积分的计算

设函数 $f(x,y)$ 在 D 上连续且 $f(x,y) \geqslant 0$, 积分区域 D 可表示为

$$\varphi_1(x) \leqslant y \leqslant \varphi_2(x), \quad a \leqslant x \leqslant b \text{①}$$

(图 7.6), 其中 $\varphi_1(x)$ 和 $\varphi_2(x)$ 在 $[a,b]$ 上连续. 此时, 我们就可以在直角坐标系中将二重积分化为两次定积分来计算.

图 7.6

由二重积分的几何意义可知, 当 $f(x,y) \geqslant 0$ 时, $\iint\limits_D f(x,y) \mathrm{d}x\,\mathrm{d}y$ 等于以 D 为底、以曲面 $z = f(x,y)$ 为顶的曲顶柱体 (图 7.7) 的体积, 即

$$V = \iint\limits_D f(x,y)\,\mathrm{d}x\,\mathrm{d}y.$$

另一方面, 上述曲顶柱体的体积又可按 "平行截面面积为已知的立体体积" 的计算方法求得. 求法如下:

取 x 为积分变量, 则 $x \in [a,b]$. 过点 $(x,0,0)$ 作垂直于 x 轴的平面, 该平面截曲顶柱体得一曲边梯形 (图 7.7 中阴影部分), 其面积 $A(x)$ 为曲边 $z = f(x,y)$ 在 $[\varphi_1(x), \varphi_2(x)]$ 上的定积分 (这里的 x 看作常数), 即

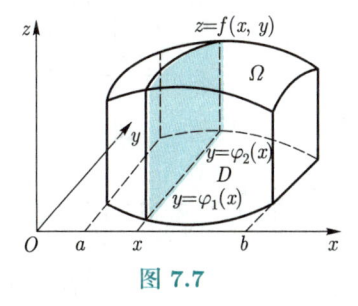

$$A(x) = \int_{\varphi_1(x)}^{\varphi_2(x)} f(x,y)\,\mathrm{d}y\,\text{②}.$$

图 7.7

于是, 曲顶柱体的体积 V 为

$$V = \int_a^b A(x)\,\mathrm{d}x = \int_a^b \left[\int_{\varphi_1(x)}^{\varphi_2(x)} f(x,y)\,\mathrm{d}y\right]\mathrm{d}x,$$

从而得等式

$$\iint\limits_D f(x,y)\,\mathrm{d}x\,\mathrm{d}y = \int_a^b \left[\int_{\varphi_1(x)}^{\varphi_2(x)} f(x,y)\,\mathrm{d}y\right]\mathrm{d}x,$$

---

① 即 $D = \{(x,y) | \varphi_1(x) \leqslant y \leqslant \varphi_2(x), a \leqslant x \leqslant b\}$, 也常表示为 $D: \varphi_1(x) \leqslant y \leqslant \varphi_2(x), a \leqslant x \leqslant b$.
② 积分时把 x 看作常数.

在上述推导中假定了 $f(x,y) \geqslant 0$，但所得结果并不受此条件的限制．

上式右端的积分称为先对 y、后对 x 的**二次积分**．就是说，先把 x 看作常数，将 $f(x,y)$ 看作仅是 y 的函数，并对 y 计算从 $\varphi_1(x)$ 到 $\varphi_2(x)$ 的定积分．然后把算得的结果（仅与 x 有关，是 x 的函数）再对 x 计算从 a 到 b 的定积分．这个二次积分也常记作

$$\int_a^b \mathrm{d}x \int_{\varphi_1(x)}^{\varphi_2(x)} f(x,y)\,\mathrm{d}y\,^{①}.$$

于是，若积分区域 $D: \varphi_1(x) \leqslant y \leqslant \varphi_2(x), a \leqslant x \leqslant b$，则

$$\iint\limits_D f(x,y)\,\mathrm{d}x\,\mathrm{d}y = \int_a^b \mathrm{d}x \int_{\varphi_1(x)}^{\varphi_2(x)} f(x,y)\,\mathrm{d}y. \tag{2.1}$$

这就是把二重积分化为先对 y、后对 x 的二次积分的计算公式．

若 D 是由直线 $x=2, y=1$ 及 $y=x$ 所围成的三角形区域（图 7.8），则 D 可表示为

$$1 \leqslant y \leqslant x, \quad 1 \leqslant x \leqslant 2,$$

由 (2.1) 式得

$$\iint\limits_D f(x,y)\,\mathrm{d}x\,\mathrm{d}y = \int_1^2 \mathrm{d}x \int_1^x f(x,y)\,\mathrm{d}y.$$

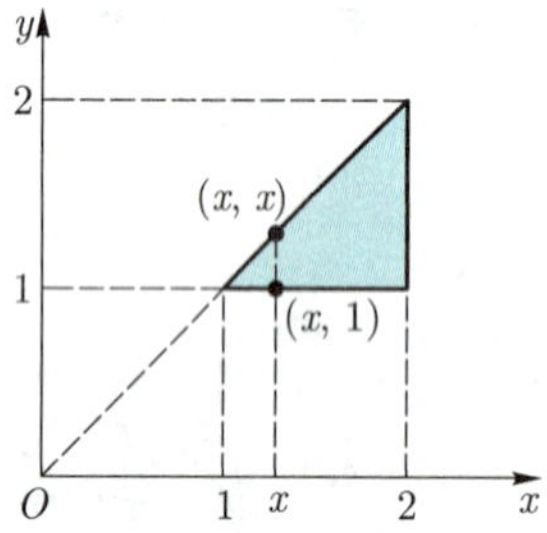

图 7.8 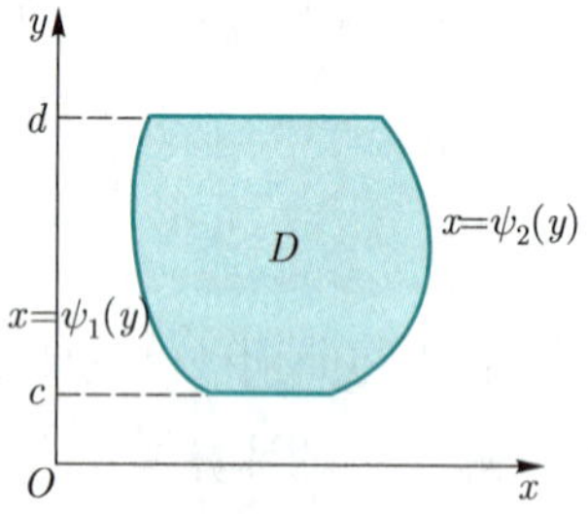　　　　　图 7.9

类似地，若积分区域 $D: \psi_1(y) \leqslant x \leqslant \psi_2(y), c \leqslant y \leqslant d$（图 7.9），则

$$\iint\limits_D f(x,y)\,\mathrm{d}x\,\mathrm{d}y = \int_c^d \mathrm{d}y \int_{\psi_1(y)}^{\psi_2(y)} f(x,y)\,\mathrm{d}x, \tag{2.2}$$

其中 $\int_c^d \mathrm{d}y \int_{\psi_1(y)}^{\psi_2(y)} f(x,y)\,\mathrm{d}x$ 表示 $\int_c^d \left[\int_{\psi_1(y)}^{\psi_2(y)} f(x,y)\,\mathrm{d}x \right] \mathrm{d}y$．(2.2) 式就是把二重积分化为先对 x、后对 y 的二次积分的计算公式．

从以上讨论可见，把二重积分化为二次积分时，积分次序与积分区域 D 的表示方式密切相关．为方便起见，我们引入以下术语．

设 D 是 xOy 面上的一个有界闭区域，如果 D 可表示为

$$\varphi_1(x) \leqslant y \leqslant \varphi_2(x), \quad a \leqslant x \leqslant b,$$

---

① 注意不要将这个记号误认为是定积分 $\int_a^b \mathrm{d}x$ 与 $\int_{\varphi_1(x)}^{\varphi_2(x)} f(x,y)\,\mathrm{d}y$ 的乘积．

则称 D 为 x **型区域**. 如图 7.6 所示的平面区域就是 x 型区域. 容易看出, x 型区域的特点是, 穿过 D 内部且垂直于 x 轴的直线与 D 的边界曲线的交点最多两个. 使用公式 (2.1) 时, 要求积分区域是 x 型的. 如果 D 可表示为

$$\psi_1(y) \leqslant x \leqslant \psi_2(y), \quad c \leqslant y \leqslant d,$$

则称 D 为 y **型区域**. 如图 7.9 所示的平面区域就是 y 型区域. 容易看出, y 型区域的特点是, 穿过 D 内部且垂直于 y 轴的直线与 D 的边界曲线的交点最多两个. 使用公式 (2.2) 时, 要求积分区域是 y 型的.

如果积分区域 D 既是 x 型的, 又是 y 型的. 例如图 7.8 所示的区域, 这时 D 上的二重积分既可用公式 (2.1) 计算, 即

$$\iint\limits_D f(x,y)\,\mathrm{d}x\,\mathrm{d}y = \int_1^2 \mathrm{d}x \int_1^x f(x,y)\,\mathrm{d}y;$$

也可用公式 (2.2) 计算, 即

$$\iint\limits_D f(x,y)\,\mathrm{d}x\,\mathrm{d}y = \int_1^2 \mathrm{d}y \int_y^2 f(x,y)\,\mathrm{d}x,$$

其计算结果是相同的, 即

$$\iint\limits_D f(x,y)\,\mathrm{d}x\,\mathrm{d}y = \int_1^2 \mathrm{d}x \int_1^x f(x,y)\,\mathrm{d}y = \int_1^2 \mathrm{d}y \int_y^2 f(x,y)\,\mathrm{d}x.$$

如果积分区域 D 既不是 x 型的, 又不是 y 型的. 此时, 通常可把 D 分成几部分, 使每个部分是 x 型区域或者是 y 型区域, 从而在每个小区域上的二重积分都能利用 (2.1) 式或 (2.2) 式计算, 再利用重积分的区域可加性, 将这些小区域上的二重积分的计算结果相加, 便得区域 D 上的二重积分. 例如图 7.10 所示的环形区域 $D = \{(x,y) | 1 \leqslant x^2 + y^2 \leqslant 4\}$ 由 $x = \pm 1$ 分成四个 x 型区域 D_1, D_2, D_3 和 D_4, 利用可加性得

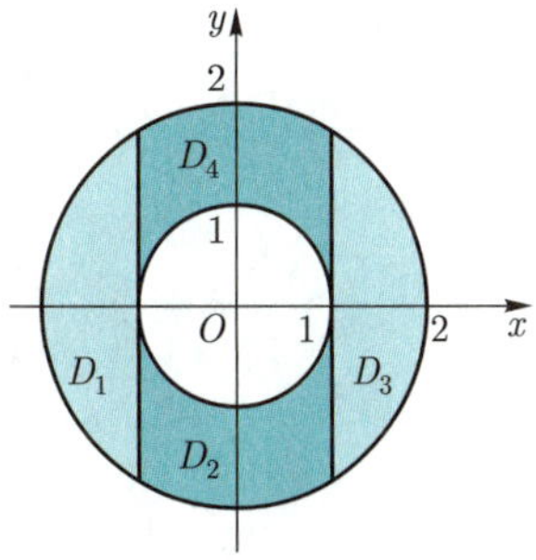

图 7.10

$$\iint\limits_D f(x,y)\,\mathrm{d}x\,\mathrm{d}y = \iint\limits_{D_1} f(x,y)\,\mathrm{d}x\,\mathrm{d}y + \iint\limits_{D_2} f(x,y)\,\mathrm{d}x\,\mathrm{d}y +$$
$$\iint\limits_{D_3} f(x,y)\,\mathrm{d}x\,\mathrm{d}y + \iint\limits_{D_4} f(x,y)\,\mathrm{d}x\,\mathrm{d}y,$$

其中等式右端的四个二重积分都可利用 (2.1) 式计算.

试算试练 画出下列区域 D 的草图, 并分别按 x 型区域和 y 型区域把 D 用不等式表示出来:

(1) D 是由直线 $x = 0, y = 0$ 与 $x + y = 1$ 所围成的闭区域;

(2) D 是由直线 $y = x + 2$ 与抛物线 $y = x^2$ 所围成的闭区域;

(3) D 是由直线 $y = \dfrac{x-3}{2}$ 与抛物线 $x = y^2$ 所围成的闭区域.

将二重积分化为二次积分来计算时，采用不同的积分次序，往往会对计算过程带来不同的影响. 应注意根据具体情况，选择恰当的积分次序. 在计算时，确定二次积分的积分限是一个关键. 一般可以先画一个积分区域的草图，然后根据区域的类型确定二次积分的次序并定出相应的积分限来. 下面我们结合例题来说明定限的方法.

例 1 计算 $\iint\limits_{D} xe^y \mathrm{d}x\,\mathrm{d}y$，其中 D 是由直线 $y = x$，$x = 1$ 以及 x 轴所围成的闭区域.

解 如图 7.11 所示，D 既是 x 型区域，又是 y 型区域.

如按 x 型区域计算，则先确定 D 中的点的横坐标 x 的变化范围是区间 $[0,1]$. 然后任取一个 $x \in [0,1]$，过点 $(x,0)$ 作平行于 y 轴的直线，这条直线与 D 的下方边界的交点的纵坐标是 $y = 0$，与 D 的上方边界曲线的交点的纵坐标是 $y = x$ (图 7.11 (a))，即 y 从 0 变到 x. 从而知 D 可表示为

$$0 \leqslant y \leqslant x, \quad 0 \leqslant x \leqslant 1,$$

于是由 (2.1) 式得

$$\iint\limits_{D} xe^y \mathrm{d}x\,\mathrm{d}y = \int_0^1 \mathrm{d}x \int_0^x xe^y \mathrm{d}y$$

$$= \int_0^1 x(e^x - 1)\,\mathrm{d}x = \left[e^x(x-1) - \frac{1}{2}x^2\right]_0^1 = \frac{1}{2}.$$

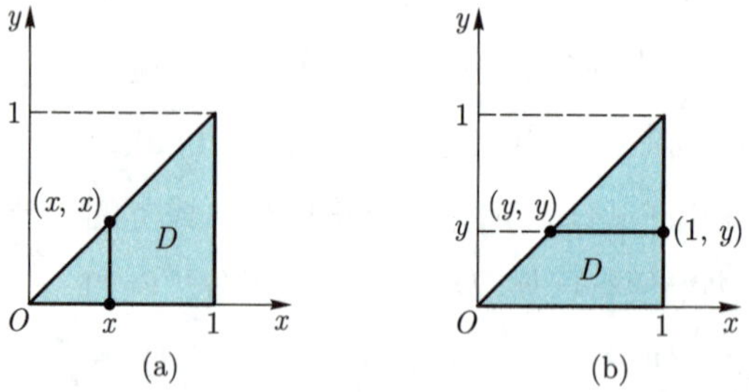

图 7.11

如按 y 型区域计算，则先确定 D 中的点的纵坐标 y 的变化范围是区间 $[0,1]$. 然后任取一个 $y \in [0,1]$，过点 $(0,y)$ 作平行于 x 轴的直线，这条直线与 D 的左方边界的交点的横坐标是 $x = y$，与 D 的右方边界曲线的交点的横坐标是 $x = 1$ (图 7.11 (b))，即 x 从 y 变到 1. 从而 D 可表示为

$$y \leqslant x \leqslant 1, \quad 0 \leqslant y \leqslant 1,$$

于是由 (2.2) 式得

$$\iint\limits_{D} xe^y \mathrm{d}x\,\mathrm{d}y = \int_0^1 \mathrm{d}y \int_y^1 xe^y \mathrm{d}x$$

$$= \int_0^1 \frac{1}{2}(1-y^2)\mathrm{e}^y\mathrm{d}y = \left[\frac{1}{2}(-y^2+2y-1)\mathrm{e}^y\right]_0^1 = \frac{1}{2}.$$

例 2 计算 $\iint\limits_D x^2 \mathrm{d}x\,\mathrm{d}y$,其中 D 是由直线 $x-y=2$, $x+y=2$ 以及 $x=1$ 所围成的闭区域.

解 如图 7.12 所示, 区域 D 关于 x 轴对称, 被积函数是 y 的偶函数, 记 D_1 为 D 中满足 $y \geqslant 0$ 的部分, 由对称性得

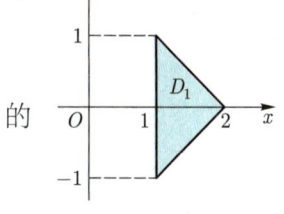

$$\iint\limits_D x^2\mathrm{d}x\,\mathrm{d}y = 2\iint\limits_{D_1} x^2\mathrm{d}x\,\mathrm{d}y,$$

图 7.12

容易知道 D_1 既是 x 型区域, 又是 y 型区域. 按 x 型区域, D_1 可表示为

$$0 \leqslant y \leqslant 2-x, \quad 1 \leqslant x \leqslant 2,$$

故

$$\iint\limits_D x^2\mathrm{d}x\,\mathrm{d}y = 2\iint\limits_{D_1} x^2\mathrm{d}x\,\mathrm{d}y = 2\int_1^2 \mathrm{d}x \int_0^{2-x} x^2\mathrm{d}y = 2\int_1^2 x^2(2-x)\,\mathrm{d}x = \frac{11}{6}.$$

按 y 型区域, D_1 可表示为

$$1 \leqslant x \leqslant 2-y, \quad 0 \leqslant y \leqslant 1,$$

故

$$\iint\limits_D x^2\mathrm{d}x\,\mathrm{d}y = 2\iint\limits_{D_1} x^2\mathrm{d}x\,\mathrm{d}y = 2\int_0^1 \mathrm{d}y \int_1^{2-y} x^2\mathrm{d}x = 2\int_1^2 \frac{1}{3}[(2-y)^3-1]\mathrm{d}y = \frac{11}{6}.$$

例 3 计算 $\iint\limits_D (x+2y)\,\mathrm{d}x\,\mathrm{d}y$,其中 D 是由双曲线 $x^2-y^2=1$ 及直线 $y=0, y=1$ 所围成的闭区域.

解 如图 7.13 (a) 所示, 区域 D 关于 y 轴对称, 记 D^* 为 D 中 $x \geqslant 0$ 的部分, 则

$$\iint\limits_D x\,\mathrm{d}x\,\mathrm{d}y = 0, \quad \iint\limits_D y\,\mathrm{d}x\,\mathrm{d}y = 2\iint\limits_{D^*} y\,\mathrm{d}x\,\mathrm{d}y.$$

按 y 型区域, D^* 可表示为

$$0 \leqslant x \leqslant \sqrt{1+y^2}, \quad 0 \leqslant y \leqslant 1,$$

于是

$$\iint\limits_D (x+2y)\mathrm{d}x\,\mathrm{d}y = 4\iint\limits_{D^*} y\,\mathrm{d}x\,\mathrm{d}y = 4\int_0^1 \mathrm{d}y \int_0^{\sqrt{1+y^2}} y\,\mathrm{d}x$$

$$= 4\int_0^1 y\sqrt{1+y^2}\,\mathrm{d}y = 4\left[\frac{1}{3}(1+y^2)^{\frac{3}{2}}\right]_0^1$$

$$= \frac{4}{3}(2\sqrt{2}-1).$$

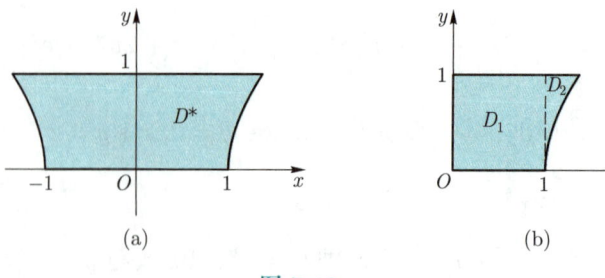

图 7.13

如按 x 型区域计算, 则 D^* 的下方边界曲线在 $x \in [0,1]$ 时为 $y = 0$, 在 $x \in [1, \sqrt{2}]$ 时为 $y = \sqrt{x^2 - 1}$, 所以要用经过点 $(1,0)$ 且平行于 y 轴的直线 $x = 1$ 把 D^* 分成 D_1 和 D_2 两部分 (如图 7.13 (b)), 它们分别可表示为

$$D_1 : 0 \leqslant y \leqslant 1, \quad 0 \leqslant x \leqslant 1; \quad D_2 : \sqrt{x^2 - 1} \leqslant y \leqslant 1, \quad 1 \leqslant x \leqslant \sqrt{2}.$$

于是

$$\iint_D (x + 2y) \, dx \, dy = 4 \iint_{D^*} y \, dx \, dy = 4 \left[\iint_{D_1} y \, dx \, dy + \iint_{D_2} y \, dx \, dy \right]$$

$$= 4 \left[\int_0^1 dx \int_0^1 y \, dy + \int_1^{\sqrt{2}} dx \int_{\sqrt{x^2-1}}^1 y \, dy \right]$$

$$= 4 \left[\int_0^1 \frac{1}{2} \, dx + \int_1^{\sqrt{2}} \frac{1}{2} \left[1 - (x^2 - 1) \right] dx \right]$$

$$= \frac{4}{3}(2\sqrt{2} - 1).$$

根据本题的具体情况, 虽然两种解法均是可行的, 但相对而言把 D^* 看作 y 型区域要更方便些.

例 4 计算 $\iint_D \sin(y^2) \, dx \, dy$, 其中 D 是由直线 $x = 0$, $y = 1$ 及 $y = x$ 所围成的闭区域.

解 如图 7.14 所示, 积分区域 D 既是 x 型区域又是 y 型区域. 按 x 型区域, D 可表示为

$$x \leqslant y \leqslant 1, \quad 0 \leqslant x \leqslant 1,$$

故

$$\iint_D \sin(y^2) \, dx \, dy = \int_0^1 dx \int_x^1 \sin(y^2) \, dy,$$

图 7.14

由于 $\sin(y^2)$ 的原函数不是初等函数, 因此积分 $\int_x^1 \sin(y^2) \, dy$ 无法用牛顿–莱布尼茨公式算出. 若按 y 型区域, 积分区域 D 可表示为

$$0 \leqslant x \leqslant y, \quad 0 \leqslant y \leqslant 1,$$

故
$$\iint_D \sin(y^2)\,\mathrm{d}x\,\mathrm{d}y = \int_0^1 \mathrm{d}y \int_0^y \sin(y^2)\,\mathrm{d}x$$
$$= \int_0^1 y \sin(y^2)\,\mathrm{d}y = \left[-\frac{1}{2}\cos(y^2)\right]_0^1 = \frac{1-\cos 1}{2}.$$

从上述例子我们可以看到, 化二重积分为二次积分时, 要兼顾以下两个方面来选择适当的积分次序:

(1) 考虑被积函数 $f(x,y)$ 的特点, 使第一次积分容易计算, 并能为第二次积分的计算创造有利条件;

(2) 考虑积分区域 D 的特点, 对 D 划分的块数越少越好.

例 5 计算二重积分 $\iint_D |y-x^2|\mathrm{d}x\,\mathrm{d}y$, 其中 $D: -1 \leqslant x \leqslant 1, 0 \leqslant y \leqslant 2$.

解 如图 7.15, 区域 D 关于 y 轴对称, 记 D^* 为 D 中 $x \geqslant 0$ 的部分 (图 7.15 阴影部分), 则
$$\iint_D |y-x^2|\mathrm{d}x\,\mathrm{d}y = 2\iint_{D^*} |y-x^2|\mathrm{d}x\,\mathrm{d}y.$$
由于被积函数 $|y-x^2|$ 在抛物线 $y=x^2$ 的下方和上方分别为 x^2-y 和 $y-x^2$, 记 D^* 在 $y=x^2$ 的下方部分为 D_1, 上方部分为 D_2, 则

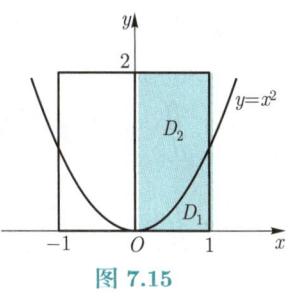

图 7.15

$$\iint_D |y-x^2|\mathrm{d}x\,\mathrm{d}y = 2\left[\iint_{D_1} (x^2-y)\,\mathrm{d}x\,\mathrm{d}y + \iint_{D_2}(y-x^2)\,\mathrm{d}x\,\mathrm{d}y\right].$$
容易知道 D_1 和 D_2 都是 x 型区域, 它们可表示为
$$D_1: 0 \leqslant y \leqslant x^2, \quad 0 \leqslant x \leqslant 1; \quad D_2: x^2 \leqslant y \leqslant 2, \quad 0 \leqslant x \leqslant 1,$$
于是
$$\iint_D |y-x^2|\mathrm{d}x\,\mathrm{d}y = 2\left[\int_0^1 \mathrm{d}x \int_0^{x^2}(x^2-y)\,\mathrm{d}y + \int_0^1 \mathrm{d}x \int_{x^2}^2 (y-x^2)\,\mathrm{d}y\right]$$
$$= 2\left[\int_0^1 \frac{1}{2}x^4\mathrm{d}x + \int_0^1 \frac{1}{2}(x^4-4x^2+4)\,\mathrm{d}x\right]$$
$$= \frac{46}{15}.$$

例 6 求两个底圆半径相等的直交圆柱面 $x^2+y^2=R^2$ 与 $x^2+z^2=R^2$ 所围成的立体的体积.

解 由对称性, 所求立体的体积 V 是该立体位于第 I 卦限部分的体积的 8 倍. 立体位于第 I 卦限的部分可以看成一曲顶柱体 (见图 7.16), 它的底为四分之一的圆盘
$$D: 0 \leqslant y \leqslant \sqrt{R^2-x^2}, \quad 0 \leqslant x \leqslant R,$$

顶为柱面 $z = \sqrt{R^2 - x^2}$ 的一部分，因此

$$V = 8 \iint_D \sqrt{R^2 - x^2} \mathrm{d}x\,\mathrm{d}y = 8 \int_0^R \mathrm{d}x \int_0^{\sqrt{R^2-x^2}} \sqrt{R^2 - x^2}\mathrm{d}y$$

$$= 8 \int_0^R (R^2 - x^2)\,\mathrm{d}x = \frac{16}{3}R^3.$$

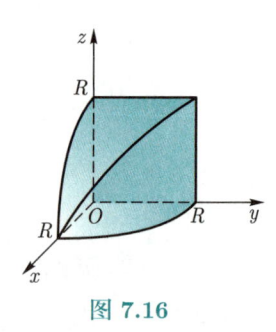

图 7.16

习题 7.2 (1)

1. 画出积分区域的草图，并计算下列二重积分：

(1) $\iint\limits_D (x^2 + y^3)\,\mathrm{d}x\,\mathrm{d}y$，其中 $D = \{(x,y)|\ -1 \leqslant x \leqslant 1,\ -1 \leqslant y \leqslant 1\}$;

(2) $\iint\limits_D \sqrt{x+y}\,\mathrm{d}x\,\mathrm{d}y$，其中 $D = \{(x,y)|\ 0 \leqslant x \leqslant 2,\ 0 \leqslant y \leqslant 2\}$;

(3) $\iint\limits_D xy^2\,\mathrm{d}x\,\mathrm{d}y$，其中 D 是由直线 $y=1$, $x=0$ 与 $y=x$ 所围成的闭区域;

(4) $\iint\limits_D \sqrt{x^2 - xy}\,\mathrm{d}x\,\mathrm{d}y$，其中 D 是由直线 $x=1$, $y=0$ 与 $y=x$ 所围成的闭区域;

(5) $\iint\limits_D y^2 \sin^2 x\,\mathrm{d}x\mathrm{d}y$，其中 D 是由 x 轴与曲线 $y = \sin x\ (0 \leqslant x \leqslant \pi)$ 所围成的闭区域;

(6) $\iint\limits_D x^2 y\,\mathrm{d}x\,\mathrm{d}y$，其中 D 是由直线 $y=0$, $y=1$ 与曲线 $x^2 - y^2 = 1$ 所围成的闭区域;

(7) $\iint\limits_D \sin \frac{x}{y}\,\mathrm{d}x\,\mathrm{d}y$，其中 D 是由直线 $y=x$, $y=2$ 与曲线 $x=y^3$ 所围成的闭区域;

(8) $\iint\limits_D \mathrm{e}^{\max\{x^2,y^2\}}\,\mathrm{d}x\,\mathrm{d}y$，其中 $D = \{(x,y)|\ 0 \leqslant x \leqslant 1, 0 \leqslant y \leqslant 1\}$.

2. 设 $f(x)$ 与 $g(y)$ 都是连续函数，证明：

$$\iint\limits_D f(x)g(y)\,\mathrm{d}x\,\mathrm{d}y = \int_a^b f(x)\,\mathrm{d}x \cdot \int_c^d g(y)\,\mathrm{d}y,$$

其中 $D = [a,b] \times [c,d]$.

3. 设 $f(u,v)$ 在 $[a,b] \times [c,d]$ 上连续，$g(x,y) = \int_a^x \mathrm{d}u \int_c^y f(u,v)\,\mathrm{d}v$，证明：

$$g_{xy}(x,y) = g_{yx}(x,y) = f(x,y)\ (a < x < b, c < y < d).$$

4. 按两种不同次序化二重积分 $\iint\limits_{D} f(x,y)\,\mathrm{d}x\,\mathrm{d}y$ 为二次积分, 其中 D 为:

(1) 由椭圆 $\dfrac{x^2}{4} + \dfrac{y^2}{9} = 1$ 所围成的闭区域;

(2) 由直线 $y = x - 2$ 与曲线 $x = y^2$ 所围成的闭区域;

(3) 由曲线 $y = 2x^2$ 与 $y = x^2 + 1$ 所围成的闭区域;

(4) 以点 $O(0,0), A(1,2), B(2,1)$ 为顶点的三角形区域.

5. 通过交换积分次序来计算下列二次积分的值:

(1) $\displaystyle\int_0^1 \mathrm{d}x \int_x^1 \mathrm{e}^{-y^2}\mathrm{d}y$;

(2) $\displaystyle\int_0^1 \mathrm{d}y \int_y^1 y^2 \sin(x^2)\,\mathrm{d}x$;

(3) $\displaystyle\int_{\frac{1}{4}}^{\frac{1}{2}} \mathrm{d}x \int_{\frac{1}{2}}^{\sqrt{x}} \mathrm{e}^{\frac{x}{y}}\mathrm{d}y + \int_{\frac{1}{2}}^{1} \mathrm{d}x \int_x^{\sqrt{x}} \mathrm{e}^{\frac{x}{y}}\mathrm{d}y$;

(4) $\displaystyle\int_1^2 \mathrm{d}y \int_{\sqrt{y}}^{y} \sin\dfrac{\pi y}{2x}\mathrm{d}x + \int_2^4 \mathrm{d}y \int_{\sqrt{y}}^{2} \sin\dfrac{\pi y}{2x}\mathrm{d}x$.

6. 设 $f(x)$ 在 $[0,1]$ 上连续, 且 $\displaystyle\int_0^1 f(x)\,\mathrm{d}x = A$, 证明 $\displaystyle\int_0^1 \mathrm{d}x \int_x^1 f(x)f(y)\mathrm{d}y = \dfrac{A^2}{2}$.

7. 有一平面薄片占有 xOy 面上的闭区域 D, 其任意一点的面密度与该点到原点的距离的平方成正比 (其中 $D = \{(x,y)|x^2 \leqslant y \leqslant 1\}$), 求该平面薄片的质量.

二、极坐标系下二重积分的计算

计算二重积分 $\iint\limits_{D} f(x,y)\,\mathrm{d}x\,\mathrm{d}y$ 时, 如果其被积函数和积分区域在极坐标系下表示简单, 常会考虑利用极坐标计算二重积分. 下面我们来推导出二重积分 $\iint\limits_{D} f(x,y)\,\mathrm{d}x\,\mathrm{d}y$ 在极坐标系下的形式.

设函数 $f(x,y)$ 在 D 上连续, 我们用极坐标曲线网, 即以极点为中心的一族同心圆 ($\rho = $ 常数) 以及从极点出发的一族射线 ($\varphi = $ 常数), 把 D 分成许多小闭区域. 若第 i 个小区域 ΔD_i 由圆弧 $\rho = \rho_{j-1}, \rho = \rho_j$ 以及射线 $\varphi = \varphi_{k-1}, \varphi = \varphi_k$ 所围成 (图 7.17), 记 $\Delta\rho_j = \rho_j - \rho_{j-1}, \Delta\varphi_k = \varphi_k - \varphi_{k-1}$, 利用扇形的面积的计算公式可求得 ΔD_i 的面积为

$$\Delta\sigma_i = \overline{\rho}_j \Delta\rho_j \Delta\varphi_k,$$

其中 $\overline{\rho}_j = \dfrac{1}{2}(\rho_{j-1} + \rho_j)$.

现记 $\xi_i = \overline{\rho}_j \cos\varphi_k, \eta_i = \overline{\rho}_j \sin\varphi_k$, 则点 (ξ_i, η_i) 是在小区域 ΔD_i 上的, 根据二重积

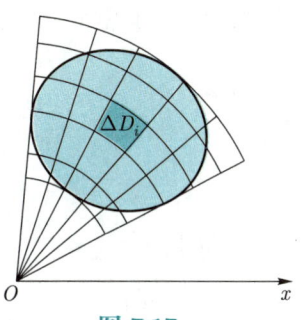

图 7.17

分的定义，记 $\lambda = \max\limits_{1 \leqslant i \leqslant n} \{\Delta D_i \text{ 的直径}\}$，则有

$$\iint\limits_{D} f(x,y)\,\mathrm{d}x\,\mathrm{d}y = \lim_{\lambda \to 0} \sum_{i=1}^{n} f(\xi_i, \eta_i) \Delta \sigma_i \text{①}$$

$$= \lim_{\lambda \to 0} \sum_{i=1}^{n} f(\overline{\rho}_j \cos \varphi_k, \overline{\rho}_j \sin \varphi_k) \overline{\rho}_j \Delta \rho_j \Delta \varphi_k \text{②},$$

根据二重积分的定义，上式右端的极限即为二重积分

$$\iint\limits_{D} f(\rho \cos \varphi, \rho \sin \varphi)\, \rho\, \mathrm{d}\rho\, \mathrm{d}\varphi,$$

由于上述二重积分的被积函数连续，故该二重积分存在，从而得到

$$\iint\limits_{D} f(x,y)\,\mathrm{d}x\,\mathrm{d}y = \iint\limits_{D} f(\rho \cos \varphi, \rho \sin \varphi)\, \rho\, \mathrm{d}\rho\, \mathrm{d}\varphi. \tag{2.3}$$

(2.3) 式的右端就是在极坐标系下的二重积分，其中 $\rho\,\mathrm{d}\rho\,\mathrm{d}\varphi$ 所对应的是 $\overline{\rho}_j \Delta \rho_j \Delta \varphi_k$（小区域 ΔD_i 的面积），称为**极坐标系下的面积元素**．公式 (2.3) 表明，要把直角坐标系下的二重积分化为极坐标系下的二重积分，只要把被积函数中的 x, y 分别转换成 $\rho \cos \varphi$, $\rho \sin \varphi$，并把直角坐标系中的面积元素 $\mathrm{d}x\,\mathrm{d}y$ 换成极坐标系中的面积元素 $\rho\,\mathrm{d}\rho\,\mathrm{d}\varphi$，所得到的就是在极坐标系下的二重积分．

极坐标系下的二重积分，同样可以化为二次积分来计算．

假定积分区域 D 满足这样的条件：从极点 O 出发且穿过闭区域 D 内部的射线与 D 的边界曲线的交点最多两个，此时积分区域 D 可表示为

$$\rho_1(\varphi) \leqslant \rho \leqslant \rho_2(\varphi), \quad \alpha \leqslant \varphi \leqslant \beta$$

(图 7.18)，其中非负函数 $\rho_1(\varphi)$ 和 $\rho_2(\varphi)$ 在区间 $[\alpha, \beta]$ 上连续，且 $0 \leqslant \beta - \alpha \leqslant 2\pi$．

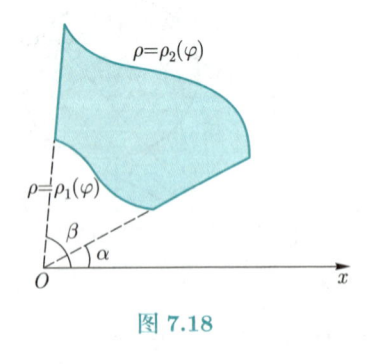

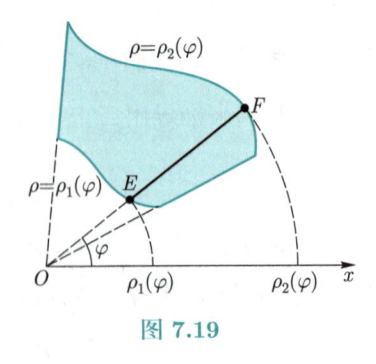

图 7.18

图 7.19

先在区间 $[\alpha, \beta]$ 上任意取定一个 φ 值．对应于这个 φ 值，D 上的点的极径 ρ 从 $\rho_1(\varphi)$ 变到 $\rho_2(\varphi)$（图 7.19 中的线段 EF），于是先以 ρ 为积分变量，在区间 $[\rho_1(\varphi), \rho_2(\varphi)]$

---

① 由于 $f(x,y)$ 在 D 上连续时 $\iint\limits_{D} f(x,y)\,\mathrm{d}x\,\mathrm{d}y$ 一定存在，因此，这里用这样的极坐标网分划积分区域，并取这一特殊的点 (ξ_i, η_i)，等式仍然成立．

② 包含边界点的一些小区域可以略去不计，这是因为在求和的极限时，这些小区域所对应的项的和的极限为零．

上作积分

$$F(\varphi) = \int_{\rho_1(\varphi)}^{\rho_2(\varphi)} f(\rho\cos\varphi, \rho\sin\varphi)\rho\,\mathrm{d}\rho,$$

然后把算得的结果 (仅与 φ 有关, 是 φ 的函数) 再以 φ 为积分变量, 作积分 $\int_\alpha^\beta F(\varphi)\mathrm{d}\varphi$, 所得结果就是二重积分 $\iint\limits_D f(\rho\cos\varphi, \rho\sin\varphi)\rho\,\mathrm{d}\rho\mathrm{d}\varphi$. 这样就得出, 极坐标系中的二重积分化为二次积分的公式为

$$\iint\limits_D f(\rho\cos\varphi, \rho\sin\varphi)\,\rho\,\mathrm{d}\rho\,\mathrm{d}\varphi = \int_\alpha^\beta \left[\int_{\rho_1(\varphi)}^{\rho_2(\varphi)} f(\rho\cos\varphi, \rho\sin\varphi)\,\rho\,\mathrm{d}\rho\right]\mathrm{d}\varphi,$$

或写成

$$\iint\limits_D f(\rho\cos\varphi, \rho\sin\varphi)\,\rho\,\mathrm{d}\rho\,\mathrm{d}\varphi = \int_\alpha^\beta \mathrm{d}\varphi \int_{\rho_1(\varphi)}^{\rho_2(\varphi)} f(\rho\cos\varphi, \rho\sin\varphi)\,\rho\,\mathrm{d}\rho. \tag{2.4}$$

试算试练 画出下列区域 D 的草图, 并在极坐标系下把 D 用不等式表示出来:

(1) $D = \{(x,y)|x^2+y^2 \leqslant 2\}$;

(2) $D = \{(x,y)|x^2+y^2 \leqslant 2x\}$;

(3) $D = \{(x,y)|2y \leqslant x^2+y^2 \leqslant 4y\}$;

(4) $D = \{(x,y)|0 \leqslant x \leqslant 1, y \geqslant 0, x \leqslant x^2+y^2 \leqslant 2x\}$.

例 7 计算 $\iint\limits_D x\,\mathrm{d}x\,\mathrm{d}y$, 其中 D 是由 $x^2+y^2=1$ 与 $x^2+y^2=4$ 所围成的环形区域在第一象限的部分 (如图 7.20).

解 在极坐标下 D 可表示为

$$1 \leqslant \rho \leqslant 2, \quad 0 \leqslant \varphi \leqslant \frac{\pi}{2},$$

故

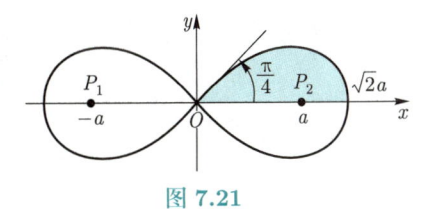

图 7.20

$$\iint\limits_D x\,\mathrm{d}x\,\mathrm{d}y = \iint\limits_D \rho\cos\varphi \cdot \rho\,\mathrm{d}\rho\,\mathrm{d}\varphi = \int_0^{\frac{\pi}{2}} \mathrm{d}\varphi \int_1^2 \rho^2\cos\varphi\,\mathrm{d}\rho$$

$$= \int_0^{\frac{\pi}{2}} \frac{7}{3}\cos\varphi\,\mathrm{d}\varphi = \frac{7}{3}.$$

读者不妨用直角坐标来计算一下, 看看运算过程将会变得怎样, 并思考一下为什么本题适于用极坐标进行计算.

例 8 设平面上两定点间的距离为 $2a$ ($a>0$), 动点到这两点的距离之积为 a^2, 此动点的轨迹称为双纽线. 求双纽线所围图形的面积 A.

解 如图 7.21 建立坐标系, 两定点是 $P_1(-a,0)$

图 7.21

与 $P_2(a,0)$，动点 $P(x,y)$ 与定点 P_1, P_2 之间的距离 r_1, r_2 为
$$r_1 = \sqrt{(x+a)^2 + y^2}, \quad r_2 = \sqrt{(x-a)^2 + y^2}.$$
根据条件 $r_1 r_2 = a^2$，故
$$[(x+a)^2 + y^2][(x-a)^2 + y^2] = a^4,$$
整理后得
$$(x^2 + y^2)^2 = 2a^2(x^2 - y^2).$$
上式就是双纽线的直角坐标方程，从方程中可以看出，双纽线关于两坐标轴及坐标原点都是对称的.

利用直角坐标方程计算双纽线所围图形的面积是不方便的，为此将 $x = \rho\cos\varphi, y = \rho\sin\varphi$ 代入，得到双纽线的极坐标方程为
$$\rho^2 = 2a^2\cos 2\varphi,$$
在第一象限部分的方程为 $\rho = a\sqrt{2\cos 2\varphi}$，令 $\rho = a\sqrt{2\cos 2\varphi} = 0$ 得第一象限内的解为 $\varphi = \dfrac{\pi}{4}$，故双纽线所围成的区域在第一象限内的部分 D（图 7.21 的阴影部分）可表示为
$$0 \leqslant \rho \leqslant a\sqrt{2\cos 2\varphi}, \quad 0 \leqslant \varphi \leqslant \frac{\pi}{4},$$
于是所求面积 A 为
$$A = 4\iint\limits_{D} dx\,dy = 4\int_0^{\frac{\pi}{4}} d\varphi \int_0^{a\sqrt{2\cos 2\varphi}} \rho\,d\rho = 4\int_0^{\frac{\pi}{4}} a^2 \cos 2\varphi\,d\varphi = 2a^2.$$

例 9 计算 $\iint\limits_{D} e^{-x^2-y^2}dx\,dy$，其中 D 为圆域 $x^2 + y^2 \leqslant a^2\ (a > 0)$.

解 在极坐标下 D 可表示为
$$0 \leqslant \rho \leqslant a, \quad 0 \leqslant \varphi \leqslant 2\pi,$$
因此
$$\iint\limits_{D} e^{-x^2-y^2}dx\,dy = \int_0^{2\pi} d\varphi \int_0^a e^{-\rho^2}\rho\,d\rho = \int_0^{2\pi} \frac{1}{2}(1 - e^{-a^2})d\varphi = (1 - e^{-a^2})\pi,$$
本例如果用直角坐标计算，由于 $\int e^{-x^2}dx$ 不是初等函数，所以算不出来.

下面利用例 9 所得结果，计算重要的反常积分 $\int_0^{+\infty} e^{-x^2}dx$.

设
$$D_1: x^2 + y^2 \leqslant R^2;$$
$$D_2: x^2 + y^2 \leqslant 2R^2;$$
$$S: |x| \leqslant R, |y| \leqslant R,$$

则 $D_1 \subset S \subset D_2$ (图 7.22). 因为被积函数 $\mathrm{e}^{-x^2-y^2}$ 恒为正,所以

$$\iint\limits_{D_1} \mathrm{e}^{-x^2-y^2} \mathrm{d}x\,\mathrm{d}y \leqslant \iint\limits_{S} \mathrm{e}^{-x^2-y^2} \mathrm{d}x\,\mathrm{d}y \leqslant \iint\limits_{D_2} \mathrm{e}^{-x^2-y^2} \mathrm{d}x\,\mathrm{d}y,$$

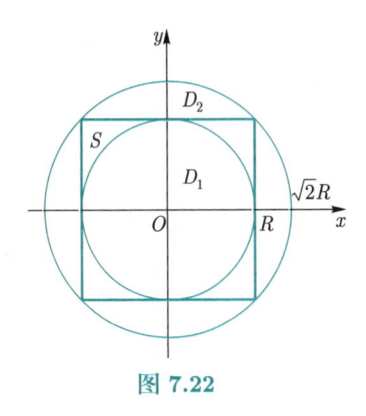

由例 9 所得结果知

$$\iint\limits_{D_1} \mathrm{e}^{-x^2-y^2} \mathrm{d}x\,\mathrm{d}y = (1-\mathrm{e}^{-R^2})\pi,$$

$$\iint\limits_{D_2} \mathrm{e}^{-x^2-y^2} \mathrm{d}x\,\mathrm{d}y = (1-\mathrm{e}^{-2R^2})\pi,$$

图 7.22

而

$$\iint\limits_{S} \mathrm{e}^{-x^2-y^2} \mathrm{d}x\,\mathrm{d}y = \int_{-R}^{R} \mathrm{d}x \int_{-R}^{R} \mathrm{e}^{-x^2-y^2} \mathrm{d}y = \left(\int_{-R}^{R} \mathrm{e}^{-x^2} \mathrm{d}x\right) \cdot \left(\int_{-R}^{R} \mathrm{e}^{-y^2} \mathrm{d}y\right)$$

$$= \left(\int_{-R}^{R} \mathrm{e}^{-x^2} \mathrm{d}x\right)^2 = 4\left(\int_{0}^{R} \mathrm{e}^{-x^2} \mathrm{d}x\right)^2,$$

故

$$\frac{1}{4}(1-\mathrm{e}^{-R^2})\pi \leqslant \left(\int_{0}^{R} \mathrm{e}^{-x^2} \mathrm{d}x\right)^2 \leqslant \frac{1}{4}(1-\mathrm{e}^{-2R^2})\pi,$$

即

$$\frac{1}{2}\sqrt{(1-\mathrm{e}^{-R^2})\pi} \leqslant \int_{0}^{R} \mathrm{e}^{-x^2} \mathrm{d}x \leqslant \frac{1}{2}\sqrt{(1-\mathrm{e}^{-2R^2})\pi}.$$

令 $R \to +\infty$, 上式两端趋于同一极限 $\dfrac{\sqrt{\pi}}{2}$, 于是由夹逼准则得

$$\int_{0}^{+\infty} \mathrm{e}^{-x^2} \mathrm{d}x = \lim_{R \to +\infty} \int_{0}^{R} \mathrm{e}^{-x^2} \mathrm{d}x = \frac{\sqrt{\pi}}{2}.$$

典型例题

极坐标系下二重积分的计算

这一反常积分在概率论中有着重要的应用.

例 10 求球体 $x^2+y^2+z^2 \leqslant 4$ 被圆柱面 $x^2+y^2=2x$ 所截得的含在圆柱面内的那部分立体的体积 V.

解 由对称性, 所求体积 V 为位于第 I 卦限那部分立体体积的 4 倍, 第 I 卦限部分的立体 (如图 7.23) 是以 $z=\sqrt{4-x^2-y^2}$ 为曲顶的曲顶柱体, 其中底为 xOy 面上的半圆周 $y=\sqrt{2x-x^2}$ 与 x 轴所围成的闭区域 D, 由二重积分的几何意义得

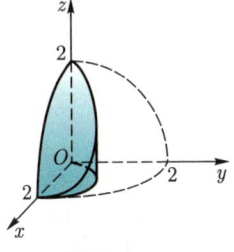

图 7.23

$$V = 4\iint\limits_{D} \sqrt{4-x^2-y^2}\,\mathrm{d}x\,\mathrm{d}y,$$

半圆周 $y=\sqrt{2x-x^2}$ 在极坐标下的方程为 $\rho=2\cos\varphi$, 故 D 在极坐标系下可表示为

$$0 \leqslant \rho \leqslant 2\cos\varphi, \quad 0 \leqslant \varphi \leqslant \frac{\pi}{2},$$

于是
$$V = 4\iint_D \sqrt{4-\rho^2}\cdot \rho\,\mathrm{d}\rho\,\mathrm{d}\varphi = 4\int_0^{\frac{\pi}{2}}\mathrm{d}\varphi\int_0^{2\cos\varphi}\rho\sqrt{4-\rho^2}\,\mathrm{d}\rho$$
$$= 4\int_0^{\frac{\pi}{2}}\frac{8}{3}(1-\sin^3\varphi)\,\mathrm{d}\varphi = \frac{32}{3}\left(\frac{\pi}{2}-\frac{2}{3}\right).$$

从以上各例可以看到，在计算某些二重积分时，采用极坐标可以带来很大方便，有时甚至可算出直角坐标下无法算出的积分. 当然, 也不是所有的重积分都适宜用极坐标计算. 那么, 在决定是否采用极坐标时, 要考虑哪些因素呢? 首先要看积分区域 D 的形状, 看其边界曲线用极坐标方程表示是否比较简单. 一般说当 D 为圆域、圆环或扇形区域时, 可考虑采用极坐标计算. 其次要看被积函数的特点, 看使用极坐标后函数表达式能否简化并易于积分. 通常当被积函数中含有 x^2+y^2 的因式时, 可考虑使用极坐标.

最后说明一下, 直角坐标系下的二重积分化为极坐标系下的二重积分公式 (2.3), 也可用元素法解释如下:

假设函数 $f(x,y)$ 在 D 上连续. 取代表性小区域为 ρ, φ 各自取微小增量 $\mathrm{d}\rho, \mathrm{d}\varphi$ 后所得的曲边四边形区域 (图 7.24)[①], 在不计高阶无穷小的情况下, 该曲边四边形可近似看作以 $\mathrm{d}\rho$, $\rho\,\mathrm{d}\varphi$ 为边长的矩形, 由此得到它的面积

$$\Delta\sigma \approx \rho\,\mathrm{d}\rho\,\mathrm{d}\varphi,$$

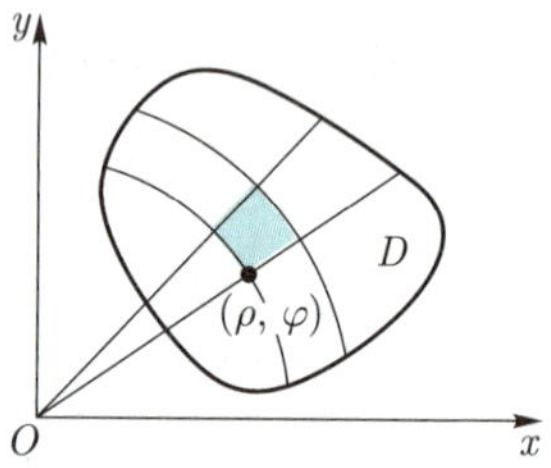

图 7.24

即得极坐标系下的面积元素

$$\mathrm{d}\sigma = \rho\,\mathrm{d}\rho\,\mathrm{d}\varphi,$$

再由直角坐标系与极坐标系的关系 $x=\rho\cos\varphi, y=\rho\sin\varphi$, 得

$$f(x,y)\,\mathrm{d}x\,\mathrm{d}y = f(\rho\cos\varphi, \rho\sin\varphi)\rho\,\mathrm{d}\rho\,\mathrm{d}\varphi,$$

于是就得到 (2.3) 式, 即

$$\iint_D f(x,y)\,\mathrm{d}x\,\mathrm{d}y = \iint_D f(\rho\cos\varphi, \rho\sin\varphi)\rho\,\mathrm{d}\rho\,\mathrm{d}\varphi,$$

上述元素法的方法在多元积分学中依然非常重要, 在处理积分问题时常常会用到.

习题 7.2 (2)

1. 化下列二次积分为极坐标形式的二次积分, 并计算积分值:

(1) $\displaystyle\int_{-1}^{1}\mathrm{d}x\int_{-\sqrt{1-x^2}}^{\sqrt{1-x^2}}\sqrt{x^2+y^2}\,\mathrm{d}y;$

[①] 包含边界点的一些小区域可以略去不计, 这是因为在求和的极限时, 这些小区域所对应的项的和的极限为零.

(2) $\int_0^2 dy \int_0^{\sqrt{2y-y^2}} x\, dx$;

(3) $\int_0^1 dx \int_{1-x}^{\sqrt{1-x^2}} \sqrt{(x^2+y^2)^{-3}}\, dy$;

(4) $\int_1^2 dx \int_0^x \dfrac{y\sqrt{x^2+y^2}}{x}\, dy$.

2. 设 $f(x,y)$ 为连续函数, 把极坐标形式的二次积分 $\int_0^{\frac{\pi}{4}} d\varphi \int_0^1 f(\rho\cos\varphi, \rho\sin\varphi)\rho\, d\rho$ 化为直角坐标形式下的先 x 后 y 的二次积分.

3. 利用极坐标计算下列二重积分:

(1) $\iint\limits_D \dfrac{1}{1+x^2+y^2}\, dx\, dy$, $D = \{(x,y) | x^2+y^2 \leqslant 1, x \geqslant 0\}$;

(2) $\iint\limits_D \sqrt{\dfrac{1-x^2-y^2}{1+x^2+y^2}}\, dx\, dy$, 其中 D 是由坐标轴与圆 $x^2+y^2=1$ 所围成的位于第一象限内的闭区域;

(3) $\iint\limits_D \sqrt{|x^2+y^2-4|}\, dx\, dy$, 其中 D 是圆 $x^2+y^2=9$ 所围成的闭区域.

4. 利用二重积分, 求下列图形的面积:

(1) 位于圆 $\rho=1$ 的外部及心形线 $\rho=1+\cos\varphi$ 的内部的区域;

(2) 闭曲线 $(x^2+y^2)^3 = a^2(x^4+y^4)$ $(a>0)$ 所围成的区域.

5. 求曲面 $z = x^2+y^2+1$ 上点 $P_0(-1,1,3)$ 处的切平面与曲面 $z = x^2+y^2$ 所围成的空间立体的体积.

6. 有一平面薄片占有 xOy 面上的闭区域 $D = \{(x,y) | x^2+y^2 \leqslant 4y\}$, 其任意一点的面密度与该点到原点的距离成正比, 求该平面薄片的质量.

*三、二重积分的换元法

在定积分计算中, 换元积分法是一种常用的方法, 对于重积分的计算也可通过换元来简化被积函数或积分区域, 从而得到重积分的值. 下面给出二重积分情形的换元法.

定理 设 $f(x,y)$ 在 xOy 面上的闭区域 D 上连续, 如果变换

$$T:\quad x = x(u,v),\quad y = y(u,v) \tag{2.5}$$

将 uOv 平面上的闭区域 D' 变为 xOy 平面上的闭区域 D, 且满足

(1) $x(u,v), y(u,v)$ 在 D' 上具有连续偏导数;

(2) 在 D' 上雅可比行列式

$$J(u,v) = \dfrac{\partial(x,y)}{\partial(u,v)} \neq 0;$$

(3) 变换 T 是 D' 与 D 之间的一个一一对应,则有

$$\iint\limits_{D} f(x,y)\,\mathrm{d}x\,\mathrm{d}y = \iint\limits_{D'} f(x(u,v),y(u,v))\,|J(u,v)|\,\mathrm{d}u\,\mathrm{d}v. \tag{2.6}$$

(2.6) 式称为二重积分的换元公式.

试算试练 设变换为 $\begin{cases} u = x - y, \\ v = 2x + y, \end{cases}$ 试用 u, v 表示 x, y, 并求雅可比行列式 $\dfrac{\partial(x,y)}{\partial(u,v)}$.

这里我们略去上述定理的严格证明, 仅利用元素法得出上述换元公式.

现对 D' 进行分划, 取代表性小区域为 u, v 各自取微小增量 $\mathrm{d}u, \mathrm{d}v$ 后所得的矩形区域 (图 7.25 (a))[①], 由此得在 D 上的一个曲边四边形区域 $EFGH$ (图 7.25 (b)), 其顶点分别为

$$E(x(u,v),y(u,v)),\ F(x(u+\mathrm{d}u,v),y(u+\mathrm{d}u,v)),$$
$$G(x(u+\mathrm{d}u,v+\mathrm{d}v),y(u+\mathrm{d}u,v+\mathrm{d}v)),\ H(x(u,v+\mathrm{d}v),y(u,v+\mathrm{d}v)).$$

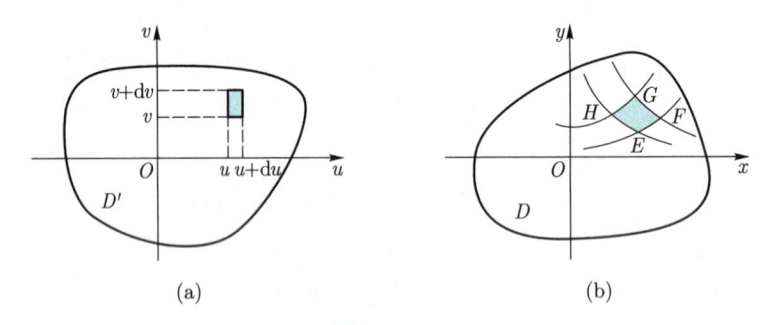

图 7.25

在不计高阶无穷小的情况下, 该区域可近似看作以 $\overrightarrow{EF}, \overrightarrow{EH}$ 为邻边的平行四边形, 由于

$$\overrightarrow{EF} = (x(u+\mathrm{d}u,v) - x(u,v),\ y(u+\mathrm{d}u,v) - y(u,v)) \approx (x_u\,\mathrm{d}u, y_u\,\mathrm{d}u),$$
$$\overrightarrow{EH} = (x(u,v+\mathrm{d}v) - x(u,v),\ y(u,v+\mathrm{d}v) - y(u,v)) \approx (x_v\,\mathrm{d}v, y_v\,\mathrm{d}v),$$

故该平行四边形的面积为

$$|\overrightarrow{EF} \times \overrightarrow{EH}| \approx |[(x_u, y_u)\,\mathrm{d}u] \times [(x_v, y_v)\,\mathrm{d}v]| = \left|\dfrac{\partial(x,y)}{\partial(u,v)}\right|\,\mathrm{d}u\,\mathrm{d}v,$$

由此得面积元素

$$\mathrm{d}\sigma = \left|\dfrac{\partial(x,y)}{\partial(u,v)}\right|\,\mathrm{d}u\,\mathrm{d}v,$$

再由 (2.5) 式得

$$f(x,y)\,\mathrm{d}x\,\mathrm{d}y = f[x(u,v),y(u,v)]\left|\dfrac{\partial(x,y)}{\partial(u,v)}\right|\,\mathrm{d}u\,\mathrm{d}v,$$

[①] 包含边界点的一些小区域可以略去不计, 这是因为在求和的极限时, 这些小区域所对应的项的和的极限为零.

于是, (2.6) 式成立.

定理中的条件 (2) 减弱为: 雅可比行列式 $J(u,v)$ 只在 D' 内个别点处, 或某条曲线上为零, 而在其他点处不为零, 那么二重积分的换元公式 (2.6) 仍成立.

例如上一目讨论的极坐标变换 $x = \rho\cos\varphi$, $y = \rho\sin\varphi$ 满足上述要求, 并且

$$J(\rho,\varphi) = \begin{vmatrix} \dfrac{\partial x}{\partial \rho} & \dfrac{\partial x}{\partial \varphi} \\ \dfrac{\partial y}{\partial \rho} & \dfrac{\partial y}{\partial \varphi} \end{vmatrix} = \begin{vmatrix} \cos\varphi & -\rho\sin\varphi \\ \sin\varphi & \rho\cos\varphi \end{vmatrix} = \rho,$$

故 (2.3) 式是 (2.6) 式的一个特例. 按二重积分换元法来看, 二重积分从直角坐标系化为极坐标系, 现在也可看作直角坐标平面 xOy 到直角坐标平面 $\varphi O \rho$ 的一个换元

$$\begin{cases} x = \rho\cos\varphi, \\ y = \rho\sin\varphi. \end{cases}$$

例如, 直角坐标平面 xOy 上的圆 $D: x^2 + y^2 \leqslant 9$ (图 7.26 (a)), 在直角坐标平面 $\varphi O \rho$ 中相应 D' (图 7.26 (b)) 可表示为

$$0 \leqslant \rho \leqslant 3, \quad 0 \leqslant \varphi \leqslant 2\pi,$$

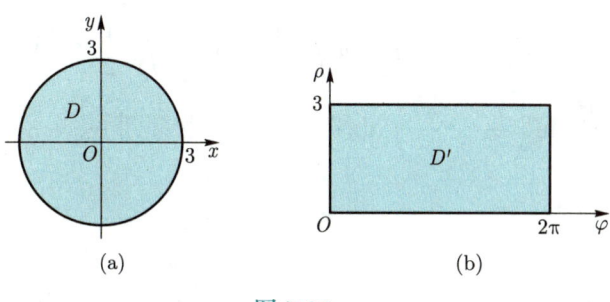

图 7.26

这是直角坐标平面 $\varphi O \rho$ 中的矩形, 故

$$\iint\limits_D f(x,y)\,\mathrm{d}x\,\mathrm{d}y = \iint\limits_{D'} f(\rho\cos\varphi, \rho\sin\varphi)\rho\,\mathrm{d}\rho\,\mathrm{d}\varphi = \int_0^{2\pi}\mathrm{d}\varphi \int_0^3 f(\rho\cos\varphi, \rho\sin\varphi)\rho\,\mathrm{d}\rho,$$

上式与利用极坐标计算二重积分是一致的, 利用换元法对于理解和掌握极坐标系下的二次积分是有益的.

在具体运用 (2.6) 式计算二重积分 $\iint\limits_D f(x,y)\,\mathrm{d}x\,\mathrm{d}y$ 时, 选择何种变换一般取决于积分区域 D 的形状和被积函数 $f(x,y)$ 的表达式, 归根到底取决于变换后的二重积分是否易于计算.

例 11 计算二重积分 $\iint\limits_D \dfrac{y}{x+y}\mathrm{e}^{(x+y)^2}\mathrm{d}x\,\mathrm{d}y$, 其中 D 是由直线 $x = 0$, $y = 0$ 及 $x + y = 1$ 所围成的闭区域.

解 容易知道，区域 D 可表示为
$$x \geqslant 0, \quad y \geqslant 0, \quad x+y \leqslant 1,$$
令 $u = x+y, v = y$，则 $x = u-v, y = v$，该变换的雅可比行列式
$$\frac{\partial(x,y)}{\partial(u,v)} = \begin{vmatrix} 1 & -1 \\ 0 & 1 \end{vmatrix} = 1 \neq 0,$$
利用 (2.6) 式得
$$\iint\limits_{D} \frac{y}{x+y} e^{(x+y)^2} dx\, dy = \iint\limits_{D'} \frac{v}{u} e^{u^2} \cdot \left|\frac{\partial(x,y)}{\partial(u,v)}\right| du\, dv = \iint\limits_{D'} \frac{v}{u} e^{u^2} du\, dv.$$

在上述变换下 D' 满足
$$u-v \geqslant 0, \quad v \geqslant 0, \quad u \leqslant 1,$$
故 D' 可表示为
$$0 \leqslant v \leqslant u, \quad 0 \leqslant u \leqslant 1,$$
(图 7.27). 于是, 所求二重积分为
$$\iint\limits_{D} \frac{y}{x+y} e^{(x+y)^2} dx\, dy = \iint\limits_{D'} \frac{v}{u} e^{u^2} du\, dv$$

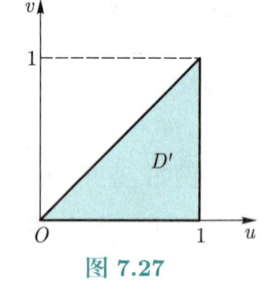

图 7.27

$$= \int_0^1 du \int_0^u \frac{v}{u} e^{u^2} dv = \int_0^1 \frac{1}{2} u e^{u^2} du = \frac{e-1}{4}.$$

例 12 计算 $\iint\limits_{D} \sin\left(\frac{x^2}{a^2} + \frac{y^2}{b^2}\right) dx\, dy$，其中 D 为椭圆 $\frac{x^2}{a^2} + \frac{y^2}{b^2} = 1$ 所围成的闭区域 $(a, b > 0)$.

解 作变换 T 为
$$x = a\rho\cos\varphi, \quad y = b\rho\sin\varphi \quad (\rho \geqslant 0, 0 \leqslant \varphi \leqslant 2\pi),$$
此变换称为**广义极坐标变换**, 在此变换下，与 D 对应的 D' 为
$$D' = \{(\rho,\varphi) | 0 \leqslant \rho \leqslant 1, 0 \leqslant \varphi \leqslant 2\pi\},$$
其雅可比行列式
$$J = \frac{\partial(x,y)}{\partial(\rho,\varphi)} = \begin{vmatrix} a\cos\varphi & -a\rho\sin\varphi \\ b\sin\varphi & b\rho\cos\varphi \end{vmatrix} = ab\rho,$$
J 在 D' 内仅在 $\rho = 0$ 处为零，故换元公式仍成立，从而有
$$\iint\limits_{D} \sin\left(\frac{x^2}{a^2} + \frac{y^2}{b^2}\right) dx\, dy = \iint\limits_{D'} \sin\rho^2 \cdot ab\rho\, d\rho\, d\varphi = ab \int_0^{2\pi} d\varphi \int_0^1 \rho\sin\rho^2\, d\rho = \pi ab(1-\cos 1).$$

本例采用的广义极坐标变换可以看成是**伸缩变换**
$$x = au, \quad y = bv$$
与极坐标变换
$$u = \rho\cos\varphi, \quad v = \rho\sin\varphi$$
的复合.

*习题 7.2 (3)

1. 作适当的变换, 计算下列二重积分的值:

(1) $\iint\limits_{D} (2x + 3y) \, dx \, dy$, 其中 D 是圆 $x^2 + y^2 = 2x + 4y + 5$ 所围成的闭区域;

(2) $\iint\limits_{D} \sqrt{1 - \dfrac{x^2}{4} - \dfrac{y^2}{9}} \, dx \, dy$, 其中 D 是椭圆 $\dfrac{x^2}{4} + \dfrac{y^2}{9} = 1$ 所围成的位于第一象限内的闭区域;

(3) $\iint\limits_{D} e^{\frac{y-x}{y+x}} \, dx \, dy$, 其中 D 是由 x 轴、y 轴及直线 $x + y = 2$ 所围成的闭区域;

(4) $\iint\limits_{D} e^{(x-2)^2 + y^2} \, dx \, dy$, 其中 $D = \{(x,y) | x^2 + y^2 \leqslant 4x, x \geqslant 2\}$.

2. 求下列曲线所围成的闭区域 D 的面积:

(1) D 是由曲线 $xy = 4$, $xy = 8$, $xy^3 = 5$, $xy^3 = 15$ 所围成的位于第一象限内的闭区域;

(2) D 是由曲线 $y = x^3$, $y = 4x^3$, $x = y^3$, $x = 4y^3$ 所围成的位于第一象限内的闭区域.

7.3 三重积分的计算

与二重积分的计算类似, 三重积分 $\iiint\limits_{\Omega} f(x,y,z) \, dV$ 的基本计算方法是将三重积分化为三次定积分 (称为**三次积分**) 来计算. 在本节中, 我们将分别讨论在不同的坐标系下将三重积分化为三次积分的方法.

一、直角坐标系下三重积分的计算

为把三重积分化为三次积分, 在直角坐标系下常常先化为两次积分运算 (一次二重积分以及一次定积分), 下面我们就不同类型的积分区域给出相应的积分方法.

假设穿过 Ω 内部且平行于 z 轴的直线与 Ω 的边界相交不多于两点. 此时, 将积分区域 Ω 向 xOy 面投影得投影区域 D_{xy}, 以 D_{xy} 的边界曲线为准线作母线平行于 z 轴的柱面, 则 Ω 的边界曲面由该柱面分得下边界曲面 Σ_1 (方程为 $z = z_1(x,y)$, $(x,y) \in D_{xy}$) 和上边界曲面 Σ_2 (方程为 $z = z_2(x,y)$, $(x,y) \in D_{xy}$, 其中 (x,y) 在 D_{xy} 上时, $z_1(x,y) \leqslant z_2(x,y)$ (图 7.28). 此时, 积分区域 Ω 可表为

$$z_1(x,y) \leqslant z \leqslant z_2(x,y), \quad (x,y) \in D_{xy}. \tag{3.1}$$

现对固定的 $(x,y) \in D_{xy}$, Ω 上的点为平行于 z 轴的线段 (从 $(x,y,z_1(x,y))$ 变化到 $(x,y,z_2(x,y))$), 于是先以 z 为积分变量, 在区间 $[z_1(x,y), z_2(x,y)]$ 上作定积分

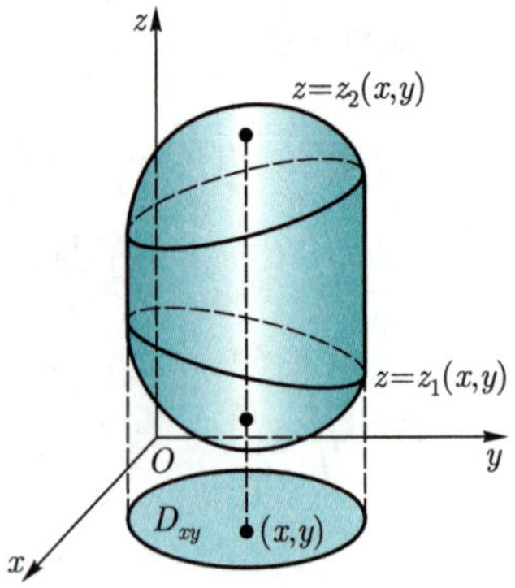

$$F(x,y) = \int_{z_1(x,y)}^{z_2(x,y)} f(x,y,z) \, \mathrm{d}z,$$

然后把算得的结果 (是 x, y 的二元函数) 再在 D_{xy} 上作二重积分

$$\iint_{D_{xy}} F(x,y) \, \mathrm{d}x \, \mathrm{d}y,$$

图 7.28

所得结果就是三重积分 $\iiint_{\Omega} f(x,y,z) \, \mathrm{d}V$, 即

$$\iiint_{\Omega} f(x,y,z) \, \mathrm{d}V = \iint_{D_{xy}} \left[\int_{z_1(x,y)}^{z_2(x,y)} f(x,y,z) \, \mathrm{d}z \right] \mathrm{d}x \, \mathrm{d}y.$$

上式的右端常记作

$$\iint_{D_{xy}} \mathrm{d}x \, \mathrm{d}y \int_{z_1(x,y)}^{z_2(x,y)} f(x,y,z) \, \mathrm{d}z.$$

于是, 若积分区域 Ω: $z_1(x,y) \leqslant z \leqslant z_2(x,y), (x,y) \in D_{xy}$, 则

$$\iiint_{\Omega} f(x,y,z) \, \mathrm{d}V = \iint_{D_{xy}} \mathrm{d}x \, \mathrm{d}y \int_{z_1(x,y)}^{z_2(x,y)} f(x,y,z) \, \mathrm{d}z. \tag{3.2}$$

试算试练 设 $\Omega = \{(x,y,z) | 0 \leqslant z \leqslant h(x,y), (x,y) \in D\}$, $D = \{(x,y) | x^2 + y^2 \leqslant 1\}$, $f(x,y,z) = 1$, 试说明等式 $\iiint_{\Omega} f(x,y,z) \, \mathrm{d}v = \iint_{D} \mathrm{d}x \, \mathrm{d}y \int_{0}^{h(x,y)} f(x,y,z) \, \mathrm{d}z$ 成立的几何意义.

用 (3.2) 式计算三重积分时, 右端的二重积分常需进一步化为二次积分. 例如若 D_{xy} 可表示为

$$y_1(x) \leqslant y \leqslant y_2(x), \quad a \leqslant x \leqslant b,$$

则积分区域 Ω 可表示为

$$z_1(x,y) \leqslant z \leqslant z_2(x,y), \quad y_1(x) \leqslant y \leqslant y_2(x), \quad a \leqslant x \leqslant b,$$

此时, 三重积分从 (3.2) 式可进一步得

$$\iiint_{\Omega} f(x,y,z) \, \mathrm{d}V = \int_{a}^{b} \mathrm{d}x \int_{y_1(x)}^{y_2(x)} \mathrm{d}y \int_{z_1(x,y)}^{z_2(x,y)} f(x,y,z) \, \mathrm{d}z, \tag{3.3}$$

(3.3) 式把三重积分化为了先对 z、再对 y、最后对 x 的三次积分.

试算试练　画出区域 Ω 的草图, 并在空间直角坐标系下把 Ω 用不等式表示出来, Ω 是由平面 $x = 0, y = 0, z = 0$ 与 $x + y + z = 1$ 所围成的有界闭区域.

例 1　计算 $\iiint\limits_{\Omega} x \, \mathrm{d}x \, \mathrm{d}y \, \mathrm{d}z$, 其中 Ω 是由平面 $x = 0, y = 0, z = 0$ 及 $x + 2y + 3z = 6$ 所围成的有界闭区域 (图 7.29 (a)).

解　记 Ω 在 xOy 面上的投影为 D_{xy}, 则

$$\Omega = \left\{ (x, y, z) \Big| 0 \leqslant z \leqslant \frac{6 - x - 2y}{3}, (x, y) \in D_{xy} \right\},$$

其中 $D_{xy} = \left\{ (x, y) \Big| 0 \leqslant y \leqslant \frac{6 - x}{2}, 0 \leqslant x \leqslant 6 \right\}$ (图 7.29 (b)), 故

$$\iiint\limits_{\Omega} x \, \mathrm{d}x \, \mathrm{d}y \, \mathrm{d}z = \iint\limits_{D_{xy}} \mathrm{d}x \, \mathrm{d}y \int_0^{\frac{6-x-2y}{3}} x \mathrm{d}z = \int_0^6 \mathrm{d}x \int_0^{\frac{6-x}{2}} \mathrm{d}y \int_0^{\frac{6-x-2y}{3}} x \mathrm{d}z$$

$$= \int_0^6 \mathrm{d}x \int_0^{\frac{6-x}{2}} \frac{1}{3} x(6 - x - 2y) \, \mathrm{d}y = \int_0^6 \left[\frac{1}{6} x(6-x)^2 - \frac{1}{12} x(6-x)^2 \right] \mathrm{d}x$$

$$= 9.$$

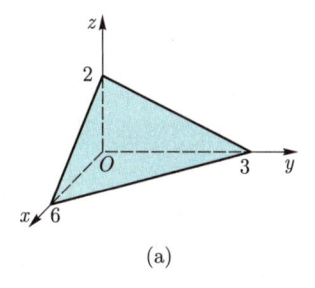

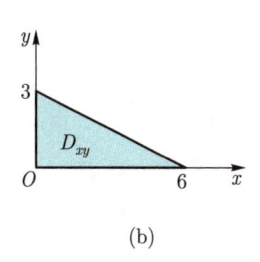

图 7.29

类似于 (3.3) 式, 三重积分还可化为其他形式的三次积分, 例如上述例题, 其中的积分区域 Ω 也可表示为

$$0 \leqslant y \leqslant \frac{6 - x - 3z}{2}, \quad 0 \leqslant z \leqslant \frac{6 - x}{3}, \quad 0 \leqslant x \leqslant 6,$$

于是所求三重积分可化为先对 y、再对 z、最后对 x 的三次积分, 即

$$\iiint\limits_{\Omega} x \, \mathrm{d}x \, \mathrm{d}y \, \mathrm{d}z = \int_0^6 \mathrm{d}x \int_0^{\frac{6-x}{3}} \mathrm{d}z \int_0^{\frac{6-x-3z}{2}} x \mathrm{d}y = \int_0^6 \mathrm{d}x \int_0^{\frac{6-x}{3}} \frac{x(6 - x - 3z)}{2} \mathrm{d}z$$

$$= \frac{1}{12} \int_0^6 x(6-x)^2 \mathrm{d}x$$

$$= 9.$$

例 2 计算 $\iiint\limits_{\Omega} z\,dx\,dy\,dz$, 其中 $\Omega = \{(x,y,z) | x^2+y^2+z^2 \leqslant 1, z \geqslant 0\}$.

解 记 Ω 在 xOy 面上的投影为 D_{xy}, 则 Ω 可表示为
$$0 \leqslant z \leqslant \sqrt{1-x^2-y^2}, \quad (x,y) \in D_{xy},$$
其中 D_{xy} 为 xOy 面上的单位圆 $x^2+y^2 \leqslant 1$, 故
$$\iiint\limits_{\Omega} z\,dx\,dy\,dz = \iint\limits_{D_{xy}} dx\,dy \int_0^{\sqrt{1-x^2-y^2}} z\,dz = \iint\limits_{D_{xy}} \frac{1}{2}(1-x^2-y^2)\,dx\,dy.$$
利用极坐标计算上式右端的二重积分, 容易知道 D_{xy} 在极坐标系下可表示为
$$0 \leqslant \rho \leqslant 1, \quad 0 \leqslant \varphi \leqslant 2\pi,$$
于是
$$\begin{aligned}\iiint\limits_{\Omega} z\,dx\,dy\,dz &= \iint\limits_{D_{xy}} \frac{1}{2}(1-\rho^2) \cdot \rho\,d\rho\,d\varphi \\ &= \int_0^{2\pi} d\varphi \int_0^1 \frac{1}{2}\rho(1-\rho^2)\,d\rho \\ &= 2\pi \cdot \frac{1}{8} = \frac{\pi}{4}.\end{aligned}$$

按 (3.2) 式计算三重积分是先计算定积分, 后计算二重积分, 常称为**先一后二法**. 常用的还有**先二后一法**, 方法如下:

若空间区域 Ω 介于平面 $z = p$ 与 $z = q$ 之间 $(p < q)$, 过点 $(0,0,z)(p \leqslant z \leqslant q)$ 作平行于 xOy 面的平面截 Ω 所得平面区域为 D_z (图 7.30), 即 Ω 可表示为
$$(x,y) \in D_z, \quad p \leqslant z \leqslant q[1]. \tag{3.4}$$

对于固定的 $z \in [p,q]$, (x,y) 在平面区域 D_z 上, 于是先在 D_z 上作二重积分
$$G(z) = \iint\limits_{D_z} f(x,y,z)\,dx\,dy,$$
然后把算得的结果 (是 z 的一元函数) 再在 $[p,q]$ 上作定积分
$$\int_p^q G(z)\,dz,$$
所得结果就是三重积分 $\iiint\limits_{\Omega} f(x,y,z)\,dV$, 即
$$\iiint\limits_{\Omega} f(x,y,z)\,dV = \int_p^q \left[\iint\limits_{D_z} f(x,y,z)\,dx\,dy\right] dz.$$

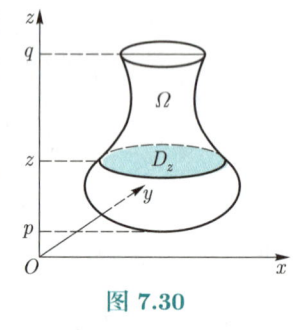

图 7.30

---

[1] 即 $\Omega = \{(x,y,z) | (x,y) \in D_z, p \leqslant z \leqslant q\}$, 也常记作 $\Omega: (x,y) \in D_z, p \leqslant z \leqslant q$.

上式右端常记作
$$\int_p^q dz \iint_{D_z} f(x,y,z)\,dx\,dy.$$

于是, 若积分区域 Ω: $(x,y) \in D_z, p \leqslant z \leqslant q$, 则

$$\iiint_\Omega f(x,y,z)\,dV = \int_p^q dz \iint_{D_z} f(x,y,z)\,dx\,dy. \tag{3.5}$$

上述计算三重积分的先二后一法, 也常称为**截面法**, 其中 D_z 称为**截面区域**.

例 3 计算 $\iiint_\Omega z^2\,dx\,dy\,dz$, 其中 Ω 为抛物面 $z = x^2 + y^2$ 内介于平面 $z = 1, z = 2$ 之间的部分闭区域 (图 7.31).

解 容易知道 Ω 可表示为
$$(x,y) \in D_z, \quad 1 \leqslant z \leqslant 2,$$
其中 D_z 为圆域 $x^2 + y^2 \leqslant z$, 故
$$\iiint_\Omega z^2\,dx\,dy\,dz = \int_1^2 dz \iint_{D_z} z^2\,dx\,dy = \int_1^2 z^2 \cdot \mu(D_z)\,dz,$$
这里 $\mu(D_z) = \pi z (D_z$ 的面积$)$. 于是
$$\iiint_\Omega z^2\,dx\,dy\,dz = \int_1^2 \pi z^3\,dz = \frac{15}{4}\pi.$$

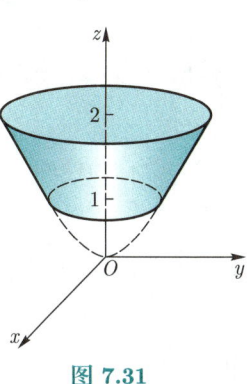

图 7.31

二、柱面坐标系下三重积分的计算

设 $M(x,y,z)$ 为空间内一点, 并设点 M 在 xOy 面上的投影 P 的极坐标为 ρ, φ, 则有序数组 ρ, φ, z 叫做点 M 的**柱面坐标** (图 7.32). 显然, 点 M 的直角坐标与柱面坐标的关系为

$$\begin{cases} x = \rho\cos\varphi, \\ y = \rho\sin\varphi, \\ z = z. \end{cases} \tag{3.6}$$

柱面坐标系下的三组坐标面分别为

$\rho =$ 常数, 即以 z 轴为中心轴的圆柱面;

$\varphi =$ 常数, 即过 z 轴的半平面;

$z =$ 常数, 即与 xOy 面平行的平面.

现在利用元素法把三重积分 $\iiint_\Omega f(x,y,z)\,dx\,dy\,dz$ 中的变量从直角坐标化为柱面坐标. 取代表性小区域为 ρ, φ, z 各自取微小增量 $d\rho, d\varphi, dz$ 后所得的柱体 (图 7.33)[①],

---

[①] 包含边界点的一些小区域可以略去不计, 这是因为在求和的极限时, 这些小区域所对应的项的和的极限为零.

图 7.32   图 7.33

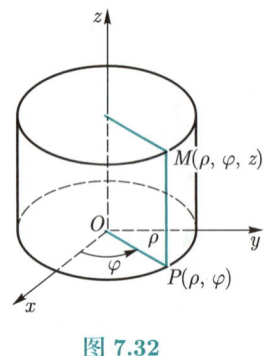

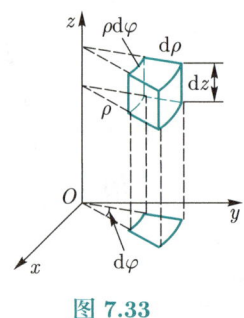

柱体的高为 dz，底近似看作以 $d\rho$，$\rho d\varphi$ 为边长的矩形，由此得到它的体积

$$\Delta V \approx \rho \, d\rho \, d\varphi \, dz,$$

上式右端称为柱面坐标系下的**体积元素**，即

$$dV = \rho \, d\rho \, d\varphi \, dz, \tag{3.7}$$

再由直角坐标和柱面坐标的关系 (3.6)，得

$$f(x,y,z) \, dx \, dy \, dz = f(\rho\cos\varphi, \rho\sin\varphi, z)\rho \, d\rho \, d\varphi \, dz,$$

于是

$$\iiint\limits_{\Omega} f(x,y,z) \, dx \, dy \, dz = \iiint\limits_{\Omega} f(\rho\cos\varphi, \rho\sin\varphi, z)\rho \, d\rho \, d\varphi \, dz. \tag{3.8}$$

上式右端就是柱面坐标系下的三重积分，具体计算时还需化为三次积分.

例如 Ω 是由圆柱面 $x^2+y^2=1$ 以及平面 $z=0$，$z=2$ 所围成的圆柱体，在柱面坐标系下 Ω 可表示为

$$0 \leqslant z \leqslant 2, \quad 0 \leqslant \rho \leqslant 1, \quad 0 \leqslant \varphi \leqslant 2\pi,$$

于是

$$\iiint\limits_{\Omega} f(x,y,z) \, dx \, dy \, dz = \iiint\limits_{\Omega} f(\rho\cos\varphi, \rho\sin\varphi, z) \, \rho \, d\rho \, d\varphi \, dz$$

$$= \int_0^{2\pi} d\varphi \int_0^1 d\rho \int_0^2 f(\rho\cos\varphi, \rho\sin\varphi, z) \, \rho \, dz,$$

试算试练   画出区域 Ω 的草图，并在柱面坐标系下把 Ω 的体积表为三次积分，其中 Ω 是由平面 $z=1$ 与抛物面 $z=x^2+y^2$ 所围成的有界闭区域.

例 4   计算三重积分 $\iiint\limits_{\Omega} \sqrt{x^2+y^2} \, dx \, dy \, dz$，其中 Ω 是抛物面 $z=4-x^2-y^2$ 与平面 $z=0$ 所围成的闭区域 (图 7.34).

图 7.34

解   利用柱面坐标计算三重积分，由 (3.8) 式得

$$\iiint\limits_{\Omega} \sqrt{x^2+y^2} \, dx \, dy \, dz = \iiint\limits_{\Omega} \rho \cdot \rho \, d\rho \, d\varphi \, dz.$$

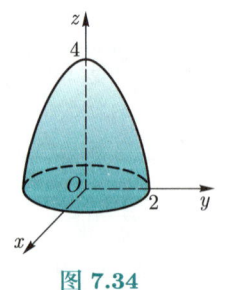

容易知道, 积分区域 Ω 在 xOy 面上的投影 D_{xy} 为圆域 $x^2+y^2 \leqslant 4$, 在极坐标系下 D_{xy} 可表示为

$$0 \leqslant \rho \leqslant 2, \quad 0 \leqslant \varphi \leqslant 2\pi.$$

在 D_{xy} 上任取一点 (ρ, φ), 过该点作平行于 z 轴的直线, 此直线通过 xOy 面 $z=0$ 穿入 Ω 内, 然后通过抛物面 $z=4-x^2-y^2$ 即 $z=4-\rho^2$ 穿出 Ω 外, 因此积分区域 Ω 可表示为

$$0 \leqslant z \leqslant 4-\rho^2, \quad 0 \leqslant \rho \leqslant 2, \quad 0 \leqslant \varphi \leqslant 2\pi.$$

于是

$$\iiint\limits_{\Omega} \sqrt{x^2+y^2}\,\mathrm{d}x\,\mathrm{d}y\,\mathrm{d}z = \iiint\limits_{\Omega} \rho^2\,\mathrm{d}\rho\,\mathrm{d}\varphi\,\mathrm{d}z = \int_0^{2\pi}\mathrm{d}\varphi \int_0^2 \mathrm{d}\rho \int_0^{4-\rho^2} \rho^2\,\mathrm{d}z$$

$$= \int_0^{2\pi}\mathrm{d}\varphi \int_0^2 \rho^2(4-\rho^2)\,\mathrm{d}\rho$$

$$= 2\pi \cdot \frac{64}{15} = \frac{128}{15}\pi.$$

例 5 计算三重积分 $\iiint\limits_{\Omega}(x^2+y^2)\,\mathrm{d}x\,\mathrm{d}y\,\mathrm{d}z$, 其中 Ω 是双曲面 $x^2+y^2-z^2=1$ 与平面 $z=0, z=1$ 所围成的闭区域 (图 7.35).

解 利用柱面坐标计算三重积分, 由 (3.8) 式得

$$\iiint\limits_{\Omega}(x^2+y^2)\,\mathrm{d}x\,\mathrm{d}y\,\mathrm{d}z = \iiint\limits_{\Omega} \rho^2 \cdot \rho\,\mathrm{d}\rho\,\mathrm{d}\varphi\,\mathrm{d}z.$$

对于固定的 $z \in [0,1]$, 截面区域 D_z 为圆域 $x^2+y^2 \leqslant 1+z^2$, 在极坐标系下 D_z 可表示为

$$0 \leqslant \rho \leqslant \sqrt{1+z^2}, \quad 0 \leqslant \varphi \leqslant 2\pi.$$

因此积分区域 Ω 可表示为

$$0 \leqslant \rho \leqslant \sqrt{1+z^2}, \quad 0 \leqslant \varphi \leqslant 2\pi, \quad 0 \leqslant z \leqslant 1.$$

图 7.35

于是

$$\iiint\limits_{\Omega}(x^2+y^2)\,\mathrm{d}x\,\mathrm{d}y\,\mathrm{d}z = \iiint\limits_{\Omega} \rho^3\,\mathrm{d}\rho\,\mathrm{d}\varphi\,\mathrm{d}z$$

$$= \int_0^1 \mathrm{d}z \int_0^{2\pi} \mathrm{d}\varphi \int_0^{\sqrt{1+z^2}} \rho^3\,\mathrm{d}\rho$$

$$= \int_0^1 2\pi \cdot \frac{1}{4}(1+z^2)^2\,\mathrm{d}z$$

$$= \frac{14}{15}\pi.$$

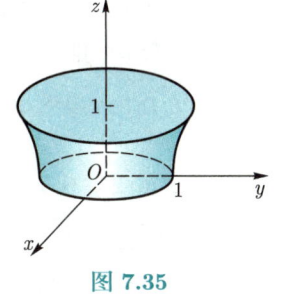

典型例题
柱面坐标系下三重积分的计算

*三、球面坐标系下三重积分的计算

设 $M(x,y,z)$ 为空间内一点,记 r 为原点 O 与点 M 间的距离即向径 $\overrightarrow{OM}$ 的长度,θ 为 $\overrightarrow{OM}$ 与 z 轴正向所夹的角,并把 x 轴到 $\overrightarrow{OM}$ 在 xOy 面上的投影向量 $\overrightarrow{OP}$ 的转角记作 φ (图 7.36),则有序数组 r,θ,φ 叫做点 M 的**球面坐标**.显然 $|\overrightarrow{OM}|=r,|\overrightarrow{OP}|=r\sin\theta$,故

$$x=|\overrightarrow{OP}|\cos\varphi=r\sin\theta\cos\varphi,$$
$$y=|\overrightarrow{OP}|\sin\varphi=r\sin\theta\sin\varphi,$$
$$z=|\overrightarrow{OM}|\cos\theta=r\cos\theta,$$

即点 M 的直角坐标与球面坐标的关系为

$$\begin{cases} x=r\sin\theta\cos\varphi, \\ y=r\sin\theta\sin\varphi, \\ z=r\cos\theta. \end{cases} \tag{3.9}$$

图 7.36

球面坐标系下三组坐标面分别为

$r=$ 常数,即以原点为中心的球面;

$\theta=$ 常数,即以原点为顶点、z 轴为轴的圆锥面;

$\varphi=$ 常数,即过 z 轴的半平面.

现在利用元素法把三重积分 $\iiint\limits_{\Omega} f(x,y,z)\,\mathrm{d}x\,\mathrm{d}y\,\mathrm{d}z$ 中的变量从直角坐标化为球面坐标.考虑由 r,θ,φ 各取得微小增量 $\mathrm{d}r,\mathrm{d}\theta,\mathrm{d}\varphi$ 所成的六面体的体积 (图 7.37).不计高阶无穷小,可把这个六面体看作长方体,其经线方向的长为 $r\mathrm{d}\theta$,纬线方向的宽为 $r\sin\theta\,\mathrm{d}\varphi$,向径方向的高为 $\mathrm{d}r$,于是得

$$\Delta V \approx r^2\sin\theta\,\mathrm{d}r\,\mathrm{d}\theta\,\mathrm{d}\varphi,$$

上式右端称为球面坐标系下的**体积元素**,即

$$\mathrm{d}V=r^2\sin\theta\,\mathrm{d}r\,\mathrm{d}\theta\,\mathrm{d}\varphi,$$

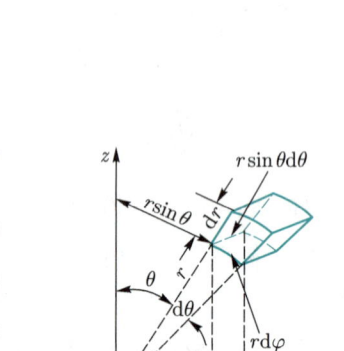

图 7.37

再由直角坐标与球面坐标的关系 (3.9),得

$$f(x,y,z)\,\mathrm{d}x\,\mathrm{d}y\,\mathrm{d}z=f(r\sin\theta\cos\varphi,r\sin\theta\sin\varphi,r\cos\theta)r^2\sin\theta\,\mathrm{d}r\,\mathrm{d}\theta\,\mathrm{d}\varphi,$$

于是

$$\iiint\limits_{\Omega} f(x,y,z)\,\mathrm{d}x\,\mathrm{d}y\,\mathrm{d}z$$
$$=\iiint\limits_{\Omega} f(r\sin\theta\cos\varphi,r\sin\theta\sin\varphi,r\cos\theta)r^2\sin\theta\,\mathrm{d}r\,\mathrm{d}\theta\,\mathrm{d}\varphi, \tag{3.10}$$

上式右端就是球面坐标系下的三重积分,具体计算时还需化为三次积分.

例如 Ω 是介于两球面 $x^2+y^2+z^2=1$, $x^2+y^2+z^2=4$ 之间且在 xOy 面上方部分的区域,在球面坐标系下 Ω 可表示为

$$1\leqslant r\leqslant 2,\quad 0\leqslant\theta\leqslant\frac{\pi}{2},\quad 0\leqslant\varphi\leqslant 2\pi,$$

于是

$$\iiint\limits_{\Omega}f(x,y,z)\,\mathrm{d}x\,\mathrm{d}y\,\mathrm{d}z=\iiint\limits_{\Omega}f(r\sin\theta\cos\varphi,r\sin\theta\sin\varphi,r\cos\theta)r^2\sin\theta\,\mathrm{d}r\,\mathrm{d}\theta\,\mathrm{d}\varphi$$
$$=\int_0^{2\pi}\mathrm{d}\varphi\int_0^{\frac{\pi}{2}}\mathrm{d}\theta\int_1^2 f(r\sin\theta\cos\varphi,r\sin\theta\sin\varphi,r\cos\theta)r^2\sin\theta\,\mathrm{d}r.$$

例 6 求 $\iiint\limits_{\Omega}\sqrt{x^2+y^2+z^2}\,\mathrm{d}x\,\mathrm{d}y\,\mathrm{d}z$,其中 Ω 为球体 $x^2+y^2+z^2\leqslant R^2$.

解 利用球面坐标,由 (3.10) 式得

$$\iiint\limits_{\Omega}\sqrt{x^2+y^2+z^2}\,\mathrm{d}x\,\mathrm{d}y\,\mathrm{d}z=\iiint\limits_{\Omega}r\cdot r^2\sin\theta\,\mathrm{d}r\,\mathrm{d}\theta\,\mathrm{d}\varphi,$$

容易知道,在球面坐标系下 Ω 可表示为

$$0\leqslant r\leqslant R,\quad 0\leqslant\theta\leqslant\pi,\quad 0\leqslant\varphi\leqslant 2\pi,$$

概念解析

利用对称性计算重积分

于是

$$\iiint\limits_{\Omega}\sqrt{x^2+y^2+z^2}\,\mathrm{d}x\,\mathrm{d}y\,\mathrm{d}z=\iiint\limits_{\Omega}r^3\sin\theta\,\mathrm{d}r\,\mathrm{d}\theta\,\mathrm{d}\varphi=\int_0^{2\pi}\mathrm{d}\varphi\int_0^{\pi}\mathrm{d}\theta\int_0^R r^3\sin\theta\,\mathrm{d}r$$
$$=2\pi\cdot\int_0^{\pi}\frac{1}{4}R^4\sin\theta\,\mathrm{d}\theta=\pi R^4.$$

例 7 求由上半球面 $z=\sqrt{8-x^2-y^2}$ 与圆锥面 $z=\sqrt{x^2+y^2}$ 所围成的立体 Ω (图 7.38) 的体积.

解 由重积分的几何意义知 Ω 的体积

$$V=\iiint\limits_{\Omega}\mathrm{d}x\,\mathrm{d}y\,\mathrm{d}z.$$

在球面坐标系下,上半球面 $z=\sqrt{8-x^2-y^2}$ 的方程为 $r=2\sqrt{2}$,圆锥面 $z=\sqrt{x^2+y^2}$ 的方程为 $\theta=\frac{\pi}{4}$,故 Ω 可表示为

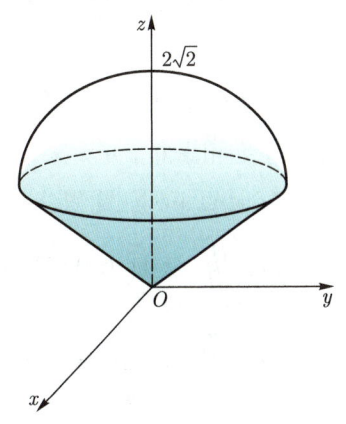

$$0\leqslant r\leqslant 2\sqrt{2},\quad 0\leqslant\theta\leqslant\frac{\pi}{4},\quad 0\leqslant\varphi\leqslant 2\pi.$$

图 7.38

于是

$$V=\iiint\limits_{\Omega}r^2\sin\theta\,\mathrm{d}r\,\mathrm{d}\theta\,\mathrm{d}\varphi=\int_0^{2\pi}\mathrm{d}\varphi\int_0^{\frac{\pi}{4}}\mathrm{d}\theta\int_0^{2\sqrt{2}}r^2\sin\theta\,\mathrm{d}r$$
$$=2\pi\int_0^{\frac{\pi}{4}}\frac{16\sqrt{2}}{3}\sin\theta\,\mathrm{d}\theta=\frac{32(\sqrt{2}-1)}{3}\pi.$$

习题 7.3

1. 设 $f(x), g(y)$ 与 $h(z)$ 都是连续函数, 证明:
$$\iiint_\Omega f(x)g(y)h(z)\,\mathrm{d}x\,\mathrm{d}y\,\mathrm{d}z = \int_a^b f(x)\,\mathrm{d}x \cdot \int_c^d g(y)\,\mathrm{d}y \cdot \int_l^m h(z)\,\mathrm{d}z,$$
其中 $\Omega = [a,b] \times [c,d] \times [l,m]$.

2. 设 $\Omega = \{(x,y,z)|x^2+y^2+z^2 \leqslant 1, z \geqslant 0\}$, $\Omega_1 = \{(x,y,z)|x^2+y^2+z^2 \leqslant 1, x \geqslant 0, y \geqslant 0, z \geqslant 0\}$, 比较下列三重积分的大小:

(1) $\iiint_\Omega x\,\mathrm{d}x\,\mathrm{d}y\,\mathrm{d}z$ 与 $\iiint_{\Omega_1} x\,\mathrm{d}x\,\mathrm{d}y\,\mathrm{d}z$;

(2) $\iiint_\Omega z\,\mathrm{d}x\,\mathrm{d}y\,\mathrm{d}z$ 与 $\iiint_{\Omega_1} z\,\mathrm{d}x\,\mathrm{d}y\,\mathrm{d}z$;

(3) $\iiint_\Omega z\,\mathrm{d}x\,\mathrm{d}y\,\mathrm{d}z$ 与 $\iiint_\Omega x\,\mathrm{d}x\,\mathrm{d}y\,\mathrm{d}z$;

(4) $\iiint_{\Omega_1} z\,\mathrm{d}x\,\mathrm{d}y\,\mathrm{d}z$ 与 $\iiint_{\Omega_1} x\,\mathrm{d}x\,\mathrm{d}y\,\mathrm{d}z$.

3. 化三重积分 $\iiint_\Omega f(x,y,z)\,\mathrm{d}x\,\mathrm{d}y\,\mathrm{d}z$ 为三次积分, 其中积分区域 Ω 分别是:

(1) 由平面 $y=0, z=0, x+z=\dfrac{\pi}{2}$ 及抛物柱面 $y=\sqrt{x}$ 所围成的闭区域;

(2) 由圆锥面 $z=2-\sqrt{x^2+y^2}$ 及抛物面 $z=x^2+y^2$ 所围成的闭区域;

(3) 由双曲抛物面 $z=xy$、圆柱面 $x^2+y^2=1$ 及平面 $z=0$ 所围成的位于第 I 卦限的闭区域.

4. 设一密度均匀的工件占空间闭区域 Ω, 求此工件的质量, 其中 Ω 为第 I 卦限内三坐标平面和平面 $x+z=1, y+2z=2$ 所围成的闭区域.

5. 计算下列三重积分:

(1) $\iiint_\Omega yz\,\mathrm{d}x\,\mathrm{d}y\,\mathrm{d}z$, 其中 Ω 是由三坐标平面及平面 $x+2y+z=2$ 所围成的闭区域;

(2) $\iiint_\Omega z\,\mathrm{d}x\,\mathrm{d}y\,\mathrm{d}z$, 其中 Ω 是由平面 $x=0, y=1, z=0, y=x$ 及曲面 $z=xy$ 所围成的闭区域;

(3) $\iiint_\Omega y\sqrt{1-x^2}\,\mathrm{d}x\,\mathrm{d}y\,\mathrm{d}z$, 其中 Ω 是由曲面 $y=-\sqrt{1-x^2-z^2}, x^2+z^2=1$ 及平面 $y=1$ 所围成的闭区域;

(4) $\iiint_\Omega y^2\,\mathrm{d}x\,\mathrm{d}y\,\mathrm{d}z$, 其中积分区域为椭球体 $\Omega = \left\{(x,y,z)\Big|x^2+\dfrac{y^2}{4}+\dfrac{z^2}{9}\leqslant 1\right\}$.

6. 现有一形如抛物面 $z = x^2 + y^2 (0 \leqslant z \leqslant 10)$ 的碗 (单位: cm), 你计划给碗刻上刻度使其成为一个测量体积的容器, 对应 2π mL 的水刻度应该刻在什么地方? 8π mL 的水呢?

7. 利用柱面坐标计算下列三重积分:

(1) $\iiint\limits_{\Omega} (x^2 + y^2) \, dx \, dy \, dz$, 其中 Ω 是由曲面 $z = x^2 + y^2$ 与平面 $z = 4$ 所围成的闭区域;

(2) $\iiint\limits_{\Omega} y^2 dx \, dy \, dz$, 其中 Ω 是由曲面 $x = y^2 + z^2, y^2 + z^2 = 1$ 与平面 $x = 0$ 所围成的闭区域;

(3) $\iiint\limits_{\Omega} z \, dx \, dy \, dz$, 其中 Ω 是由曲面 $z = x^2 + y^2$ 及平面 $z = 2y$ 所围成的闭区域.

8. 利用球面坐标计算下列三重积分:

(1) $\iiint\limits_{\Omega} (x^2 + y^2) \, dx \, dy \, dz$, 其中 $\Omega = \{(x, y, z) | 1 \leqslant x^2 + y^2 + z^2 \leqslant 4\}$;

(2) $\iiint\limits_{\Omega} (x^2 + y^2 + z^2) \, dx \, dy \, dz$, 其中 $\Omega = \{(x, y, z) | x^2 + y^2 + z^2 \leqslant 4z\}$.

9. 选用适当的坐标计算下列三重积分:

(1) $\iiint\limits_{\Omega} e^{|y|} dx \, dy \, dz$, 其中 $\Omega = \{(x, y, z) | x^2 + y^2 + z^2 \leqslant 1\}$;

(2) $\iiint\limits_{\Omega} (y^2 + z^2) \, dx \, dy \, dz$, 其中 Ω 是由抛物面 $x = y^2 + z^2$ 与圆锥面 $x = 2 - \sqrt{y^2 + z^2}$ 所围成的闭区域;

(3) $\iiint\limits_{\Omega} \dfrac{1}{\sqrt{x^2 + y^2 + z^2}} dx \, dy \, dz$, 其中 Ω 是由圆锥面 $z = \sqrt{x^2 + y^2}$ 与平面 $z = 1$ 所围成的闭区域.

10. (1) 利用三重积分计算椭球体 $\Omega = \left\{(x, y, z) \left| \dfrac{x^2}{a^2} + \dfrac{y^2}{b^2} + \dfrac{z^2}{c^2} \leqslant 1, a, b, c > 0 \right.\right\}$ 的体积;

(2) 当 a 为何值时, 椭球体 $\Omega = \left\{(x, y, z) \left| \dfrac{x^2}{a^2} + \dfrac{y^2}{4} + \dfrac{z^2}{9} \leqslant 1, a > 0 \right.\right\}$ 的体积等于 8π.

11. Ω 为一任意空间有界闭区域, 问在什么样的 Ω 上, 三重积分 $\iiint\limits_{\Omega} (x^2 + y^2 + z^2 - 4) \, dV$ 的值最小? 并求出此最小值.

12. 设 $f(x)$ 是连续函数, $f(0) = 1$, 函数 $F(t) = \iiint\limits_{\Omega_t} [z + f(x^2 + y^2 + z^2)] \, dV$, 其

中 $\Omega_t = \left\{(x,y,z) | \sqrt{x^2+y^2} \leqslant z \leqslant \sqrt{t^2-x^2-y^2}\right\}$，求 $\lim\limits_{t \to 0^+} \dfrac{F(t)}{t^3}$.

*7.4 含参变量的积分

设函数 $f(x,y)$ 在矩形区域 $[a,b] \times [c,d]$ 上连续，对于区间 $[a,b]$ 上任一取定的 x，一元函数 $h(y) = f(x,y)$ 在区间 $[c,d]$ 上连续，从而 $h(y)$ 在 $[c,d]$ 上的定积分必定存在. 于是积分 $\int_c^d h(y)\,\mathrm{d}y = \int_c^d f(x,y)\,\mathrm{d}y$ 定义了 $[a,b]$ 上一个函数，记为 $F(x)$，即

$$F(x) = \int_c^d f(x,y)\,\mathrm{d}y, \tag{4.1}$$

其中 x 在积分过程中视作常量，通常称为**参变量**，而 (4.1) 式的右端称为**含参变量的积分**.

下面给出由参变量 x 所定义的函数 $F(x)$ 的连续性以及可积性.

定理 1 设 $f(x,y)$ 在矩形区域 $[a,b] \times [c,d]$ 上连续，记

$$F(x) = \int_c^d f(x,y)\,\mathrm{d}y.$$

则 $F(x)$ 在 $[a,b]$ 上也连续，且

$$\int_c^d \mathrm{d}y \int_a^b f(x,y)\,\mathrm{d}x = \int_a^b \mathrm{d}x \int_c^d f(x,y)\,\mathrm{d}y. \tag{4.2}$$

证 这里仅证明 $F(x)$ 在 $[a,b]$ 上连续.

由于 $f(x,y)$ 在有界闭区域 $[a,b] \times [c,d]$ 上连续，从而必定是一致连续的. 因此对于任意的 $\varepsilon > 0$，存在 $\delta > 0$，使得对于 $[a,b] \times [c,d]$ 上任意两点 $P_1(x_1,y_1)$ 和 $P_2(x_2,y_2)$，只要

$$|P_1P_2| = \sqrt{(x_2-x_1)^2+(y_2-y_1)^2} < \delta,$$

就有

$$|f(x_2,y_2) - f(x_1,y_1)| < \dfrac{\varepsilon}{d-c}.$$

现考察 $[a,b]$ 上任意的点 x，如果 $x + \Delta x \in [a,b]$ 且 $|\Delta x| < \delta$，则点 $Q_0(x,y)$ 和 $Q(x+\Delta x, y)$ 的距离

$$|Q_0Q| = |\Delta x| < \delta,$$

根据上述一致连续性有

$$|f(x+\Delta x, y) - f(x,y)| < \dfrac{\varepsilon}{d-c},$$

于是

$$|F(x+\Delta x) - F(x)| = \left|\int_c^d [f(x+\Delta x, y) - f(x,y)]\,\mathrm{d}y\right|$$

$$\leqslant \int_c^d |f(x+\Delta x, y) - f(x,y)|\,\mathrm{d}y < \varepsilon,$$

所以
$$\lim_{\Delta x \to 0} F(x + \Delta x) = F(x)^{①},$$
即 $F(x)$ 在 $[a,b]$ 上连续.

定理 1 表明, 对于 $x_0 \in [a,b]$ 有
$$\lim_{x \to x_0} \int_c^d f(x,y)\,dy = \int_c^d f(x_0,y)\,dy = \int_c^d \lim_{x \to x_0} f(x,y)\,dy,$$
即极限与积分可交换.

例如, 函数 $f(x,y) = \dfrac{1}{1+y^2\cos(xy)}$ 在矩形区域 $[0,1]\times[0,1]$ 上连续, 由定理 1 可知
$$\lim_{x \to 0} \int_0^1 \frac{dy}{1+y^2\cos(xy)} = \int_0^1 \left[\lim_{x \to 0} \frac{1}{1+y^2\cos(xy)}\right]dy = \int_0^1 \frac{1}{1+y^2}\,dy = \frac{\pi}{4}.$$

下面给出 $F(x)$ 的可导性 (证明略).

定理 2 设 $f(x,y)$ 和 $f_x(x,y)$ 都在矩形区域 $[a,b]\times[c,d]$ 上连续, 则
$$F(x) = \int_c^d f(x,y)\,dy$$
在 $[a,b]$ 上可导, 且
$$F'(x) = \int_c^d f_x(x,y)\,dy. \tag{4.3}$$

例如, 当 $a > 0$ 时有
$$\int_0^1 \frac{1}{x^2+a^2}\,dx = \frac{1}{a}\arctan\frac{1}{a}, \tag{4.4}$$

如果把积分 $\int_0^1 \dfrac{1}{x^2+a^2}\,dx$ 中的 a 看作参变量, 利用定理 2 得
$$\frac{d}{da}\int_0^1 \frac{1}{x^2+a^2}\,dx = \int_0^1 \frac{\partial}{\partial a}\left(\frac{1}{x^2+a^2}\right)dx = \int_0^1 \frac{-2a}{(x^2+a^2)^2}\,dx,$$

因此在等式 (4.4) 两端对 a 求导得
$$\int_0^1 \frac{-2a}{(x^2+a^2)^2}\,dx = -\frac{1}{a^2}\arctan\frac{1}{a} - \frac{1}{a(1+a^2)},$$

于是
$$\int_0^1 \frac{1}{(x^2+a^2)^2}\,dx = \frac{1}{2a^3}\arctan\frac{1}{a} + \frac{1}{2a^2(1+a^2)}.$$

例 1 计算积分 $\int_0^\pi \ln\left(1+\dfrac{\cos x}{2}\right)dx$.

解 记
$$f(x,y) = \ln(1+y\cos x),$$

---
① 当 x 为区间端点时, 这里的极限改为单侧极限.

则 $f(x,y)$ 和 $f_y(x,y)$ 在 $[0,\pi] \times \left[0, \dfrac{1}{2}\right]$ 上连续，由定理可知

$$F(y) = \int_0^\pi f(x,y)\,\mathrm{d}x = \int_0^\pi \ln(1+y\cos x)\,\mathrm{d}x$$

在 $\left[0, \dfrac{1}{2}\right]$ 上可导，且

$$F'(y) = \int_0^\pi f_y(x,y)\,\mathrm{d}x = \int_0^\pi \frac{\cos x}{1+y\cos x}\,\mathrm{d}x$$

$$= \frac{1}{y}\int_0^\pi \left(1 - \frac{1}{1+y\cos x}\right)\,\mathrm{d}x = \frac{\pi}{y} - \frac{1}{y}\int_0^\pi \frac{1}{1+y\cos x}\,\mathrm{d}x,$$

令 $u = \tan\dfrac{x}{2}$ 进行换元，则

$$\cos x = \frac{1 - \tan^2 \dfrac{x}{2}}{1 + \tan^2 \dfrac{x}{2}} = \frac{1-u^2}{1+u^2},\quad \mathrm{d}x = \frac{2}{1+u^2}\,\mathrm{d}u,$$

故

$$F'(y) = \frac{\pi}{y} - \frac{1}{y}\int_0^{+\infty} \frac{2}{(1+y)+(1-y)u^2}\,\mathrm{d}u$$

$$= \frac{\pi}{y} - \frac{1}{y}\left[\frac{2}{\sqrt{1-y^2}}\arctan\left(\sqrt{\frac{1-y}{1+y}}u\right)\right]_0^{+\infty}$$

$$= \frac{\pi}{y} - \frac{\pi}{y\sqrt{1-y^2}} = -\frac{\pi y}{\sqrt{1-y^2}(1+\sqrt{1-y^2})},$$

于是

$$\int_0^\pi \ln\left(1 + \frac{\cos x}{2}\right)\,\mathrm{d}x = F\left(\frac{1}{2}\right) - F(0) = \int_0^{\frac{1}{2}} F'(y)\,\mathrm{d}y$$

$$= -\pi\int_0^{\frac{1}{2}} \frac{y}{\sqrt{1-y^2}(1+\sqrt{1-y^2})}\,\mathrm{d}y,$$

令 $t = \sqrt{1-y^2}$ 得

$$\int_0^\pi \ln\left(1 + \frac{\cos x}{2}\right)\,\mathrm{d}x = \pi\int_1^{\frac{\sqrt{3}}{2}} \frac{1}{1+t}\,\mathrm{d}t = \pi\ln\frac{2+\sqrt{3}}{4}.$$

上述两个定理中积分上下限都是常数，下面给出上下限与变量 x 有关时的情形.

定理 3 设 $f(x,y)$ 在矩形区域 $[a,b] \times [c,d]$ 上连续，函数 $\alpha(x), \beta(x)$ 都在 $[a,b]$ 上连续且

$$c \leqslant \alpha(x) \leqslant d,\quad c \leqslant \beta(x) \leqslant d\ (a \leqslant x \leqslant b),$$

那么函数

$$\Phi(x) = \int_{\alpha(x)}^{\beta(x)} f(x,y)\,\mathrm{d}y$$

在 $[a,b]$ 上连续.

定理 4 设 $f(x,y)$ 和 $f_x(x,y)$ 都在矩形区域 $[a,b] \times [c,d]$ 上连续, 函数 $\alpha(x)$, $\beta(x)$ 都在 $[a,b]$ 上可导且
$$c \leqslant \alpha(x) \leqslant d, \quad c \leqslant \beta(x) \leqslant d \ (a \leqslant x \leqslant b),$$
那么函数
$$\Phi(x) = \int_{\alpha(x)}^{\beta(x)} f(x,y) \, dy$$
在 $[a,b]$ 上可导, 且
$$\Phi'(x) = \int_{\alpha(x)}^{\beta(x)} f_x(x,y) \, dy + f[x, \beta(x)] \cdot \beta'(x) - f[x, \alpha(x)] \cdot \alpha'(x). \tag{4.5}$$

(4.5) 式称为**莱布尼茨公式**.

例 2 设 $\Phi(x) = \displaystyle\int_{3x}^{x^2} \frac{\sin(xy)}{y} \, dy$, 求 $\Phi'(x)$.

解 由莱布尼茨公式 (4.5), 得
$$\Phi'(x) = \int_{3x}^{x^2} \frac{y \cos(xy)}{y} \, dy + \frac{\sin(x \cdot x^2)}{x^2} \cdot 2x - \frac{\sin(x \cdot 3x)}{3x} \cdot 3$$
$$= \int_{3x}^{x^2} \cos(xy) \, dy + \frac{2 \sin x^3}{x} - \frac{\sin(3x^2)}{x} = \left[\frac{1}{x} \sin(xy)\right]_{3x}^{x^2} + \frac{2 \sin x^3}{x} - \frac{\sin(3x^2)}{x}$$
$$= \frac{3 \sin x^3 - 2 \sin(3x^2)}{x}.$$

习题 7.4

1. 求下列含参变量的积分所确定的函数的极限:

(1) $\displaystyle\lim_{x \to 0} \int_x^{1+x} \frac{dy}{1 + x^2 + y^2}$;

(2) $\displaystyle\lim_{x \to 0} \int_{-1}^{1} \sqrt{x^2 + y^2} \, dy$;

(3) $\displaystyle\lim_{x \to 0} \int_0^2 y^2 \cos(xy) \, dy$.

2. 求下列函数的导数:

(1) $\varphi(x) = \displaystyle\int_{\sin x}^{\cos x} (y^2 \sin x - y^3) \, dy$; (2) $\varphi(x) = \displaystyle\int_0^x \frac{\ln(1 + xy)}{y} \, dy$;

(3) $\varphi(x) = \displaystyle\int_{x^2}^{x^3} \arctan \frac{y}{x} \, dy$; (4) $\varphi(x) = \displaystyle\int_x^{x^2} e^{-xy^2} \, dy$.

3. 设 $F(x) = \displaystyle\int_0^x (x+y) f(y) \, dy$, 其中 $f(y)$ 为可微函数, 求 $F''(x)$.

4. 应用对参数的微分法, 计算下列积分:

(1) $I = \displaystyle\int_0^{\frac{\pi}{2}} \ln \frac{1 + a \cos x}{1 - a \cos x} \cdot \frac{dx}{\cos x} \ (|a| < 1)$;

(2) $I = \displaystyle\int_0^{\frac{\pi}{2}} \ln(\cos^2 x + a^2 \sin^2 x)\,\mathrm{d}x \ (a > 0)$.

5. 计算下列积分:

(1) $I = \displaystyle\int_0^1 \frac{\arctan x}{x} \cdot \frac{\mathrm{d}x}{\sqrt{1-x^2}}$;

(2) $I = \displaystyle\int_0^1 \sin\left(\ln\frac{1}{x}\right) \frac{x^b - x^a}{\ln x}\,\mathrm{d}x \ (0 < a < b)$.

7.5 数量值函数的曲线积分

一、数量值函数的曲线积分的概念

柱面的面积 设 Σ 是一张母线平行于 z 轴, 准线为 xOy 面上曲线 L 的柱面的一部分 (图 7.39), 其高度 $h(x,y) \geqslant 0((x,y) \in L)$ 是一个变量. 现在来计算 Σ 的面积.

如果 Σ 的高度是常量, 那么 Σ 的面积就等于它的准线 L 的长度与它的高度之积, 而现在它的高度在 L 的各点处各不相同, 因此不能用上述方法来计算. 仿照计算曲边梯形面积的方法, 我们用 L 上的点 $M_0, M_1, M_2, \cdots, M_n$ 把 L 划分成 n 个小段, 在每一分点处作 z 轴的平行线, 就把 Σ 分成 n 条小柱面. 当高度函数 $h(x,y)$ 在 L 上连续①时, 则可以在小弧段 $\widehat{M_{i-1}M_i}$ 上任取一点 (ξ_i, η_i), 用 $h(\xi_i, \eta_i)$ 作为相应的小柱面的底边各点处的高度, 从而得到该小柱面面积的近似值

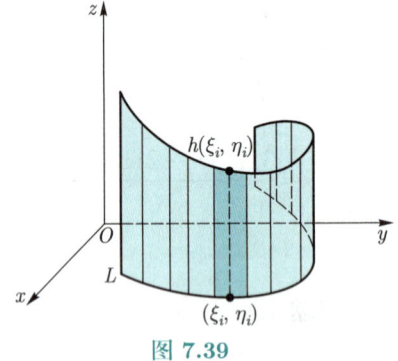

$$h(\xi_i, \eta_i)\Delta s_i,$$

其中 Δs_i 表示 $\widehat{M_{i-1}M_i}$ 的长度. 于是柱面 Σ 的面积

$$A \approx \sum_{i=1}^n h(\xi_i, \eta_i)\Delta s_i.$$

用 λ 表示 n 个小弧段的最大长度, 为求得 A 的精确值, 就取上式右端当 $\lambda \to 0$ 时的极限, 得

$$A = \lim_{\lambda \to 0} \sum_{i=1}^n h(\xi_i, \eta_i)\Delta s_i.$$

曲线型构件的质量 为了合理使用材料, 在设计曲线型构件时, 常根据构件各部分的受力情况, 把构件各点处粗细程度设计得不完全一样, 这样得到的曲线型构件的线密

---
① 函数 $f(x,y)$ 在曲线 L 上连续是指, $\forall M_0(x_0, y_0) \in L$, 当点 $M(x,y)$ 沿着 L 趋于 M_0 时, 有 $f(x,y) \to f(x_0, y_0)$.

度就是一个变量. 如果把构件看成是 xOy 面上的曲线弧 L (这时我们把 L 叫做物质曲线), 并设 L 的线密度为 $\mu(x,y)((x,y) \in L)$, 现在来计算构件的质量.

如果构件的线密度是常量, 那么它的质量就等于线密度与长度之积, 然而当线密度是变量时, 这方法就不适用了. 于是与上例相类似, 我们用 L 上的点 $M_0, M_1, \cdots, M_n$ 把 L 划分成 n 个小弧段, 在线密度连续变化的条件下, 可在小弧段 $\widehat{M_{i-1}M_i}$ 上任取一点 (ξ_i, η_i), 并以 $\mu(\xi_i, \eta_i)$ 代替这小弧段上其他点处的线密度, 得到该小弧段的质量的近似值

$$\mu(\xi_i, \eta_i)\Delta s_i,$$

其中 Δs_i 表示 $\widehat{M_{i-1}M_i}$ 的长度, 由此得到整个构件的质量的近似值

$$m \approx \sum_{i=1}^{n} \mu(\xi_i, \eta_i)\Delta s_i.$$

令 $\lambda = \max\limits_{1 \leqslant i \leqslant n}\{\Delta s_i\} \to 0$, 取上式右端的极限, 就得到整个构件质量的精确值

$$m = \lim_{\lambda \to 0} \sum_{i=1}^{n} \mu(\xi_i, \eta_i)\Delta s_i.$$

以上两个实际问题都归结为同一类和式的极限, 和式中的每一项为函数值与小弧段长度的乘积.

一般地, 对于二元数量值函数 $f(x,y)$, L 为 $f(x,y)$ 定义域内的以 A, B 为端点的光滑曲线, 在 L 上任意插入一列点

$$A = M_0, M_1, \cdots, M_n = B, \tag{5.1}$$

把曲线 L 分成 n 个小段, 第 i 个小段 $\widehat{M_{i-1}M_i}$ 的长度记作 Δs_i, 在第 i 个小段 $\widehat{M_{i-1}M_i}$ 上任取一点 (ξ_i, η_i), 作乘积

$$f(\xi_i, \eta_i)\Delta s_i,$$

并把这 n 个小段上的上述乘积求和, 得到

$$\sum_{i=1}^{n} f(\xi_i, \eta_i)\Delta s_i, \tag{5.2}$$

这个依赖于划分 (5.1) 和点 (ξ_i, η_i) 的选取的和称为数量值函数 $f(x,y)$ **在曲线 L 上的 (黎曼) 积分和**.

定义 设 L 为 xOy 面内具有有限长度的光滑曲线, 数量值函数 $f(x,y)$ 在 L 上有界. 对于 L 的任意划分 (5.1), 以及小段曲线 $\widehat{M_{i-1}M_i}$ 上的任意选取的点 (ξ_i, η_i). 记 $\lambda = \max\limits_{1 \leqslant i \leqslant n}\{\Delta s_i\}$, 如果当 $\lambda \to 0$ 时, 使得由 (5.2) 式所定义的积分和 $\sum_{i=1}^{n} f(\xi_i, \eta_i)\Delta s_i$ 的极限总存在, 且与划分 (5.1) 和点 (ξ_i, η_i) 的取法无关, 则称数量值函数 $f(x,y)$ **在 L 上的曲线积分存在**, 这个极限称为数量值函数 $f(x,y)$ **在 L 上的曲线积分**, 记作 $\int_L f(x,y)\mathrm{d}s$, 即

$$\int_L f(x,y)\mathrm{d}s = \lim_{\lambda \to 0} \sum_{i=1}^{n} f(\xi_i, \eta_i)\Delta s_i. \tag{5.3}$$

其中 $f(x,y)$ 叫做**被积函数**, x,y 叫做**积分变量**, $f(x,y)\mathrm{d}s$ 叫做**被积表达式**, $\mathrm{d}s$ 叫做**弧长元素**, $\int$ 叫做**积分号**, L 叫做**积分弧段** (或**积分路径**).

数量值函数的曲线积分也称为**第一类曲线积分**或**对弧长的曲线积分**.

根据定义, 前述柱面的面积可以表示为

$$A = \int_L f(x,y)\mathrm{d}s;$$

曲线型构件的质量可以表示为

$$m = \int_L \mu(x,y)\mathrm{d}s.$$

如果 L 是分段光滑的, 即 L 是由有限条光滑曲线段连接而成, 且函数在各光滑曲线段上的曲线积分都存在, 则规定函数在 L 上的曲线积分等于函数在各光滑曲线段上的曲线积分之和. 例如, 曲线 L 由两段光滑曲线 L_1 和 L_2 组成 (记作 $L = L_1 + L_2$), 则规定

$$\int_{L_1+L_2} f(x,y)\mathrm{d}s = \int_{L_1} f(x,y)\mathrm{d}s + \int_{L_2} f(x,y)\mathrm{d}s.$$

如果 L 是闭曲线, 即它的两个端点重合, 常将 $\int_L f(x,y)\mathrm{d}s$ 写成 $\oint_L f(x,y)\mathrm{d}s$.

与定积分存在条件相类似, 当 $f(x,y)$ **在光滑曲线 L 上连续**, 或者 $f(x,y)$ **在 L 上有界并且在 L 上只有有限多个间断点时**, **曲线积分** $\int_L f(x,y)\mathrm{d}s$ **存在**.

上述二元数量值函数 $f(x,y)$ 在 xOy 面内的光滑曲线 L 上的曲线积分, 可以推广到三元数量值函数 $f(x,y,z)$ 在空间光滑曲线 Γ 上的曲线积分 $\int_\Gamma f(x,y,z)\mathrm{d}s$, 即

$$\int_\Gamma f(x,y,z)\mathrm{d}s = \lim_{\lambda \to 0} \sum_{i=1}^n f(\xi_i, \eta_i, \zeta_i)\Delta s_i.$$

数量值函数的曲线积分具有与定积分、重积分类似的性质 (见本章第一节 (1.7) 式 — (1.14) 式), 以及与定积分、重积分类似的对称性, 这里就不赘述了.

二、 数量值函数的曲线积分的计算法

数量值函数的曲线积分可以化为定积分来计算.

设光滑曲线 L 由参数方程

$$\begin{cases} x = x(t), \\ y = y(t) \end{cases} (\alpha \leqslant t \leqslant \beta)$$

给出, 其中 $x(t), y(t)$ 在 $[\alpha,\beta]$ 上具有连续导数. 函数 $f(x,y)$ 在 L 上连续, 由充分条件可知 $\int_L f(x,y)\mathrm{d}s$ 存在.

记曲线弧 L 对应参数 α, β 的两个端点为 A, B, 在 $[\alpha,\beta]$ 中插入 $n-1$ 个分点

$$\alpha = t_0 < t_1 < t_2 < \cdots < t_n = \beta,$$

由此得到曲线 L 上的一列点, 依次为

$$A = M_0, M_1, M_2, \cdots, M_n = B,$$

记 $\widehat{M_{i-1}M_i}$ 的长度为 Δs_i, 则

$$\Delta s_i = \int_{t_{i-1}}^{t_i} \sqrt{x'^2(t) + y'^2(t)}\mathrm{d}t,$$

应用积分中值定理, 存在 $\tau_i \in [t_{i-1}, t_i]$, 使得

$$\Delta s_i = \sqrt{x'^2(\tau_i) + y'^2(\tau_i)}\Delta t_i,$$

其中 $\Delta t_i = t_i - t_{i-1}$.

现记 $\xi_i = x(\tau_i), \eta_i = y(\tau_i)$, 则点 (ξ_i, η_i) 在 $\widehat{M_{i-1}M_i}$ 上, 根据数量值函数的曲线积分的定义, 有

$$\int_L f(x,y)\mathrm{d}s = \lim_{\lambda \to 0} \sum_{i=1}^n f(\xi_i, \eta_i)\Delta s_i{}^{①}$$

$$= \lim_{\lambda \to 0} \sum_{i=1}^n f[x(\tau_i), y(\tau_i)]\sqrt{x'^2(\tau_i) + y'^2(\tau_i)}\Delta t_i,$$

上式右端的极限即为函数 $f[x(t), y(t)]\sqrt{x'^2(t) + y'^2(t)}$ 在区间 $[\alpha,\beta]$ 上的定积分, 由于此函数在 $[\alpha,\beta]$ 上连续, 故这个定积分存在, 从而得到

$$\int_L f(x,y)\mathrm{d}s = \int_\alpha^\beta f[x(t), y(t)]\sqrt{x'^2(t) + y'^2(t)}\mathrm{d}t \quad (\alpha < \beta).$$

这就得到如下的定理.

定理 设函数 $f(x,y)$ 在平面光滑曲线弧 L 上连续, L 由参数方程

$$\begin{cases} x = x(t), \\ y = y(t) \end{cases} (\alpha \leqslant t \leqslant \beta)$$

给出, 其中 $x(t), y(t)$ 在 $[\alpha,\beta]$ 上具有连续导数. 则

$$\int_L f(x,y)\mathrm{d}s = \int_\alpha^\beta f[x(t), y(t)]\sqrt{x'^2(t) + y'^2(t)}\mathrm{d}t \quad (\alpha < \beta). \tag{5.4}$$

---

① 由于 $f(x,y)$ 在 L 上连续时, 曲线积分 $\int_L f(x,y)\mathrm{d}s$ 一定存在, 因此, 这里取这一特殊的点 (ξ_i, η_i), 等式仍然成立.

试算试练 设 $f(x,y)$ 是连续函数,试把曲线积分 $\int_L f(x,y)\mathrm{d}s$ 化成关于 t 的定积分,其中平面曲线 L 的方程为 $\begin{cases} x = 2\cos t, \\ y = 3\sin t \end{cases} (0 \leqslant t \leqslant 2\pi).$

公式 (5.4) 表明,计算 $\int_L f(x,y)\mathrm{d}s$ 时,只要把 x, y, $\mathrm{d}s$ 依次换为 $x(t)$, $y(t)$, $\sqrt{x'^2(t) + y'^2(t)}\mathrm{d}t$,然后从 α 到 β 作定积分就行了. 这里必须注意,定积分的下限 α 一定要小于上限 β.

如果曲线 L 由方程

$$y = y(x) \quad (a \leqslant x \leqslant b)$$

给出,那么可以把这种情形看作是特殊的参数方程

$$x = x, \ y = y(x) \quad (a \leqslant x \leqslant b),$$

从而由公式 (5.4) 得出

$$\int_L f(x,y)\mathrm{d}s = \int_a^b f[x, y(x)]\sqrt{1 + y'^2(x)}\mathrm{d}x \quad (a < b). \tag{5.5}$$

试算试练 设 $f(x,y)$ 是连续函数,试把曲线积分 $\int_L f(x,y)\mathrm{d}s$ 化成关于 x 的定积分,其中平面曲线 L 的方程为 $y = x^2 (1 \leqslant x \leqslant 2)$.

类似地,如果曲线 L 由方程

$$x = x(y) \quad (c \leqslant y \leqslant d)$$

给出,则有

$$\int_L f(x,y)\mathrm{d}s = \int_c^d f[x(y), y]\sqrt{x'^2(y) + 1}\mathrm{d}y \quad (c < d). \tag{5.6}$$

如果曲线 L 由极坐标方程

$$\rho = \rho(\varphi) \quad (\alpha \leqslant \varphi \leqslant \beta)$$

给出,则 L 可看作参数方程

$$x = \rho(\varphi)\cos\varphi, \quad y = \rho(\varphi)\sin\varphi \quad (\alpha \leqslant \varphi \leqslant \beta),$$

此时

$$\mathrm{d}s = \sqrt{x'^2 + y'^2}\mathrm{d}\varphi = \sqrt{\rho^2(\varphi) + \rho'^2(\varphi)}\mathrm{d}\varphi,$$

从而由公式 (5.4) 得

$$\int_L f(x,y)\mathrm{d}s = \int_\alpha^\beta f[\rho(\varphi)\cos\varphi, \rho(\varphi)\sin\varphi]\sqrt{\rho^2(\varphi) + \rho'^2(\varphi)}\mathrm{d}\varphi \quad (\alpha < \beta). \tag{5.7}$$

试算试练 设平面曲线 L 的方程为 $\rho = \rho(\varphi)(\alpha \leqslant \varphi \leqslant \beta)$, 试推导极坐标下的此曲线弧长元素的计算公式.

对于空间曲线 Γ 上的曲线积分 $\int_{\Gamma} f(x,y,z)\mathrm{d}s$, 有类似结果. 如果 Γ 由参数方程

$$x = x(t), \quad y = y(t), \quad z = z(t) \quad (\alpha \leqslant t \leqslant \beta)$$

给出, 其中 $x(t), y(t)$ 和 $z(t)$ 在 $[\alpha,\beta]$ 上具有连续导数, 且 $f(x,y,z)$ 在 Γ 上连续, 则有

$$\int_{\Gamma} f(x,y,z)\mathrm{d}s = \int_{\alpha}^{\beta} f[x(t),y(t),z(t)]\sqrt{x'^2(t)+y'^2(t)+z'^2(t)}\mathrm{d}t \quad (\alpha < \beta). \tag{5.8}$$

试算试练 设 $f(x,y,z)$ 是连续函数, 试把曲线积分 $\int_{\Gamma} f(x,y,z)\mathrm{d}s$ 化成定积分, 其中空间曲线 Γ 为从点 $A(1,1,1)$ 到点 $B(2,3,4)$ 的直线段.

例 1 计算 $\int_{L} |x|\mathrm{d}s$, 其中 $L: y = x^2(-1 \leqslant x \leqslant 1)$.

解 由于 $y' = 2x$, 故

$$\mathrm{d}s = \sqrt{1+4x^2}\mathrm{d}x,$$

于是

$$\int_{L} |x|\mathrm{d}s = \int_{-1}^{1} |x|\sqrt{1+4x^2}\mathrm{d}x = 2\int_{0}^{1} x\sqrt{1+4x^2}\mathrm{d}x$$

$$= 2\left[\frac{1}{12}(1+4x^2)^{\frac{3}{2}}\right]_{0}^{1} = \frac{5\sqrt{5}-1}{6}.$$

例 2 计算 $\int_{L}(x^{\frac{4}{3}}+y^{\frac{4}{3}})\mathrm{d}s$, 其中 $L: \begin{cases} x = a\cos^3 t, \\ y = a\sin^3 t \end{cases} \left(0 \leqslant t \leqslant \frac{\pi}{2}, a > 0\right)$.

解 由于

$$\frac{\mathrm{d}x}{\mathrm{d}t} = -3a\cos^2 t \sin t, \quad \frac{\mathrm{d}y}{\mathrm{d}t} = 3a\sin^2 t \cos t,$$

故

$$\sqrt{\left(\frac{\mathrm{d}x}{\mathrm{d}t}\right)^2 + \left(\frac{\mathrm{d}y}{\mathrm{d}t}\right)^2} = 3a\sin t \cos t,$$

因此

$$\int_{L}(x^{\frac{4}{3}}+y^{\frac{4}{3}})\mathrm{d}s = \int_{0}^{\frac{\pi}{2}} a^{\frac{4}{3}}(\cos^4 t + \sin^4 t) \cdot 3a\sin t \cos t \mathrm{d}t$$

$$= 3a^{\frac{7}{3}}\left[-\frac{1}{6}\cos^6 t + \frac{1}{6}\sin^6 t\right]_{0}^{\frac{\pi}{2}} = a^{\frac{7}{3}}.$$

例 3 求圆柱面 $x^2+y^2 = x$ 介于平面 $z=0$ 和圆锥面 $z = 2\sqrt{x^2+y^2}$ 之间的侧面积 (单位: m).

解 记 xOy 面上的圆周 $x^2+y^2=x$ 为 L,由第一目中"柱面的面积"可知,所求面积为

$$A = \int_L 2\sqrt{x^2+y^2}\mathrm{d}s.$$

在极坐标系下,曲线 L 的方程为 $\rho = \cos\varphi \left(-\dfrac{\pi}{2} \leqslant \varphi \leqslant \dfrac{\pi}{2}\right)$,因此

$$\mathrm{d}s = \sqrt{\rho^2+\rho'^2}\mathrm{d}\varphi = \mathrm{d}\varphi.$$

而 L 可看作如下的参数方程

$$x = \cos^2\varphi,\ y = \cos\varphi\sin\varphi \quad \left(-\dfrac{\pi}{2} \leqslant \varphi \leqslant \dfrac{\pi}{2}\right),$$

故

$$\sqrt{x^2+y^2} = \cos\varphi.$$

于是

$$A = \int_L 2\sqrt{x^2+y^2}\mathrm{d}s = \int_{-\frac{\pi}{2}}^{\frac{\pi}{2}} 2\cos\varphi\mathrm{d}\varphi = 4,$$

即所求面积为 $4\ \mathrm{m}^2$.

例 4 计算 $\int_\Gamma \dfrac{1}{x^2+y^2+z^2}\mathrm{d}s$,其中曲线 Γ 的方程为 $\begin{cases} x = \mathrm{e}^{-t}\cos t, \\ y = \mathrm{e}^{-t}\sin t, \\ z = \mathrm{e}^{-t} \end{cases} (0 \leqslant t \leqslant 1).$

解 由于

$$x' = \mathrm{e}^{-t}(-\cos t - \sin t),\quad y' = \mathrm{e}^{-t}(\cos t - \sin t),\quad z' = -\mathrm{e}^{t},$$

故

$$\mathrm{d}s = \sqrt{x'^2+y'^2+z'^2}\mathrm{d}t = \sqrt{3}\mathrm{e}^{-t}\mathrm{d}t,$$

于是

$$\int_\Gamma \dfrac{1}{x^2+y^2+z^2}\mathrm{d}s = \int_0^1 \dfrac{1}{2\mathrm{e}^{-2t}} \cdot \sqrt{3}\mathrm{e}^{-t}\mathrm{d}t = \dfrac{\sqrt{3}}{2}(\mathrm{e}-1).$$

例 5 计算 $\int_\Gamma xy^2 z\mathrm{d}s$,其中 Γ 为球面 $x^2+y^2+z^2=4$ 与平面 $x+z=2$ 的交线.

解 曲线 Γ 在 xOy 面上的投影为椭圆 $2(x-1)^2+y^2=2$,故曲线 Γ 的参数方程为

$$x = 1+\cos t,\quad y = \sqrt{2}\sin t,\quad z = 1-\cos t (0 \leqslant t \leqslant 2\pi).$$

由于

$$\dfrac{\mathrm{d}x}{\mathrm{d}t} = -\sin t,\quad \dfrac{\mathrm{d}y}{\mathrm{d}t} = \sqrt{2}\cos t,\quad \dfrac{\mathrm{d}z}{\mathrm{d}t} = \sin t,$$

故
$$ds = \sqrt{\left(\frac{dx}{dt}\right)^2 + \left(\frac{dy}{dt}\right)^2 + \left(\frac{dz}{dt}\right)^2}\,dt = \sqrt{2}\,dt,$$
于是
$$\int_\Gamma xy^2 z\,ds = \int_0^{2\pi} 2\sin^4 t \cdot \sqrt{2}\,dt = 2\sqrt{2} \cdot 4 \int_0^{\frac{\pi}{2}} \sin^4 t\,dt = 8\sqrt{2} \cdot \frac{3}{4} \cdot \frac{1}{2} \cdot \frac{\pi}{2} = \frac{3\sqrt{2}}{2}\pi.$$

对于空间曲线 Γ 上的曲线积分 $\int_\Gamma f(x,y,z)\,ds$, 当积分弧 Γ 以参数方程给出时, 就可用 (5.8) 式来计算曲线积分. 但如果积分曲线以一般方程
$$\begin{cases} F(x,y,z) = 0, \\ G(x,y,z) = 0 \end{cases}$$
给出, 可仿照例 5 的方法将一般方程转化为参数方程, 但这一步往往并不容易, 此时需要通过一些特殊方法来处理.

例如计算 $\oint_\Gamma x^2\,ds$, 其中 Γ 为圆 $\begin{cases} x^2 + y^2 + z^2 = 1, \\ x + y + z = 0. \end{cases}$ 由 Γ 的方程可知 x, y, z 的地位完全对称, 所以有
$$\oint_\Gamma x^2\,ds = \oint_\Gamma y^2\,ds = \oint_\Gamma z^2\,ds = \frac{1}{3}\oint_\Gamma (x^2+y^2+z^2)\,ds = \frac{1}{3}\oint_\Gamma ds = \frac{1}{3} \cdot (\Gamma\text{ 的长度}) = \frac{2\pi}{3}.$$

习题 7.5

1. 计算下列第一类曲线积分:

(1) $\displaystyle\int_L \frac{x^3}{y}\,ds$, 其中 L 为平面曲线, 其方程为 $y = \dfrac{x^2}{2}$ $(1 \leqslant x \leqslant 2)$;

(2) $\displaystyle\int_L (x^{\frac{4}{3}} + y^{\frac{4}{3}})\,ds$, 其中 L 为平面曲线, 其方程为 $\begin{cases} x = \cos^3 t, \\ y = \sin^3 t \end{cases}$ $\left(0 \leqslant t \leqslant \dfrac{\pi}{2}\right)$;

(3) $\displaystyle\int_L \frac{|x|}{|x|+|y|}\,ds$, 其中 L 为圆周 $x^2 + y^2 = R^2$ $(R > 0)$;

(4) $\displaystyle\int_\Gamma (x+y+z)\,ds$, 其中空间曲线 Γ 为从点 $O(0,0,0)$ 到点 $A(1,2,3)$, 再到点 $B(0,1,-1)$ 的折线段;

(5) $\displaystyle\int_\Gamma (x^2+y^2)\,ds$, 其中空间曲线 Γ 的方程为 $\begin{cases} x^2+y^2+z^2 = \dfrac{9}{2}, \\ y+z = 1; \end{cases}$

(6) $\displaystyle\int_L e^{\sqrt{x^2+y^2}}\,ds$, 其中 L 为圆周 $x^2+y^2 = 1$、直线 $y = x$ 及 x 轴在第一象限中所

围成图形的整个边界；

(7) $\int_L |x|\, \mathrm{d}s$, 其中 L 为双纽线 $(x^2 + y^2)^2 = 4(x^2 - y^2)$.

2. 求圆柱面 $x^2 + y^2 = 2y$ 上介于圆锥面 $z = 2\sqrt{x^2 + y^2}$ 及平面 $z = 0$ 之间的部分的面积.

3. 设一线型工件占据空间曲线 Γ 的位置, Γ 的方程为 $\begin{cases} x = 4\cos t, \\ y = 4\sin t, \\ z = 3t \end{cases} (0 \leqslant t \leqslant 2\pi)$, 其在任意点处的线密度为 $x^2 + y^2 + z^2$, 求该工件的质量.

4. 求摆线 $\begin{cases} x = 1 - \cos t, \\ y = t - \sin t \end{cases}$ 一拱 $(0 \leqslant t \leqslant 2\pi)$ 的长度.

5. 计算曲线积分 $\int_\Gamma (2x + 1)^2\, \mathrm{d}s$, 其中空间曲线 Γ 的方程为 $\begin{cases} x^2 + y^2 + z^2 = 9, \\ x + y + z = 0. \end{cases}$

7.6 数量值函数的曲面积分

一、曲面的面积

设空间有界曲面 Σ 具有显式方程

$$z = z(x, y), \quad (x, y) \in D_{xy},$$

其中 D_{xy} 是曲面 Σ 在 xOy 面上的投影区域, 函数 $z(x, y)$ 在 D_{xy} 上具有连续偏导数. 要求曲面 Σ 的面积, 即讨论如何计算曲面 Σ 的面积.

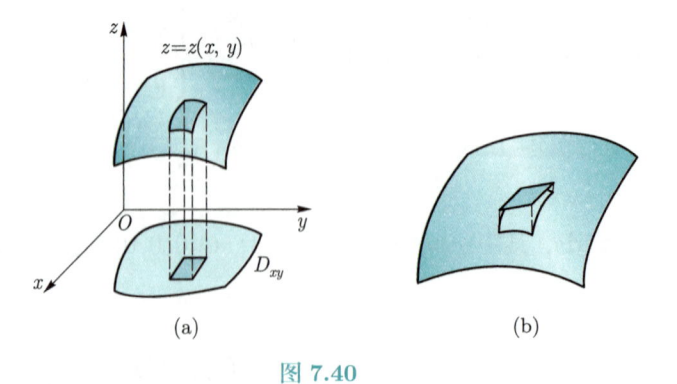

图 7.40

利用元素法, 对 D_{xy} 进行任意分划, 取代表性小区域为 x, y 各自取微小增量 $\mathrm{d}x$, $\mathrm{d}y$ 后所得的矩形区域 (图 7.40 (a)), 在该区域内曲面 Σ 近似为 Σ 在点 $(x, y, z(x, y))$ 处的切平面 (该部分平面图形为平行四边形, 如图 7.40 (b) 为放大后的切平面图形). 由第

五章第二节例 10 的结论知该平行四边形的面积为
$$\frac{1}{|\cos\gamma|}\,\mathrm{d}x\,\mathrm{d}y\text{①}.$$
而曲面 Σ 在点 $(x,y,z(x,y))$ 处的法向量为
$$\boldsymbol{n}=(z_x(x,y),z_y(x,y),-1),$$
故
$$\cos\gamma=\frac{-1}{\sqrt{1+z_x^2(x,y)+z_y^2(x,y)}}\neq 0,$$
因此曲面的**面积元素**
$$\mathrm{d}S=\frac{1}{|\cos\gamma|}\,\mathrm{d}x\,\mathrm{d}y=\sqrt{1+z_x^2(x,y)+z_y^2(x,y)}\,\mathrm{d}x\,\mathrm{d}y. \tag{6.1}$$
于是，若空间曲面 S: $z=z(x,y)$, $(x,y)\in D_{xy}$，则 S 的面积为
$$A=\iint_{D_{xy}}\sqrt{1+z_x^2(x,y)+z_y^2(x,y)}\,\mathrm{d}x\,\mathrm{d}y. \tag{6.2}$$
(6.2) 式中的被积表达式为曲面面积元素 $\mathrm{d}S$，即
$$\mathrm{d}S=\sqrt{1+z_x^2+z_y^2}\,\mathrm{d}\sigma_{xy}\text{②},$$
或写成
$$\mathrm{d}S=\frac{1}{|\cos\gamma|}\,\mathrm{d}\sigma_{xy}, \tag{6.3}$$
它反映了曲面面积元素 $\mathrm{d}S$ 与投影面 (xOy 面) 上面积元素之间的关系.

试算试练 设曲面 $\Sigma: z=x^2+y^2$ $(x^2+y^2\leqslant 1)$，试写出曲面 Σ 的面积的计算公式.

例如，Σ 为旋转抛物面 $z=x^2+y^2$ 的一部分，它在 xOy 面上的投影为 D_{xy}，则
$$\mathrm{d}S=\sqrt{1+(2x)^2+(2y)^2}\,\mathrm{d}\sigma_{xy}=\sqrt{1+4x^2+4y^2}\,\mathrm{d}\sigma_{xy},$$
因此，在直角坐标系下 Σ 的面积可表为
$$A=\iint_{D_{xy}}\sqrt{1+4x^2+4y^2}\,\mathrm{d}x\,\mathrm{d}y,$$
在极坐标系下 Σ 的面积可表为
$$A=\iint_{D_{xy}}\rho\sqrt{1+4\rho^2}\,\mathrm{d}\rho\,\mathrm{d}\varphi.$$

类似地，曲面面积元素 $\mathrm{d}S$ 与投影面 (yOz 面或 zOx 面) 上面积元素之间的关系是
$$\mathrm{d}S=\frac{1}{|\cos\alpha|}\,\mathrm{d}\sigma_{yz} \quad \text{或} \quad \mathrm{d}S=\frac{1}{|\cos\beta|}\,\mathrm{d}\sigma_{zx},$$
其中 α,β 是曲面的法向量分别与 x 轴正向、y 轴正向的夹角. 因此，当空间曲面 S 由显式方程 $x=x(y,z)$ 或 $y=y(z,x)$ 表示时，读者可以写出相应的面积计算公式.

---
① 容易知道，例 10 中的 $\boldsymbol{n}$ 就是平面的法向量，故 $\cos(\widehat{\boldsymbol{n},\boldsymbol{k}})=\cos\gamma$.
② 为明确起见，这里把 xOy 面上的面积元素记作 $\mathrm{d}\sigma_{xy}$，类似地，yOz 面、zOx 面上的面积元素分别记作 $\mathrm{d}\sigma_{yz},\mathrm{d}\sigma_{zx}$.

试算试练 (1) 设曲面 $\Sigma: x = \sqrt{1-y^2-z^2}$ $(y^2+z^2 \leqslant 1)$, 试写出曲面 Σ 的面积的计算公式.

(2) 设曲面 $\Sigma: y = \sqrt{x^2+z^2}$ $(x^2+z^2 \leqslant 1)$, 试写出曲面 Σ 的面积的计算公式.

例 1 求半径为 R, 高为 h 的球冠的面积 $(0 < h < R)$.

解 如图 7.41 建立空间直角坐标系, 则球冠的方程为
$$z = \sqrt{R^2 - x^2 - y^2},$$
它在 xOy 面上的投影 D_{xy} 为圆域 $x^2 + y^2 \leqslant r^2$, 其中半径为
$$r = \sqrt{R^2 - (R-h)^2} = \sqrt{2Rh - h^2}.$$
由于在球冠 $z = \sqrt{R^2 - x^2 - y^2}$ 上有
$$z_x = -\frac{x}{\sqrt{R^2 - x^2 - y^2}}, \quad z_y = -\frac{y}{\sqrt{R^2 - x^2 - y^2}},$$
故

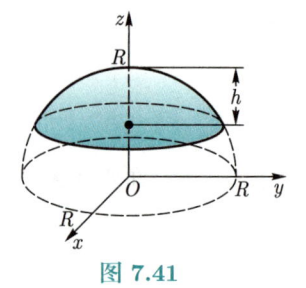

图 7.41

$$\sqrt{1 + z_x^2 + z_y^2} = \frac{R}{\sqrt{R^2 - x^2 - y^2}},$$
于是, 所求球冠的面积为
$$A = \iint\limits_{D_{xy}} \sqrt{1 + z_x^2 + z_y^2} \, \mathrm{d}x \, \mathrm{d}y = \iint\limits_{D_{xy}} \frac{R}{\sqrt{R^2 - x^2 - y^2}} \, \mathrm{d}x \, \mathrm{d}y$$
$$= \iint\limits_{D_{xy}} \frac{R}{\sqrt{R^2 - \rho^2}} \cdot \rho \, \mathrm{d}\rho \, \mathrm{d}\varphi = \int_0^{2\pi} \mathrm{d}\varphi \int_0^r \frac{R\rho}{\sqrt{R^2 - \rho^2}} \, \mathrm{d}\rho = 2\pi \cdot R(R - \sqrt{R^2 - r^2})$$
$$= 2\pi Rh.$$

在上述结果中, 令 $h \to R^-$ 便得半球面的面积为 $2\pi R^2$, 于是球面的面积为 $4\pi R^2$.

假设地球的半径为 R, 地球的同步轨道位于离地面高为 H 处, 那么该同步轨道通信卫星覆盖了一个高为 h 的球冠 (如图 7.42), 记
$$r = \sqrt{R^2 - (R-h)^2},$$
由于
$$r \cdot (R+H) = R\sqrt{(R+H)^2 - R^2},$$
故
$$h = R - \sqrt{R^2 - r^2} = \frac{RH}{R+H},$$
于是, 该通信卫星所覆盖的面积为
$$A = 2\pi Rh = \frac{2\pi R^2 H}{R+H}.$$

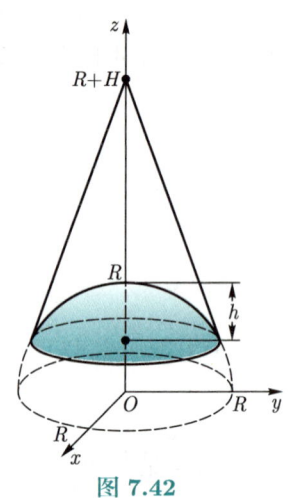

图 7.42

实际的同步轨道高度 $H \approx 5.63R$, 故

$$\frac{A}{4\pi R^2} = \frac{H}{2(R+H)} \approx \frac{5.63}{2(1+5.63)} \approx 0.42,$$

即在该同步轨道上的通信卫星能覆盖地球表面约 42% 的面积, 在该轨道上设置三颗卫星可覆盖地球的大部分地区. 而在定位系统中, 要确定地球上一点的位置, 通常至少需要 3 颗卫星, 因此要通过上述轨道上的卫星建立全球定位系统, 需要 9 颗以上的卫星.

例 2 求圆锥面 $z = \sqrt{x^2 + y^2}$ 被柱面 $z^2 = 2y$ 所截下部分的曲面 Σ 的面积 A.

解 联立圆锥面方程和柱面方程, 消去 z 得这两个曲面的交线在 xOy 面上的投影为

$$x^2 + y^2 = 2y,$$

即曲面 Σ 在 xOy 面上的投影区域 D_{xy} 为圆域 $x^2+y^2 \leqslant 2y$. 由于在圆锥面 $z = \sqrt{x^2+y^2}$ 上有

$$z_x = \frac{x}{\sqrt{x^2+y^2}}, \quad z_y = \frac{y}{\sqrt{x^2+y^2}},$$

故

$$\sqrt{1+z_x^2+z_y^2} = \sqrt{2},$$

于是, 所求面积为

$$A = \iint\limits_{D_{xy}} \sqrt{1+z_x^2+z_y^2}\,\mathrm{d}x\,\mathrm{d}y = \iint\limits_{D_{xy}} \sqrt{2}\,\mathrm{d}x\,\mathrm{d}y = \sqrt{2} \cdot (D_{xy}\text{的面积}) = \sqrt{2}\pi.$$

二、数量值函数的曲面积分的概念

在上一节第一目关于如何计算曲线型构件的质量的讨论中, 如果把曲线改为曲面, 并相应地把线密度 $\mu(x,y)$ 改为面密度 $\mu(x,y,z)$, 小曲线弧段的长度 Δs_i 改为小块曲面的面积 ΔS_i, 并把第 i 小段曲线弧上的任一点 (ξ_i, η_i) 改为第 i 小块曲面上的任一点 (ξ_i, η_i, ζ_i), 那么当面密度 $\mu(x,y,z)$ 连续时, 曲面的质量 m 就是下列和的极限

$$m = \lim_{\lambda \to 0} \sum_{i=1}^{n} \mu(\xi_i, \eta_i, \zeta_i) \Delta S_i,$$

其中 λ 表示 n 个小块曲面的直径[①]的最大值.

一般地, 对于三元数量值函数 $f(x,y,z)$, Σ 为 $f(x,y,z)$ 定义域内具有有限面积的光滑曲面, 把 Σ 分成 n 个小块

$$\Delta \Sigma_1, \Delta \Sigma_2, \cdots, \Delta \Sigma_n, \tag{6.4}$$

---

① 曲面的直径是指曲面上任意两点间距离的最大值.

第 i 个小块 $\Delta\Sigma_i$ 的面积记作 ΔS_i, 在第 i 个小块 $\Delta\Sigma_i$ 上任取一点 (ξ_i,η_i,ζ_i), 作乘积
$$f(\xi_i,\eta_i,\zeta_i)\Delta S_i,$$
并把这 n 个小块上的上述乘积求和, 得到
$$\sum_{i=1}^{n} f(\xi_i,\eta_i,\zeta_i)\Delta S_i, \tag{6.5}$$
这个依赖于划分 (6.4) 和点 (ξ_i,η_i,ζ_i) 的选取的和称为**数量值函数** $f(x,y,z)$ **在曲面** Σ **上的 (黎曼) 积分和**.

定义 1 设 Σ 为具有有限面积的光滑曲面, 数量值函数 $f(x,y,z)$ 在 Σ 上有界. 对于 Σ 的任意划分 (6.4), 以及小块曲面 $\Delta\Sigma_i$ 上的任意选取的点 (ξ_i,η_i,ζ_i). 记 $\lambda = \max\limits_{1\leqslant i\leqslant n}\{\Delta\Sigma_i\text{的直径}\}$, 如果当 $\lambda \to 0$ 时, 使得由 (6.5) 式所定义的积分和 $\sum_{i=1}^{n} f(\xi_i,\eta_i,\zeta_i)\Delta S_i$ 的极限总存在, 且与划分 (6.4) 和点 (ξ_i,η_i,ζ_i) 的取法无关, 则称**数量值函数** $f(x,y,z)$ **在** Σ **上的曲面积分存在**, 这个极限称为**数量值函数** $f(x,y,z)$ **在** Σ **上的曲面积分**, 记作 $\iint\limits_{\Sigma} f(x,y,z)\,\mathrm{d}S$, 即

$$\iint\limits_{\Sigma} f(x,y,z)\,\mathrm{d}S = \lim_{\lambda\to 0}\sum_{i=1}^{n} f(\xi_i,\eta_i,\zeta_i)\Delta S_i, \tag{6.6}$$

其中 $f(x,y,z)$ 叫做**被积函数**, x, y, z 叫做**积分变量**, $f(x,y,z)\,\mathrm{d}S$ 叫做**被积表达式**, $\mathrm{d}S$ 叫做**面积元素**, $\iint$ 叫做**积分号**, Σ 叫做**积分曲面**.

数量值函数的曲面积分也称为**第一类曲面积分**或**对面积的曲面积分**.

根据曲面积分的定义, 面密度为 $\mu(x,y,z)$ 的物质曲面 Σ, 其质量为
$$m = \iint\limits_{\Sigma} \mu(x,y,z)\,\mathrm{d}S.$$

对于分片光滑曲面 Σ, 如果函数在各光滑曲面上的曲面积分都存在, 我们规定函数在 Σ 上的曲面积分等于函数在 Σ 的各光滑曲面上的曲面积分的和. 例如, 曲面 Σ 由两片光滑曲面 Σ_1 和 Σ_2 组成 (记作 $\Sigma = \Sigma_1 + \Sigma_2$), 则规定
$$\iint\limits_{\Sigma_1+\Sigma_2} f(x,y,z)\,\mathrm{d}S = \iint\limits_{\Sigma_1} f(x,y,z)\,\mathrm{d}S + \iint\limits_{\Sigma_2} f(x,y,z)\,\mathrm{d}S.$$

若 Σ 为闭曲面, 常将 $\iint\limits_{\Sigma} f(x,y,z)\,\mathrm{d}S$ 写成 $\oiint\limits_{\Sigma} f(x,y,z)\,\mathrm{d}S$.

可以证明, **当函数** $f(x,y,z)$ **在光滑曲面** Σ **上连续时, 曲面积分** $\iint\limits_{\Sigma} f(x,y,z)\,\mathrm{d}S$ **一定存在**.

数量值函数的曲面积分具有与定积分、重积分类似的性质 (见本章第一节 (1.7) 式—(1.14) 式), 以及与定积分、重积分类似的对称性, 这里就不赘述了.

三、 数量值函数的曲面积分的计算法

第一类曲面积分可以化为二重积分来计算.

设光滑曲面 Σ 由方程

$$z = z(x,y), \quad (x,y) \in D_{xy}$$

给出, D_{xy} 为 Σ 在 xOy 面上的投影区域, 函数 $f(x,y,z)$ 在 Σ 上连续.

考察第 i 个小块曲面 $\Delta\Sigma_i$, 它在 xOy 面上的投影为 ΔD_i, 则 $\Delta\Sigma_i$ 的面积

$$\Delta S_i = \iint\limits_{\Delta D_i} \sqrt{1 + z_x^2(x,y) + z_y^2(x,y)}\,\mathrm{d}\sigma,$$

由二重积分的中值定理, 存在 $(\xi_i, \eta_i) \in \Delta D_i$, 使得

$$\Delta S_i = \iint\limits_{\Delta D_i} \sqrt{1 + z_x^2(x,y) + z_y^2(x,y)}\,\mathrm{d}\sigma = \sqrt{1 + z_x^2(\xi_i,\eta_i) + z_y^2(\xi_i,\eta_i)}\Delta\sigma_i,$$

其中 $\Delta\sigma_i$ 为 ΔD_i 的面积.

现记 $\zeta_i = z(\xi_i,\eta_i)$, 则点 (ξ_i,η_i,ζ_i) 在 $\Delta\Sigma_i$ 上, 根据数量值函数的曲面积分的定义, 有

$$\iint\limits_{\Sigma} f(x,y,z)\,\mathrm{d}S = \lim_{\lambda \to 0} \sum_{i=1}^{n} f(\xi_i,\eta_i,\zeta_i)\Delta S_i{}^{①}$$

$$= \lim_{\lambda \to 0} \sum_{i=1}^{n} f(\xi_i,\eta_i,z(\xi_i,\eta_i)) \cdot \sqrt{1 + z_x^2(\xi_i,\eta_i) + z_y^2(\xi_i,\eta_i)}\Delta\sigma_i,$$

上式右端的极限即为函数 $f[x,y,z(x,y)]\sqrt{1 + z_x^2(x,y) + z_y^2(x,y)}$ 在区域 D_{xy} 上的二重积分, 由于此函数在 D_{xy} 上连续, 故这个二重积分存在, 从而得到

$$\iint\limits_{\Sigma} f(x,y,z)\,\mathrm{d}S = \iint\limits_{D_{xy}} f[x,y,z(x,y)]\sqrt{1 + z_x^2(x,y) + z_y^2(x,y)}\,\mathrm{d}\sigma.$$

这就得到如下的定理.

定理 设函数 $f(x,y,z)$ 在光滑曲面 Σ 上连续, Σ 由方程

$$z = z(x,y), \quad (x,y) \in D_{xy}$$

给出, 其中 D_{xy} 为 Σ 在 xOy 面上的投影区域, 则

$$\iint\limits_{\Sigma} f(x,y,z)\,\mathrm{d}S = \iint\limits_{D_{xy}} f[x,y,z(x,y)]\sqrt{1 + z_x^2(x,y) + z_y^2(x,y)}\,\mathrm{d}\sigma. \tag{6.7}$$

公式 (6.7) 表明, 在计算曲面积分 $\iint\limits_{\Sigma} f(x,y,z)\,\mathrm{d}S$ 时, 如果积分曲面由方程 $z = z(x,y)$ 给出, 则只要把变量 z 换为 $z = z(x,y)$, 曲面的面积元素 $\mathrm{d}S$ 换为 $\sqrt{1 + z_x^2(x,y) + z_y^2(x,y)}\,\mathrm{d}\sigma$, 并确定 Σ 在 xOy 面上的投影区域 D_{xy}, 这样就把第一类曲面积分化为二重积分了.

---

① 由于 $f(x,y,z)$ 在 Σ 上连续时, 曲面积分 $\iint\limits_{\Sigma} f(x,y,z)\,\mathrm{d}S$ 一定存在, 因此, 这里取这一特殊的点 (ξ_i,η_i,ζ_i), 等式仍然成立.

如果积分曲面 Σ 由方程 $x = x(y, z)$ 或 $y = y(z, x)$ 给出，也可类似地把第一类曲面积分化为相应的在 yOz 面上或在 zOx 面上的二重积分.

例 3 计算 $\iint\limits_{\Sigma} (x + y + z) \, dS$，其中曲面 Σ 为圆锥面 $z = \sqrt{x^2 + y^2}$ $(0 \leqslant z \leqslant 1)$ (图 7.43).

解 显然曲面 Σ 在 xOy 面上的投影 D_{xy} 为圆域 $x^2 + y^2 \leqslant 1$，由于在圆锥面 $z = \sqrt{x^2 + y^2}$ 上，

$$z_x = \frac{x}{\sqrt{x^2 + y^2}}, \quad z_y = \frac{y}{\sqrt{x^2 + y^2}},$$

故

$$\sqrt{1 + z_x^2 + z_y^2} = \sqrt{2},$$

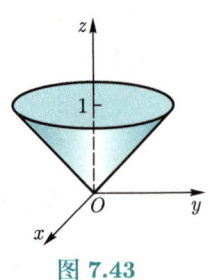

因此

$$\iint\limits_{\Sigma} (x + y + z) \, dS = \iint\limits_{D_{xy}} (x + y + \sqrt{x^2 + y^2}) \cdot \sqrt{2} \, dx \, dy.$$

图 7.43

由对称性可知

$$\iint\limits_{D_{xy}} x \, dx \, dy = \iint\limits_{D_{xy}} y \, dx \, dy = 0,$$

再利用极坐标得

$$\iint\limits_{\Sigma} (x + y + z) \, dS = \sqrt{2} \iint\limits_{D_{xy}} \sqrt{x^2 + y^2} \, dx \, dy = \sqrt{2} \iint\limits_{D_{xy}} \rho \cdot \rho \, d\rho \, d\varphi$$

$$= \sqrt{2} \int_0^{2\pi} d\varphi \int_0^1 \rho^2 \, d\rho = \frac{2\sqrt{2}}{3} \pi.$$

例 4 计算曲面积分 $\oiint\limits_{\Sigma} (x^2 + y^2 + z^2) \, dS$，其中 Σ 是球面 $x^2 + y^2 + z^2 = 2z$.

解 记下半球面为 Σ_1，上半球面为 Σ_2，则 Σ_1, Σ_2 的方程分别为

$$z = 1 - \sqrt{1 - x^2 - y^2}, \quad z = 1 + \sqrt{1 - x^2 - y^2},$$

它们在 xOy 面上的投影均为圆域 $D_{xy}: x^2 + y^2 \leqslant 1$. 在 Σ_1 上

$$z_x = \frac{x}{\sqrt{1 - x^2 - y^2}}, \quad z_y = \frac{y}{\sqrt{1 - x^2 - y^2}},$$

故

$$\sqrt{1 + z_x^2 + z_y^2} = \frac{1}{\sqrt{1 - x^2 - y^2}}.$$

同样，在 Σ_2 上也可得到
$$\sqrt{1+z_x^2+z_y^2}=\frac{1}{\sqrt{1-x^2-y^2}}.$$

于是
$$\oiint_{\Sigma}(x^2+y^2+z^2)\,\mathrm{d}S=\iint_{\Sigma_1}(x^2+y^2+z^2)\,\mathrm{d}S+\iint_{\Sigma_2}(x^2+y^2+z^2)\,\mathrm{d}S$$
$$=\iint_{D_{xy}}2(1-\sqrt{1-x^2-y^2})\cdot\frac{1}{\sqrt{1-x^2-y^2}}\,\mathrm{d}x\,\mathrm{d}y+$$
$$\iint_{D_{xy}}2(1+\sqrt{1-x^2-y^2})\cdot\frac{1}{\sqrt{1-x^2-y^2}}\,\mathrm{d}x\,\mathrm{d}y$$
$$=\iint_{D_{xy}}\frac{4}{\sqrt{1-x^2-y^2}}\,\mathrm{d}x\,\mathrm{d}y=\iint_{D_{xy}}\frac{4}{\sqrt{1-\rho^2}}\cdot\rho\,\mathrm{d}\rho\,\mathrm{d}\varphi$$
$$=\int_0^{2\pi}\mathrm{d}\varphi\int_0^1\frac{4\rho}{\sqrt{1-\rho^2}}\,\mathrm{d}\rho=2\pi\cdot 4=8\pi.$$

如果积分曲面 Σ 由参数方程
$$x=x(u,v),\quad y=y(u,v),\quad z=z(u,v)((u,v)\in D_{uv})$$
给出，则面积元素
$$\mathrm{d}S=\sqrt{\left[\frac{\partial(y,z)}{\partial(u,v)}\right]^2+\left[\frac{\partial(z,x)}{\partial(u,v)}\right]^2+\left[\frac{\partial(x,y)}{\partial(u,v)}\right]^2}\,\mathrm{d}u\,\mathrm{d}v,$$
于是
$$\iint_{\Sigma}f(x,y,z)\,\mathrm{d}S=\iint_{D_{uv}}f[x(u,v),y(u,v),z(u,v)]\times$$
$$\sqrt{\left[\frac{\partial(y,z)}{\partial(u,v)}\right]^2+\left[\frac{\partial(z,x)}{\partial(u,v)}\right]^2+\left[\frac{\partial(x,y)}{\partial(u,v)}\right]^2}\,\mathrm{d}u\,\mathrm{d}v. \tag{6.8}$$

例如，球面的参数方程为
$$x=R\sin\theta\cos\varphi,\quad y=R\sin\theta\sin\varphi,\quad z=R\cos\theta,$$
故
$$\frac{\partial(y,z)}{\partial(\theta,\varphi)}=\begin{vmatrix}R\cos\theta\sin\varphi & R\sin\theta\cos\varphi\\ -R\sin\theta & 0\end{vmatrix}=R^2\sin^2\theta\cos\varphi,$$
$$\frac{\partial(z,x)}{\partial(\theta,\varphi)}=\begin{vmatrix}-R\sin\theta & 0\\ R\cos\theta\cos\varphi & -R\sin\theta\sin\varphi\end{vmatrix}=R^2\sin^2\theta\sin\varphi,$$
$$\frac{\partial(x,y)}{\partial(\theta,\varphi)}=\begin{vmatrix}R\cos\theta\cos\varphi & -R\sin\theta\sin\varphi\\ R\cos\theta\sin\varphi & R\sin\theta\cos\varphi\end{vmatrix}=R^2\sin\theta\cos\theta,$$

因此
$$dS = \sqrt{\left[\frac{\partial(y,z)}{\partial(\theta,\varphi)}\right]^2 + \left[\frac{\partial(z,x)}{\partial(\theta,\varphi)}\right]^2 + \left[\frac{\partial(x,y)}{\partial(\theta,\varphi)}\right]^2}\, d\theta\, d\varphi = R^2 \sin\theta\, d\theta\, d\varphi.$$

若例 1 中的球冠用上述参数方程表示,则 $D_{\theta\varphi}$ 可表示为
$$0 \leqslant \theta \leqslant \alpha,\quad 0 \leqslant \varphi \leqslant 2\pi,$$

其中 $\alpha = \arccos\dfrac{R-h}{R}$. 于是例 1 中的球冠的面积为

$$\begin{aligned}A &= \iint_\Sigma dS = \iint_\Sigma \sqrt{\left[\frac{\partial(y,z)}{\partial(\theta,\varphi)}\right]^2 + \left[\frac{\partial(z,x)}{\partial(\theta,\varphi)}\right]^2 + \left[\frac{\partial(x,y)}{\partial(\theta,\varphi)}\right]^2}\, d\theta\, d\varphi = \iint_{D_{\theta\varphi}} R^2 \sin\theta\, d\theta\, d\varphi \\ &= \int_0^{2\pi} d\varphi \int_0^\alpha R^2 \sin\theta\, d\theta = 2\pi \cdot R^2(1-\cos\alpha) = 2\pi R h.\end{aligned}$$

*四、数量值函数在几何形体上的积分综述

我们已经学习了定积分、重积分、第一类曲线积分与第一类曲面积分,虽然这几种积分有各自不同的背景和对象,但是读者一定发现,这几种积分的定义具有共同的模式:

(1) 积分的基本要素: 有界的几何形体 (如直线段、平面区域、空间区域、曲线、曲面等) 以及定义在该几何形体上的数量值函数;

(2) 定义积分的步骤: "划分"(将几何形体划分成若干个小几何形体)→"近似"(以每一小几何形体上某点处的函数值近似地作为函数在该小几何形体上各点处的值,并将此函数值乘该小几何形体的度量[①])→"求和"(将上述函数值与小几何形体的度量之积相加)→"逼近"(在划分无限加细的过程中考察上述和式的极限).

由此可把这几种积分概念统一表述如下:

设 J 是一个有界的几何形体 (它可以是直线段, 或是平面上的区域, 或是空间的区域, 也可以是空间或平面的曲线、曲面), $f(M)$ 是在 J 上有定义的有界的数量值函数. 将几何形体 J 划分为 n 个小几何形体

$$\Delta J_1,\ \Delta J_2,\ \cdots,\ \Delta J_n, \tag{6.9}$$

其中 ΔJ_i 的度量记为 $\Delta m_i (i=1,2,\cdots,n)$ (它或是长度, 或是面积, 或是体积). 在每一 ΔJ_i 中任取一点 M_i, 作乘积
$$f(M_i)\Delta m_i,$$
并把这 n 个小几何形体上的上述乘积求和, 得到
$$\sum_{i=1}^n f(M_i)\Delta m_i, \tag{6.10}$$

这个依赖于划分 (6.9) 和点 M_i 的选取的和称为数量值函数 $f(M)$ 在 J 上的 **(黎曼)** **积分和**.

[①] 即几何形体为线段时的长度、几何形体为平面区域或空间曲面时的面积、几何形体为空间立体时的体积等.

定义 2 设 J 是一个具有有限度量的几何形体，$f(M)$ 是在 J 上有定义的有界的数量值函数. 对于 J 的任意划分 (6.9)，以及小几何形体 ΔJ_i 上的任意选取的点 M_i. 记 $\lambda = \max\limits_{1\leqslant i\leqslant n}\{\Delta J_i\text{的直径}\}$，如果当 $\lambda \to 0$ 时，使得由 (6.10) 式所定义的积分和 $\sum\limits_{i=1}^n f(M_i)\Delta m_i$ 的极限总存在，且与划分 (6.9) 和点 M_i 的取法无关，则称**数量值函数 $f(M)$ 在 J 上的积分存在**，这个极限称为**数量值函数 $f(M)$ 在 J 上的积分**，记作 $\int_J f(M)\,\mathrm{d}m$，即

$$\int_J f(M)\,\mathrm{d}m = \lim_{\lambda\to 0}\sum_{i=1}^n f(M_i)\Delta m_i. \tag{6.11}$$

在此定义下，当 J 分别是区间 $[a,b]$、平面区域 D、空间区域 Ω、曲线 Γ 及曲面 Σ 时，$\int_J f(M)\,\mathrm{d}m$ 则分别表示

$$\int_a^b f(x)\,\mathrm{d}x,\ \iint_D f(x,y)\,\mathrm{d}\sigma,\ \iiint_\Omega f(x,y,z)\,\mathrm{d}V,\ \int_\Gamma f(x,y,z)\,\mathrm{d}s \text{ 及 } \iint_\Sigma f(x,y,z)\,\mathrm{d}S.$$

并且当 $f(M)$ 在 J 上连续时，积分 $\int_J f(M)\,\mathrm{d}m$ 必存在.

数量值函数在几何形体上的积分 $\int_J f(M)\,\mathrm{d}m$ 也具有与重积分类似的性质 (本章第一节中 (1.7) 式—(1.14) 式)，并具有如下的基本应用：

(1) 几何体的度量可表为 $\int_J \mathrm{d}m$. 例如：

区间 $[a,b]$ 的长度为 $\int_a^b \mathrm{d}x$，空间曲线 Γ 的长度为 $\int_\Gamma \mathrm{d}s$，平面区域 D 的面积为 $\iint_D \mathrm{d}\sigma$，空间曲面 Σ 的面积为 $\iint_\Sigma \mathrm{d}S$，空间区域 Ω 的体积为 $\iiint_\Omega \mathrm{d}V$ 等.

(2) 若几何形体 J 的密度为 $\mu(x,y,z)$，则 J 的质量可表为 $\int_J \mu(x,y,z)\,\mathrm{d}m$. 例如：

细棒的质量为 $\int_a^b \mu(x)\,\mathrm{d}x$ (细棒占有区间 $[a,b]$，密度为 $\mu(x)$)；

曲线型构件的质量为 $\int_\Gamma \mu(x,y,z)\,\mathrm{d}s$ (构件占有空间曲线 Γ，密度为 $\mu(x,y,z)$)；

曲面型薄片的质量为 $\iint_\Sigma \mu(x,y,z)\,\mathrm{d}S$ (薄片占有空间曲面 Σ，密度为 $\mu(x,y,z)$)；

物体的质量为 $\iiint_\Omega \mu(x,y,z)\,\mathrm{d}V$ (物体占有空间区域 Ω，密度为 $\mu(x,y,z)$).

(3) 数量值函数的积分 $\int_J f(M)\,\mathrm{d}m$ 具有与定积分、重积分类似的对称性结论. 例如:

若 J 为 xOy 面上的几何形体 (例如, 区间、平面曲线或平面区域), 且 J 关于 x 轴对称, 则

当 $f(x,-y) = -f(x,y)$ 时, $\int_J f(x,y)\,\mathrm{d}m = 0$;

当 $f(x,-y) = f(x,y)$ 时, $\int_J f(x,y)\,\mathrm{d}m = 2\int_{J_1} f(x,y)\,\mathrm{d}m$, 其中 J_1 为 J 中 $y \geqslant 0$ 的部分.

若 J 为空间的几何形体 (例如, 空间区域、空间曲线或曲面), 且 J 关于 xOy 面对称, 则

当 $f(x,y,-z) = -f(x,y,z)$ 时, $\int_J f(x,y,z)\,\mathrm{d}m = 0$;

当 $f(x,y,-z) = f(x,y,z)$ 时, $\int_J f(x,y,z)\,\mathrm{d}m = 2\int_{J_1} f(x,y,z)\,\mathrm{d}m$, 其中 J_1 为 J 中 $z \geqslant 0$ 的部分.

习题 7.6

1. 计算曲面积分 $\iint_\Sigma f(x,y,z)\,\mathrm{d}S$, 其中 Σ 为圆锥面 $z = \sqrt{x^2+y^2}$ 的一部分 ($0 \leqslant z \leqslant 1$), $f(x,y,z)$ 分别如下:

   (1) $f(x,y,z) = 1$; (2) $f(x,y,z) = y + z$.

2. 计算下列第一类曲面积分:

   (1) $\iint_\Sigma (6x + 3y + 2z)\,\mathrm{d}S$, 其中 Σ 为平面 $x + \dfrac{y}{2} + \dfrac{z}{3} = 1$ 位于第 I 卦限的部分;

   (2) $\iint_\Sigma (x + 2y)\,\mathrm{d}S$, 其中 Σ 为平面 $x + y + z = 2$ 被圆柱面 $x^2 + y^2 = 1$ 所截得的有限部分;

   (3) $\iint_\Sigma \dfrac{1}{(1+x+y)^2}\,\mathrm{d}S$, 其中 Σ 为平面 $x + y + z = 1$ 及三个坐标平面所围的立体的整个边界曲面;

   (4) $\iint_\Sigma (xy + yz + zx)\,\mathrm{d}S$, 其中 Σ 为圆锥面 $z = \sqrt{x^2+y^2}$ 被圆柱面 $x^2 + y^2 = 2y$

所截得的有限部分;

(5) $\oiint\limits_{\Sigma} (x+|y|)\,\mathrm{d}S$,其中 $\Sigma = \{(x,y,z)|\,|x|+|y|+|z|=1\}$.

3. 计算曲面积分 $\iint\limits_{\Sigma} \dfrac{x+z}{x^2+y^2+z^2}\,\mathrm{d}S$,其中 Σ 为圆柱面 $x^2+y^2=4$ 的一部分 $(0 \leqslant z \leqslant 2)$.

4. 设 Σ 为椭球面 $\dfrac{x^2}{2}+\dfrac{y^2}{2}+z^2=1$ 的上半部分,平面 Π 为 Σ 上任意一点 $P(x,y,z)$ 处的切平面,$d(x,y,z)$ 为 $O(0,0,0)$ 到平面 Π 的距离,计算曲面积分 $\iint\limits_{\Sigma} \dfrac{z}{d(x,y,z)}\,\mathrm{d}S$ 的值.

5. 设 Σ 为一确定球面 $x^2+y^2+z^2=R^2$(R 为正的常数),另有一球心在 Σ 上、半径为 r 的球面 Σ_1,问 r 取何值时,球面 Σ_1 在球面 Σ 内部的那部分面积最大?

6. 设抛物面壳 Σ 为 $x^2+y+z^2=2$ 被 $y=0$ 所截下的有限部分,其任一点的面密度为 $\mu(x,y,z)=y$,求此抛物面壳的质量.

7.7 多元积分学在物理学上的应用举例

前面我们指出了利用多元积分学可以求得几何形体的度量、质量等,现在举例说明多元积分学在物理上的应用.

一、质心

设 xOy 面上有 n 个质点的一个质点系,它们分别位于点 $P_1(x_1,y_1)$,$P_2(x_2,y_2)$,$\cdots$,$P_n(x_n,y_n)$ 处,质量分别为 $m_1,m_2,\cdots,m_n$,则该质点系关于 x 轴和 y 轴的**静矩**分别定义是

$$M_x = \sum_{i=1}^{n} m_i y_i \quad \text{和} \quad M_y = \sum_{i=1}^{n} m_i x_i.$$

现设想将这 n 个质点的总质量全集中于点 $\overline{P}(\overline{x},\overline{y})$,且该点关于 x 轴和 y 轴的静矩等于质点系关于 x 轴和 y 轴的静矩 M_x 和 M_y,则称点 $\overline{P}$ 为该质点系的**质心**. 按定义,有

$$\overline{x} = \frac{M_y}{M} = \frac{\sum_{i=1}^{n} m_i x_i}{\sum_{i=1}^{n} m_i}, \quad \overline{y} = \frac{M_x}{M} = \frac{\sum_{i=1}^{n} m_i y_i}{\sum_{i=1}^{n} m_i}, \tag{7.1}$$

所以质心坐标是两个具有可叠加性质的量的商.

现在来把上述关于质点系的计算公式推广到一般的几何形体上去. 我们以平面薄片

为例，假设有一平面薄片，它占有 xOy 面上的有界闭区域 D，在点 (x,y) 处的面密度为 $\mu(x,y)$，其中 $\mu(x,y)$ 在 D 上连续.

利用元素法，在闭区域 D 上任取一直径很小的闭区域 $\mathrm{d}\sigma$（其面积也记作 $\mathrm{d}\sigma$）. 由于 $\mathrm{d}\sigma$ 直径很小，且 $\mu(x,y)$ 在 D 上连续，故相应于 $\mathrm{d}\sigma$ 的这一小块薄片近似看作是均匀的（密度近似为 $\mathrm{d}\sigma$ 上点 (x,y) 处的密度），其质量近似等于 $\mu(x,y)\,\mathrm{d}\sigma$，这部分质量可近似地看作集中在点 (x,y) 上，于是得到 $\mathrm{d}\sigma$ 关于 x 轴、y 轴的静矩的近似值为

$$y\cdot\mu(x,y)\,\mathrm{d}\sigma,\quad x\cdot\mu(x,y)\,\mathrm{d}\sigma,$$

这就是平面薄片的静矩元素 $\mathrm{d}M_x$，$\mathrm{d}M_y$，即

$$\mathrm{d}M_x = y\mu(x,y)\,\mathrm{d}\sigma,\quad \mathrm{d}M_y = x\mu(x,y)\,\mathrm{d}\sigma.$$

以上述元素为被积表达式，在闭区域 D 上积分，便得

$$M_x = \iint\limits_D y\mu(x,y)\,\mathrm{d}\sigma,\quad M_y = \iint\limits_D x\mu(x,y)\,\mathrm{d}\sigma.$$

与质点系情形相仿，所谓平面薄片的质心 $\overline{P}(\overline{x},\overline{y})$，也就是薄片的质量 M 全集中于该点，且该点关于 x 轴和 y 轴的静矩等于平面薄片关于 x 轴和 y 轴的静矩 M_x 和 M_y. 由第一节知道，薄片的质量为

$$M = \iint\limits_D \mu(x,y)\,\mathrm{d}\sigma,$$

因此

$$\overline{y}M = M_x = \iint\limits_D y\mu(x,y)\,\mathrm{d}\sigma,\quad \overline{x}M = M_y = \iint\limits_D x\mu(x,y)\,\mathrm{d}\sigma,$$

于是，平面薄片的质心坐标 $(\overline{x},\overline{y})$ 为

$$\overline{x} = \frac{\iint\limits_D x\mu(x,y)\,\mathrm{d}\sigma}{\iint\limits_D \mu(x,y)\,\mathrm{d}\sigma},\quad \overline{y} = \frac{\iint\limits_D y\mu(x,y)\,\mathrm{d}\sigma}{\iint\limits_D \mu(x,y)\,\mathrm{d}\sigma}. \tag{7.2}$$

如果薄片是均匀的，即面密度是常量，那么 (7.2) 式中的密度可以提到积分号外并从分子、分母中约去，这样公式 (7.2) 就变为

$$\overline{x} = \frac{1}{A}\iint\limits_D x\,\mathrm{d}\sigma,\quad \overline{y} = \frac{1}{A}\iint\limits_D y\,\mathrm{d}\sigma, \tag{7.3}$$

其中 $A = \iint\limits_D \mathrm{d}\sigma$ 为闭区域 D 的面积. 这时平面薄片的质心坐标与密度无关而完全由闭区域 D 的形状所决定. 我们把 (7.3) 式所确定的点 $(\overline{x},\overline{y})$ 称为平面图形 D 的**形心**.

与上述平面薄片的质心和形心类似，空间立体、平面或空间曲线以及曲面也有质心和形心的概念，并有相应的计算公式（请读者自己写出）.

试算试练 试写出下列几何形体的质心公式:

(1) 立体 Ω; (2) 平面曲线 L; (3) 空间曲线 Γ; (4) 曲面 Σ.

例 1 设平面薄片所占区域 D 由直线 $x=0, y=0$ 和 $x+y=1$ 所围成 (图 7.44), 密度函数为 $\mu = x+y$, 求该薄片的质心.

解 设质心为 $(\overline{x}, \overline{y})$, 则该平面薄片的质量为

$$M = \iint\limits_D (x+y)\,dx\,dy = \int_0^1 dx \int_0^{1-x} (x+y)\,dy$$

$$= \int_0^1 \left[x(1-x) + \frac{1}{2}(1-x)^2\right] dx = \frac{1}{3},$$

该薄片关于 x 轴的静矩为

$$M_x = \iint\limits_D y(x+y)\,d\sigma = \int_0^1 dx \int_0^{1-x} y(x+y)\,dy$$

$$= \int_0^1 \left[x \cdot \frac{1}{2}(1-x)^2 + \frac{1}{3}(1-x)^3\right] dx = \frac{1}{8},$$

同样有 $M_y = \frac{1}{8}$, 因此

$$\overline{x} = \frac{M_y}{M} = \frac{3}{8}, \quad \overline{y} = \frac{M_x}{M} = \frac{3}{8}.$$

于是, 所求质心位于 $\left(\frac{3}{8}, \frac{3}{8}\right)$ 处.

例 2 求心形线 $\rho = a(1-\cos\varphi)$ 的形心 $(a>0)$.

解 如图 7.45 建立直角坐标系. 设形心为 $(\overline{x}, \overline{y})$, 由于心形线 L 关于 x 轴对称, 因此质心必位于 x 轴上, 即 $\overline{y} = 0$. 记心形线在 $y \geqslant 0$ 的部分曲线为 L_1, 由于

$$ds = \sqrt{\rho^2 + \rho'^2}\,d\varphi = 2a\sqrt{\frac{1-\cos\varphi}{2}}\,d\varphi = 2a\sin\frac{\varphi}{2}\,d\varphi,$$

故曲线的长度为

$$s = 2\int_{L_1} ds = 2\int_0^\pi 2a\sin\frac{\varphi}{2}\,d\varphi = 8a.$$

由于在 L_1 上

$$x = a(1-\cos\varphi)\cos\varphi = 2a\sin^2\frac{\varphi}{2}\left(1-2\sin^2\frac{\varphi}{2}\right),$$

故

$$M_y = \int_L x\,ds = 2\int_{L_1} x\,ds = 2\int_0^\pi 2a\sin^2\frac{\varphi}{2}\left(1-2\sin^2\frac{\varphi}{2}\right) \cdot 2a\sin\frac{\varphi}{2}\,d\varphi$$

$$\xlongequal{\varphi=2u} 2\int_0^{\frac{\pi}{2}} 8a^2(1-2\sin^2 u)\sin^3 u\,du = 16a^2\left(\frac{2}{3} - 2 \cdot \frac{4}{5} \cdot \frac{2}{3}\right) = -\frac{32}{5}a^2,$$

因此 $\overline{x} = \frac{1}{s}\int_L x\,ds = -\frac{4}{5}a$. 于是所求形心为 $\left(-\frac{4}{5}a, 0\right)$.

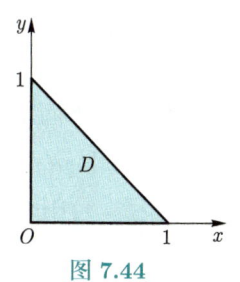

二、转动惯量

由力学可知,对于 xOy 面上具有 n 个质点 $P_1, P_2, \cdots, P_n$ 的质点系 (其中 P_i 的坐标为 (x_i, y_i),质量为 m_i),定义该质点系关于 x 轴和 y 轴的**转动惯量**分别是

$$I_x = \sum_{i=1}^{n} m_i y_i^2 \quad \text{和} \quad I_y = \sum_{i=1}^{n} m_i x_i^2. \tag{7.4}$$

假设一平面薄片,它占有 xOy 面上的有界闭区域 D,在点 (x, y) 处的面密度为 $\mu(x, y)$,其中 $\mu(x, y)$ 在 D 上连续.

与第一目中的静矩相仿,利用元素法可得,该平面薄片关于 x 轴、y 轴的转动惯量元素分别为

$$\mathrm{d}I_x = y^2 \mu(x, y)\,\mathrm{d}\sigma, \quad \mathrm{d}I_y = x^2 \mu(x, y)\,\mathrm{d}\sigma,$$

以上述元素为被积表达式,在闭区域 D 上积分,便得平面薄片关于 x 轴、y 轴的转动惯量分别为

$$I_x = \iint\limits_{D} y^2 \mu(x, y)\,\mathrm{d}\sigma, \quad I_y = \iint\limits_{D} x^2 \mu(x, y)\,\mathrm{d}\sigma. \tag{7.5}$$

同样地,空间曲线、空间立体、曲线型构件以及曲面型构件也有转动惯量的概念以及相应的计算公式.

试算试练 试写出下列几何形体关于 y 轴的转动惯量公式:

(1) 立体 Ω; (2) 平面曲线 L; (3) 空间曲线 Γ; (4) 曲面 Σ.

例 3 求半径为 R 的均匀球体 Ω (密度为 μ) 关于其一条直径的转动惯量.

解 首先建立坐标系,其坐标原点位于球体 Ω 的球心,则 Ω 在球面坐标系下可表示为

$$0 \leqslant r \leqslant R, \quad 0 \leqslant \theta \leqslant \pi, \quad 0 \leqslant \varphi \leqslant 2\pi.$$

于是,所求转动惯量为

$$I_z = \iiint\limits_{\Omega} (x^2 + y^2) \cdot \mu\,\mathrm{d}V = \iiint\limits_{\Omega} \mu r^2 \sin^2\theta \cdot r^2 \sin\theta\,\mathrm{d}r\,\mathrm{d}\theta\,\mathrm{d}\varphi$$

$$= \int_0^{2\pi} \mathrm{d}\varphi \int_0^{\pi} \mathrm{d}\theta \int_0^R \mu r^4 \sin^3\theta\,\mathrm{d}r = 2\pi \cdot \int_0^{\pi} \frac{\mu R^5}{5} \sin^3\theta\,\mathrm{d}\theta = \frac{2}{5} M R^2,$$

其中 $M = \dfrac{4\pi}{3}\mu R^3$ 为球体的质量.

例 4 设曲面 $\Sigma: z = x^2 + y^2 (0 \leqslant z \leqslant 1)$,其密度 $\mu = z$,求该曲面的质量及它关于 z 轴的转动惯量.

解 曲面 Σ 在 xOy 面上的投影 D 为圆域 $x^2 + y^2 \leqslant 1$,其面积元素为

$$\mathrm{d}S = \sqrt{1 + z_x^2 + z_y^2}\,\mathrm{d}x\,\mathrm{d}y = \sqrt{1 + 4x^2 + 4y^2}\,\mathrm{d}x\,\mathrm{d}y,$$

故曲面 Σ 的质量为

$$M = \iint_\Sigma z\,\mathrm{d}S = \iint_D (x^2+y^2)\cdot\sqrt{1+4x^2+4y^2}\,\mathrm{d}x\,\mathrm{d}y = \iint_D \rho^2\sqrt{1+4\rho^2}\cdot\rho\,\mathrm{d}\rho\,\mathrm{d}\varphi$$

$$= \int_0^{2\pi}\mathrm{d}\varphi\int_0^1 \rho^3\sqrt{1+4\rho^2}\,\mathrm{d}\rho = 2\pi\cdot\frac{1}{8}\int_0^1 \rho^2\sqrt{1+4\rho^2}\,\mathrm{d}(1+4\rho^2)$$

$$= \frac{\pi}{4}\int_1^5 \frac{u-1}{4}\sqrt{u}\,\mathrm{d}u = \frac{\pi}{16}\cdot\left[\frac{2}{5}u^{\frac{5}{2}}-\frac{2}{3}u^{\frac{3}{2}}\right]_1^5 = \frac{25\sqrt{5}+1}{60}\pi,$$

曲面 Σ 关于 z 轴的转动惯量为

$$I_z = \iint_\Sigma (x^2+y^2)\cdot z\,\mathrm{d}S = \iint_D (x^2+y^2)^2\cdot\sqrt{1+4x^2+4y^2}\,\mathrm{d}x\,\mathrm{d}y$$

$$= \iint_D \rho^4\sqrt{1+4\rho^2}\cdot\rho\,\mathrm{d}\rho\,\mathrm{d}\varphi = \int_0^{2\pi}\mathrm{d}\varphi\int_0^1 \rho^5\sqrt{1+4\rho^2}\,\mathrm{d}\rho$$

$$= 2\pi\cdot\frac{1}{8}\int_0^1 \rho^4\sqrt{1+4\rho^2}\,\mathrm{d}(1+4\rho^2) = \frac{\pi}{4}\int_1^5 \frac{(u-1)^2}{16}\sqrt{u}\,\mathrm{d}u$$

$$= \frac{\pi}{64}\cdot\left[\frac{2}{7}u^{\frac{7}{2}}-\frac{4}{5}u^{\frac{5}{2}}+\frac{2}{3}u^{\frac{3}{2}}\right]_1^5 = \frac{125\sqrt{5}-1}{420}\pi.$$

三、引力

设一单位质量的质点位于空间的点 $P_0(x_0,y_0,z_0)$ 处, 另有一质量为 m 的质点位于点 $P(x,y,z)$ 处, 由牛顿万有引力定律知, 质点 P 对 P_0 的引力为

$$\boldsymbol{F} = G\frac{m\cdot 1}{r^2}\boldsymbol{e_r} = \frac{Gm}{r^3}\boldsymbol{r} = \left(\frac{Gm(x-x_0)}{r^3}, \frac{Gm(y-y_0)}{r^3}, \frac{Gm(z-z_0)}{r^3}\right),$$

其中 G 为引力常数, $\boldsymbol{r} = \overrightarrow{P_0P} = (x-x_0, y-y_0, z-z_0)$,

$$r = |\boldsymbol{r}| = \sqrt{(x-x_0)^2+(y-y_0)^2+(z-z_0)^2}.$$

现假设一物体占有空间有界闭区域 Ω, 它在点 (x,y,z) 处的体密度为 $\mu(x,y,z)$, 且 $\mu(x,y,z)$ 在 Ω 上连续. 要求物体对单位质点 $P_0(x_0,y_0,z_0)$ 的引力.

利用元素法, 在物体上任意取出直径很小的一小块 $\mathrm{d}V$ (其体积也记作 $\mathrm{d}V$), 这一小块近似看作是均匀的, 其质量近似等于 $\mu(x,y,z)\,\mathrm{d}V$. 由于 $\mathrm{d}V$ 的直径很小, 因此 $\mathrm{d}V$ 可近似地看作位于 (x,y,z) 且质量为 $\mu(x,y,z)\,\mathrm{d}V$ 的质点, 于是得到

$$\mathrm{d}\boldsymbol{F} = (\mathrm{d}F_x, \mathrm{d}F_y, \mathrm{d}F_z) = \left(\frac{G\mu(x-x_0)}{r^3}\,\mathrm{d}V, \frac{G\mu(y-y_0)}{r^3}\,\mathrm{d}V, \frac{G\mu(z-z_0)}{r^3}\,\mathrm{d}V\right),$$

其中 $r = \sqrt{(x-x_0)^2+(y-y_0)^2+(z-z_0)^2}$, 而 $\mathrm{d}F_x$, $\mathrm{d}F_y$, $\mathrm{d}F_z$ 为引力元素 $\mathrm{d}\boldsymbol{F}$ 在三

个坐标轴上的分量. 将 $\mathrm{d}F_x$, $\mathrm{d}F_y$, $\mathrm{d}F_z$ 在 Ω 上分别积分, 即得

$$\begin{aligned}\boldsymbol{F} &= (F_x, F_y, F_z)\\ &= \left(\iiint\limits_\Omega \frac{G\mu(x-x_0)}{r^3}\mathrm{d}V, \iiint\limits_\Omega \frac{G\mu(y-y_0)}{r^3}\mathrm{d}V, \iiint\limits_\Omega \frac{G\mu(z-z_0)}{r^3}\mathrm{d}V\right),\end{aligned} \quad (7.6)$$

(7.6) 式就是空间物体 Ω 对物体外一单位质点 $P_0(x_0, y_0, z_0)$ 的引力.

如果上述物体 Ω 改为平面薄片 D (或曲线型构件、曲面型构件), 只要将 (7.6) 式中的体密度 $\mu(x, y, z)$ 换成面密度 (或线密度、面密度), 将 Ω 上的三重积分换成 D 上的二重积分 (或数量值函数的曲线积分、曲面积分), 即可得出相应的计算公式.

例 5 求半径为 R 的均匀球体 $x^2 + y^2 + z^2 \leqslant R^2$ (密度为常数 μ) 对位于 $(0, 0, a)$ 处单位质点的引力 $(a > R)$.

解 由球体的对称性及质量分布的均匀性可知

$$F_x = 0, \quad F_y = 0.$$

按截面法, 球体 Ω: $x^2 + y^2 + z^2 \leqslant R^2$ 可表示为

$$(x, y) \in D_z, \quad -R \leqslant z \leqslant R,$$

其中截面区域 D_z 为圆域 $x^2 + y^2 \leqslant R^2 - z^2$. 于是, 按 (7.6) 式得

$$\begin{aligned}F_z &= \iiint\limits_\Omega \frac{G\mu(z-a)}{[x^2+y^2+(z-a)^2]^{3/2}}\mathrm{d}x\,\mathrm{d}y\,\mathrm{d}z\\ &= G\mu\int_{-R}^{R}\mathrm{d}z\iint\limits_{D_z}\frac{z-a}{[x^2+y^2+(z-a)^2]^{3/2}}\mathrm{d}x\,\mathrm{d}y\\ &= G\mu\int_{-R}^{R}\mathrm{d}z\iint\limits_{D_z}\frac{z-a}{[\rho^2+(z-a)^2]^{3/2}}\cdot\rho\,\mathrm{d}\rho\,\mathrm{d}\varphi\\ &= G\mu\int_{-R}^{R}\mathrm{d}z\int_{0}^{2\pi}\mathrm{d}\varphi\int_{0}^{\sqrt{R^2-z^2}}\frac{(z-a)\rho}{[\rho^2+(z-a)^2]^{3/2}}\mathrm{d}\rho\\ &= G\mu\int_{-R}^{R}2\pi\cdot\left(-1-\frac{z-a}{\sqrt{R^2+a^2-2az}}\right)\mathrm{d}z\\ &= 2\pi G\mu\left[-2R-\int_{-R}^{R}\frac{z-a}{\sqrt{R^2+a^2-2az}}\mathrm{d}z\right],\end{aligned}$$

令 $\sqrt{R^2+a^2-2az} = u$, 则 $z = \dfrac{1}{2a}(R^2+a^2-u^2)$, 故

$$F_z = 2\pi G\mu\left[-2R-\int_{a+R}^{a-R}\frac{R^2-a^2-u^2}{2au}\cdot\left(-\frac{u}{a}\right)\mathrm{d}u\right] = -G\frac{M}{a^2},$$

其中 $M = \mu\cdot\dfrac{4\pi}{3}R^3$ 为均匀球体的质量. 这一结果表明, 若将均匀球体看作其质量集中在球心的一个质点 Q, 则球体与球外一质点 P 的引力相当于两质点 P, Q 之间的引力.

习题 7.7

1. 求下列平面图形 D 的形心位置:

(1) D 是由抛物线 $y = x^2$ 和直线 $y = x$ 所围成的部分;

(2) D 是由圆 $x^2 + y^2 + 2x = 0$ 和 $x^2 + y^2 = 4$ 所围成的部分;

(3) D 是由心形线 $\rho = 2(1 - \cos\varphi)$ $(0 \leqslant \varphi \leqslant 2\pi)$ 所围成的部分.

2. 有一飞碟形飞行物体, 其在 xOy 面内占有闭区域 D, 画出其图形, 并求其形心位置, 其中 D 是由抛物线 $y^2 = -4(x-1)$ 和 $y^2 = -2(x-2)$ 所围成.

3. 设有一半径为 R 的球体 $\Omega = \{(x,y,z)|x^2+y^2+z^2 \leqslant R^2\}$, 其上任意一点处的密度与该点到 $P(0,0,R)$ 的距离平方成正比 (比例系数 $k > 0$), 求此球的质心位置.

4. 在密度均匀的半径为 $R\,\mathrm{m}$ 的半圆形薄片的直径上, 要接上一个一边与半圆直径等长的同材质的均匀矩形薄片, 使得整个薄片 (半圆薄片和矩形薄片的整体) 的质心恰巧落在半圆的圆心上, 问接上去的均匀矩形薄片的另一边长度应该为多少?

5. 设圆锥面壳 Σ 为 $z = \sqrt{x^2+y^2}(0 \leqslant z \leqslant 1)$, 其上任一点的面密度为 $\mu(x,y,z) = z$, 求此圆锥面壳的质心位置以及它关于 z 轴的转动惯量.

6. 设有一密度均匀的弹簧 (密度为常数 μ_0) 位于螺旋线 $\Gamma: \begin{cases} x = \cos t, \\ y = \sin t, (0 \leqslant t \leqslant 2\pi). \\ z = t \end{cases}$

(1) 计算此弹簧的质心位置以及关于 z 轴的转动惯量;

(2) 另有一同材质的弹簧, 其长度为上述弹簧的两倍, 位于 $\Gamma: \begin{cases} x = \cos t, \\ y = \sin t, (0 \leqslant t \leqslant 4\pi), \\ z = t \end{cases}$

你对于此弹簧的质心位置以及关于 z 轴的转动惯量有何猜测? 验证它.

7. 求下列几何形体对于指定直线的转动惯量:

(1) 密度均匀的平面薄片 D 分别对于 x 轴和 y 轴, 其中 D 是由曲线 $y = x^2$ 和直线 $y = 1$ 所围成;

(2) 空间立体 Ω 关于 z 轴, 其任意一点处的密度函数为 $\mu(x,y,z) = y^2$, 其中 Ω 是由抛物面 $z = x^2 + y^2$ 和平面 $z = 2x$ 所围成的区域.

8. 求半径为 R 的均匀半球壳 $y = \sqrt{R^2 - x^2 - z^2}$ (面密度为常数 μ) 对位于原点处的单位质点的引力.

9. 求均匀圆锥体 $\Omega = \left\{(x,y,z) \Big| \sqrt{x^2+y^2} \leqslant z \leqslant 1\right\}$ (体密度为常数 μ) 对位于点 $(0,0,1)$ 处的单位质点的引力.

总习题七

1. 填空题

(1) 交换积分次序 $\int_0^1 \mathrm{d}x \int_x^{\sqrt{2-x^2}} f(x,y)\,\mathrm{d}y = $ _____;

(2) D 为由 $x=1, y=-1$ 和 $y=x$ 围成的闭区域,则 $\iint\limits_D \left(3+xy\mathrm{e}^{\frac{x^2+y^2}{2}}\right)\mathrm{d}\sigma = $ _____;

(3) Σ 为球面 $x^2+y^2+z^2=R^2(R>0)$,$\iint\limits_\Sigma (x+2y+3z+1)^2\,\mathrm{d}S = $ _____.

2. 计算下列积分:

(1) $\iint\limits_D \dfrac{\sqrt{x^2+y^2}}{\sqrt{4-x^2-y^2}}\,\mathrm{d}\sigma$,其中 D 是由曲线 $y=\sqrt{1-x^2}-1$ 和直线 $y=-x$ 所围成的闭区域;

(2) $\int_0^8 \mathrm{d}y \int_{\sqrt[3]{y}}^2 \dfrac{1}{1+x^4}\,\mathrm{d}x$;

(3) $\iint\limits_D |x^2+y^2-1|\,\mathrm{d}\sigma$,其中 $D=[0,1]\times[0,1]$.

3. 计算下列三重积分:

(1) $\iiint\limits_\Omega x\cos(y+z)\,\mathrm{d}x\,\mathrm{d}y\,\mathrm{d}z$,其中 Ω 是由平面 $z=0, x=0, y=x, y+z=\dfrac{\pi}{2}$ 所围成的闭区域;

(2) $\iiint\limits_\Omega x^2\,\mathrm{d}x\,\mathrm{d}y\,\mathrm{d}z$,其中 Ω 是由抛物面 $x=y^2+z^2$ 和 $x=2-y^2-z^2$ 所围成的闭区域;

(3) $\iiint\limits_\Omega (x^2+y^2)\,\mathrm{d}x\,\mathrm{d}y\,\mathrm{d}z$,其中 $\Omega = \{(x,y,z) \mid 4 \leqslant x^2+y^2+z^2 \leqslant 9, z \geqslant 0\}$.

4. 计算下列积分:

(1) $\int_L (x^2+y^2)\,\mathrm{d}s$,其中 L 为平面曲线,其方程为 $\begin{cases} x=\cos t + t\sin t, \\ y=\sin t - t\cos t \end{cases} (0 \leqslant t \leqslant 2\pi)$;

(2) $\int_\Gamma (x^2+y^2)\,\mathrm{d}s$,其中空间曲线 Γ 的方程为 $\begin{cases} x=4\cos t, \\ y=4\sin t, \\ z=3t \end{cases} (0 \leqslant t \leqslant 2\pi)$;

(3) $\iint\limits_\Sigma (x+y+z)\,\mathrm{d}S$,其中 Σ 为球冠 $z=\sqrt{R^2-x^2-y^2}\ (0<h\leqslant z \leqslant R)$ 的部分.

5. 设 $f(x)$ 在 $[a,b]$ 上连续,且 $f(x)>0, x\in[a,b]$,证明:

$$\int_a^b f(x)\,\mathrm{d}x \cdot \int_a^b \frac{1}{f(x)}\,\mathrm{d}x \geqslant (b-a)^2.$$

6. 证明: 抛物面 $z = x^2 + y^2 + 1$ 上任一点处的切平面与曲面 $z = x^2 + y^2$ 所围成的立体的体积为一定值.

7. 设 $f(x)$ 在 [0,1] 上连续, 证明:
$$\int_0^1 \mathrm{d}x \int_x^1 \mathrm{d}y \int_x^y f(x)f(y)f(z)\,\mathrm{d}z = \frac{1}{6}\left(\int_0^1 f(x)\,\mathrm{d}x\right)^3.$$

8. 设有一高度为 $h(t)$ 的雪堆在融化过程中 (t 代表时间, 单位: h, 高度单位: cm), 其表面满足方程 $z = h(t) - \dfrac{2(x^2+y^2)}{h(t)}$, 已知雪堆体积的减少率与表面积成正比 (比例系数为 0.9), 问: 高度为 130 cm 的雪堆全部融化需要多少小时?

9. 曲线弧 $\begin{cases} x = y^2, \\ z = 0 \end{cases}$ $(0 \leqslant x \leqslant 2)$ 绕 x 轴旋转一周得到曲面 Σ, 求此曲面的形心以及它关于 x 轴的转动惯量.

10. 设有一面密度为常量 μ, 半径为 R 的匀质圆形薄片, 将其放置于 xOy 面上, 占有闭区域 $D = \{(x,y) \mid x^2 + y^2 \leqslant R^2\}$, 求该薄片对于空间 z 轴上的点 $P(0,0,1)$ 处的单位质点的引力.

数学星空　　光辉典范——数学家与数学家精神

走自己的路——人民科学家吴文俊与数学机械化

吴文俊 (1919—2017)　中国数学家. 一位学者, 年少以 "拓扑地震" 成名国外; 37 岁成为最年轻的中国科学院学部委员 (院士); 年近花甲又以战斗的姿态开创了一个既有中国特色又有浓郁时代气息的崭新的数学机械化领域; 两次问鼎国家级最高科学奖……在公众心目中, 吴文俊是一位不断创新、获奖无数的数学英雄! 吴文俊自己却把一切归功于国家, 归功于人民. 在中华人民共和国成立 70 周年之际, 吴文俊被授予 "人民科学家" 的荣誉称号, 吴文俊的名字将永载共和国科学史册.

第八章 向量值函数的积分与场论

8.1 向量值函数在定向曲线上的积分

一、向量值函数的曲线积分的概念

定向曲线及其切向量 由于本节讨论的曲线积分的实际背景涉及曲线的走向, 故先对曲线的定向作一点说明.

动点沿着曲线连续移动时, 就形成了曲线的走向. 一条曲线通常可以有两种走向, 如果将其中一种走向规定为正向, 那么另一走向就是反向, 带有确定走向的一条曲线称为**定向曲线**, 当我们用 $\Gamma = \widehat{AB}$ 表示定向曲线弧 (以下简称为定向曲线) 时, 前一字母 (即 A) 表示 Γ 的起点, 后一字母 (即 B) 表示 Γ 的终点. 定向曲线 Γ 的反向曲线记为 Γ^-. 定向曲线 $\Gamma = \widehat{AB}$ 的参数方程写成

$$\begin{cases} x = x(t), \\ y = y(t), \ t: \alpha \to \beta, \\ z = z(t), \end{cases} \tag{1.1}$$

这一写法清楚地指明了 Γ 从 A 到 B 的走向与参数 t 从 α 到 β 的变化方向相对应, 于是起点 A 对应 α, 终点 B 对应 β, 但此时 α 未必小于 β.

定向曲线 $\Gamma = \widehat{AB}$ 的参数方程 (1.1) 也可以表示为如下的向量形式:

$$\bm{r} = \bm{r}(t) = x(t)\bm{i} + y(t)\bm{j} + z(t)\bm{k}, \quad t: \alpha \to \beta, \tag{1.2}$$

其中 $\bm{r}(t)$ 表示 Γ 上对应参数 t 的一点的向径.

对于任意一条光滑曲线, 其上每一点处的切向量都有两个方向. 但对定向光滑曲线, 我们规定: **定向光滑曲线上各点处的切向量的方向总是与曲线的走向相一致**.

设光滑曲线 Γ 的方程由 (1.1) 式给出, 如果参数 t 从小变大确定了 Γ 的走向, 则对任意增量 Δt, 当 $\Delta t > 0$ 时, Γ 上的点 $N(x(t+\Delta t), y(t+\Delta t), z(t+\Delta t))$ 总是位于点 $M(x(t), y(t), z(t))$ 的前方, 从而向量 $\dfrac{\overrightarrow{MN}}{\Delta t}$ 指向曲线的前方; 而当 $\Delta t < 0$ 时, 点 N 总是

位于点 M 的后方，从而向量 $\dfrac{\overrightarrow{MN}}{\Delta t}$ 仍然指向曲线的前方. 因此不论哪种情形，当 $\Delta t \to 0$ 时，向量

$$\dfrac{\overrightarrow{MN}}{\Delta t} = \left(\dfrac{x(t+\Delta t)-x(t)}{\Delta t}, \dfrac{y(t+\Delta t)-y(t)}{\Delta t}, \dfrac{z(t+\Delta t)-z(t)}{\Delta t} \right)$$

的极限就是定向曲线 Γ 在点 M 处的切向量，由此得 Γ 在点 M 处的切向量为

$$\boldsymbol{\tau} = (x'(t), y'(t), z'(t))^{①}.$$

同理可说明，如果参数 t 从大变小确定了 Γ 的走向，则 Γ 的切向量为

$$\boldsymbol{\tau} = (-x'(t), -y'(t), -z'(t)).$$

因此，由参数方程 (1.1) 式给出的定向光滑曲线 Γ 在其上任一点处的切向量为

$$\boldsymbol{\tau} = \pm(x'(t), y'(t), z'(t)), \tag{1.3}$$

其中的正负号当 $\alpha < \beta$ 时取正，当 $\alpha > \beta$ 时取负. 如果定向曲线 Γ 以向量形式 (1.2) 表示，则

$$\boldsymbol{\tau} = \pm \boldsymbol{r}'.$$

例如，设 xOy 面上定向曲线 L 的方程为

$$x = a\cos t, \quad y = a\sin t, \quad t: 0 \to 2\pi,$$

则 L 的切向量为

$$\boldsymbol{\tau} = (-a\sin t, a\cos t).$$

定向曲线的切向量概念，在本节所研究的曲线积分问题中将起重要作用.

试算试练 设 xOy 面上一定向曲线 L 的方程为 $L: \begin{cases} x = 3\cos t, \\ y = 2\sin t, \end{cases} t: 2\pi \to 0$，求此曲线在任意一点处的单位切向量.

设定向曲线 L 为 $x = y^2$ 上从 $(0,0)$ 到 $(4,2)$ 的那一段，求此曲线在点 $(1,1)$ 处的单位切向量.

变力沿曲线所做的功 设一个质点从点 A 沿光滑的平面曲线弧 L 移动到点 B，在移动过程中，质点受到力

$$\boldsymbol{F}(x,y) = P(x,y)\boldsymbol{i} + Q(x,y)\boldsymbol{j}$$

的作用. 现在要问，如何计算在上述移动过程中变力 $\boldsymbol{F}$ 所做的功？

大家知道，如果力 $\boldsymbol{F}$ 是常力，质点从 A 沿直线移动到 B，则 $\boldsymbol{F}$ 做的功是 $\boldsymbol{F}$ 与 $\overrightarrow{AB}$ 的数量积，即

$$W = \boldsymbol{F} \cdot \overrightarrow{AB}.$$

---

① 对于光滑曲线的参数方程，这里总假设 $x'^2(t) + y'^2(t) + z'^2(t) \neq 0$.

现在 $\boldsymbol{F} = \boldsymbol{F}(x,y)$ 是变力,而且质点的移动路径是曲线,故不能用上述方法来计算功 W. 但是当曲线弧段很短时,我们仍可用上述公式来近似计算 W. 于是我们用曲线弧 L 上的点 $A = M_0, M_1, M_2, \cdots, M_n = B$ (图 8.1) 把 L 分成 n 个小弧段,并记 $M_i(x_i, y_i)$,由于 $\widehat{M_{i-1}M_i}$ 光滑而且很短,故可以把它近似地看作 $\overrightarrow{M_{i-1}M_i} = \Delta x_i \boldsymbol{i} + \Delta y_i \boldsymbol{j}$,其中 $\Delta x_i = x_i - x_{i-1}$,$\Delta y_i = y_i - y_{i-1}$. 又若 $\boldsymbol{F}(x,y)$ 在 L 上连续①,则可用 $\widehat{M_{i-1}M_i}$ 上任意取定一点 (ξ_i, η_i) 处的力 $\boldsymbol{F}(\xi_i, \eta_i)$ 来代替这小弧段上各点处的力,这样变力 $\boldsymbol{F}$ 沿 $\widehat{M_{i-1}M_i}$ 所做的功

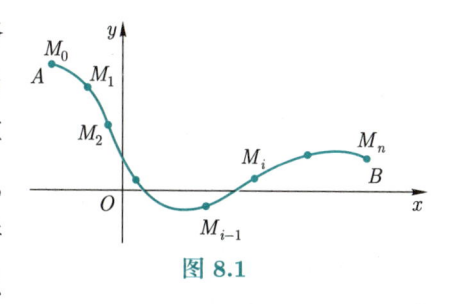

$$\Delta W_i \approx \boldsymbol{F}(\xi_i, \eta_i) \cdot \overrightarrow{M_{i-1}M_i} = P(\xi_i, \eta_i)\Delta x_i + Q(\xi_i, \eta_i)\Delta y_i,$$

于是

$$W = \sum_{i=1}^{n} \Delta W_i \approx \sum_{i=1}^{n} [P(\xi_i, \eta_i)\Delta x_i + Q(\xi_i, \eta_i)\Delta y_i],$$

令 $\lambda = \max\limits_{1 \leqslant i \leqslant n} \{|M_{i-1}M_i|\} \to 0$,取上述和的极限,所得极限就是变力 $\boldsymbol{F}$ 沿定向曲线弧 $L = \widehat{AB}$ 所做的功,即

$$W = \lim_{\lambda \to 0} \sum_{i=1}^{n} [P(\xi_i, \eta_i)\Delta x_i + Q(\xi_i, \eta_i)\Delta y_i].$$

一般地,对于二元向量值函数 $\boldsymbol{F}(x,y) = P(x,y)\boldsymbol{i} + Q(x,y)\boldsymbol{j}$,$L$ 为 $\boldsymbol{F}(x,y)$ 定义域内的从点 A 到点 B 的定向光滑曲线,在 L 上沿 L 的方向任意插入一列点

$$A = M_0(x_0, y_0), M_1(x_1, y_1), \cdots, M_n(x_n, y_n) = B, \tag{1.4}$$

把曲线 L 分成 n 个定向弧段 $\widehat{M_{i-1}M_i}$,记 $\Delta x_i = x_i - x_{i-1}$,$\Delta y_i = y_i - y_{i-1}$,$\Delta s_i = |M_{i-1}M_i|$,在第 i 个小段 $\widehat{M_{i-1}M_i}$ 上任取一点 (ξ_i, η_i),作乘积之和

$$P(\xi_i, \eta_i)\Delta x_i + Q(\xi_i, \eta_i)\Delta y_i,$$

并把这 n 个定向弧段上的上述结果求和,得到

$$\sum_{i=1}^{n} [P(\xi_i, \eta_i)\Delta x_i + Q(\xi_i, \eta_i)\Delta y_i], \tag{1.5}$$

这个依赖于划分 (1.4) 和点 (ξ_i, η_i) 的选取的和称为**向量值函数 $\boldsymbol{F}(x,y)$ 在定向曲线 L 上的 (黎曼) 积分和**.

定义 设 L 为 xOy 面内具有有限长度的定向光滑曲线,向量值函数

$$\boldsymbol{F}(x,y) = P(x,y)\boldsymbol{i} + Q(x,y)\boldsymbol{j}$$

---

① 向量值函数 $\boldsymbol{F}(x,y)$ 在 L 上连续是指,$\forall M_0(x_0, y_0) \in L$,当 L 上的动点 M 沿着 L 趋于 M_0 时,有 $|\boldsymbol{F}(x,y) - \boldsymbol{F}(x_0, y_0)| \to 0$. 若 $\boldsymbol{F}(x,y) = P(x,y)\boldsymbol{i} + Q(x,y)\boldsymbol{j}$,容易证明 $\boldsymbol{F}(x,y) = P(x,y)\boldsymbol{i} + Q(x,y)\boldsymbol{j}$ 在 L 上连续的充要条件是数量值函数 $P(x,y)$,$Q(x,y)$ 均在 L 上连续.

在 L 上有界. 对于 L 的任意划分 (1.4), 以及小段曲线 $\widehat{M_{i-1}M_i}$ 上任意选取的点 (ξ_i, η_i). 记 $\lambda = \max\limits_{1\leqslant i\leqslant n}\{\Delta s_i\}$, 如果当 $\lambda \to 0$ 时, 由 (1.5) 式所定义的积分和

$$\sum_{i=1}^n [P(\xi_i, \eta_i)\Delta x_i + Q(\xi_i, \eta_i)\Delta y_i]$$

的极限总存在, 且与划分 (1.4) 和点 (ξ_i, η_i) 的取法无关, 则称**向量值函数** $\boldsymbol{F}(x, y)$ 在 L **上的曲线积分存在**, 这个极限称为**向量值函数** $\boldsymbol{F}(x, y)$ 在 L **上的曲线积分**, 记作 $\int_L P(x, y)\,\mathrm{d}x + Q(x, y)\,\mathrm{d}y$, 即

$$\int_L P(x, y)\,\mathrm{d}x + Q(x, y)\,\mathrm{d}y = \lim_{\lambda\to 0} \sum_{i=1}^n [P(\xi_i, \eta_i)\Delta x_i + Q(\xi_i, \eta_i)\Delta y_i], \tag{1.6}$$

其中 $\boldsymbol{F}(x, y)$ 叫做**被积函数**, $P(x, y)\,\mathrm{d}x + Q(x, y)\,\mathrm{d}y$ 称为**被积表达式**, x, y 叫做**积分变量**, $\int$ 叫做**积分号**, L 叫做**积分弧段** (或**积分路径**).

向量值函数 $\boldsymbol{F}(x, y)$ 在 L 上的曲线积分 $\int_L P(x, y)\,\mathrm{d}x + Q(x, y)\,\mathrm{d}y$, 也可用向量表为 $\int_L \boldsymbol{F}(x, y)\cdot \mathrm{d}\boldsymbol{r}$, 即

$$\int_L \boldsymbol{F}(x, y)\cdot \mathrm{d}\boldsymbol{r} = \int_L P(x, y)\,\mathrm{d}x + Q(x, y)\,\mathrm{d}y = \lim_{\lambda\to 0} \sum_{i=1}^n [P(\xi_i, \eta_i)\Delta x_i + Q(\xi_i, \eta_i)\Delta y_i], \tag{1.7}$$

其中 $\mathrm{d}\boldsymbol{r}$ 称为**定向弧元素**.

根据定义, 前述变力 $\boldsymbol{F}(x, y) = P(x, y)\boldsymbol{i} + Q(x, y)\boldsymbol{j}$ 沿曲线 L 所做的功可以表示为

$$\int_L \boldsymbol{F}(x, y)\cdot \mathrm{d}\boldsymbol{r} \quad \text{或} \quad \int_L P(x, y)\,\mathrm{d}x + Q(x, y)\,\mathrm{d}y.$$

对于分段光滑的定向曲线 Γ, 我们规定 $\boldsymbol{F}(x, y)$ 在 L 上的积分等于 $\boldsymbol{F}(x, y)$ 在各定向光滑弧段上的积分之和. 例如, 曲线 L 由两段光滑曲线 L_1 和 L_2 组成, 则规定

$$\int_{L_1+L_2} \boldsymbol{F}(x, y)\cdot \mathrm{d}\boldsymbol{r} = \int_{L_1} \boldsymbol{F}(x, y)\cdot \mathrm{d}\boldsymbol{r} + \int_{L_2} \boldsymbol{F}(x, y)\cdot \mathrm{d}\boldsymbol{r}.$$

如果 L 是封闭曲线, 常将 $\int_L \boldsymbol{F}(x, y)\cdot \mathrm{d}\boldsymbol{r}$ 写成 $\oint_L \boldsymbol{F}(x, y)\cdot \mathrm{d}\boldsymbol{r}$.

我们指出, 当 $\boldsymbol{F}(x, y)$ **在分段光滑的曲线** L **上连续时**, 积分 $\int_L \boldsymbol{F}(x, y)\cdot \mathrm{d}\boldsymbol{r}$ 一定存在.

我们可以类似地定义三维向量值函数

$$\boldsymbol{F}(x, y, z) = P(x, y, z)\boldsymbol{i} + Q(x, y, z)\boldsymbol{j} + R(x, y, z)\boldsymbol{k}$$

在空间的定向光滑曲线 Γ 上的曲线积分, 并把它记作

$$\int_\Gamma P(x,y,z)\,\mathrm{d}x + Q(x,y,z)\,\mathrm{d}y + R(x,y,z)\,\mathrm{d}z,$$

即

$$\int_\Gamma P(x,y,z)\,\mathrm{d}x + Q(x,y,z)\,\mathrm{d}y + R(x,y,z)\,\mathrm{d}z$$
$$= \lim_{\lambda \to 0} \sum_{i=1}^n \left[P(\xi_i, \eta_i, \zeta_i)\Delta x_i + Q(\xi_i, \eta_i, \zeta_i)\Delta y_i + R(\xi_i, \eta_i, \zeta_i)\Delta z_i \right], \tag{1.8}$$

用向量可表示为 $\int_\Gamma \boldsymbol{F}(x,y,z) \cdot \mathrm{d}\boldsymbol{r}$, 即

$$\int_\Gamma \boldsymbol{F}(x,y,z) \cdot \mathrm{d}\boldsymbol{r} = \int_\Gamma P(x,y,z)\,\mathrm{d}x + Q(x,y,z)\,\mathrm{d}y + R(x,y,z)\,\mathrm{d}z, \tag{1.9}$$

其中 $\mathrm{d}\boldsymbol{r}$ 为**定向弧元素**.

同样地, 变力 $\boldsymbol{F}(x,y,z) = P(x,y,z)\boldsymbol{i} + Q(x,y,z)\boldsymbol{j} + R(x,y,z)\boldsymbol{k}$ 沿空间曲线 Γ 所做的功可以表示为

$$\int_\Gamma \boldsymbol{F}(x,y,z) \cdot \mathrm{d}\boldsymbol{r} \quad \text{或} \quad \int_\Gamma P(x,y,z)\,\mathrm{d}x + Q(x,y,z)\,\mathrm{d}y + R(x,y,z)\,\mathrm{d}z.$$

向量值函数的曲线积分也称为**第二类曲线积分**, 它具有如下的性质 (以 xOy 面上的平面曲线积分为例), 假设 $\int_L \boldsymbol{F}(x,y) \cdot \mathrm{d}\boldsymbol{r}, \int_L \boldsymbol{G}(x,y) \cdot \mathrm{d}\boldsymbol{r}$ 存在, 则

(1) 线性性质: 对于任意的 $\alpha, \beta \in \mathbf{R}$, 有

$$\int_L [\alpha \boldsymbol{F}(x,y) + \beta \boldsymbol{G}(x,y)] \cdot \mathrm{d}\boldsymbol{r} = \alpha \int_L \boldsymbol{F}(x,y) \cdot \mathrm{d}\boldsymbol{r} + \beta \int_L \boldsymbol{G}(x,y) \cdot \mathrm{d}\boldsymbol{r}; \tag{1.10}$$

(2) 可加性质: 设定向曲线 L 可分成两段定向曲线 L_1 和 L_2, 则

$$\int_{L_1+L_2} \boldsymbol{F}(x,y) \cdot \mathrm{d}\boldsymbol{r} = \int_{L_1} \boldsymbol{F}(x,y) \cdot \mathrm{d}\boldsymbol{r} + \int_{L_2} \boldsymbol{F}(x,y) \cdot \mathrm{d}\boldsymbol{r}; \tag{1.11}$$

(3) 记 L^- 为 L 的反向曲线弧, 则

$$\int_{L^-} \boldsymbol{F}(x,y) \cdot \mathrm{d}\boldsymbol{r} = -\int_L \boldsymbol{F}(x,y) \cdot \mathrm{d}\boldsymbol{r} \quad \text{或} \quad \int_{L^-} P\,\mathrm{d}x + Q\,\mathrm{d}y = -\int_L P\,\mathrm{d}x + Q\,\mathrm{d}y, \tag{1.12}$$

这表明, 改变定向曲线弧的方向, 第二类曲线积分要改变符号.

二、 向量值函数的曲线积分的计算法

向量值函数的曲线积分可化为定积分来进行计算.

设 L 为从点 A 到点 B 的定向光滑曲线, 它的方程为

$$\begin{cases} x = x(t), \\ y = y(t), \end{cases} t: \alpha \to \beta,$$

其中 $x(t), y(t)$ 的一阶导数连续. 向量值函数 $\boldsymbol{F}(x,y) = P(x,y)\boldsymbol{i} + Q(x,y)\boldsymbol{j}$ 在 L 上连续, 由充分条件可知 $\int_L \boldsymbol{F}(x,y) \cdot \mathrm{d}\boldsymbol{r}$ 存在.

当 $\alpha < \beta$ 时, 在 $[\alpha, \beta]$ 中插入 $n-1$ 个分点

$$\alpha = t_0 < t_1 < t_2 < \cdots < t_n = \beta,$$

由此得到曲线 L 上从起点 A 到终点 B 的一列点, 依次为

$$A = M_0(x_0, y_0), M_1(x_1, y_1), M_2(x_2, y_2), \cdots, M_n(x_n, y_n) = B,$$

其中 $x_i = x(t_i), y_i = y(t_i)$.

记 $\Delta x_i = x_i - x_{i-1}$, 由微分中值定理, 存在 $\tau_i \in (t_{i-1}, t_i)$, 使得

$$\Delta x_i = x(t_i) - x(t_{i-1}) = x'(\tau_i)\Delta t_i,$$

再记 $\xi_i = x(\tau_i), \eta_i = y(\tau_i)$, 则点 (ξ_i, η_i) 在 $\widehat{M_{i-1}M_i}$ 上, 根据第二类曲线积分的定义, 有

$$\int_L P(x,y)\,\mathrm{d}x = \lim_{\lambda \to 0} \sum_{i=1}^n P(\xi_i, \eta_i)\Delta x_i \text{①}$$

$$= \lim_{\lambda \to 0} \sum_{i=1}^n P[x(\tau_i), y(\tau_i)]x'(\tau_i)\Delta t_i,$$

上式右端的极限即为函数 $P[x(t), y(t)]x'(t)$ 在区间 $[\alpha, \beta]$ 上的定积分, 由于此函数在 $[\alpha, \beta]$ 上连续, 故这个定积分存在, 从而得到

$$\int_L P(x,y)\,\mathrm{d}x = \int_\alpha^\beta P[x(t), y(t)]x'(t)\,\mathrm{d}t.$$

当 $\alpha > \beta$ 时, L^- 的方程为

$$\begin{cases} x = x(t), \\ y = y(t), \end{cases} t: \beta \to \alpha,$$

利用上面的结论, 有

$$\int_{L^-} P(x,y)\,\mathrm{d}x = \int_\beta^\alpha P[x(t), y(t)]x'(t)\,\mathrm{d}t,$$

再由第二类曲线积分的性质, 得

$$\int_L P(x,y)\,\mathrm{d}x = -\int_{L^-} P(x,y)\,\mathrm{d}x = \int_\alpha^\beta P[x(t), y(t)]x'(t)\,\mathrm{d}t.$$

---

① 由于 $\boldsymbol{F}(x,y)$ 在 L 上连续时, 曲线积分 $\int_L \boldsymbol{F}(x,y) \cdot \mathrm{d}\boldsymbol{r}$ 一定存在, 因此, 这里取这一特殊的点 (ξ_i, η_i), 等式仍然成立.

以上说明, 无论是 $\alpha < \beta$ 还是 $\alpha > \beta$, 都有
$$\int_L P(x,y)\,\mathrm{d}x = \int_\alpha^\beta P[x(t),y(t)]x'(t)\,\mathrm{d}t.$$
类似可得
$$\int_L Q(x,y)\,\mathrm{d}y = \int_\alpha^\beta Q[x(t),y(t)]y'(t)\,\mathrm{d}t.$$
因此
$$\int_L P(x,y)\,\mathrm{d}x + Q(x,y)\,\mathrm{d}y = \int_\alpha^\beta \{P[x(t),y(t)]x'(t) + Q[x(t),y(t)]y'(t)\}\,\mathrm{d}t,$$
其中 α 和 β 为曲线 L 在起点和终点处的参数.

这就得到如下的定理.

定理 设向量值函数 $\boldsymbol{F}(x,y) = P(x,y)\boldsymbol{i} + Q(x,y)\boldsymbol{j}$ 在平面定向光滑曲线弧 L 上连续, L 的方程为
$$\begin{cases} x = x(t), \\ y = y(t), \end{cases} t: \alpha \to \beta,$$
其中 $x(t)$, $y(t)$ 的一阶导数连续, 则
$$\int_L P(x,y)\,\mathrm{d}x + Q(x,y)\,\mathrm{d}y = \int_\alpha^\beta \{P[x(t),y(t)]x'(t) + Q[x(t),y(t)]y'(t)\}\,\mathrm{d}t, \quad (1.13)$$
(1.13) 式右端定积分的下限 α 对应 L 的起点, 上限 β 对应 L 的终点.

从 (1.13) 式可见, 在把第二类曲线积分化为定积分时, 我们可以把左端 $\mathrm{d}x$, $\mathrm{d}y$ 当作微分记号来处理. 只需将被积函数中的变量 x, y 分别换成 $x(t)$, $y(t)$, 并将 $\mathrm{d}x$, $\mathrm{d}y$ 按微分公式分别换成 $x'(t)\,\mathrm{d}t$, $y'(t)\,\mathrm{d}t$, 再取 L 起点对应的参数 α 作为积分的下限, 终点对应的参数 β 作为积分的上限, 就把第二类曲线积分转化为定积分了. 这里的下限 α 不一定小于上限 β.

对于曲线 L 的其他形式, 可化为参数方程情形. 例如, 曲线 L 为 $y = y(x)$, $x: a \to b$, 则该曲线可看作以 x 为参数的参数方程 $\begin{cases} x = x, \\ y = y(x), \end{cases} x: a \to b$, 于是
$$\int_L P(x,y)\,\mathrm{d}x + Q(x,y)\,\mathrm{d}y = \int_a^b \{P[x,y(x)] + Q[x,y(x)]y'(x)\}\,\mathrm{d}x.$$

对于空间曲线 Γ 上的曲线积分 $\int_\Gamma \boldsymbol{F}(x,y,z)\,\mathrm{d}\boldsymbol{r} = \int_\Gamma P(x,y,z)\,\mathrm{d}x + Q(x,y,z)\,\mathrm{d}y + R(x,y,z)\,\mathrm{d}z$, 有类似结果. 如果空间定向曲线 Γ 的方程为
$$\begin{cases} x = x(t), \\ y = y(t), \ t: \alpha \to \beta, \\ z = z(t), \end{cases}$$

则
$$\int_\Gamma P(x,y,z)\,\mathrm{d}x + Q(x,y,z)\,\mathrm{d}y + R(x,y,z)\,\mathrm{d}z$$
$$=\int_\alpha^\beta \{P[x(t),y(t),z(t)]x'(t)+Q[x(t),y(t),z(t)]y'(t)+R[x(t),y(t),z(t)]z'(t)\}\,\mathrm{d}t, \quad (1.14)$$

(1.14) 式右端定积分的下限 α 对应 Γ 的起点, 上限 β 对应 Γ 的终点.

试算试练 设 L 为 xOy 面上从 $(1,1)$ 到 $(2,1)$ 的直线段, 试把曲线积分 $\int_L Q(x,y)\mathrm{d}y$ 表为定积分.

例 1 计算 $\int_L (x-y)\,\mathrm{d}x + (y-x)\,\mathrm{d}y$, 其中 L 为抛物线 $x = y^2 + 1$ 上从点 $A(1,0)$ 到点 $B(2,1)$ 的一段定向弧 (图 8.2).

解 曲线 L 的方程为 $x = y^2 + 1$, $y: 0 \to 1$, 看作以 y 为参数的参数方程 $\begin{cases} x = y^2 + 1, \\ y = y, \end{cases}$ $y: 0 \to 1$, 故

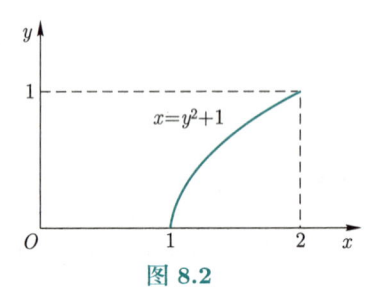

$$\int_L (x-y)\,\mathrm{d}x + (y-x)\,\mathrm{d}y$$
$$= \int_0^1 \{[(y^2+1)-y]\cdot 2y + [y-(y^2+1)]\}\,\mathrm{d}y$$
$$= \int_0^1 (2y^3 - 3y^2 + 3y - 1)\,\mathrm{d}y = 0.$$

图 8.2

例 2 在 xOy 面上, 某质点在力 $\boldsymbol{F} = y\boldsymbol{i} - x\boldsymbol{j}$ 的作用下沿摆线 $L: \begin{cases} x = t - \sin t, \\ y = 1 - \cos t \end{cases}$ 从点 $O(0,0)$ 移动到点 $A(\pi, 2)$, 求此过程中力 $\boldsymbol{F}$ 所做的功.

解 力 $\boldsymbol{F}$ 所做的功为
$$W = \int_L \boldsymbol{F}\cdot\mathrm{d}\boldsymbol{r} = \int_L y\,\mathrm{d}x - x\,\mathrm{d}y.$$

容易知道 L 的起点 O、终点 A 分别为 $t = 0, t = \pi$, 故
$$W = \int_L y\,\mathrm{d}x - x\,\mathrm{d}y = \int_0^\pi [(1-\cos t)\cdot(1-\cos t) - (t-\sin t)\cdot\sin t]\,\mathrm{d}t$$
$$= \int_0^\pi (2 - 2\cos t - t\sin t)\,\mathrm{d}t = [2t - 2\sin t + t\cos t - \sin t]_0^\pi$$
$$= \pi.$$

典型例题
第二类曲线积分的计算

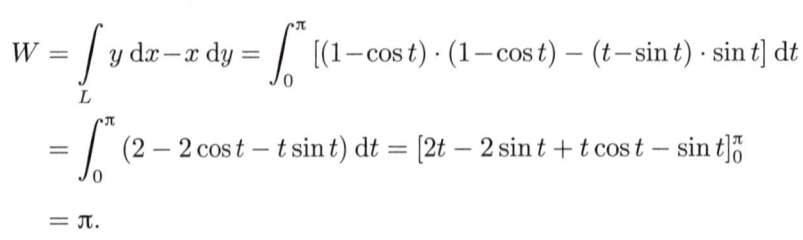

例 3 计算积分 $I = \int_L (2x+y)\,dx + (y^2+x)\,dy$, 其中 L 分别沿如下的路径从 $A(1,1)$ 到 $B(2,0)$ (图 8.3):

(1) L 为沿直线从 A 到 B;

(2) L 为沿直线从 A 到 $C(1,0)$, 再沿直线从 C 到 B 的折线段;

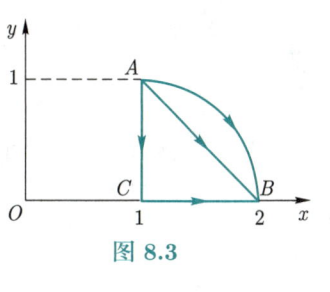

图 8.3

(3) L 为沿圆周 $x^2+y^2=2x$ 顺时针从 A 到 B.

解 (1) L 的方程为 $y = 2-x\,(x: 1 \to 2)$, 故

$$I = \int_L (2x+y)\,dx + (y^2+x)\,dy = \int_1^2 \{[2x+(2-x)] + [(2-x)^2+x]\cdot(-1)\}\,dx$$

$$= \int_1^2 [2-(2-x)^2]\,dx = \left[2x + \frac{1}{3}(2-x)^3\right]_1^2 = \frac{5}{3}.$$

(2) 直线段 AC 的方程为 $x=1\,(y: 1 \to 0)$, 直线段 CB 的方程为 $y=0\,(x: 1 \to 2)$, 故

$$I = \int_L (2x+y)\,dx + (y^2+x)\,dy$$

$$= \int_{\overrightarrow{AC}} (2x+y)\,dx + (y^2+x)\,dy + \int_{\overrightarrow{CB}} (2x+y)\,dx + (y^2+x)\,dy$$

$$= \int_{\overrightarrow{AC}} (y^2+x)\,dy + \int_{\overrightarrow{CB}} (2x+y)\,dx = \int_1^0 (y^2+1)\,dy + \int_1^2 2x\,dx$$

$$= \frac{5}{3}.$$

(3) L 的参数方程为 $x = 1+\cos t, y = \sin t\left(t: \dfrac{\pi}{2} \to 0\right)$, 故

$$I = \int_L (2x+y)\,dx + (y^2+x)\,dy$$

$$= \int_{\frac{\pi}{2}}^0 \{[2(1+\cos t)+\sin t]\cdot(-\sin t) + [\sin^2 t + (1+\cos t)]\cdot \cos t\}\,dt$$

$$= \int_{\frac{\pi}{2}}^0 (\cos t - 2\sin t - 2\cos t \sin t + \cos^2 t - \sin^2 t + \cos t \sin^2 t)\,dt$$

$$= \left[\sin t + 2\cos t - \sin^2 t + \frac{1}{2}\sin 2t + \frac{1}{3}\sin^3 t\right]_{\frac{\pi}{2}}^0$$

$$= \frac{5}{3}.$$

从例 3 可以看到, 尽管沿不同路径, 曲线积分的值却可以相等. 但是一般说来, 这个结果是不一定成立的. 对这个问题, 我们将在下一节作深入讨论.

例 4 计算 $\int_\Gamma x\,\mathrm{d}x + y\,\mathrm{d}y + (x+y-1)\,\mathrm{d}z$，其中 Γ 沿直线从点 $A(2,3,4)$ 到点 $B(1,1,1)$.

解 直线 Γ 的方向向量为 $\overrightarrow{AB} = (-1,-2,-3)$，直线 Γ 的参数方程为
$$x = 2-t,\ y = 3-2t,\ z = 4-3t\ (t:0\to 1),$$
故
$$\int_\Gamma x\,\mathrm{d}x + y\,\mathrm{d}y + (x+y-1)\,\mathrm{d}z$$
$$= \int_0^1 [(2-t)\cdot(-1) + (3-2t)\cdot(-2) + (4-3t)\cdot(-3)]\,\mathrm{d}t$$
$$= \int_0^1 (-20+14t)\,\mathrm{d}t = -13.$$

三、两类曲线积分之间的联系

设 L 为从点 A 到点 B 的定向光滑曲线，它的方程为
$$\begin{cases} x = x(t), \\ y = y(t), \end{cases} t: a \to b,$$
其中 $x(t),\ y(t)$ 的一阶导数连续，向量值函数 $\boldsymbol{F}(x,y) = P(x,y)\boldsymbol{i} + Q(x,y)\boldsymbol{j}$ 在 L 上连续. 于是，由向量值函数的曲线积分的计算公式 (1.13)，有

$$\int_L P(x,y)\,\mathrm{d}x + Q(x,y)\,\mathrm{d}y = \int_a^b \{P[x(t),y(t)]x'(t) + Q[x(t),y(t)]y'(t)\}\,\mathrm{d}t. \quad (1.15)$$

我们知道，当 $a<b$ 时，由 (1.3) 式可知定向曲线 L 的切向量为
$$\boldsymbol{\tau} = x'(t)\boldsymbol{i} + y'(t)\boldsymbol{j},$$
其方向余弦为
$$\cos\alpha = \frac{x'(t)}{\sqrt{x'^2(t)+y'^2(t)}},\quad \cos\beta = \frac{y'(t)}{\sqrt{x'^2(t)+y'^2(t)}},$$
弧长元素 $\mathrm{d}s = \sqrt{x'^2(t)+y'^2(t)}\,\mathrm{d}t$. 由数量值函数的曲线积分的计算公式，得

$$\int_L [P(x,y)\cos\alpha + Q(x,y)\cos\beta]\,\mathrm{d}s$$
$$= \int_a^b \left\{P[x(t),y(t)]\cdot\frac{x'(t)}{\sqrt{x'^2(t)+y'^2(t)}} + Q[x(t),y(t)]\cdot\frac{y'(t)}{\sqrt{x'^2(t)+y'^2(t)}}\right\}\cdot\sqrt{x'^2(t)+y'^2(t)}\,\mathrm{d}t$$
$$= \int_a^b \{P[x(t),y(t)]x'(t) + Q[x(t),y(t)]y'(t)\}\,\mathrm{d}t, \quad (1.16)$$

比较 (1.15)、(1.16) 两式可知
$$\int_L P(x,y)\,\mathrm{d}x + Q(x,y)\,\mathrm{d}y = \int_L [P(x,y)\cos\alpha + Q(x,y)\cos\beta]\,\mathrm{d}s.$$

容易知道, 当 $a > b$ 时上式仍成立.

于是, 平面上两类曲线积分具有如下的关系式:
$$\int_L P(x,y)\,\mathrm{d}x + Q(x,y)\,\mathrm{d}y = \int_L [P(x,y)\cos\alpha + Q(x,y)\cos\beta]\,\mathrm{d}s, \tag{1.17}$$

其中 $\alpha = \alpha(x,y)$, $\beta = \beta(x,y)$ 为定向曲线 L 在点 (x,y) 处切向量的方向余弦.

类似地, 空间中的两类曲线积分有如下的关系式:
$$\int_\Gamma P\,\mathrm{d}x + Q\,\mathrm{d}y + R\,\mathrm{d}z = \int_\Gamma (P\cos\alpha + Q\cos\beta + R\cos\gamma)\,\mathrm{d}s, \tag{1.18}$$

其中 $\alpha = \alpha(x,y,z)$, $\beta = \beta(x,y,z)$, $\gamma = \gamma(x,y,z)$ 为定向曲线 Γ 在点 (x,y,z) 处切向量的方向余弦.

两类曲线积分之间的关系式, 用向量可表示为
$$\int_L \boldsymbol{F}(x,y)\cdot\mathrm{d}\boldsymbol{r} = \int_L [\boldsymbol{F}(x,y)\cdot\boldsymbol{e}_\tau]\,\mathrm{d}s \quad \text{或} \quad \int_\Gamma \boldsymbol{F}(x,y,z)\cdot\mathrm{d}\boldsymbol{r} = \int_\Gamma [\boldsymbol{F}(x,y,z)\cdot\boldsymbol{e}_\tau]\,\mathrm{d}s, \tag{1.19}$$

其中 $\boldsymbol{e}_\tau$ 为曲线 L 在点 (x,y) 处 (或曲线 Γ 在点 (x,y,z) 处) 的单位切向量.

从 (1.19) 式可以看到, 曲线积分 $\int_L \boldsymbol{F}(x,y)\cdot\mathrm{d}\boldsymbol{r}$ 中的记号 $\mathrm{d}\boldsymbol{r}$ 相当于向量 $\boldsymbol{e}_\tau\,\mathrm{d}s$, 其大小为 L 上的弧长元素 $\mathrm{d}s$, 其方向为定向曲线 L 上点 (x,y) 处的单位切向量 $\boldsymbol{e}_\tau$, 即
$$\mathrm{d}\boldsymbol{r} = \boldsymbol{e}_\tau\,\mathrm{d}s = (\mathrm{d}x, \mathrm{d}y).$$

故曲线积分 $\int_L P(x,y)\,\mathrm{d}x + Q(x,y)\,\mathrm{d}y$ 中的记号 $\mathrm{d}x$, $\mathrm{d}y$ 是 $\mathrm{d}\boldsymbol{r}$ 在 x 轴、y 轴上的投影 (或 $\mathrm{d}\boldsymbol{r}$ 的坐标), 由此向量值函数的曲线积分也称作**对坐标的曲线积分**.

习题 8.1

1. 把第二类曲线积分 $\int_L P(x,y)\,\mathrm{d}x + Q(x,y)\,\mathrm{d}y$ 化成第一类曲线积分, 其中 L 为:

(1) 在 xOy 面上从点 $(4,1)$ 沿直线到点 $(2,7)$;

(2) 在 xOy 面上从点 $(0,0)$ 沿圆周 $y = \sqrt{2x-x^2}$ 到点 $(2,0)$.

2. 把第二类曲线积分 $\int_\Gamma P(x,y,z)\,\mathrm{d}x + Q(x,y,z)\,\mathrm{d}y + R(x,y,z)\,\mathrm{d}z$ 化成第一类曲线积分, 其中 Γ 为从点 $(3,2,1)$ 到点 $(0,0,0)$ 的直线段.

3. 计算下列第二类曲线积分:

(1) $\int_L \arctan \dfrac{y}{x} \, \mathrm{d}y - \mathrm{d}x$, 其中 L 为从点 $(0,0)$ 沿抛物线 $y = x^2$ 到点 $(1,1)$ 的一段弧;

(2) $\oint_L (2xy - 2y) \, \mathrm{d}x + (x^2 - 4x) \, \mathrm{d}y$, 其中 L 为圆周 $x^2 + y^2 = 9$ (按顺时针方向);

(3) $\oint_L |y| \, \mathrm{d}x + |x| \, \mathrm{d}y$, 其中 L 为以 $A(1,0), B(0,1)$ 及 $C(-1,0)$ 为顶点的三角形的边界 (按逆时针方向);

(4) $\oint_L \dfrac{(y+x) \, \mathrm{d}x + (y-x) \, \mathrm{d}y}{4x^2 + 9y^2}$, 其中 L 为椭圆周 $\dfrac{x^2}{9} + \dfrac{y^2}{4} = 1$ (按逆时针方向);

(5) $\int_\Gamma x \, \mathrm{d}x + y \, \mathrm{d}y + (1 + 2z + x) \, \mathrm{d}z$, 其中 Γ 为从点 $(3,2,4)$ 到点 $(1,1,1)$ 的直线段;

(6) $\int_\Gamma -y \, \mathrm{d}x + x \, \mathrm{d}y + 2 \, \mathrm{d}z$, 其中 Γ 为曲线 $x = -2\cos t, y = 2\sin t, z = 2t$ 上对应从 $t = 0$ 到 $t = 2\pi$ 的一段弧;

(7) $\int_\Gamma 2xy \, \mathrm{d}x - y^2 \, \mathrm{d}y + z\mathrm{e}^x \, \mathrm{d}z$, 其中 Γ 为曲线 $x = -t, y = \sqrt{t}, z = 3t$ 上对应从 $t = 1$ 到 $t = 4$ 的一段弧;

(8) $\oint_\Gamma \boldsymbol{F}(x,y,z) \cdot \mathrm{d}\boldsymbol{r}$, 其中 $\boldsymbol{F}(x,y,z) = y\boldsymbol{i} + z\boldsymbol{j} + x\boldsymbol{k}$, Γ 为球面 $x^2 + y^2 + z^2 = 6$ 与平面 $x + z = 2$ 的交线, 从 z 轴正向看去, 取逆时针方向.

4. 计算曲线积分 $\int_L (x^2 + 3y) \, \mathrm{d}x + (3x - y) \, \mathrm{d}y$, 其中 L 为:

(1) 从点 $(0,1)$ 到点 $(2,0)$ 的直线段;

(2) 从点 $(0,1)$ 到点 $(0,0)$ 再到点 $(2,0)$ 的折线段;

(3) 从点 $(0,1)$ 沿上半椭圆 $y = \sqrt{1 - \dfrac{x^2}{4}}$ 到点 $(2,0)$ 的一段弧.

5. 设有一平面力场, 其大小与作用点到原点的距离成正比 (比例系数为 k), 方向为作用点指向原点, 试求当质点沿曲线 L 从点 $(a,0)$ 到点 $(0,a)$ 时该场力所做的功, 其中 L 分别为:

(1) 圆周 $x^2 + y^2 = a^2$ 在第一象限内的弧段;

(2) 星形线 $x^{\frac{2}{3}} + y^{\frac{2}{3}} = a^{\frac{2}{3}}$ 在第一象限内的弧段.

6. 设重力的方向与 z 轴的反方向一致, 求质量为 m 的质点从位置 (x_1, y_1, z_1) 沿直线移动到 (x_2, y_2, z_2) 时重力所做的功.

7. 设有一空间力场 $\boldsymbol{F}(x,y,z) = xy\boldsymbol{i} + z\boldsymbol{j} - yz\boldsymbol{k}$, 某质点沿空间曲线 $\varGamma: \begin{cases} y = x^2, \\ z = x \end{cases}$ 从点 $(0,0,0)$ 移动到点 $(1,1,1)$, 求此过程中该场力所做的功.

8.2 格林公式

一、格林公式

英国数学家格林在 1825 年发现了平面区域上的二重积分与沿这个区域边界的第二类曲线积分之间的关系, 表达这一关系的公式就是有名的格林公式. 格林公式是微积分基本定理在二重积分情形下的推广, 它不仅给计算第二类曲线积分带来一种新的方法, 更重要的是它揭示了定向曲线积分与积分路径无关的条件, 在积分理论的发展中起了很大的作用.

在给出格林公式之前, 我们先介绍一些与平面区域有关的基本概念.

单 (复) 连通区域及其正向边界 设 D 为一平面区域, 如果 D 内任意一条闭曲线所围的有界区域都属于 D, 则称 D 是平面**单连通区域**. 通俗地讲, 单连通区域就是没有 "洞" 的区域. 不是单连通的平面区域称为**复连通区域**. 例如, xOy 平面上的圆盘 $\{(x,y)|x^2 + y^2 < 1\}$ 及上半平面 $\{(x,y)|y > 0\}$ 都是单连通区域; 而圆环 $\{(x,y)|1 < x^2 + y^2 < 2\}$ 及去心圆盘 $\{(x,y)|0 < x^2 + y^2 < 1\}$ 都是复连通区域.

对于 xOy 面上的闭区域 D, 我们规定其边界曲线 ∂D 的正向如下: 当人站立于 xOy 面上 (位于 z 轴正向所指的一侧), 并沿 ∂D 的这一方向朝前行进时, 邻近处的 D 始终位于他的左侧. 为了明确起见, 我们把 D 带有正向的边界线记为 ∂D^+, 并称之为 D 的**正向边界曲线**. 例如, 设 D_1 为闭区域 $\{(x,y)|x^2 + y^2 \leqslant 1\}$, D_2 为闭区域 $\{(x,y)|x^2 + y^2 \geqslant 1\}$, 那么 ∂D_1^+ 是逆时针走向的单位圆周 $\{(x,y)|x^2 + y^2 = 1\}$, 而 ∂D_2^+ 则是顺时针走向的单位圆周. 又如圆环形闭区域 $D = \{(x,y)|1 \leqslant x^2 + y^2 \leqslant 4\}$ (图 8.4) 的正向边界由逆时针走向的外圆周与顺时针走向的内圆周共同组成.

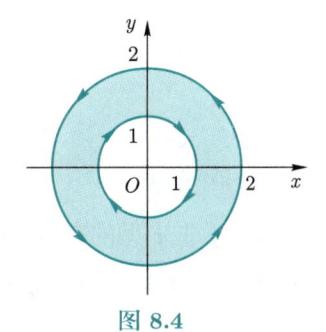

图 8.4

下面给出的格林公式将平面区域的二重积分与定向边界曲线上的积分联系了起来.

定理 1 设 D 是 xOy 面上的有界闭区域, 其边界曲线 ∂D 由有限条光滑或分段光滑的曲线所组成, 如果函数 $P(x,y)$, $Q(x,y)$ 在 D 上具有一阶连续偏导数, 那么

$$\iint\limits_{D} \left(\frac{\partial Q}{\partial x} - \frac{\partial P}{\partial y} \right) \mathrm{d}\sigma = \oint\limits_{\partial D^+} P(x,y)\, \mathrm{d}x + Q(x,y)\, \mathrm{d}y. \tag{2.1}$$

公式 (2.1) 称为**格林公式**, 在定理假设的条件下直接进行一般性的证明不很容易, 这里我们仅对 x 型或 y 型区域给出证明, 随后借助几何直观把这一公式推广到一般区域上去.

证 先设 D 是 x 型区域, D 可表示为

$$D = \{(x,y) | y_1(x) \leqslant y \leqslant y_2(x), a \leqslant x \leqslant b\},$$

如图 8.5(a) 所示, 不妨设 D 的正向边界 ∂D^+ 由 $L_1: y = y_1(x)(x: a \to b)$, $L_2: y = y_2(x)(x: b \to a)$ 以及两个有向线段 $\overrightarrow{A_2A_3}$ 和 $\overrightarrow{A_4A_1}$ 组成. 因 $\dfrac{\partial P}{\partial y}$ 连续, 故按二重积分计算法可得

$$\iint_D \frac{\partial P}{\partial y} d\sigma = \int_a^b dx \int_{y_1(x)}^{y_2(x)} \frac{\partial P}{\partial y} dy = \int_a^b \{P[x, y_2(x)] - P[x, y_1(x)]\} dx.$$

注意到, 在有向线段 $\overrightarrow{A_2A_3}$ 和 $\overrightarrow{A_4A_1}$ 上 $dx = 0$, 由第二类曲线积分的计算法, 得

$$\int_{\overrightarrow{A_2A_3}} P\,dx = 0, \quad \int_{\overrightarrow{A_4A_1}} P\,dx = 0,$$

利用可加性, 有

$$\oint_{\partial D^+} P\,dx = \int_{L_1} P\,dx + \int_{\overrightarrow{A_2A_3}} P\,dx + \int_{L_2} P\,dx + \int_{\overrightarrow{A_4A_1}} P\,dx$$

$$= \int_a^b P[x, y_1(x)]\,dx + \int_b^a P[x, y_2(x)]\,dx$$

$$= \int_a^b \{P[x, y_1(x)] - P[x, y_2(x)]\}\,dx,$$

因此

$$-\iint_D \frac{\partial P}{\partial y} d\sigma = \oint_{\partial D^+} P\,dx. \tag{2.2}$$

对于非 x 型的有界闭区域 D, 通常可以通过几条辅助线将它分成有限个 x 型的部分区域, 如图 8.5(b) 所示的区域可以分成三块 x 型区域 D_1, D_2 和 D_3, 在每个 D_i 上都有

$$-\iint_{D_i} \frac{\partial P}{\partial y} d\sigma = \oint_{\partial D_i^+} P\,dx \quad (i = 1, 2, 3).$$

将以上三式相加, 根据二重积分的区域可加性, 左边之和即为 $-\iint_D \dfrac{\partial P}{\partial y} d\sigma$, 而右边之和利用定向积分弧的可加性可以写成沿 ∂D^+ 的积分与沿定向辅助线 $\overrightarrow{AC}, \overrightarrow{CB}, \overrightarrow{BA}$ 的积分之和, 但在定向辅助线上经一个来回后积分抵消, 即

$$\int_{\overrightarrow{AC}} P\,dx + \int_{\overrightarrow{CB}} P\,dx + \int_{\overrightarrow{BA}} P\,dx = 0,$$

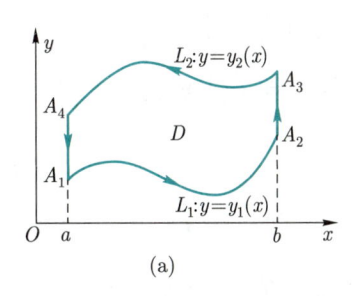

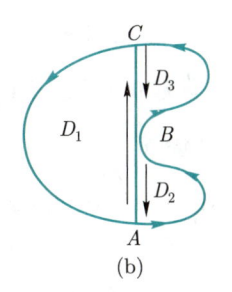

图 8.5

故余下的即为 $\oint_{\partial D^+} P\,\mathrm{d}x$, 于是仍有 (2.2) 式成立.

类似地, 有

$$\iint_D \frac{\partial Q}{\partial x}\,\mathrm{d}\sigma = \oint_{\partial D^+} Q\,\mathrm{d}y. \tag{2.3}$$

于是, (2.2)、(2.3) 两式相加即得 (2.1) 式.

试算试练 (1) 设 $\boldsymbol{F}(x,y) = -y\boldsymbol{i} + x\boldsymbol{j}$, D 为圆域 $\{(x,y) \mid x^2 + y^2 \leqslant R^2\}$, 试在 D 上验证格林公式的正确性.

(2) 利用格林公式, 求曲线积分 $\oint_L (x^2 + 2y)\,\mathrm{d}x + (3x + y^2)\,\mathrm{d}y$, 其中 L 为矩形区域 $[-1,1] \times [0,3]$ 的正向边界.

例 1 计算 $\oint_L x^2 y\,\mathrm{d}x + 2xy\,\mathrm{d}y$, 其中 L 是以 $(0,0)$, $(1,0)$, $(0,1)$ 为顶点的三角形的正向边界 (图 8.6).

解 记 L 所围区域为 D, 容易知道

$$P(x,y) = x^2 y, \quad Q(x,y) = 2xy$$

在 D 上的一阶偏导数连续. 利用格林公式, 得

$$\begin{aligned}
\oint_L x^2 y\,\mathrm{d}x + 2xy\,\mathrm{d}y &= \iint_D (2y - x^2)\,\mathrm{d}x\,\mathrm{d}y \\
&= \int_0^1 \mathrm{d}x \int_0^{1-x} (2y - x^2)\,\mathrm{d}y = \int_0^1 [(1-x)^2 - x^2(1-x)]\,\mathrm{d}x \\
&= \int_0^1 (1 - 2x + x^3)\,\mathrm{d}x = \frac{1}{4}.
\end{aligned}$$

例 2 计算 $\int_L (\mathrm{e}^x \sin y - 2y)\,\mathrm{d}x + (\mathrm{e}^x \cos y - 2)\,\mathrm{d}y$, 其中 L 是沿上半圆周 $y = \sqrt{2x - x^2}$ 从 $A(2,0)$ 到 $O(0,0)$ 的定向曲线 (图 8.7).

解 如果用上一节中的公式 (1.13) 来计算这一曲线积分, 计算量较大. 现添上一段定向线段 $\overrightarrow{OA}$, 这样 L 与 $\overrightarrow{OA}$ 就构成一定向闭曲线, 于是, 所求积分

$$\int_L (e^x \sin y - 2y) \, dx + (e^x \cos y - 2) \, dy$$

$$= \oint_{L+\overrightarrow{OA}} (e^x \sin y - 2y) \, dx + (e^x \cos y - 2) \, dy - \int_{\overrightarrow{OA}} (e^x \sin y - 2y) \, dx + (e^x \cos y - 2) \, dy,$$

记 L 与 $\overrightarrow{OA}$ 所围的有界区域为 D, 运用格林公式得

$$\oint_{L+\overrightarrow{OA}} (e^x \sin y - 2y) \, dx + (e^x \cos y - 2) \, dy = \iint_D [e^x \cos y - (e^x \cos y - 2)] \, dx \, dy$$

$$= \iint_D 2 \, dx \, dy = 2 \cdot (D \text{ 的面积}) = \pi,$$

由于 $\overrightarrow{OA}$ 的方程为 $y = 0(x: 0 \to 2)$, 故

$$\int_{\overrightarrow{OA}} (e^x \sin y - 2y) \, dx + (e^x \cos y - 2) \, dy = \int_{\overrightarrow{OA}} (e^x \sin y - 2y) \, dx = 0,$$

于是, 所求积分

$$\int_L (e^x \sin y - 2y) \, dx + (e^x \cos y - 2) \, dy = \pi.$$

由例 2 可以看到, 在计算某些向量值函数的曲线积分时, 添上适当的辅助定向曲线弧后, 利用格林公式, 就有可能简化计算.

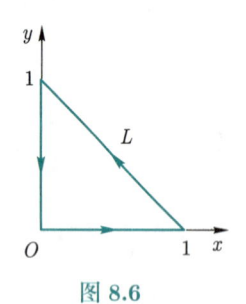

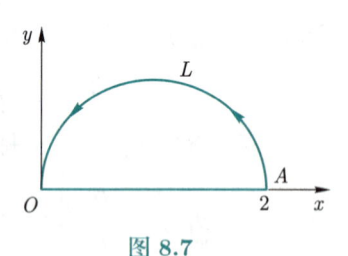

图 8.6

图 8.7

例 3 计算 $\oint_L \dfrac{x \, dy - y \, dx}{x^2 + y^2}$, 其中 L 为椭圆形区域 $D: x^2 + 2y^2 \leqslant 2$ 的正向边界.

解 令 $P = \dfrac{-y}{x^2 + y^2}, Q = \dfrac{x}{x^2 + y^2}$, 则当 $x^2 + y^2 \neq 0$ 时, 有

$$\frac{\partial Q}{\partial x} = \frac{\partial P}{\partial y} = \frac{y^2 - x^2}{(x^2 + y^2)^2},$$

即

$$\frac{\partial Q}{\partial x} - \frac{\partial P}{\partial y} = 0.$$

与前几个例子不同, 现在 $\dfrac{\partial P}{\partial y}, \dfrac{\partial Q}{\partial x}$ 在 D 内存在间断点 $(0,0)$ (该点称为向量值函数的**奇点**), 故不能在 D 上应用格林公式.

记 C_r 为圆周 $x^2+y^2=r^2(r\in(0,1))$, 并取 C_r 为顺时针方向, 记 L 与 C_r 共同围成的复连通区域为 D_1 (图 8.8), 则 P 和 Q 在 D_1 上具有连续偏导数. 于是在 D_1 上应用格林公式, 得

$$\oint_{\partial D_1^+} P\,\mathrm{d}x+Q\,\mathrm{d}y=\iint_{D_1}\left(\frac{\partial Q}{\partial x}-\frac{\partial P}{\partial y}\right)\mathrm{d}x\,\mathrm{d}y=0,$$

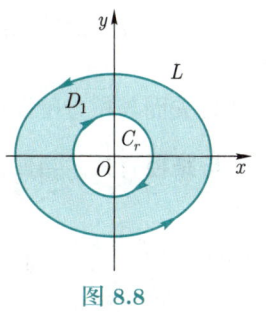

图 8.8

因此

$$\begin{aligned}\oint_L\frac{x\,\mathrm{d}y-y\,\mathrm{d}x}{x^2+y^2}&=\oint_{\partial D_1^+}P\,\mathrm{d}x+Q\,\mathrm{d}y-\oint_{C_r}P\,\mathrm{d}x+Q\,\mathrm{d}y\\&=\oint_{C_r^-}\frac{x\,\mathrm{d}y-y\,\mathrm{d}x}{r^2}\text{①}\\&=\frac{1}{r^2}\iint_{D_r^*}[1-(-1)]\,\mathrm{d}\sigma(D_r^*\text{ 为 }C_r\text{ 所围成的圆形区域 }x^2+y^2\leqslant r^2)\\&=\frac{1}{r^2}\cdot 2\pi r^2=2\pi.\end{aligned}$$

我们知道, 平面图形的面积可以由定积分或二重积分来计算, 此外, 平面图形的面积还可通过向量值函数的曲线积分来计算, 因为利用格林公式容易得到如下几个公式:

$$\oint_{\partial D^+}x\,\mathrm{d}y=\iint_D\mathrm{d}x\,\mathrm{d}y,\quad -\oint_{\partial D^+}y\,\mathrm{d}x=\iint_D\mathrm{d}x\,\mathrm{d}y,$$

于是

$$D\text{ 的面积 }=\oint_{\partial D^+}x\,\mathrm{d}y=-\oint_{\partial D^+}y\,\mathrm{d}x=\frac{1}{2}\oint_{\partial D^+}-y\,\mathrm{d}x+x\,\mathrm{d}y. \tag{2.4}$$

例 4 求椭圆 $\dfrac{x^2}{a^2}+\dfrac{y^2}{b^2}=1$ 所围图形 D 的面积 A.

解 椭圆的方程为 $\begin{cases}x=a\cos t,\\ y=b\sin t,\end{cases}$ $t:0\to 2\pi$, 根据 (2.4) 式, 有

$$\begin{aligned}A&=\frac{1}{2}\oint_{\partial D^+}x\,\mathrm{d}y-y\,\mathrm{d}x=\frac{1}{2}\int_0^{2\pi}(ab\cos^2 t+ab\sin^2 t)\,\mathrm{d}t\\&=\frac{1}{2}ab\int_0^{2\pi}\mathrm{d}t=\pi ab.\end{aligned}$$

---

① 在 C_r 上 $x^2+y^2=r^2$, 故 $\dfrac{x\,\mathrm{d}y-y\,\mathrm{d}x}{x^2+y^2}=\dfrac{x\,\mathrm{d}y-y\,\mathrm{d}x}{r^2}$.

二、 平面定向曲线积分与路径无关的条件

设 G 为一平面开区域，$A(x_1, y_1), B(x_2, y_2)$ 是 G 内任意两点，L 是 G 内从 A 到 B 的光滑或分段光滑的曲线，如果曲线积分 $\int_L P(x,y)\,\mathrm{d}x + Q(x,y)\,\mathrm{d}y$ 只与 L 的两个端点 A, B 有关而与积分的路径 (即 L 的形状) 无关，则称该曲线积分**在 G 内与路径无关**，否则便说**与路径有关**. 当曲线积分在 G 内与路径无关时，曲线积分 $\int_L P(x,y)\,\mathrm{d}x + Q(x,y)\,\mathrm{d}y$ 常写成 $\int_{(x_1,y_1)}^{(x_2,y_2)} P(x,y)\,\mathrm{d}x + Q(x,y)\,\mathrm{d}y$. 此时，若点 $C(x_2, y_1)$ 及有向线段 $\overrightarrow{AC}, \overrightarrow{CB}$ 都在 G 内, 则

$$\int_{(x_1,y_1)}^{(x_2,y_2)} P(x,y)\,\mathrm{d}x + Q(x,y)\,\mathrm{d}y = \int_{\overrightarrow{AC}} P(x,y)\,\mathrm{d}x + Q(x,y)\,\mathrm{d}y + \int_{\overrightarrow{CB}} P(x,y)\,\mathrm{d}x + Q(x,y)\,\mathrm{d}y$$
$$= \int_{x_1}^{x_2} P(x, y_1)\,\mathrm{d}x + \int_{y_1}^{y_2} Q(x_2, y)\,\mathrm{d}y, \tag{2.5}$$

同样地，若点 $D(x_1, y_2)$ 及有向线段 $\overrightarrow{AD}, \overrightarrow{DB}$ 都在 G 内，则

$$\int_{(x_1,y_1)}^{(x_2,y_2)} P(x,y)\,\mathrm{d}x + Q(x,y)\,\mathrm{d}y = \int_{\overrightarrow{AD}} P(x,y)\,\mathrm{d}x + Q(x,y)\,\mathrm{d}y + \int_{\overrightarrow{DB}} P(x,y)\,\mathrm{d}x + Q(x,y)\,\mathrm{d}y$$
$$= \int_{y_1}^{y_2} Q(x_1, y)\,\mathrm{d}y + \int_{x_1}^{x_2} P(x, y_2)\,\mathrm{d}x. \tag{2.6}$$

当平面上的曲线积分与路径无关时，曲线积分常利用 (2.5) 式或 (2.6) 式来计算.

在什么条件下，曲线积分与路径无关？这个问题在物理学和力学中有着重要的应用. 下面的定理中给出了平面上第二类曲线积分与路径无关的充分必要条件.

定理 2 设 G 是平面上的单连通区域，$\boldsymbol{F}(x,y) = P(x,y)\boldsymbol{i} + Q(x,y)\boldsymbol{j}$ 在 G 内具有连续偏导数[1]，那么以下四个条件相互等价.

(1) 对 G 内的任意一条分段光滑的闭曲线 L，有

$$\oint_L P(x,y)\,\mathrm{d}x + Q(x,y)\,\mathrm{d}y = 0;$$

(2) 曲线积分 $\int_L P(x,y)\,\mathrm{d}x + Q(x,y)\,\mathrm{d}y$ 在 G 内与路径无关；

(3) 表达式 $P(x,y)\,\mathrm{d}x + Q(x,y)\,\mathrm{d}y$ 是某个二元函数的全微分，即存在 $u = u(x,y)$，使得

---

[1] 所谓 $\boldsymbol{F}(x,y) = P(x,y)\boldsymbol{i} + Q(x,y)\boldsymbol{j}$ 在 G 内具有连续偏导数，即 $P(x,y)$ 和 $Q(x,y)$ 都在 G 内具有连续偏导数.

$$\mathrm{d}u = P(x,y)\,\mathrm{d}x + Q(x,y)\,\mathrm{d}y^{①};$$

(4) $\dfrac{\partial Q}{\partial x} = \dfrac{\partial P}{\partial y}$ 在 G 内每点处成立.

证 定理中的四个条件互为充分必要条件, 为了使证明简洁, 我们采用
$$(1) \Rightarrow (2) \Rightarrow (3) \Rightarrow (4) \Rightarrow (1)$$
的证明方式.

$(1) \Rightarrow (2)$

在 G 内任取两点 M_0 和 M_1, 设 L_1 和 $L_2(L_1 \neq L_2)$ 是 G 内从 M_0 到 M_1 的任意两条定向曲线, 则 $L_1 + L_2^-$ 是 G 内的一条定向闭曲线. 在 (1) 的条件下, 因

$$0 = \oint_{L_1+L_2^-} P\,\mathrm{d}x + Q\,\mathrm{d}y = \int_{L_1} P\,\mathrm{d}x + Q\,\mathrm{d}y + \int_{L_2^-} P\,\mathrm{d}x + Q\,\mathrm{d}y$$
$$= \int_{L_1} P\,\mathrm{d}x + Q\,\mathrm{d}y - \int_{L_2} P\,\mathrm{d}x + Q\,\mathrm{d}y,$$

故得
$$\int_{L_1} P\,\mathrm{d}x + Q\,\mathrm{d}y = \int_{L_2} P\,\mathrm{d}x + Q\,\mathrm{d}y.$$

这说明曲线积分 $\displaystyle\int_L P\,\mathrm{d}x + Q\,\mathrm{d}y$ 在 G 内与路径无关.

$(2) \Rightarrow (3)$

设 $M_0(x_0, y_0)$ 是 G 内一定点, 对于 G 内任一点 $M(x,y)$, 考察
$$\int_{\widehat{M_0M}} P(x,y)\,\mathrm{d}x + Q(x,y)\,\mathrm{d}y,$$

这个积分的值是由点 $M(x,y)$ 惟一确定的, 是关于 x,y 的二元函数, 把它记作 $u(x,y)$, 即
$$u(x,y) = \int_{\widehat{M_0M}} P(x,y)\,\mathrm{d}x + Q(x,y)\,\mathrm{d}y.$$

注意到, 偏导数存在是可微的必要条件, 为此先考察 $u(x,y)$ 的偏导数.

对于 G 内的点 $M'(x+\Delta x, y)$, 利用可加性, 有
$$u(x+\Delta x, y) = \int_{\widehat{M_0M'}} P(x,y)\,\mathrm{d}x + Q(x,y)\,\mathrm{d}y$$
$$= \int_{\widehat{M_0M}} P(x,y)\,\mathrm{d}x + Q(x,y)\,\mathrm{d}y + \int_{\widehat{MM'}} P(x,y)\,\mathrm{d}x + Q(x,y)\,\mathrm{d}y,$$

因此
$$u(x+\Delta x, y) - u(x,y) = \int_{\widehat{MM'}} P(x,y)\,\mathrm{d}x + Q(x,y)\,\mathrm{d}y,$$

---

① 函数 $u(x,y)$ 称为表达式 $P(x,y)\,\mathrm{d}x + Q(x,y)\,\mathrm{d}y$ 的**原函数**.

由于 G 是平面区域, 当 Δx 很小时, 连接 $M(x,y)$ 和 $M'(x+\Delta x,y)$ 的水平线段必定在 G 内, 在 (2) 的条件下曲线积分与路径无关, 故

$$\int_{\widehat{MM'}} P(x,y)\,dx + Q(x,y)\,dy = \int_{\overrightarrow{MM'}} P(x,y)\,dx + Q(x,y)\,dy = \int_x^{x+\Delta x} P(x,y)\,dx,$$

于是

$$u(x+\Delta x,y) - u(x,y) = \int_x^{x+\Delta x} P(x,y)\,dx = P(x+\theta\Delta x,y)\Delta x,$$

这里 $0 < \theta < 1$, 其中最后的等号由积分中值定理所得.

根据偏导数的定义, 并由 $P(x,y)$ 的连续性可知

$$\frac{\partial u}{\partial x} = \lim_{\Delta x \to 0} \frac{u(x+\Delta x,y) - u(x,y)}{\Delta x} = \lim_{\Delta x \to 0} \frac{P(x+\theta\Delta x,y)\Delta x}{\Delta x}$$
$$= \lim_{\Delta x \to 0} P(x+\theta\Delta x,y) = P(x,y).$$

同理可证

$$\frac{\partial u}{\partial y} = Q(x,y).$$

由于 $P(x,y)$, $Q(x,y)$ 是连续的, 而偏导数连续是可微的充分条件, 由此 $u(x,y)$ 可微, 而且

$$du = \frac{\partial u}{\partial x}\,dx + \frac{\partial u}{\partial y}\,dy = P(x,y)\,dx + Q(x,y)\,dy.$$

这就证明了 (2) 是 (3) 的充分条件.

(3) $\Rightarrow$ (4)

根据 (3), $P(x,y)\,dx + Q(x,y)\,dy$ 是某函数 $u(x,y)$ 的全微分, 即

$$\frac{\partial u}{\partial x} = P(x,y), \quad \frac{\partial u}{\partial y} = Q(x,y),$$

由上面两式得

$$\frac{\partial^2 u}{\partial x \partial y} = \frac{\partial P}{\partial y}, \quad \frac{\partial^2 u}{\partial y \partial x} = \frac{\partial Q}{\partial x},$$

由于 $\frac{\partial P}{\partial y}, \frac{\partial Q}{\partial x}$ 都连续, 故 $u(x,y)$ 的二阶偏导数连续, 因此 $\frac{\partial^2 u}{\partial x \partial y} = \frac{\partial^2 u}{\partial y \partial x}$, 即得

$$\frac{\partial Q}{\partial x} = \frac{\partial P}{\partial y}.$$

这就证明了 (3) 是 (4) 的充分条件.

(4) $\Rightarrow$ (1)

根据 (4), 即在 G 内每点 (x,y) 处都有 $\dfrac{\partial Q}{\partial x} = \dfrac{\partial P}{\partial y}$, 并由于 G 是单连通区域, 故在 G 内任意一条光滑或分段光滑的定向闭曲线 L 上应用格林公式, 就有

$$\oint_L P(x,y)\,dx + Q(x,y)\,dy = \pm \iint_D \left(\frac{\partial Q}{\partial x} - \frac{\partial P}{\partial y}\right) dx\,dy = 0,$$

其中 D 是 L 所围的区域. 这就证明了 (4) 是 (1) 的充分条件. 至此定理 2 证毕.

这里我们指出, 定理 2 中 (4) 往往是最便于应用的判定条件, 例如, 在平面上单连通区域 G 内,

$$\int_L P\,dx + Q\,dy \text{ 与路径无关 } \Leftrightarrow \frac{\partial Q}{\partial x} \equiv \frac{\partial P}{\partial y},$$

其中 P, Q 在 G 内一阶偏导数连续.

从定理 2 的证明可以学习的一点是, 把某个数学命题通过逻辑分析和推理, 得出它的一系列等价命题, 并从中挑选出某个 (或某些) 应用起来最为方便的命题, 这是一种重要的数学方法. 这种做法能使我们多角度、多方位地加深对数学命题内涵的认识, 并提高应用数学理论的能力.

下面, 我们举例说明定理 2 的一些简单应用.

试算试练 已知 $\dfrac{(x+ay)\,dx + y\,dy}{(x+y)^2}$ 为某一函数 $u(x,y)$ 的全微分, 求常数 a 的值.

例 5 计算曲线积分

$$\int_L (x^2 + 2xy)\,dx + (x^2 + y^4)\,dy,$$

其中 L 是曲线 $y = \sin\dfrac{\pi x}{2}$ 上从 $O(0,0)$ 到 $A(1,1)$ 的一段有向弧.

解 显然

$$P(x,y) = x^2 + 2xy, \quad Q(x,y) = x^2 + y^4,$$

在 xOy 面上的偏导数都是连续的, 由于

$$\frac{\partial Q}{\partial x} = 2x = \frac{\partial P}{\partial y},$$

故曲线积分与路径无关. 现选取 L_1 是从 $O(0,0)$ 经 $B(1,0)$ 到 $A(1,1)$ 的有向折线段 (图 8.9), 则所求积分

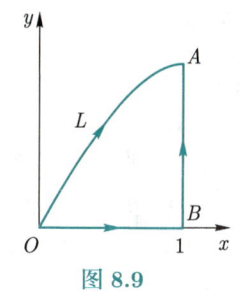

图 8.9

$$\int_L (x^2 + 2xy)\,dx + (x^2 + y^4)\,dy$$
$$= \int_{L_1} (x^2 + 2xy)\,dx + (x^2 + y^4)\,dy = \int_{\overrightarrow{OB}} (x^2 + 2xy)\,dx + \int_{\overrightarrow{BA}} (x^2 + y^4)\,dy$$
$$= \int_0^1 x^2\,dx + \int_0^1 (1 + y^4)\,dy = \frac{23}{15}.$$

例 6 验证在上半平面 $(y > 0)$ 内, $\dfrac{x\,dy - y\,dx}{4x^2 + y^2}$ 是某个函数的全微分, 并求出一个这样的函数.

解 这里 $P = \dfrac{-y}{4x^2 + y^2}$, $Q = \dfrac{x}{4x^2 + y^2}$, 在上半平面内, 有

$$\frac{\partial P}{\partial y} = \frac{y^2 - 4x^2}{(4x^2 + y^2)^2} = \frac{\partial Q}{\partial x}.$$

根据定理 2 知, 存在函数 $u = u(x, y)$, 使得 $\mathrm{d}u = \dfrac{x\,\mathrm{d}y - y\,\mathrm{d}x}{4x^2 + y^2}$.

现在上半平面内取点 $M_0(0, 1)$, 根据定理 2 的证明, 可取

$$u(x, y) = \int_{(0,1)}^{(x,y)} \frac{-y}{4x^2 + y^2}\,\mathrm{d}x + \frac{x}{4x^2 + y^2}\,\mathrm{d}y,$$

利用 (2.6) 式, 得

$$u(x, y) = \int_1^y \frac{0}{4 \cdot 0^2 + y^2}\,\mathrm{d}y + \int_0^x \frac{-y}{4x^2 + y^2}\,\mathrm{d}x = \left[-\frac{1}{2}\arctan\frac{2x}{y}\right]_0^x = -\frac{1}{2}\arctan\frac{2x}{y}.$$

例 6 计算 $P\,\mathrm{d}x + Q\,\mathrm{d}y$ 原函数的方法是典型的, 通常称为**全微分求积**. 在验证了 $P\,\mathrm{d}x + Q\,\mathrm{d}y$ 是某个函数的全微分后, 可在 P 和 Q 偏导数连续的单连通区域 G 内取定一点 $M_0(x_0, y_0)$, 对于 G 内任一点 $M(x, y)$, 函数

$$u(x, y) = \int_{(x_0, y_0)}^{(x,y)} P(x, y)\,\mathrm{d}x + Q(x, y)\,\mathrm{d}y$$

就是 $P(x,y)\,\mathrm{d}x + Q(x,y)\,\mathrm{d}y$ 的一个原函数. 如果 $M'(x, y_0)$ 以及有向线段 $\overrightarrow{M_0 M'}$, $\overrightarrow{M'M}$ 都在 G 内, 利用 (2.5) 式, 得

$$u(x, y) = \int_{x_0}^x P(x, y_0)\,\mathrm{d}x + \int_{y_0}^y Q(x, y)\,\mathrm{d}y; \tag{2.7}$$

如果 $M''(x_0, y)$ 以及有向线段 $\overrightarrow{M_0 M''}$, $\overrightarrow{M''M}$ 都在 G 内, 利用 (2.6) 式, 得

$$u(x, y) = \int_{y_0}^y Q(x_0, y)\,\mathrm{d}y + \int_{x_0}^x P(x, y)\,\mathrm{d}x. \tag{2.8}$$

定理 2 的结论, 也可用于求解某一类一阶微分方程.

如果一阶微分方程可以写成如下形式

$$P(x, y)\,\mathrm{d}x + Q(x, y)\,\mathrm{d}y = 0,$$

并满足 $\dfrac{\partial Q}{\partial x} \equiv \dfrac{\partial P}{\partial y}$, 那么称上述方程为**全微分方程**. 由定理 2 知, 全微分方程的左端 $P\,\mathrm{d}x + Q\,\mathrm{d}y$ 是某个函数的全微分, 故只要求出一个这样的函数 $u(x, y)$, 则原方程就成为

$$\mathrm{d}u(x, y) = 0,$$

于是

$$u(x, y) = C$$

就给出微分方程的通解.

例 7 求解微分方程 $(5x^4 + 3xy^2 - y^3)\,\mathrm{d}x + (3x^2 y - 3xy^2 + y^2)\,\mathrm{d}y = 0$.

解 设 $P = 5x^4 + 3xy^2 - y^3$, $Q = 3x^2 y - 3xy^2 + y^2$, 则

$$\frac{\partial P}{\partial y} = 6xy - 3y^2 = \frac{\partial Q}{\partial x},$$

故所给方程是全微分方程, 记
$$u(x,y) = \int_{(0,0)}^{(x,y)} (5x^4 + 3xy^2 - y^3)\,\mathrm{d}x + (3x^2y - 3xy^2 + y^2)\,\mathrm{d}y,$$
由公式 (2.7) 得
$$u(x,y) = \int_0^x 5x^4\,\mathrm{d}x + \int_0^y (3x^2y - 3xy^2 + y^2)\,\mathrm{d}y = x^5 + \frac{3}{2}x^2y^2 - xy^3 + \frac{1}{3}y^3,$$
于是方程的通解为
$$x^5 + \frac{3}{2}x^2y^2 - xy^3 + \frac{1}{3}y^3 = C.$$

三、 曲线积分基本定理

如果微分表达式 $P(x,y)\,\mathrm{d}x + Q(x,y)\,\mathrm{d}y$ 存在原函数 $u(x,y)$, 则可利用 $u(x,y)$ 来计算曲线积分 $\int_L P(x,y)\,\mathrm{d}x + Q(x,y)\,\mathrm{d}y$. 下面我们对空间曲线积分叙述此结果并给出证明. 这个结果称为曲线积分基本定理, 它可看成是微积分基本定理在曲线积分情形下的推广.

定理 3 设 $\Gamma = \widehat{AB}$ 是一条光滑或分段光滑的定向曲线, 函数 $f(x,y,z)$ 在 Γ 上偏导数连续[①], 则
$$\int_{\Gamma} \nabla f \cdot \mathrm{d}\boldsymbol{r} = f(B) - f(A). \tag{2.9}$$

证 只需就定向光滑曲线证明之. 为此设定向光滑曲线 $\Gamma = \widehat{AB}$ 由参数方程
$$x = x(t),\quad y = y(t),\quad z = z(t),\quad t: \alpha \to \beta$$
给出, 则
$$\int_{\Gamma} \nabla f \cdot \mathrm{d}\boldsymbol{r} = \int_{\Gamma} f_x(x,y,z)\,\mathrm{d}x + f_y(x,y,z)\,\mathrm{d}y + f_z(x,y,z)\,\mathrm{d}z$$
$$= \int_{\alpha}^{\beta} \big\{ f_x[x(t),y(t),z(t)]x'(t) + f_y[x(t),y(t),z(t)]y'(t) +$$
$$f_z[x(t),y(t),z(t)]z'(t) \big\}\,\mathrm{d}t$$
$$= \int_{\alpha}^{\beta} \left\{ \frac{\mathrm{d}}{\mathrm{d}t} f[x(t),y(t),z(t)] \right\}\,\mathrm{d}t = f[x(\beta),y(\beta),z(\beta)] - f[x(\alpha),y(\alpha),z(\alpha)]$$
$$= f(B) - f(A),$$

故得所证.

(2.9) 式对平面曲线积分当然也是成立的.

[①] 所谓 $f(x,y,z)$ 在 Γ 上偏导数连续, 是指在包含 Γ 的某区域 Ω 内, $f(x,y,z)$ 有连续的偏导数.

例如, 在上半平面内 $(y > 0)$, 有
$$\nabla\left(-\frac{1}{2}\arctan\frac{2x}{y}\right) = \frac{-y\boldsymbol{i} + x\boldsymbol{j}}{4x^2 + y^2},$$
于是由定理 3, 得
$$\begin{aligned}\int_{(0,1)}^{(1,2)} \frac{x\,\mathrm{d}y - y\,\mathrm{d}x}{4x^2 + y^2} &= \int_{(0,1)}^{(1,2)} \nabla\left(-\frac{1}{2}\arctan\frac{2x}{y}\right) \cdot \mathrm{d}\boldsymbol{r} \\ &= \left[-\frac{1}{2}\arctan\frac{2x}{y}\right]_{(0,1)}^{(1,2)} = -\frac{1}{2}\arctan 1 - \left(-\frac{1}{2}\arctan 0\right) \\ &= -\frac{\pi}{8}.\end{aligned}$$

习题 8.2

1. 设 D 是 xOy 面上的有界闭区域, 其边界曲线 ∂D 由有限条光滑或分段光滑的曲线所组成, 如果向量值函数 $\boldsymbol{F} = P(x,y)\boldsymbol{i} + Q(x,y)\boldsymbol{j}$ 在 D 上具有连续偏导数. 记 $\boldsymbol{n}$ 为 ∂D 的外法向量, 那么称曲线积分
$$\oint_{\partial D} (\boldsymbol{F} \cdot \boldsymbol{e_n})\,\mathrm{d}s$$
为 $\boldsymbol{F}$ 通过 ∂D 流向外侧的**通量** (或**流量**). 试利用格林公式把上述曲线积分化为 D 上的二重积分.

2. 利用第二类曲线积分, 计算下列曲线所围成图形的面积:

(1) 椭圆 $\dfrac{x^2}{a^2} + \dfrac{y^2}{b^2} = 1$ $(a > 0, b > 0)$;

(2) 星形线 $x = \cos^3 t$, $y = \sin^3 t$, $0 \leqslant t \leqslant 2\pi$;

(3) 曲线 $x = t^2$, $y = t^3 - t$, $-1 \leqslant t \leqslant 1$.

3. 利用格林公式, 计算下列第二类曲线积分:

(1) $\oint_L (2x + y + 1)\,\mathrm{d}x + (3x - y + 2)\,\mathrm{d}y$, 其中 L 为以 $A(1,0)$, $B(0,2)$ 及 $C(-1,0)$ 为顶点的三角形的边界 (按逆时针方向);

(2) $\oint_L (\mathrm{e}^x + y)\,\mathrm{d}x + \ln(x^2 + y^2)\,\mathrm{d}y$, 其中 L 为圆环面 $1 \leqslant x^2 + y^2 \leqslant 4$ 的正向边界;

(3) $\int_L (x + \mathrm{e}^{\sin y})\,\mathrm{d}y - (y - 2)\,\mathrm{d}x$, 其中 L 为从 $A(1,0)$ 沿直线段到 $B(0,1)$ 再沿上半圆周 $y = \sqrt{1 - x^2}$ 到 $C(-1,0)$ 的一段弧;

(4) $\int_L (\mathrm{e}^x \sin y - 2y)\,\mathrm{d}x + (\mathrm{e}^x \cos y - y^2)\,\mathrm{d}y$, 其中 L 为从 $O(0,0)$ 沿上半圆周 $y = \sqrt{2x - x^2}$ 到 $A(2,0)$ 的一段弧;

(5) $\oint_L (x + e^x \sin y) \, dx + (x + e^x \cos y) \, dy$, 其中 L 为双纽线 $(x^2+y^2)^2 = x^2 - y^2$ 的右侧一环 $(x \geqslant 0)$, 取逆时针方向.

4. 计算曲线积分 $I = \oint_L \dfrac{x \, dy - y \, dx}{4x^2 + y^2}$, 其中 L 分别为

(1) 圆周 $x^2 + (y-3)^2 = 4$, 逆时针方向;

(2) 椭圆周 $x^2 + \dfrac{y^2}{4} = 1$, 逆时针方向;

(3) 圆周 $x^2 + y^2 = 1$, 逆时针方向;

(4) 正方形 $|x| + |y| \leqslant 1$ 的正向边界.

5. 证明下列曲线积分在整个 xOy 面内与路径无关, 并计算积分值:

(1) $\int_{(1,0)}^{(2,1)} (2x + y) \, dx + (x - 3y) \, dy$;

(2) $\int_{(0,0)}^{(1,1)} (1 - 2xy - y^2) \, dx - (x + y)^2 \, dy$;

(3) $\int_{(0,0)}^{(1,1)} (2x \cos y - y^2 \sin x) \, dx + (2y \cos x - x^2 \sin y) \, dy$;

(4) $\int_{(0,0)}^{(a,b)} \dfrac{dx + dy}{1 + (x+y)^2}$.

6. 验证下列表达式在整个 xOy 面内是某一函数 $u(x,y)$ 的全微分, 并求一个这样的 $u(x,y)$:

(1) $(3x + y) \, dx + (x + 2y) \, dy$;

(2) $(3x^2 + y^3) \, dx + (3xy - 2)y \, dy$;

(3) $\left(\dfrac{1}{3}y^3 + x \sin x\right) dx + (xy^2 + ye^y) \, dy$.

7. 验证微分方程 $(2x \sin y - y^2 \sin x) \, dx + (2y \cos x + x^2 \cos y) \, dy = 0$ 是全微分方程, 并求方程的通解.

8. 设 L 为平面内一光滑闭曲线, 逆时针方向.

(1) 确定曲线 L 的方程, 使得曲线积分 $\oint_L (x^2 - 7y + y^3) \, dx + (5x - x^3 + 4y^2) \, dy$ 的值最大;

(2) 求上述曲线积分的最大值.

9. 计算曲线积分 $\int_L \dfrac{(y+x) \, dx + (y-x) \, dy}{x^2 + y^2}$, 其中 L 为从 $A(\pi, -\pi)$ 沿曲线 $y = \pi \cos x$ 到 $B(-\pi, -\pi)$ 的一段弧.

10. 设在 xOy 面上有一引力场, 其大小与作用点到原点的距离的平方成反比, 方向为由作用点指向原点, 证明: 在此引力场中, 场力所做的功只与运动质点的始末位置有关,

而与质点经过的路径无关 (假设路径不通过原点).

8.3 向量值函数在定向曲面上的积分

一、向量值函数的曲面积分的概念

定向曲面及其法向量 由于本节讨论的曲面的实际背景涉及曲面的侧 (见本目后面 "流体流向曲面一侧的流量"),故先对曲面的定侧 (或定向) 作一点说明.

空间曲面有双侧与单侧之分,通常我们遇到的曲面都是双侧的,例如将 xOy 面置于水平位置时,由显式方程 $z = z(x,y)$ 表示的曲面存在上侧与下侧;一张包围空间有界区域的闭曲面 (如球面) 存在外侧与内侧. 通俗地讲,双侧曲面的特点是,置于曲面上的一只爬虫若要爬到它所在位置的背面,则它必须越过曲面的边界线. 根据本节研究问题的需要,我们要在双侧曲面上选定某一侧,这种选定了侧的双侧曲面称为**定向曲面**,当我们用 Σ 表示一张选定了某个侧的定向曲面时,选定其相反侧的曲面就记为 Σ^- (关于单侧曲面的例子请参见总习题八的第 13 题).

对于定向曲面,我们规定,**定向曲面上任一点处的法向量的方向总是指向曲面取定的一侧**. 设空间直角坐标系中 x 轴、y 轴、z 轴的正向分别指向前方、右方、上方,那么当光滑曲面 Σ 的方程由 $z = z(x,y)$ 给出时,Σ 取上侧就意味着 Σ 上点 $(x, y, z(x,y))$ 处的法向量朝上,即法向量为

$$(-z_x(x,y), -z_y(x,y), 1), \tag{3.1}$$

而 Σ 取下侧就意味着法向量朝下,即法向量为

$$(z_x(x,y), z_y(x,y), -1). \tag{3.2}$$

类似地,当光滑曲面 Σ 的方程由 $y = y(z,x)$ 给出时,Σ 取右侧时的法向量与取左侧时的法向量分别为

$$(-y_x(z,x), 1, -y_z(z,x)) \quad \text{与} \quad (y_x(z,x), -1, y_z(z,x)); \tag{3.3}$$

当光滑曲面 Σ 的方程由 $x = x(y,z)$ 给出时,Σ 取前侧时的法向量与取后侧时的法向量分别为

$$(1, -x_y(y,z), -x_z(y,z)) \quad \text{与} \quad (-1, x_y(y,z), x_z(y,z)). \tag{3.4}$$

试算试练 (1) 设 Σ 为圆锥面 $z = \sqrt{x^2 + y^2}$ 介于平面 $z = 0$ 与 $z = 1$ 之间的部分的上侧,求 Σ 在 xOy 平面上的投影区域及它在任意点处的单位法向量.

(2) 设 Σ 为平面 $x + 2y + 3z = 6$ 位于第 I 卦限部分的右侧,求 Σ 在 zOx 面上的投影区域及它在任意点处的单位法向量.

如果光滑曲面 Σ 由参数方程 $x = x(u,v)$, $y = y(u,v)$, $z = z(u,v)$ 给出,那么 Σ 的一个侧对应的法向量为

$$\left(\frac{\partial(y,z)}{\partial(u,v)}, \frac{\partial(z,x)}{\partial(u,v)}, \frac{\partial(x,y)}{\partial(u,v)} \right),$$

而 Σ 的另一侧对应的法向量为

$$-\left(\frac{\partial(y,z)}{\partial(u,v)}, \frac{\partial(z,x)}{\partial(u,v)}, \frac{\partial(x,y)}{\partial(u,v)}\right),$$

这时括弧前正负号的选取可以通过定向曲面 Σ 上某个特殊点的法向量的指向来判定. 例如, 在球面坐标下, 单位球面

$$x = \sin\theta\cos\varphi, \quad y = \sin\theta\sin\varphi, \quad z = \cos\theta \quad (0 \leqslant \theta \leqslant \pi, \quad 0 \leqslant \varphi \leqslant 2\pi)$$

的外侧的法向量与球面上的点的向径方向是一致的, 即为

$$\left(\frac{\partial(y,z)}{\partial(\theta,\varphi)}, \frac{\partial(z,x)}{\partial(\theta,\varphi)}, \frac{\partial(x,y)}{\partial(\theta,\varphi)}\right) = (\sin^2\theta\cos\varphi, \sin^2\theta\sin\varphi, \sin\theta\cos\theta),$$

而内侧的法向量则是它的反向.

定向曲面的法向量概念, 在本节所研究的曲面积分问题中将起重要的作用.

流体流向曲面一侧的流量 设稳定流动①的不可压缩流体 (假定密度为 1) 的速度场由

$$\boldsymbol{v}(x,y,z) = P(x,y,z)\boldsymbol{i} + Q(x,y,z)\boldsymbol{j} + R(x,y,z)\boldsymbol{k}$$

给出, Σ 是速度场中一片光滑的定向曲面, 单位时间内通过 Σ 并流向指定一侧的流体的质量叫流量, 记为 Φ, 现问 Φ 如何计算?

如果 Σ 是一片面积为 A 的平面, 而流体在 Σ 上各点处的流速为常量 $\boldsymbol{v}$, 又设 Σ 的单位法向量是 $\boldsymbol{e_n}$, 那么单位时间内通过 Σ 流向指定一侧的流体组成一个底面积为 A, 斜高为 $|\boldsymbol{v}|$ 的斜柱体 (图 8.10).

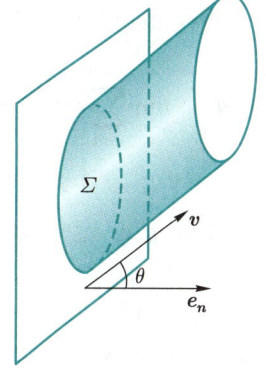

当 $\theta = (\widehat{\boldsymbol{v}, \boldsymbol{e_n}}) < \dfrac{\pi}{2}$ 时, 斜柱体的体积为

$$A|\boldsymbol{v}|\cos\theta = A\boldsymbol{v}\cdot\boldsymbol{e_n},$$

这就是通过 Σ 流向指定一侧的流量 Φ, 即

$$\Phi = A\boldsymbol{v}\cdot\boldsymbol{e_n}.$$

图 8.10

当 $\theta = (\widehat{\boldsymbol{v}, \boldsymbol{e_n}}) = \dfrac{\pi}{2}$ 时, 显然通过的流量 $\Phi = 0$;

当 $\theta = (\widehat{\boldsymbol{v}, \boldsymbol{e_n}}) > \dfrac{\pi}{2}$ 时, $A\boldsymbol{v}\cdot\boldsymbol{e_n} < 0$, 这时通过 Σ 流向 Σ 相反一侧的流量为 $-A\boldsymbol{v}\cdot\boldsymbol{e_n}$, 我们仍把 $A\boldsymbol{v}\cdot\boldsymbol{e_n}$ 称为通过 Σ 流向指定一侧的流量.

这样, 不论 $(\widehat{\boldsymbol{v}, \boldsymbol{e_n}})$ 为何值, 流体通过 Σ 流向指定一侧的流量 Φ 可表示为

$$\Phi = A\boldsymbol{v}\cdot\boldsymbol{e_n} = (\boldsymbol{v}\cdot\boldsymbol{e_n})A.$$

由于现在考虑的 Σ 不是平面而是一片曲面, 且 Σ 上各处的流速也不相同, 因此所求流量不能直接用上述方法计算. 于是我们采用前面引出各类积分概念时反复使用过的方法, 即把定向曲面 Σ 分成 n 块小曲面 $\Delta\Sigma_i$, $\Delta\Sigma_i$ 的面积记为 $\Delta S_i (i = 1, 2, \cdots, n)$. 由于

---

① 所谓稳定流动, 是指流速不因时间 t 的变化而改变, 即流速与时间 t 无关.

Σ 是光滑的, 故当 $\boldsymbol{v}(x,y,z)$ 在 Σ 上连续时, 只要 $\Delta\Sigma_i$ 的直径很小, 我们就可以用 $\Delta\Sigma_i$ 上任一点 (ξ_i,η_i,ζ_i) 处的流速 $\boldsymbol{v}_i = \boldsymbol{v}(\xi_i,\eta_i,\zeta_i)$ 代替 $\Delta\Sigma_i$ 上其他各点处的流速, 用定向曲面 Σ 在点 (ξ_i,η_i,ζ_i) 处的单位法向量 $\boldsymbol{e_n}(\xi_i,\eta_i,\zeta_i)$ 代替 $\Delta\Sigma_i$ 其他各处的法向量 (图 8.11), 于是得到通过 $\Delta\Sigma_i$ 流向指定一侧的流量 $\Delta\Phi_i$ 的近似值, 即

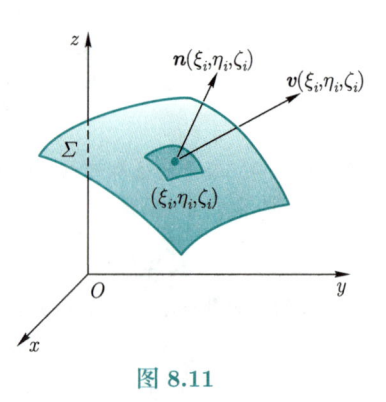

$$\Delta\Phi_i \approx [\boldsymbol{v}(\xi_i,\eta_i,\zeta_i)\cdot\boldsymbol{e_n}(\xi_i,\eta_i,\zeta_i)]\Delta S_i$$
$$= P(\xi_i,\eta_i,\zeta_i)\cos\alpha_i\Delta S_i + Q(\xi_i,\eta_i,\zeta_i)\cos\beta_i\Delta S_i +$$
$$R(\xi_i,\eta_i,\zeta_i)\cos\gamma_i\Delta S_i,$$

图 8.11

其中 $\cos\alpha_i, \cos\beta_i, \cos\gamma_i$ 为定向曲面 Σ 在点 (ξ_i,η_i,ζ_i) 处法向量的方向余弦.

这样, 通过 Σ 流向指定一侧的流量

$$\Phi = \sum_{i=1}^n \Delta\Phi_i \approx \sum_{i=1}^n \big[P(\xi_i,\eta_i,\zeta_i)\cos\alpha_i\Delta S_i + Q(\xi_i,\eta_i,\zeta_i)\cos\beta_i\Delta S_i +$$
$$R(\xi_i,\eta_i,\zeta_i)\cos\gamma_i\Delta S_i\big].$$

令 $\lambda = \max\limits_{1\leqslant i\leqslant n}\{\Delta\Sigma_i\text{的直径}\}\to 0$, 取上述和的极限, 就得到流量 Φ 的精确值

$$\Phi = \lim_{\lambda\to 0}\sum_{i=1}^n [P(\xi_i,\eta_i,\zeta_i)\cos\alpha_i\Delta S_i + Q(\xi_i,\eta_i,\zeta_i)\cos\beta_i\Delta S_i + R(\xi_i,\eta_i,\zeta_i)\cos\gamma_i\Delta S_i].$$

一般地, 对于三元向量值函数 $\boldsymbol{F}(x,y,z) = P(x,y,z)\boldsymbol{i} + Q(x,y,z)\boldsymbol{j} + R(x,y,z)\boldsymbol{k}$, Σ 为 $\boldsymbol{F}(x,y,z)$ 定义域内具有有限面积的定向光滑曲面, 把 Σ 分成 n 个小块

$$\Delta\Sigma_1, \Delta\Sigma_2, \cdots, \Delta\Sigma_n, \tag{3.5}$$

第 i 个小块 $\Delta\Sigma_i$ 的面积记作 ΔS_i, 在第 i 个小块 $\Delta\Sigma_i$ 上任取一点 (ξ_i,η_i,ζ_i), 记 $(\Delta S_i)_{yz} = \cos\alpha_i\Delta S_i$, $(\Delta S_i)_{zx} = \cos\beta_i\Delta S_i$, $(\Delta S_i)_{xy} = \cos\gamma_i\Delta S_i$[①](其中 $\cos\alpha_i, \cos\beta_i, \cos\gamma_i$ 为定向曲面 Σ 在点 (ξ_i,η_i,ζ_i) 处法向量的方向余弦), 作乘积之和

$$P(\xi_i,\eta_i,\zeta_i)(\Delta S_i)_{yz} + Q(\xi_i,\eta_i,\zeta_i)(\Delta S_i)_{zx} + R(\xi_i,\eta_i,\zeta_i)(\Delta S_i)_{xy},$$

并把这 n 个小块上的上述结果求和, 得到

$$\sum_{i=1}^n [P(\xi_i,\eta_i,\zeta_i)(\Delta S_i)_{yz} + Q(\xi_i,\eta_i,\zeta_i)(\Delta S_i)_{zx} + R(\xi_i,\eta_i,\zeta_i)(\Delta S_i)_{xy}], \tag{3.6}$$

这个依赖于划分 (3.5) 和点 (ξ_i,η_i,ζ_i) 的选取的和称为**向量值函数 $\boldsymbol{F}(x,y,z)$ 在定向曲面 Σ 上的 (黎曼) 积分和**.

[①] 在上一章第六节第一目中, 我们已经知道: dS 在 yOz 面、zOx 面、xOy 面上的投影区域的面积元素分别为 $|\cos\alpha|\,dS$, $|\cos\beta|\,dS$, $|\cos\gamma|\,dS$, 为此常把 $\cos\alpha\,dS$, $\cos\beta\,dS$, $\cos\gamma\,dS$ 称为 dS 在 yOz 面、zOx 面、xOy 面上的投影, 这里的 $(\Delta S_i)_{yz}, (\Delta S_i)_{zx}, (\Delta S_i)_{xy}$ 相当于投影的近似.

定义 设 Σ 为具有有限面积的定向光滑曲面, 向量值函数
$$\boldsymbol{F}(x,y,z) = P(x,y,z)\boldsymbol{i} + Q(x,y,z)\boldsymbol{j} + R(x,y,z)\boldsymbol{k}$$
在 Σ 上有界. 对于 Σ 的任意划分 (3.5), 以及小块曲面 $\Delta\Sigma_i$ 上的任意选取的点 (ξ_i,η_i,ζ_i). 记 $\lambda = \max\limits_{1\leqslant i\leqslant n} \{\Delta\Sigma_i\text{的直径}\}$, 如果当 $\lambda \to 0$ 时, 由 (3.6) 式所定义的积分和
$$\sum_{i=1}^{n}[P(\xi_i,\eta_i,\zeta_i)(\Delta S_i)_{yz} + Q(\xi_i,\eta_i,\zeta_i)(\Delta S_i)_{zx} + R(\xi_i,\eta_i,\zeta_i)(\Delta S_i)_{xy}]$$
的极限总存在, 且与划分 (3.5) 和点 (ξ_i,η_i,ζ_i) 的取法无关, 则称**向量值函数 $\boldsymbol{F}(x,y,z)$ 在Σ 上的曲面积分存在**, 这个极限称为**向量值函数 $\boldsymbol{F}(x,y,z)$ 在 Σ 上的曲面积分**, 记作
$$\iint\limits_{\Sigma} P(x,y,z)\,\mathrm{d}y\,\mathrm{d}z + Q(x,y,z)\,\mathrm{d}z\,\mathrm{d}x + R(x,y,z)\,\mathrm{d}x\,\mathrm{d}y,$$
即
$$\iint\limits_{\Sigma} P(x,y,z)\,\mathrm{d}y\,\mathrm{d}z + Q(x,y,z)\,\mathrm{d}z\,\mathrm{d}x + R(x,y,z)\,\mathrm{d}x\,\mathrm{d}y$$
$$= \lim_{\lambda\to 0}\sum_{i=1}^{n}[P(\xi_i,\eta_i,\zeta_i)(\Delta S_i)_{yz} + Q(\xi_i,\eta_i,\zeta_i)(\Delta S_i)_{zx} + R(\xi_i,\eta_i,\zeta_i)(\Delta S_i)_{xy}], \quad (3.7)$$
其中 $\boldsymbol{F}(x,y,z)$ 叫做**被积函数**, x, y, z 叫做**积分变量**, $\iint$ 叫做**积分号**, Σ 叫做**积分曲面**.

向量值函数 $\boldsymbol{F}(x,y,z)$ 在 Σ 上的曲面积分 $\iint\limits_{\Sigma} P(x,y,z)\,\mathrm{d}y\,\mathrm{d}z + Q(x,y,z)\,\mathrm{d}z\,\mathrm{d}x +$ $R(x,y,z)\,\mathrm{d}x\,\mathrm{d}y$ 也可用向量表为 $\iint\limits_{\Sigma} \boldsymbol{F}(x,y,z)\cdot\mathrm{d}\boldsymbol{S}$, 即
$$\iint\limits_{\Sigma} \boldsymbol{F}(x,y,z)\cdot\mathrm{d}\boldsymbol{S} = \iint\limits_{\Sigma} P(x,y,z)\,\mathrm{d}y\,\mathrm{d}z + Q(x,y,z)\,\mathrm{d}z\,\mathrm{d}x + R(x,y,z)\,\mathrm{d}x\,\mathrm{d}y$$
$$= \lim_{\lambda\to 0}\sum_{i=1}^{n}[P(\xi_i,\eta_i,\zeta_i)(\Delta S_i)_{yz} + Q(\xi_i,\eta_i,\zeta_i)(\Delta S_i)_{zx} +$$
$$R(\xi_i,\eta_i,\zeta_i)(\Delta S_i)_{xy}], \quad (3.8)$$
其中 $\mathrm{d}\boldsymbol{S}$ 称为**定向面积元素**.

根据向量值函数的曲面积分的定义, 流体流向曲面一侧的流量可表示为
$$\boldsymbol{\Phi} = \iint\limits_{\Sigma} \boldsymbol{v}(x,y,z)\cdot\mathrm{d}\boldsymbol{S} = \iint\limits_{\Sigma} P(x,y,z)\,\mathrm{d}y\,\mathrm{d}z + Q(x,y,z)\,\mathrm{d}z\,\mathrm{d}x + R(x,y,z)\,\mathrm{d}x\,\mathrm{d}y.$$

对于分片光滑的定向曲面 Σ, 我们规定 $\boldsymbol{F}(x,y,z)$ 在 Σ 上的积分等于 $\boldsymbol{F}(x,y,z)$ 在 Σ 的各定向光滑片上的积分的和. 例如, 若曲面 Σ 由两片光滑的定向曲面 Σ_1 和 Σ_2 组成 (记作 $\Sigma = \Sigma_1 + \Sigma_2$), 则规定
$$\iint\limits_{\Sigma_1+\Sigma_2} \boldsymbol{F}(x,y,z)\cdot\mathrm{d}\boldsymbol{S} = \iint\limits_{\Sigma_1} \boldsymbol{F}(x,y,z)\cdot\mathrm{d}\boldsymbol{S} + \iint\limits_{\Sigma_2} \boldsymbol{F}(x,y,z)\cdot\mathrm{d}\boldsymbol{S}.$$

若 Σ 为闭曲面,常将 $\iint\limits_{\Sigma} \boldsymbol{F}(x,y,z) \cdot \mathrm{d}\boldsymbol{S}$ 写成 $\oiint\limits_{\Sigma} \boldsymbol{F}(x,y,z) \cdot \mathrm{d}\boldsymbol{S}$.

可以证明,**当向量值函数 $\boldsymbol{F}(x,y,z)$ 在光滑的定向曲面 Σ 上连续时,曲面积分 $\iint\limits_{\Sigma} \boldsymbol{F}(x,y,z) \cdot \mathrm{d}\boldsymbol{S}$ 一定存在**.

向量值函数的曲面积分具有与向量值函数的曲线积分类似的性质,例如,它具有线性性质、关于积分曲面的可加性,而且,改变定向曲面的方向,向量值函数的曲面积分要改变符号,即

$$\iint\limits_{\Sigma^-} \boldsymbol{F}(x,y,z) \cdot \mathrm{d}\boldsymbol{S} = -\iint\limits_{\Sigma} \boldsymbol{F}(x,y,z) \cdot \mathrm{d}\boldsymbol{S},$$

或

$$\iint\limits_{\Sigma^-} P(x,y,z)\,\mathrm{d}y\,\mathrm{d}z + Q(x,y,z)\,\mathrm{d}z\,\mathrm{d}x + R(x,y,z)\,\mathrm{d}x\,\mathrm{d}y$$
$$= -\iint\limits_{\Sigma} P(x,y,z)\,\mathrm{d}y\,\mathrm{d}z + Q(x,y,z)\,\mathrm{d}z\,\mathrm{d}x + R(x,y,z)\,\mathrm{d}x\,\mathrm{d}y.$$

二、 向量值函数的曲面积分的计算法

向量值函数的曲面积分可化为二重积分来计算. 在以下讨论中,总假定定向曲面 Σ 是光滑的且 $\boldsymbol{F}(x,y,z) = P(x,y,z)\boldsymbol{i} + Q(x,y,z)\boldsymbol{j} + R(x,y,z)\boldsymbol{k}$ 在 Σ 上连续.

先计算 $\iint\limits_{\Sigma} R(x,y,z)\,\mathrm{d}x\,\mathrm{d}y$.

如果 Σ 是由方程 $z = z(x,y)$, $(x,y) \in D_{xy}$ 所给出的曲面上侧,其中 D_{xy} 是 Σ 在 xOy 面上的投影区域.

考察第 i 个小块曲面 $\Delta\Sigma_i$ (其面积记为 ΔS_i),它在 xOy 面上的投影区域为 ΔD_i,由曲面面积的计算公式,并利用二重积分的中值定理可知,存在 $(\xi_i, \eta_i) \in \Delta D_i$,使得

$$\Delta S_i = \iint\limits_{\Delta D_i} \sqrt{1 + z_x^2(x,y) + z_y^2(x,y)}\,\mathrm{d}\sigma = \sqrt{1 + z_x^2(\xi_i, \eta_i) + z_y^2(\xi_i, \eta_i)}\,\Delta\sigma_i,$$

其中 $\Delta\sigma_i$ 为 ΔD_i 的面积.

现记 $\zeta_i = z(\xi_i, \eta_i)$,则点 (ξ_i, η_i, ζ_i) 在 $\Delta\Sigma_i$ 上,曲面 Σ 在点 (ξ_i, η_i, ζ_i) 处法向量的方向余弦为 $\cos\alpha_i, \cos\beta_i, \cos\gamma_i$,其中

$$\cos\gamma_i = \frac{1}{\sqrt{1 + z_x^2(\xi_i, \eta_i) + z_y^2(\xi_i, \eta_i)}},$$

根据向量值函数的曲面积分的定义，有

$$\iint\limits_{\Sigma} R(x,y,z)\,\mathrm{d}x\,\mathrm{d}y = \lim_{\lambda \to 0} \sum_{i=1}^{n} R(\xi_i,\eta_i,\zeta_i)\cos\gamma_i \Delta S_i{}^{①} = \lim_{\lambda \to 0} \sum_{i=1}^{n} R(\xi_i,\eta_i,z(\xi_i,\eta_i))\Delta\sigma_i,$$

上式右端的极限即为函数 $R[x,y,z(x,y)]$ 在区域 D_{xy} 上的二重积分，由于此函数在 D_{xy} 上连续，故这个二重积分存在，从而得到

$$\iint\limits_{\Sigma} R(x,y,z)\,\mathrm{d}x\,\mathrm{d}y = \iint\limits_{D_{xy}} R[x,y,z(x,y)]\,\mathrm{d}\sigma.$$

必须注意，上式是在 Σ 由方程 $z = z(x,y)$, $(x,y) \in D_{xy}$ 所给出的曲面上侧时所得，如果 Σ 为曲面下侧，注意到 $\cos\gamma_i = -\dfrac{1}{\sqrt{1 + z_x^2(\xi_i,\eta_i) + z_y^2(\xi_i,\eta_i)}}$，由此得到

$$\iint\limits_{\Sigma} R(x,y,z)\,\mathrm{d}x\,\mathrm{d}y = -\iint\limits_{D_{xy}} R[x,y,z(x,y)]\,\mathrm{d}\sigma.$$

类似地计算 $\iint\limits_{\Sigma} P(x,y,z)\,\mathrm{d}y\,\mathrm{d}z$ 和 $\iint\limits_{\Sigma} Q(x,y,z)\,\mathrm{d}z\,\mathrm{d}x$. 于是，就得到如下的定理.

定理 设向量值函数 $\boldsymbol{F}(x,y,z) = P(x,y,z)\boldsymbol{i} + Q(x,y,z)\boldsymbol{j} + R(x,y,z)\boldsymbol{k}$ 在光滑的定向曲面 Σ 上连续.

如果 Σ 的方程为 $x = x(y,z)$, $(y,z) \in D_{yz}$, 则

$$\iint\limits_{\Sigma} P(x,y,z)\,\mathrm{d}y\,\mathrm{d}z = \pm \iint\limits_{D_{yz}} P[x(y,z),y,z]\,\mathrm{d}\sigma, \tag{3.9}$$

其中的符号当 Σ 取前侧时为正，当 Σ 取后侧时为负.

如果 Σ 的方程为 $y = y(z,x)$, $(z,x) \in D_{zx}$, 则

$$\iint\limits_{\Sigma} Q(x,y,z)\,\mathrm{d}z\,\mathrm{d}x = \pm \iint\limits_{D_{zx}} Q[x,y(z,x),z]\,\mathrm{d}\sigma, \tag{3.10}$$

其中的符号当 Σ 取右侧时为正，当 Σ 取左侧时为负.

如果 Σ 的方程为 $z = z(x,y)$, $(x,y) \in D_{xy}$, 则

$$\iint\limits_{\Sigma} R(x,y,z)\,\mathrm{d}x\,\mathrm{d}y = \pm \iint\limits_{D_{xy}} R[x,y,z(x,y)]\,\mathrm{d}\sigma, \tag{3.11}$$

其中的符号当 Σ 取上侧时为正，当 Σ 取下侧时为负.

当 Σ 为母线平行于 z 轴的柱面时，$\cos\gamma \equiv 0$，因此

$$\iint\limits_{\Sigma} R(x,y,z)\,\mathrm{d}x\,\mathrm{d}y = \lim_{\lambda \to 0} \sum_{i=1}^{n} R(\xi_i,\eta_i,\zeta_i)\cos\gamma_i \Delta S_i = 0,$$

---

① 由于 $\boldsymbol{F}(x,y,z)$ 在 Σ 上连续时，曲面积分 $\iint\limits_{\Sigma} \boldsymbol{F}(x,y,z) \cdot \mathrm{d}\boldsymbol{S}$ 一定存在，因此，这里取这一特殊的点 (ξ_i,η_i,ζ_i)，等式仍然成立.

同样, 当 Σ 为母线平行于 x 轴的柱面时, $\iint\limits_{\Sigma} P(x,y,z)\,\mathrm{d}y\,\mathrm{d}z = 0$; 当 Σ 为母线平行于 y 轴的柱面时, $\iint\limits_{\Sigma} Q(x,y,z)\,\mathrm{d}z\,\mathrm{d}x = 0$.

对于较为一般的定向曲面 Σ, 可用几条辅助线将 Σ 分成有限个符合上述要求的定向曲面片, 分别计算相应的曲面积分, 最后利用可加性得到所求的曲面积分.

试算试练 计算第二类曲面积分 $\iint\limits_{\Sigma}(x^2+yz)\,\mathrm{d}x\,\mathrm{d}y$, 其中 Σ 为圆柱面 $x^2+y^2=1$ 位于平面 $z=0$ 与 $z=2$ 之间的部分的内侧.

例 1 计算曲面积分 $\iint\limits_{\Sigma}(x^2+y^2)z\,\mathrm{d}x\,\mathrm{d}y$, 其中 Σ 是抛物面 $z=x^2+y^2$ 介于平面 $z=0$ 与 $z=1$ 之间的部分的上侧.

解 曲面 Σ 在 xOy 面上的投影 D_{xy} 为圆域 $x^2+y^2 \leqslant 1$, 由 (3.11) 式得

$$\iint\limits_{\Sigma}(x^2+y^2)z\,\mathrm{d}x\,\mathrm{d}y = \iint\limits_{D_{xy}}(x^2+y^2)^2\,\mathrm{d}x\,\mathrm{d}y$$

$$= \iint\limits_{D_{xy}}\rho^4\cdot\rho\,\mathrm{d}\rho\,\mathrm{d}\varphi = \int_0^{2\pi}\mathrm{d}\varphi\int_0^1 \rho^5\,\mathrm{d}\rho$$

$$= 2\pi\cdot\frac{1}{6} = \frac{1}{3}\pi.$$

例 2 计算曲面积分

$$\oiint\limits_{\Sigma} x\,\mathrm{d}y\,\mathrm{d}z + y\,\mathrm{d}z\,\mathrm{d}x + z\,\mathrm{d}x\,\mathrm{d}y,$$

其中 Σ 是球面 $x^2+y^2+z^2=R^2(R>0)$ 的外侧.

解 记下半球面、上半球面分别为 Σ_1, Σ_2, 则

$$\Sigma_1: z = -\sqrt{R^2-x^2-y^2}, \quad (x,y)\in D_{xy},$$

$$\Sigma_2: z = \sqrt{R^2-x^2-y^2}, \quad (x,y)\in D_{xy},$$

其中 D_{xy} 为圆域 $x^2+y^2\leqslant R^2$, Σ_1, Σ_2 分别取下侧、上侧. 故

$$\oiint\limits_{\Sigma} z\,\mathrm{d}x\,\mathrm{d}y = \iint\limits_{\Sigma_1} z\,\mathrm{d}x\,\mathrm{d}y + \iint\limits_{\Sigma_2} z\,\mathrm{d}x\,\mathrm{d}y$$

$$= -\iint\limits_{D_{xy}}(-\sqrt{R^2-x^2-y^2})\,\mathrm{d}x\,\mathrm{d}y + \iint\limits_{D_{xy}}\sqrt{R^2-x^2-y^2}\,\mathrm{d}x\,\mathrm{d}y$$

$$= 2\iint\limits_{D_{xy}}\sqrt{R^2-\rho^2}\cdot\rho\,\mathrm{d}\rho\,\mathrm{d}\varphi = 2\int_0^{2\pi}\mathrm{d}\varphi\int_0^R \rho\sqrt{R^2-\rho^2}\,\mathrm{d}\rho$$

$$= 2\cdot 2\pi\cdot\left[-\frac{1}{3}(R^2-\rho^2)^{\frac{3}{2}}\right]_0^R = \frac{4}{3}\pi R^3.$$

同理可得
$$\oiint_{\Sigma} x\,\mathrm{d}y\,\mathrm{d}z = \frac{4}{3}\pi R^3, \quad \oiint_{\Sigma} y\,\mathrm{d}z\,\mathrm{d}x = \frac{4}{3}\pi R^3,$$
于是
$$\oiint_{\Sigma} x\,\mathrm{d}y\,\mathrm{d}z + y\,\mathrm{d}z\,\mathrm{d}x + z\,\mathrm{d}x\,\mathrm{d}y = \oiint_{\Sigma} x\,\mathrm{d}y\,\mathrm{d}z + \oiint_{\Sigma} y\,\mathrm{d}z\,\mathrm{d}x + \oiint_{\Sigma} z\,\mathrm{d}x\,\mathrm{d}y = 4\pi R^3.$$

三、 两类曲面积分之间的联系

设向量值函数 $\boldsymbol{F}(x,y,z) = P(x,y,z)\boldsymbol{i} + Q(x,y,z)\boldsymbol{j} + R(x,y,z)\boldsymbol{k}$ 在光滑的定向曲面 Σ 上连续. 根据向量值函数的曲面积分的定义, 有

$$\iint_{\Sigma} P(x,y,z)\,\mathrm{d}y\,\mathrm{d}z + Q(x,y,z)\,\mathrm{d}z\,\mathrm{d}x + R(x,y,z)\,\mathrm{d}x\,\mathrm{d}y$$
$$= \lim_{\lambda\to 0}\sum_{i=1}^{n}[P(\xi_i,\eta_i,\zeta_i)(\Delta S_i)_{yz} + Q(\xi_i,\eta_i,\zeta_i)(\Delta S_i)_{zx} + R(\xi_i,\eta_i,\zeta_i)(\Delta S_i)_{xy}],$$

其中 $(\Delta S_i)_{yz} = \cos\alpha_i \Delta S_i$, $(\Delta S_i)_{zx} = \cos\beta_i \Delta S_i$, $(\Delta S_i)_{xy} = \cos\gamma_i \Delta S_i$, 而 $\cos\alpha_i$, $\cos\beta_i$, $\cos\gamma_i$ 为 Σ 在点 (ξ_i,η_i,ζ_i) 处法向量的方向余弦, 即

$$\iint_{\Sigma} P(x,y,z)\,\mathrm{d}y\,\mathrm{d}z + Q(x,y,z)\,\mathrm{d}z\,\mathrm{d}x + R(x,y,z)\,\mathrm{d}x\,\mathrm{d}y$$
$$= \lim_{\lambda\to 0}\sum_{i=1}^{n}[P(\xi_i,\eta_i,\zeta_i)\cos\alpha_i + Q(\xi_i,\eta_i,\zeta_i)\cos\beta_i + R(\xi_i,\eta_i,\zeta_i)\cos\gamma_i]\Delta S_i,$$

上式右端的极限即为数量值函数 $P(x,y,z)\cos\alpha + Q(x,y,z)\cos\beta + R(x,y,z)\cos\gamma$ 在 Σ 上关于面积的曲面积分, 由于该函数在 Σ 上连续, 故这个曲面积分存在, 因此, 上式右端的极限等于

$$\iint_{\Sigma}[P(x,y,z)\cos\alpha + Q(x,y,z)\cos\beta + R(x,y,z)\cos\gamma]\,\mathrm{d}S.$$

于是, 两类曲面积分之间具有如下的关系式:

$$\iint_{\Sigma} P(x,y,z)\,\mathrm{d}y\,\mathrm{d}z + Q(x,y,z)\,\mathrm{d}z\,\mathrm{d}x + R(x,y,z)\,\mathrm{d}x\,\mathrm{d}y$$
$$= \iint_{\Sigma}[P(x,y,z)\cos\alpha + Q(x,y,z)\cos\beta + R(x,y,z)\cos\gamma]\,\mathrm{d}S, \tag{3.12}$$

其中 $\alpha = \alpha(x,y,z)$, $\beta = \beta(x,y,z)$, $\gamma = \gamma(x,y,z)$ 为定向曲面 Σ 在点 (x,y,z) 处法向量的方向角.

两类曲面积分之间的关系式, 用向量可表示为

$$\iint_{\Gamma} \boldsymbol{F}(x,y,z) \cdot \mathrm{d}\boldsymbol{S} = \iint_{\Gamma} \boldsymbol{F}(x,y,z) \cdot \boldsymbol{e_n}\,\mathrm{d}S, \tag{3.13}$$

其中 $\boldsymbol{e_n}$ 为曲面 $\varSigma$ 在点 (x,y,z) 处的单位法向量.

从 (3.13) 式可以看到, 曲面积分 $\displaystyle\iint_{\varSigma} \boldsymbol{F}(x,y,z) \cdot \mathrm{d}\boldsymbol{S}$ 中的记号 $\mathrm{d}\boldsymbol{S}$ 相当于向量 $\boldsymbol{e_n}\,\mathrm{d}S$, 其大小为 $\varSigma$ 上的面积元素 $\mathrm{d}S$, 其方向为定向曲面 $\varSigma$ 上点 (x,y,z) 处的单位法向量 $\boldsymbol{e_n}$, 即

$$\mathrm{d}\boldsymbol{S} = \boldsymbol{e_n}\,\mathrm{d}S = (\cos\alpha\,\mathrm{d}S, \cos\beta\,\mathrm{d}S, \cos\gamma\,\mathrm{d}S).$$

故曲面积分 $\displaystyle\iint_{\varSigma} P(x,y,z)\,\mathrm{d}y\,\mathrm{d}z + Q(x,y,z)\,\mathrm{d}z\,\mathrm{d}x + R(x,y,z)\,\mathrm{d}x\,\mathrm{d}y$ 中的记号 $\mathrm{d}y\,\mathrm{d}z$, $\mathrm{d}z\,\mathrm{d}x$, $\mathrm{d}x\,\mathrm{d}y$ 可看作定向曲面元素 $\mathrm{d}\boldsymbol{S}$ 的坐标, 由此向量值函数的曲面积分也称作**对坐标的曲面积分**.

例 3 计算曲面积分

$$\iint_{\varSigma} zx\,\mathrm{d}y\,\mathrm{d}z + yz\,\mathrm{d}z\,\mathrm{d}x + xy\,\mathrm{d}x\,\mathrm{d}y,$$

其中 $\varSigma$ 是圆锥面 $z = \sqrt{x^2+y^2}$ 介于平面 $z=1$ 及 $z=2$ 之间的部分的下侧 (图 8.12).

解 由于定向曲面 $\varSigma$ 可用 $z = \sqrt{x^2+y^2}$ 统一表示, 故我们利用两类曲面积分之间的关系式 (3.12) 来计算. $\varSigma$ 在 xOy 面上的投影区域 D_{xy} 为环形域 $1 \leqslant x^2+y^2 \leqslant 4$, 又曲面 $\varSigma$ 的法向量为

$$\boldsymbol{n} = (z_x, z_y, -1) = \left(\frac{x}{\sqrt{x^2+y^2}}, \frac{y}{\sqrt{x^2+y^2}}, -1\right) = \left(\frac{x}{z}, \frac{y}{z}, -1\right),$$

故

$$\cos\alpha = \frac{\sqrt{2}}{2}\cdot\frac{x}{z}, \quad \cos\beta = \frac{\sqrt{2}}{2}\cdot\frac{y}{z}, \quad \cos\gamma = -\frac{\sqrt{2}}{2},$$

于是

$$\iint_{\varSigma} zx\,\mathrm{d}y\,\mathrm{d}z + yz\,\mathrm{d}z\,\mathrm{d}x + xy\,\mathrm{d}x\,\mathrm{d}y$$

$$= \iint_{\varSigma} \left[zx\cdot\left(\frac{\sqrt{2}}{2}\cdot\frac{x}{z}\right) + yz\cdot\left(\frac{\sqrt{2}}{2}\cdot\frac{y}{z}\right) + xy\cdot\left(-\frac{\sqrt{2}}{2}\right)\right]\mathrm{d}S$$

$$= \frac{\sqrt{2}}{2}\iint_{\varSigma}(x^2+y^2-xy)\,\mathrm{d}S.$$

由于在曲面 $\varSigma$ 上, 有

$$\sqrt{z_x^2+z_y^2+1} = \sqrt{\left(\frac{x}{\sqrt{x^2+y^2}}\right)^2 + \left(\frac{y}{\sqrt{x^2+y^2}}\right)^2 + 1} = \sqrt{2},$$

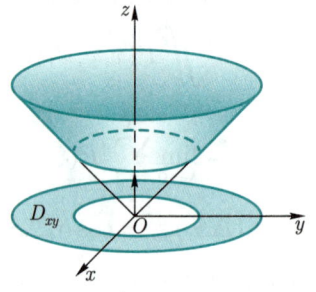

图 8.12

因此
$$\iint\limits_{\Sigma}(x^2+y^2)\,\mathrm{d}S=\iint\limits_{D_{xy}}(x^2+y^2)\cdot\sqrt{2}\,\mathrm{d}x\,\mathrm{d}y=\sqrt{2}\iint\limits_{D_{xy}}\rho^2\cdot\rho\,\mathrm{d}\rho\,\mathrm{d}\varphi$$
$$=\sqrt{2}\int_0^{2\pi}\mathrm{d}\varphi\int_1^2\rho^3\,\mathrm{d}\rho=\frac{15\sqrt{2}}{2}\pi,$$

又曲面 Σ 关于 yOz 面、zOx 面均对称, 故
$$\iint\limits_{\Sigma}xy\,\mathrm{d}S=0,$$

于是
$$\iint\limits_{\Sigma}zx\,\mathrm{d}y\,\mathrm{d}z+yz\,\mathrm{d}z\,\mathrm{d}x+xy\,\mathrm{d}x\,\mathrm{d}y=\frac{\sqrt{2}}{2}\iint\limits_{\Sigma}(x^2+y^2)\,\mathrm{d}S=\frac{15}{2}\pi.$$

如果曲面有函数表达式, 可采用例 3 的方法, 利用两类曲面积分之间的关系式, 把向量值函数的曲面积分转化为关于面积的曲面积分, 从而化为其中一个坐标面上的二重积分.

事实上, 当 Σ 的方程为 $z=z(x,y),(x,y)\in D_{xy}$ 时, 其单位法向量为
$$\boldsymbol{e_n}=(\cos\alpha,\cos\beta,\cos\gamma)=\pm\frac{1}{\sqrt{1+z_x^2(x,y)+z_y^2(x,y)}}(-z_x(x,y),-z_y(x,y),1),$$

曲面的面积元素
$$\mathrm{d}S=\sqrt{1+z_x^2(x,y)+z_y^2(x,y)}\,\mathrm{d}\sigma,$$

故
$$\iint\limits_{\Sigma}P\,\mathrm{d}y\,\mathrm{d}z+Q\,\mathrm{d}z\,\mathrm{d}x+R\,\mathrm{d}x\,\mathrm{d}y=\iint\limits_{\Sigma}(P\cos\alpha+Q\cos\beta+R\cos\gamma)\,\mathrm{d}S$$
$$=\pm\iint\limits_{D_{xy}}\{P[x,y,z(x,y)]\cdot[-z_x(x,y)]+Q[x,y,z(x,y)]\cdot[-z_y(x,y)]+R[x,y,z(x,y)]\}\,\mathrm{d}\sigma,$$

(3.14)

积分号前的符号当 Σ 取上侧时为正, 取下侧时为负.

当 Σ 可用显式方程 $y=y(z,x)$ 或 $x=x(y,z)$ 表示时, 只要注意到此时 Σ 的法向量为 $\pm(-y_x,1,-y_z)$ 或 $\pm(1,-x_y,-x_z)$, 读者就可自己推导出类似于 (3.14) 式的计算公式 (留作习题).

如果积分曲面 Σ 由参数方程
$$x=x(u,v),\quad y=y(u,v),\quad z=z(u,v)\quad((u,v)\in D_{uv})$$
给出, 则曲面 Σ 的法向量为
$$\boldsymbol{n}=\pm\left(\frac{\partial(y,z)}{\partial(u,v)},\frac{\partial(z,x)}{\partial(u,v)},\frac{\partial(x,y)}{\partial(u,v)}\right),$$

面积元素

$$dS = \sqrt{\left[\frac{\partial(y,z)}{\partial(u,v)}\right]^2 + \left[\frac{\partial(z,x)}{\partial(u,v)}\right]^2 + \left[\frac{\partial(x,y)}{\partial(u,v)}\right]^2}\, du\, dv,$$

利用两类曲面积分之间的联系, 可得

$$\iint_{\Sigma} \boldsymbol{F} \cdot d\boldsymbol{S} = \iint_{\Sigma} P(x,y,z)\, dy\, dz + Q(x,y,z)\, dz\, dx + R(x,y,z)\, dx\, dy$$

$$= \pm \iint_{D_{uv}} \left\{ P[x(u,v), y(u,v), z(u,v)]\frac{\partial(y,z)}{\partial(u,v)} + \right.$$

$$Q[x(u,v), y(u,v), z(u,v)]\frac{\partial(z,x)}{\partial(u,v)} +$$

$$\left. R[x(u,v), y(u,v), z(u,v)]\frac{\partial(x,y)}{\partial(u,v)} \right\} du\, dv, \qquad (3.15)$$

这里右边正负号的选取应与曲面 Σ 的定侧相对应.

例 4 计算曲面积分 $\iint_{\Sigma} xyz\, dx\, dy$, 其中 Σ 是球面 $x^2 + y^2 + z^2 = 1$ 的外侧并满足 $x \geqslant 0, y \geqslant 0$ 的部分.

解 曲面 Σ 的方程为

$$x = \sin\theta\cos\varphi,\ y = \sin\theta\sin\varphi,\ z = \cos\theta \quad \left(0 \leqslant \theta \leqslant \pi,\ 0 \leqslant \varphi \leqslant \frac{\pi}{2}\right),$$

Σ (前侧) 的法向量与该面上的点的向径方向一致, 即为

$$\boldsymbol{n} = \left(\frac{\partial(y,z)}{\partial(\theta,\varphi)}, \frac{\partial(z,x)}{\partial(\theta,\varphi)}, \frac{\partial(x,y)}{\partial(\theta,\varphi)}\right) = (\sin^2\theta\cos\varphi, \sin^2\theta\sin\varphi, \sin\theta\cos\theta),$$

利用公式 (3.15) 得

$$\iint_{\Sigma} xyz\, dx\, dy = \iint_{D_{\theta\varphi}} \sin^2\theta\cos\theta\cos\varphi\sin\varphi\frac{\partial(x,y)}{\partial(\theta,\varphi)}\, d\theta\, d\varphi$$

$$= \iint_{D_{\theta\varphi}} \sin^3\theta\cos^2\theta\sin\varphi\cos\varphi\, d\theta\, d\varphi$$

$$= \int_0^\pi \sin^3\theta\cos^2\theta\, d\theta \int_0^{\frac{\pi}{2}} \sin\varphi\cos\varphi\, d\varphi = \frac{4}{15} \cdot \frac{1}{2} = \frac{2}{15}.$$

习题 8.3

1. 把第二类曲面积分 $\iint_{\Sigma} P(x,y,z)\, dy\, dz + Q(x,y,z)\, dz\, dx + R(x,y,z)\, dx\, dy$ 化为第一类曲面积分:

(1) Σ 为坐标平面 $z = 0$ 被椭圆柱面 $\dfrac{x^2}{4} + \dfrac{y^2}{9} = 1$ 所截的部分, 并取上侧;

(2) Σ 为平面 $y + z = 2$ 被圆柱面 $x^2 + y^2 = 4$ 所截的部分, 并取下侧;

(3) Σ 为旋转抛物面 $x = y^2 + z^2$ 被平面 $x = 9$ 所截的部分, 并取前侧;

(4) Σ 为半球面 $y = \sqrt{1 - x^2 - z^2}$ 的内侧.

2. 计算下列第二类曲面积分:

(1) $\iint\limits_{\Sigma} (2+z)\,dx\,dy$, Σ 为平面 $x+2y+3z=6$ 位于第 I 卦限部分的上侧;

(2) $\iint\limits_{\Sigma} x\,dy\,dz + y\,dz\,dx + z\,dx\,dy$, Σ 为圆柱面 $x^2+y^2=1$ 位于平面 $z=0$ 与 $z=3$ 所截得的在第 I 卦限部分的前侧;

(3) $\iint\limits_{\Sigma} \dfrac{x\,dy\,dz + y\,dz\,dx + z\,dx\,dy}{\sqrt{x^2+y^2+z^2}}$, Σ 为球面 $x^2+y^2+z^2=9$ 位于第 I 卦限部分的外侧;

(4) $\oiint\limits_{\Sigma} x\,dy\,dz + y\,dz\,dx + z\,dx\,dy$, Σ 为平面 $x+y+z=1$ 与三坐标面所围成的四面体的整个边界曲面的外侧;

(5) $\oiint\limits_{\Sigma} x^2\,dy\,dz$, Σ 为球面 $(x-1)^2+y^2+z^2=1$ 的外侧.

3. 计算曲面积分 $\oiint\limits_{\Sigma} \boldsymbol{F}(x,y,z)\cdot d\boldsymbol{S}$, 其中 $\boldsymbol{F}(x,y,z) = \dfrac{x\boldsymbol{i} + z^2\boldsymbol{k}}{x^2+y^2+z^2}$, Σ 为圆柱体 $\{(x,y,z) \mid x^2+y^2 \leqslant 1, -1 \leqslant z \leqslant 1\}$ 的整个外表面.

4. 计算曲面积分 $\oiint\limits_{\Sigma} \boldsymbol{F}(x,y,z)\cdot d\boldsymbol{S}$, 其中 $\boldsymbol{F}(x,y,z) = f(x)\boldsymbol{i} + g(y)\boldsymbol{j} + h(z)\boldsymbol{k}$, $f(x), g(y), h(z)$ 均为连续函数, Σ 为立方体 $\{(x,y,z) \mid 0 \leqslant x,y,z \leqslant 1\}$ 的整个外表面.

8.4 高斯公式

高斯公式是微积分基本定理在三重积分情形下的推广, 它表达了空间区域上的三重积分与其定向边界曲面上的曲面积分之间的联系.

定理 设 Ω 是一空间有界闭区域, 其边界曲面 $\partial\Omega$ 由有限块光滑或分片光滑的曲面所组成, 如果函数 $P(x,y,z), Q(x,y,z), R(x,y,z)$ 在 Ω 上具有一阶连续偏导数, 那么

$$\iiint\limits_{\Omega} \left(\frac{\partial P}{\partial x} + \frac{\partial Q}{\partial y} + \frac{\partial R}{\partial z}\right) dV = \oiint\limits_{\partial\Omega^+} P\,dy\,dz + Q\,dz\,dx + R\,dx\,dy, \tag{4.1}$$

其中 $\partial\Omega^+$ 的指向为 Ω 的边界曲面的外侧. 公式 (4.1) 称为**高斯公式**.

证 设 Ω 可表示为

$$\Omega = \{(x,y,z) \mid z_1(x,y) \leqslant z \leqslant z_2(x,y), (x,y) \in D_{xy}\}.$$

如图 8.13 所示, Ω 的定向边界曲面 $\partial\Omega^+$ 由下曲面

$$\Sigma_1 = \{(x,y,z) \mid z = z_1(x,y), (x,y) \in D_{xy}\},$$

上曲面
$$\Sigma_2 = \{(x,y,z)|z = z_2(x,y), (x,y) \in D_{xy}\},$$
侧柱面
$$\Sigma_3 = \{(x,y,z)|z_1(x,y) \leqslant z \leqslant z_2(x,y), (x,y) \in \partial D_{xy}\}$$

图 8.13

拼接而成，这里 Σ_1 取下侧，Σ_2 取上侧，Σ_3 取外侧.

按照三重积分的计算法，我们有
$$\iiint\limits_{\Omega} \frac{\partial R}{\partial z} \mathrm{d}V = \iint\limits_{D_{xy}} \mathrm{d}x\,\mathrm{d}y \int_{z_1(x,y)}^{z_2(x,y)} \frac{\partial R}{\partial z} \mathrm{d}z$$
$$= \iint\limits_{D_{xy}} \{R[x,y,z_2(x,y)] - R[x,y,z_1(x,y)]\} \mathrm{d}x\,\mathrm{d}y.$$

而根据第二类曲面积分的计算法，有
$$\iint\limits_{\Sigma_1} R(x,y,z) \mathrm{d}x\,\mathrm{d}y = -\iint\limits_{D_{xy}} R[x,y,z_1(x,y)] \mathrm{d}x\,\mathrm{d}y,$$
$$\iint\limits_{\Sigma_2} R(x,y,z) \mathrm{d}x\,\mathrm{d}y = \iint\limits_{D_{xy}} R[x,y,z_2(x,y)] \mathrm{d}x\,\mathrm{d}y,$$

在 Σ_3 上，由于 $\cos\gamma \equiv 0$，故 $\iint\limits_{\Sigma_3} R(x,y,z) \mathrm{d}x\,\mathrm{d}y = 0$，因此

$$\oiint\limits_{\partial\Omega^+} R(x,y,z) \mathrm{d}x\,\mathrm{d}y = \iint\limits_{\Sigma_1} R(x,y,z) \mathrm{d}x\,\mathrm{d}y + \iint\limits_{\Sigma_2} R(x,y,z) \mathrm{d}x\,\mathrm{d}y + \iint\limits_{\Sigma_3} R(x,y,z) \mathrm{d}x\,\mathrm{d}y$$
$$= \iint\limits_{D_{xy}} \{R[x,y,z_2(x,y)] - R[x,y,z_1(x,y)]\} \mathrm{d}x\,\mathrm{d}y,$$

于是
$$\iiint\limits_{\Omega} \frac{\partial R}{\partial z} \mathrm{d}V = \oiint\limits_{\partial\Omega^+} R(x,y,z) \mathrm{d}x\,\mathrm{d}y. \tag{4.2}$$

对于较为一般的空间有界闭区域 Ω，则通常可以用几张辅助曲面将 Ω 分成有限个满足上述要求的空间区域 $\Omega_1, \Omega_2, \cdots, \Omega_r$，那么在每个区域 Ω_i 上有相应的 (4.2) 式成立，从而

$$\sum_{i=1}^{r} \iiint\limits_{\Omega_i} \frac{\partial R}{\partial z} \mathrm{d}V = \sum_{i=1}^{r} \oiint\limits_{\partial\Omega_i^+} R\,\mathrm{d}x\,\mathrm{d}y.$$

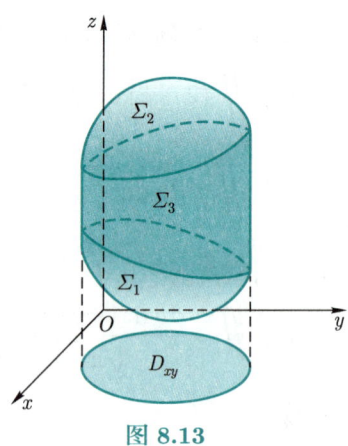

根据三重积分的区域可加性, 上式左边即为 $\iiint_{\Omega} \dfrac{\partial R}{\partial z} \, dV$. 而上式右边, 考虑到在辅助曲面正反两侧的曲面积分互相抵消, 相加的最后结果即为 $\oiint_{\partial \Omega^+} R \, dx \, dy$, 于是仍有 (4.2) 式成立.

同样地, 有

$$\iiint_{\Omega} \dfrac{\partial P}{\partial x} \, dV = \oiint_{\partial \Omega^+} P(x,y,z) \, dy \, dz, \qquad \iiint_{\Omega} \dfrac{\partial Q}{\partial y} \, dV = \oiint_{\partial \Omega^+} Q(x,y,z) \, dz \, dx,$$

于是

$$\iiint_{\Omega} \left(\dfrac{\partial P}{\partial x} + \dfrac{\partial Q}{\partial y} + \dfrac{\partial R}{\partial z} \right) dV = \oiint_{\partial \Omega^+} P \, dy \, dz + Q \, dz \, dx + R \, dx \, dy.$$

试算试练 (1) 求 $\oiint_{\Sigma} x \, dy \, dz + y \, dz \, dx + z \, dx \, dy$, Σ 为立方体 $\{(x,y,z) \mid 0 \leqslant x, y, z \leqslant 1\}$ 的整个外表面.

(2) 求 $\oiint_{\Sigma} (y-x) \, dy \, dz + (z-y) \, dz \, dx + (x-z) \, dx \, dy$, Σ 为球 $x^2+y^2+z^2=9$ 的内表面.

如同格林公式给平面上某些向量值函数的曲线积分的计算带来方便一样, 高斯公式给向量值函数的曲面积分的计算也能带来一定的方便. 例如, 上一节的例 2 利用高斯公式重新计算如下.

例 1 计算曲面积分

$$\oiint_{\Sigma} x \, dy \, dz + y \, dz \, dx + z \, dx \, dy,$$

其中 Σ 是球面 $x^2+y^2+z^2=R^2 (R>0)$ 的外侧.

解 曲面 Σ 所围成的闭区域 Ω 是球 $x^2+y^2+z^2 \leqslant R^2$, 由高斯公式得

$$\oiint_{\Sigma} x \, dy \, dz + y \, dz \, dx + z \, dx \, dy$$

$$= \iiint_{\Omega} (1+1+1) \, dV = 3 \cdot (\Omega \text{ 的体积}) = 4\pi R^3.$$

例 2 利用高斯公式计算曲面积分

$$\iint_{\Sigma} x^3 \, dy \, dz + 2zx \, dz \, dx + 3y^2 z \, dx \, dy,$$

其中 Σ 为抛物面 $z = 4 - x^2 - y^2$ 在 xOy 面上方部分的下侧.

解 所给曲面不是封闭的, 为此添上曲面 Σ_1, 它的方程为

$$z = 0, \quad (x,y) \in D_{xy},$$

典型例题

高斯公式

取上侧，其中 D_{xy} 是圆域 $x^2 + y^2 \leqslant 4$ (如图 8.14). 记 Σ 与 Σ_1 所围成的区域为 Ω, Ω 在柱面坐标系下可表示为
$$0 \leqslant z \leqslant 4 - \rho^2, \quad 0 \leqslant \rho \leqslant 2, \quad 0 \leqslant \varphi \leqslant 2\pi,$$
由高斯公式得

$$\begin{aligned}
&\oiint_{\partial\Omega^-} x^3 \, dy \, dz + 2zx \, dz \, dx + 3y^2 z \, dx \, dy \\
&= -\iiint_{\Omega} (3x^2 + 3y^2) \, dV = -3 \iiint_{\Omega} \rho^2 \cdot \rho \, d\rho \, d\varphi \, dz \\
&= -3 \int_0^{2\pi} d\varphi \int_0^2 d\rho \int_0^{4-\rho^2} \rho^3 \, dz \\
&= -3 \cdot 2\pi \int_0^2 \rho^3(4 - \rho^2) \, d\rho \\
&= -32\pi,
\end{aligned}$$

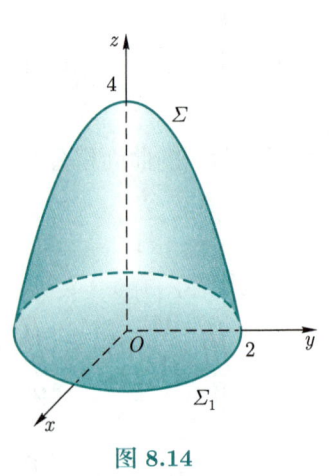

图 8.14

又

$$\iint_{\Sigma_1} x^3 \, dy \, dz + 2zx \, dz \, dx + 3y^2 z \, dx \, dy = \iint_{\Sigma_1} 3y^2 z \, dx \, dy = 0,$$

于是

$$\begin{aligned}
&\iint_{\Sigma} x^3 \, dy \, dz + 2zx \, dz \, dx + 3y^2 z \, dx \, dy \\
&= \oiint_{\partial\Omega^-} x^3 \, dy \, dz + 2zx \, dz \, dx + 3y^2 z \, dx \, dy - \iint_{\Sigma_1} x^3 \, dy \, dz + 2zx \, dz \, dx + 3y^2 z \, dx \, dy \\
&= -32\pi.
\end{aligned}$$

对于向量场 $\boldsymbol{F}(x,y,z) = P(x,y,z)\boldsymbol{i} + Q(x,y,z)\boldsymbol{j} + R(x,y,z)\boldsymbol{k}$, 如果 $P(x,y,z)$, $Q(x,y,z)$ 和 $R(x,y,z)$ 的偏导数连续，我们称数量

$$\left. \frac{\partial P}{\partial x} + \frac{\partial Q}{\partial y} + \frac{\partial R}{\partial z} \right|_{(x,y,z)}$$

为 $\boldsymbol{F}$ 在点 (x,y,z) 处的**散度**, 记为 $\operatorname{div} \boldsymbol{F}$, 即

$$\operatorname{div} \boldsymbol{F} = \frac{\partial P}{\partial x} + \frac{\partial Q}{\partial y} + \frac{\partial R}{\partial z}. \tag{4.3}$$

利用散度概念, 高斯公式可以写成

$$\iiint_{\Omega} \operatorname{div} \boldsymbol{F} \, dV = \oiint_{\partial\Omega^+} \boldsymbol{F} \cdot d\boldsymbol{S}. \tag{4.4}$$

例 3 已知 $\boldsymbol{F} = x^2 y \boldsymbol{i} + y^2 z^2 \boldsymbol{j} + xyz^3 \boldsymbol{k}$, 求 $\operatorname{div} \boldsymbol{F}$.

解 $\operatorname{div} \boldsymbol{F} = \dfrac{\partial(x^2 y)}{\partial x} + \dfrac{\partial(y^2 z^2)}{\partial y} + \dfrac{\partial(xyz^3)}{\partial z} = 2xy + 2yz^2 + 3xyz^2.$

习题 8.4

1. 利用高斯公式计算第二类曲面积分：

(1) $\oiint\limits_{\Sigma} xz\,\mathrm{d}y\,\mathrm{d}z + 3x^2 z\,\mathrm{d}z\,\mathrm{d}x + z^2\,\mathrm{d}x\,\mathrm{d}y$，$\Sigma$ 为平面 $x+y+3z=3$ 与三坐标面所围成的四面体的整个边界曲面的外侧；

(2) $\oiint\limits_{\Sigma} x\,\mathrm{d}y\,\mathrm{d}z + y\,\mathrm{d}z\,\mathrm{d}x + z\,\mathrm{d}x\,\mathrm{d}y$，$\Sigma$ 为圆锥面 $z=\sqrt{x^2+y^2}$ 与球面 $z=\sqrt{2-x^2-y^2}$ 所围成的立体的外表面；

(3) $\oiint\limits_{\Sigma} x(y-z)\,\mathrm{d}y\,\mathrm{d}z + (x-y)z\,\mathrm{d}x\,\mathrm{d}y$，$\Sigma$ 为圆柱体 $\{(x,y,z)\mid x^2+y^2\leqslant 1,\ 0\leqslant z\leqslant 3\}$ 的内表面；

(4) $\iint\limits_{\Sigma} xz\,\mathrm{d}y\,\mathrm{d}z + (3yz+1)\,\mathrm{d}z\,\mathrm{d}x + (2x+y)z\,\mathrm{d}x\,\mathrm{d}y$，$\Sigma$ 为圆锥面 $z=\sqrt{x^2+y^2}$ ($0\leqslant z\leqslant 1$) 的下侧；

(5) $\iint\limits_{\Sigma} 2(1-x^2)\,\mathrm{d}y\,\mathrm{d}z + 8xy\,\mathrm{d}z\,\mathrm{d}x - 4xz\,\mathrm{d}x\,\mathrm{d}y$，$\Sigma$ 是由 xOy 面上的曲线弧 $x=\mathrm{e}^y$ ($0\leqslant y\leqslant a$) 绕 x 轴旋转所成的旋转曲面凸的一侧.

2. 计算 $\iint\limits_{\Sigma} \boldsymbol{F}(x,y,z)\cdot\mathrm{d}\boldsymbol{S}$，其中 $\boldsymbol{F}(x,y,z)=\dfrac{x\boldsymbol{i}+(z+1)^2\boldsymbol{k}}{\sqrt{x^2+y^2+z^2}}$，$\Sigma$ 为下半球面 $z=-\sqrt{1-x^2-y^2}$ 的上侧.

3. 计算曲面积分 $\oiint\limits_{\Sigma} \dfrac{x\,\mathrm{d}y\,\mathrm{d}z + y\,\mathrm{d}z\,\mathrm{d}x + z\,\mathrm{d}x\,\mathrm{d}y}{(x^2+y^2+z^2)^{\frac{3}{2}}}$，其中 Σ 为椭球面 $x^2+\dfrac{y^2}{4}+\dfrac{z^2}{9}=1$ 的外表面.

4. 求下列向量场 $\boldsymbol{A}$ 的散度：

(1) $\boldsymbol{A}=\dfrac{1}{r}\boldsymbol{r}$，$\boldsymbol{r}=x\boldsymbol{i}+y\boldsymbol{j}+z\boldsymbol{k}$，$r=|\boldsymbol{r}|$；

(2) $\boldsymbol{A}=\mathbf{grad}\,u$，$u=\ln\sqrt{x^2+y^2+z^2}$.

8.5 斯托克斯公式

斯托克斯公式是微积分基本定理在曲面积分情形下的推广，它也是格林公式的推广，这一公式将定向曲面上的积分与曲面的定向边界曲线上的积分联系了起来.

设 Σ 是具有边界曲线的定向曲面，我们这样规定其边界曲线 $\partial\Sigma$ 的正向，使这个正向与定向曲面 Σ 的法向量符合右手法则，即当右手除拇指外的四指指着 $\partial\Sigma$ 的走向时，竖起的拇指指向定向曲面 Σ 的侧. 如此定向的边界曲线 $\partial\Sigma$ 称作**定向曲面Σ 的正向边界曲线**, 记作 $\partial\Sigma^+$. 比如, 当 Σ 是上半球面 $z = \sqrt{1-x^2-y^2}$ 的上侧, 则 $\partial\Sigma^+$ 是 xOy 面上逆时针走向的单位圆周.

定理 设 Σ 是一张光滑或分片光滑的定向曲面, Σ 的正向边界 $\partial\Sigma^+$ 为光滑或分段光滑的闭曲线. 如果函数 $P(x,y,z), Q(x,y,z), R(x,y,z)$ 在 Σ 上有一阶连续偏导数, 那么

$$\iint_{\Sigma} \left(\frac{\partial R}{\partial y} - \frac{\partial Q}{\partial z}\right) dy\, dz + \left(\frac{\partial P}{\partial z} - \frac{\partial R}{\partial x}\right) dz\, dx + \left(\frac{\partial Q}{\partial x} - \frac{\partial P}{\partial y}\right) dx\, dy$$

$$= \oint_{\partial\Sigma^+} P\, dx + Q\, dy + R\, dz. \tag{5.1}$$

为了便于记忆, 借助行列式的形式运算, (5.1) 式也可写成

$$\iint_{\Sigma} \begin{vmatrix} dy\, dz & dz\, dx & dx\, dy \\ \dfrac{\partial}{\partial x} & \dfrac{\partial}{\partial y} & \dfrac{\partial}{\partial z} \\ P & Q & R \end{vmatrix} = \oint_{\partial\Sigma^+} P\, dx + Q\, dy + R\, dz. \tag{5.1'}$$

其中 (5.1') 式左端的行列式按第一行展开, 并把 $\dfrac{\partial}{\partial x}$ 与 Q 的积理解为 $\dfrac{\partial Q}{\partial x}$, 等等, 就得到了 (5.1) 式的左端.

公式 (5.1) 或 (5.1') 称为**斯托克斯公式**.

证 这里只证明一种简单情形: 若曲面 Σ 与平行于坐标轴的直线相交至多有一点, (5.1) 式成立.

由于曲面 Σ 与平行于 z 轴的直线相交至多有一点, 故可设 Σ 的方程为 $z = z(x,y)$, 现证明下式成立:

$$\iint_{\Sigma} \frac{\partial P}{\partial z} dz\, dx - \frac{\partial P}{\partial y} dx\, dy = \oint_{\partial\Sigma^+} P(x,y,z)\, dx. \tag{5.2}$$

不妨设 Σ 为上侧, 记 Σ 在 xOy 面上的投影区域为 D_{xy}, 则 Σ 的正向边界曲线 $\partial\Sigma^+$ 在 xOy 面上的投影曲线是平面区域 D_{xy} 的正向边界曲线 ∂D_{xy}^+ (图 8.15), 我们可以将 (5.2) 式右端的积分 $\oint_{\partial\Sigma^+} P(x,y,z)\, dx$ 转化为 xOy 面上的第二类曲线积分, 即

图 8.15

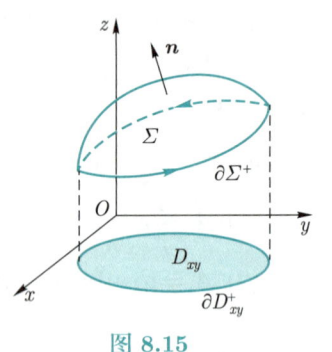

$$\oint_{\partial\Sigma^+} P(x,y,z)\, dx = \oint_{\partial D_{xy}^+} P[x,y,z(x,y)]\, dx[1],$$

---

[1] 因为 $\partial\Sigma^+$ 上定向弧元素在 x 轴上的投影 dx 就是 ∂D_{xy}^+ 上的定向弧元素在 x 轴上的投影 dx, 并注意到, 点 $(x,y,z) \in \partial\Sigma^+$ 等价于点 $(x,y) \in \partial D_{xy}^+$ 且 $z = z(x,y)$, 于是就有了这一等式.

记 $P_1(x,y) = P[x,y,z(x,y)]$, 对上式右端应用格林公式, 得

$$\oint_{\partial D_{xy}^+} P[x,y,z(x,y)]\,\mathrm{d}x = \iint_{D_{xy}} -\frac{\partial P_1}{\partial y}\,\mathrm{d}\sigma = -\iint_{D_{xy}} \left[\frac{\partial P}{\partial y} + \frac{\partial P}{\partial z} \cdot z_y(x,y)\right]\mathrm{d}\sigma,$$

即

$$\oint_{\partial \Sigma^+} P(x,y,z)\,\mathrm{d}x = -\iint_{D_{xy}} \left[\frac{\partial P}{\partial y} + z_y(x,y)\frac{\partial P}{\partial z}\right]\mathrm{d}\sigma. \tag{5.3}$$

另一方面, 利用两类曲面积分之间的关系, 有

$$\iint_{\Sigma} \frac{\partial P}{\partial z}\,\mathrm{d}z\,\mathrm{d}x - \frac{\partial P}{\partial y}\,\mathrm{d}x\,\mathrm{d}y = \iint_{\Sigma} \left(\frac{\partial P}{\partial z}\cdot\cos\beta - \frac{\partial P}{\partial y}\cdot\cos\gamma\right)\mathrm{d}S,$$

容易知道, 曲面 Σ 的法向量为 $\boldsymbol{n} = (-z_x(x,y), -z_y(x,y), 1)$, 故 $\cos\beta = -z_y(x,y)\cos\gamma$, 面积元素 $\mathrm{d}S = \dfrac{\mathrm{d}\sigma}{|\cos\gamma|} = \dfrac{\mathrm{d}\sigma}{\cos\gamma}$, 因此

$$\iint_{\Sigma} \frac{\partial P}{\partial z}\,\mathrm{d}z\,\mathrm{d}x - \frac{\partial P}{\partial y}\,\mathrm{d}x\,\mathrm{d}y = \iint_{D_{xy}} \left[-z_y(x,y)\cos\gamma\frac{\partial P}{\partial z} - \cos\gamma\frac{\partial P}{\partial y}\right]\cdot\frac{\mathrm{d}\sigma}{\cos\gamma}$$

$$= -\iint_{D_{xy}} \left[z_y(x,y)\frac{\partial P}{\partial z} + \frac{\partial P}{\partial y}\right]\mathrm{d}\sigma, \tag{5.4}$$

比较 (5.3)、(5.4) 两式可知 (5.2) 式成立. Σ 为下侧时, 由于等式两边同时变号, 故 (5.2) 式仍然成立.

同理可证, 当 Σ 的方程为 $x = x(y,z)$ 时, 有

$$\iint_{\Sigma} \frac{\partial Q}{\partial x}\,\mathrm{d}x\,\mathrm{d}y - \frac{\partial Q}{\partial z}\,\mathrm{d}y\,\mathrm{d}z = \oint_{\partial\Sigma^+} Q(x,y,z)\,\mathrm{d}y, \tag{5.5}$$

当 Σ 的方程为 $y = y(z,x)$ 时, 有

$$\iint_{\Sigma} \frac{\partial R}{\partial y}\,\mathrm{d}y\,\mathrm{d}z - \frac{\partial R}{\partial x}\,\mathrm{d}z\,\mathrm{d}x = \oint_{\partial\Sigma^+} R(x,y,z)\,\mathrm{d}z. \tag{5.6}$$

于是, 当曲面 Σ 与平行于坐标轴的直线相交至多有一点时, (5.2)、(5.5)、(5.6) 三式同时成立, 把这三式相加, 即得公式 (5.1) 成立.

容易看到, 当 $Q(x,y,z) = R(x,y,z) \equiv 0$, 并且 Σ 是 xOy 面上的区域时, 公式 (5.1) 就是格林公式.

试算试练 (1) 利用斯托克斯公式, 把第二类曲线积分 $\oint_{\Gamma} y\,\mathrm{d}x + z\,\mathrm{d}y + x\,\mathrm{d}z$ 表达成第二类曲面积分的形式, 其中 $\Gamma: \begin{cases} x^2 + y^2 + z^2 = 1, \\ x + y + z = 0, \end{cases}$ 从 z 轴正向看去取逆时针方向.

(2) 设 $\boldsymbol{F}(x,y,z) = 2y\boldsymbol{i} + 3x\boldsymbol{j} - z^2\boldsymbol{k}$, 曲面 $\Sigma: z = 0\,(x^2 + y^2 \leqslant 9)$, 取上侧, 对此曲面验证斯托克斯公式的正确性.

(3) 设 $\boldsymbol{F}(x,y,z) = (z-y)\boldsymbol{i} + (x-z)\boldsymbol{j} + (x-y)\boldsymbol{k}$, 曲面 $\Sigma: z = 2-x+y\,(x^2+y^2 \leqslant 1)$, 取上侧, 对此曲面验证斯托克斯公式的正确性.

例 1 利用斯托克斯公式计算曲线积分
$$I = \int_{\Gamma} y^2\,\mathrm{d}x + x^2y\,\mathrm{d}y + zx\,\mathrm{d}z,$$
其中 Γ 是圆柱面 $x^2+y^2 = 2y$ 与平面 $y=z$ 的交线, 从 z 轴正向看下来, Γ 取逆时针方向.

解 取 Σ 为平面 $y=z$ 的上侧被 Γ 所围的部分 (图 8.16), 其单位法向量为

$$\boldsymbol{e_n} = \left(0, -\frac{\sqrt{2}}{2}, \frac{\sqrt{2}}{2}\right),$$

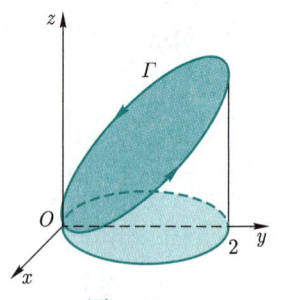

图 8.16

Σ 在 xOy 面上的投影 D_{xy} 为圆域 $x^2+y^2 \leqslant 2y$. 利用斯托克斯公式 (5.1′), 得

$$I = \iint_{\Sigma} \begin{vmatrix} \mathrm{d}y\,\mathrm{d}z & \mathrm{d}z\,\mathrm{d}x & \mathrm{d}x\,\mathrm{d}y \\ \dfrac{\partial}{\partial x} & \dfrac{\partial}{\partial y} & \dfrac{\partial}{\partial z} \\ y^2 & x^2y & zx \end{vmatrix} = \iint_{\Sigma} -z\,\mathrm{d}z\,\mathrm{d}x + (2xy - 2y)\,\mathrm{d}x\,\mathrm{d}y$$

$$= \iint_{\Sigma} \left[-z \cdot \left(-\frac{\sqrt{2}}{2}\right) + (2xy - 2y) \cdot \frac{\sqrt{2}}{2} \right]\,\mathrm{d}S = \frac{\sqrt{2}}{2} \iint_{\Sigma} (z + 2xy - 2y)\,\mathrm{d}S$$

$$= \frac{\sqrt{2}}{2} \iint_{D_{xy}} (2xy - y) \cdot \sqrt{2}\,\mathrm{d}x\,\mathrm{d}y = \iint_{D_{xy}} (2xy - y)\,\mathrm{d}x\,\mathrm{d}y,$$

由对称性可知
$$\iint_{D_{xy}} 2xy\,\mathrm{d}x\,\mathrm{d}y = 0,$$

于是
$$I = -\iint_{D_{xy}} y\,\mathrm{d}x\,\mathrm{d}y = -\iint_{D_{xy}} \rho \sin\varphi \cdot \rho\,\mathrm{d}\rho\,\mathrm{d}\varphi$$

$$= -\int_0^{\pi} \mathrm{d}\varphi \int_0^{2\sin\varphi} \rho^2 \sin\varphi\,\mathrm{d}\rho$$

$$= -\int_0^{\pi} \frac{8}{3} \sin^4\varphi\,\mathrm{d}\varphi = -\frac{16}{3} \int_0^{\frac{\pi}{2}} \sin^4\varphi\,\mathrm{d}\varphi$$

$$= -\frac{16}{3}\left(\frac{3}{4} \cdot \frac{1}{2} \cdot \frac{\pi}{2}\right) = -\pi.$$

利用两类曲面积分之间的联系, (5.1′) 式可改写为

$$\iint_{\Sigma} \begin{vmatrix} \cos\alpha & \cos\beta & \cos\gamma \\ \dfrac{\partial}{\partial x} & \dfrac{\partial}{\partial y} & \dfrac{\partial}{\partial z} \\ P & Q & R \end{vmatrix}\,\mathrm{d}S = \oint_{\partial\Sigma^+} P\,\mathrm{d}x + Q\,\mathrm{d}y + R\,\mathrm{d}z, \tag{5.7}$$

其中 $\alpha = \alpha(x,y,z)$, $\beta = \beta(x,y,z)$, $\gamma = \gamma(x,y,z)$ 为定向曲面 Σ 在点 (x,y,z) 处法向量的方向角.

例如, 利用 (5.7) 式, 例 1 的积分可直接变形为如下关于面积的曲面积分

$$I = \iint_{\Sigma} \begin{vmatrix} 0 & -\dfrac{\sqrt{2}}{2} & \dfrac{\sqrt{2}}{2} \\ \dfrac{\partial}{\partial x} & \dfrac{\partial}{\partial y} & \dfrac{\partial}{\partial z} \\ y^2 & x^2y & zx \end{vmatrix} \mathrm{d}S = \dfrac{\sqrt{2}}{2} \iint_{\Sigma} [z + (2xy - 2y)] \mathrm{d}S.$$

例 2 利用斯托克斯公式计算曲线积分

$$I = \oint_{\Gamma} zx\,\mathrm{d}x + xy\,\mathrm{d}y + yz\,\mathrm{d}z,$$

其中 Γ 是上半球面 $z = \sqrt{1-x^2-y^2}$ 与柱面 $x^2 + y^2 = x$ 的交线, 从 z 轴正向看, Γ 取顺时针方向.

解 取 Σ 为上半球面 $z = \sqrt{1-x^2-y^2}$ 的下侧被 Γ 所围的部分 (图 8.17), Σ 在点 (x,y,z) 处的单位法向量为

$$\boldsymbol{e_n} = (-x, -y, -z),$$

Σ 在 xOy 面上的投影 D_{xy} 为圆域 $x^2 + y^2 \leqslant x$. 由斯托克斯公式 (5.7) 得

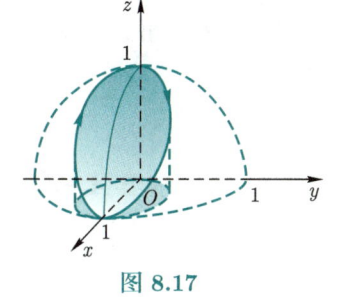

图 8.17

$$I = \iint_{\Sigma} \begin{vmatrix} -x & -y & -z \\ \dfrac{\partial}{\partial x} & \dfrac{\partial}{\partial y} & \dfrac{\partial}{\partial z} \\ zx & xy & yz \end{vmatrix} \mathrm{d}S = \iint_{\Sigma} (-xz - xy - yz)\,\mathrm{d}S$$

$$= \iint_{D_{xy}} [-xy - (x+y)\sqrt{1-x^2-y^2}] \cdot \dfrac{1}{\sqrt{1-x^2-y^2}}\,\mathrm{d}x\,\mathrm{d}y$$

$$= -\iint_{D_{xy}} \dfrac{xy}{\sqrt{1-x^2-y^2}}\,\mathrm{d}x\,\mathrm{d}y - \iint_{D_{xy}} (x+y)\,\mathrm{d}x\,\mathrm{d}y,$$

由对称性可知

$$\iint_{D_{xy}} \dfrac{xy}{\sqrt{1-x^2-y^2}}\,\mathrm{d}x\,\mathrm{d}y = 0, \quad \iint_{D_{xy}} y\,\mathrm{d}x\,\mathrm{d}y = 0,$$

又在极坐标系下 $D_{xy} = \left\{(\rho, \varphi) \mid 0 \leqslant \rho \leqslant \cos\varphi,\ -\dfrac{\pi}{2} \leqslant \varphi \leqslant \dfrac{\pi}{2}\right\}$, 因此

$$\iint_{D_{xy}} x\,\mathrm{d}x\,\mathrm{d}y = \int_{-\frac{\pi}{2}}^{\frac{\pi}{2}} \mathrm{d}\varphi \int_{0}^{\cos\varphi} \rho\cos\varphi \cdot \rho\,\mathrm{d}\rho = \int_{-\frac{\pi}{2}}^{\frac{\pi}{2}} \dfrac{1}{3} \cos^4\varphi\,\mathrm{d}\varphi$$

$$= \dfrac{2}{3} \int_{0}^{\frac{\pi}{2}} \cos^4\varphi\,\mathrm{d}\varphi = \dfrac{\pi}{8}.$$

于是
$$I = -\iint\limits_{D_{xy}} x\,\mathrm{d}x\,\mathrm{d}y = -\frac{\pi}{8}.$$

对于向量场 $\boldsymbol{F}(x,y,z) = P(x,y,z)\boldsymbol{i} + Q(x,y,z)\boldsymbol{j} + R(x,y,z)\boldsymbol{k}$, 如果 $P(x,y,z)$, $Q(x,y,z)$ 和 $R(x,y,z)$ 具有连续偏导数, 我们称向量

$$\left(\frac{\partial R}{\partial y} - \frac{\partial Q}{\partial z}\right)\boldsymbol{i} + \left(\frac{\partial P}{\partial z} - \frac{\partial R}{\partial x}\right)\boldsymbol{j} + \left(\frac{\partial Q}{\partial x} - \frac{\partial P}{\partial y}\right)\boldsymbol{k} = \begin{vmatrix} \boldsymbol{i} & \boldsymbol{j} & \boldsymbol{k} \\ \dfrac{\partial}{\partial x} & \dfrac{\partial}{\partial y} & \dfrac{\partial}{\partial z} \\ P & Q & R \end{vmatrix}$$

为 $\boldsymbol{F}$ 的**旋度**, 记为 $\mathrm{rot}\,\boldsymbol{F}$, 即

$$\mathrm{rot}\,\boldsymbol{F} = \begin{vmatrix} \boldsymbol{i} & \boldsymbol{j} & \boldsymbol{k} \\ \dfrac{\partial}{\partial x} & \dfrac{\partial}{\partial y} & \dfrac{\partial}{\partial z} \\ P & Q & R \end{vmatrix}. \tag{5.8}$$

利用旋度概念, 斯托克斯公式可以写成

$$\iint\limits_{\Sigma} \mathrm{rot}\,\boldsymbol{F} \cdot \mathrm{d}\boldsymbol{S} = \oint\limits_{\partial \Sigma^+} \boldsymbol{F} \cdot \mathrm{d}\boldsymbol{r}. \tag{5.9}$$

例如, 向量场 $\boldsymbol{A} = (x - z^2)\boldsymbol{i} + (y - z)\boldsymbol{j} + (2x^2 - y)\boldsymbol{k}$ 的旋度为

$$\begin{aligned}
\mathrm{rot}\,\boldsymbol{A} &= \begin{vmatrix} \boldsymbol{i} & \boldsymbol{j} & \boldsymbol{k} \\ \dfrac{\partial}{\partial x} & \dfrac{\partial}{\partial y} & \dfrac{\partial}{\partial z} \\ x-z^2 & y-z & 2x^2-y \end{vmatrix} \\
&= \left[\frac{\partial(2x^2-y)}{\partial y} - \frac{\partial(y-z)}{\partial z}\right]\boldsymbol{i} - \left[\frac{\partial(2x^2-y)}{\partial x} - \frac{\partial(x-z^2)}{\partial z}\right]\boldsymbol{j} + \\
&\quad \left[\frac{\partial(y-z)}{\partial x} - \frac{\partial(x-z^2)}{\partial y}\right]\boldsymbol{k} \\
&= -(4x + 2z)\boldsymbol{j}.
\end{aligned}$$

例 3 设 $f(x,y,z)$ 在 $\mathbf{R}^3$ 上具有连续的二阶偏导数, 试求 $\mathrm{rot}\,(\mathrm{grad}\,f)$.

解 按定义

$$\mathrm{grad}\,f = \left(\frac{\partial f}{\partial x}, \frac{\partial f}{\partial y}, \frac{\partial f}{\partial z}\right),$$

故

$$\mathrm{rot}\,(\mathrm{grad}\,f) = \begin{vmatrix} \boldsymbol{i} & \boldsymbol{j} & \boldsymbol{k} \\ \dfrac{\partial}{\partial x} & \dfrac{\partial}{\partial y} & \dfrac{\partial}{\partial z} \\ \dfrac{\partial f}{\partial x} & \dfrac{\partial f}{\partial y} & \dfrac{\partial f}{\partial z} \end{vmatrix}$$

$$= \left[\frac{\partial}{\partial y}\left(\frac{\partial f}{\partial z}\right) - \frac{\partial}{\partial z}\left(\frac{\partial f}{\partial y}\right)\right]\boldsymbol{i} - \left[\frac{\partial}{\partial x}\left(\frac{\partial f}{\partial z}\right) - \frac{\partial}{\partial z}\left(\frac{\partial f}{\partial x}\right)\right]\boldsymbol{j} +$$
$$\left[\frac{\partial}{\partial x}\left(\frac{\partial f}{\partial y}\right) - \frac{\partial}{\partial y}\left(\frac{\partial f}{\partial x}\right)\right]\boldsymbol{k}$$
$$= \boldsymbol{0}.$$

习题 8.5

1. 利用斯托克斯公式, 计算下列曲线积分:

(1) $\oint_\Gamma x^2\,\mathrm{d}x + 2x\,\mathrm{d}y + z^2\,\mathrm{d}z$, 其中 $\Gamma: \begin{cases} 4x^2 + y^2 = 4, \\ z = 0, \end{cases}$ 从 z 轴正向看去取逆时针方向;

(2) $\oint_\Gamma y\,\mathrm{d}x + xz\,\mathrm{d}y + z^2\,\mathrm{d}z$, 其中 Γ 为平面 $x + y + z = 1$ 位于第 I 卦限部分的三角形区域的整个边界, 从 z 轴正向看去取逆时针方向;

(3) $\oint_\Gamma y\,\mathrm{d}x + z\,\mathrm{d}y + x\,\mathrm{d}z$, 其中 $\Gamma: \begin{cases} x^2 + y^2 + z^2 = 2z, \\ x + z = 1, \end{cases}$ 从 z 轴正向看去取逆时针方向;

(4) $\oint_\Gamma (y^2 - z^2)\,\mathrm{d}x + (2z^2 - x^2)\,\mathrm{d}y + (3x^2 - y^2)\,\mathrm{d}z$, 其中 Γ 是平面 $x + y + z = 2$ 与柱面 $|x| + |y| = 1$ 的交线, 从 z 轴正向看去取逆时针方向;

(5) $\oint_\Gamma xy\,\mathrm{d}x + z^2\,\mathrm{d}y + zx\,\mathrm{d}z$, 其中 $\Gamma: \begin{cases} x^2 + y^2 = 2x, \\ z = \sqrt{x^2 + y^2}, \end{cases}$ 从 z 轴正向看去取逆时针方向;

(6) $\oint_\Gamma \boldsymbol{F}(x,y,z) \cdot \mathrm{d}\boldsymbol{r}$, 其中 $\boldsymbol{F}(x,y,z) = (y + x^2)\boldsymbol{i} + (y + z^2)\boldsymbol{j} + (x^3 + \sin z)\boldsymbol{k}$, Γ 是双曲抛物面 $z = 2xy$ 与圆柱面 $x^2 + y^2 = 1$ 的交线, 从 z 轴正向看去取逆时针方向.

2. 已知向量场 $\boldsymbol{A} = (2z - 3y)\boldsymbol{i} + (3x - z)\boldsymbol{j} + (y - 2x)\boldsymbol{k}$, 求该向量场的旋度 $\mathrm{rot}\,\boldsymbol{A}$.

3. 利用斯托克斯公式, 把第二类曲面积分 $\iint_\Sigma \mathrm{rot}\,\boldsymbol{A} \cdot \mathrm{d}\boldsymbol{S}$ 化为曲线积分, 并计算积分值, 其中 $\boldsymbol{A}$ 与 Σ 分别如下:

(1) $\boldsymbol{A} = y\boldsymbol{i} + x^2\boldsymbol{j} + (x^2 + y^4)\sin \mathrm{e}^{\sqrt{xyz}}\boldsymbol{k}$, Σ 为椭球面的上半部分 $z = \sqrt{1 - \dfrac{x^2}{9} - \dfrac{y^2}{4}}$ 的上侧;

(2) $\boldsymbol{A} = \left(-z + \dfrac{1}{2+x}\right)\boldsymbol{i} + (\tan y)\boldsymbol{j} + \left(x + \dfrac{1}{4+z}\right)\boldsymbol{k}$, Σ 为抛物面 $y = 4 - 4x^2 - z^2$ 在 zOx 面右边部分 (即 $y \geqslant 0$) 的右侧.

*8.6 场论初步

上一章第七节中给出了一元和二元向量值函数, 它的值域是 $\mathbf{R}^2$ (或 $\mathbf{R}^3$) 的向量集. 本节将介绍另一个有着广泛应用的概念: 向量场.

所谓**场**是指某种物理量在空间 (或平面) 某区域内的一种分布. 在物理学中, 经常要研究某种物理量在空间的分布和变化规律. 如果物理量是数量, 那么空间每一点都对应着该物理量的一个确定数值, 称此空间为**数量场** (或**标量场**), 如电势场、温度场等. 如果物理量是向量, 那么空间每一点都存在着它的大小和方向, 称此空间为**向量场** (或**矢量场**), 如力场、速度场等. 场量的分布情况在数学上可以用多元数量值函数或多元向量值函数来描述.

如果空间区域 Ω 上定义了数量值函数 $f(M)$, 则称 $f(M)$ 在 Ω 上确定了一个数量场, 或简称 $f(M)$ 是一个数量场. 如果空间区域 Ω 上定义了向量值函数 $\boldsymbol{F}(M) = P(M)\boldsymbol{i} + Q(M)\boldsymbol{j} + R(M)\boldsymbol{k}$, 则称 $\boldsymbol{F}(M)$ 在 Ω 上确定了一个向量场, 或简称 $\boldsymbol{F}(M)$ 是一个向量场. 如果 $P(M)$, $Q(M)$ 和 $R(M)$ 在 Ω 上具有连续偏导数, 则称向量值函数 $\boldsymbol{F}(M) = P(M)\boldsymbol{i} + Q(M)\boldsymbol{j} + R(M)\boldsymbol{k}$ 在 Ω 上的偏导数连续.

若数量值函数 $f(M)$ 在 Ω 上偏导数存在, 则 $\mathbf{grad}\, f(M)$ 在 Ω 上确定了一个向量场, 称该向量场 $\mathbf{grad}\, f(M)$ 为数量场 $f(M)$ 的**梯度场**. 而如果向量场 $\boldsymbol{F}(M)$ 是某数量值函数 $f(M)$ 的梯度场, 即 $\boldsymbol{F}(M) = \mathbf{grad}\, f(M)$ 时, 则称该向量场 $\boldsymbol{F}(M)$ 为**有势场** (或**势场**), 数量值函数 $f(M)$ 称为势场 $\boldsymbol{F}(M)$ 的**势函数**.

1. 向量场的散度与无源场

设向量场 $\boldsymbol{F}(M) = P(M)\boldsymbol{i} + Q(M)\boldsymbol{j} + R(M)\boldsymbol{k}$ 在 Ω 上的偏导数连续, 由高斯公式得

$$\iiint\limits_{\Omega} \mathrm{div}\, \boldsymbol{F}\, \mathrm{d}V = \oiint\limits_{\partial \Omega^+} \boldsymbol{F} \cdot \mathrm{d}\boldsymbol{S}, \tag{6.1}$$

其中 $\mathrm{div}\, \boldsymbol{F}$ 为 $\boldsymbol{F}(M)$ 的散度, 即

$$\mathrm{div}\, \boldsymbol{F} = \frac{\partial P}{\partial x} + \frac{\partial Q}{\partial y} + \frac{\partial R}{\partial z}.$$

下面来说明向量场 $\boldsymbol{F}$ 的散度 $\mathrm{div}\, \boldsymbol{F}$ 的物理意义.

我们将向量场 $\boldsymbol{F}(M)$ 视为不可压缩流体 (密度为 1) 的稳定速度场, 对于场内[1]任意取定的一点 M, 若在场内包围点 M 的封闭曲面 Σ, 它所围成的区域 Ω 总位于场内.

由物理意义可知, 曲面积分 $\oiint\limits_{\partial \Omega^+} \boldsymbol{F} \cdot \mathrm{d}\boldsymbol{S}$ 表示单位时间内通过 Σ 流向 Ω 外部的流体的总质量, 称为向量场 $\boldsymbol{F}$ 通过 Σ 流向外侧的**通量** (或**流量**). 通量与 Ω 的体积 V 之比

---
[1] 即场所在的空间区域内.

$\dfrac{1}{V}\oiint\limits_{\partial\Omega^+}\boldsymbol{F}\cdot\mathrm{d}\boldsymbol{S}$ 是流速场 $\boldsymbol{F}$ 在 Ω 内的平均流量, 称为流速场 $\boldsymbol{F}$ 在 Ω 内的**平均源强**. 利用高斯公式及三重积分中值定理, 我们有

$$\dfrac{1}{V}\oiint\limits_{\Sigma}\boldsymbol{F}\cdot\mathrm{d}\boldsymbol{S}=\dfrac{1}{V}\iiint\limits_{\Omega}\mathrm{div}\,\boldsymbol{F}\,\mathrm{d}V=\mathrm{div}\,\boldsymbol{F}(M^*),$$

其中点 M^* 是 Ω 内某一点. 令 Ω 向点 M 处收缩, 由上式得

$$\lim_{\Omega\to M}\dfrac{1}{V}\oiint\limits_{\Sigma}\boldsymbol{F}\cdot\mathrm{d}\boldsymbol{S}=\lim_{\Omega\to M}\mathrm{div}\,\boldsymbol{F}(M^*)=\mathrm{div}\,\boldsymbol{F}(M). \tag{6.2}$$

上述极限就称为流速场 $\boldsymbol{F}$ 在点 M 处的**源头强度**. (6.2) 式使得我们能够将向量场 $\boldsymbol{F}$ 的散度 $\mathrm{div}\,\boldsymbol{F}(M)$ 看成是不可压缩流体的稳定流场 $\boldsymbol{F}$ 在点 M 处的源头强度. 当 $\mathrm{div}\,\boldsymbol{F}(M)>0$ 时, 对于点 M 近旁的封闭曲面 $\Sigma(\Sigma$ 包围点 $M)$, 有 $\oiint\limits_{\Sigma}\boldsymbol{F}\cdot\mathrm{d}\boldsymbol{S}>0$, 称向量场在点 M 处有**正源**, 此时在点 M 处 (及其近旁) 有流体在不断涌出, 而当 $\mathrm{div}\,\boldsymbol{F}(M)<0$ 时, 称向量场在点 M 处有**负源**或**漏**, 此时在点 M 处 (及其近旁) 有流体在不停地消失. 数量 $|\mathrm{div}\,\boldsymbol{F}(M)|$ 则反映了点 M 作为正源或负源时的强度, 如果散度 $\mathrm{div}\,\boldsymbol{F}(M)$ 在场内处处为零, 我们称这样的向量场 $\boldsymbol{F}$ 为**无源场**. 相应地, 不是无源场的向量场 $\boldsymbol{F}$ 称为**有源场**.

引进散度概念后, 高斯公式就获得了明显的物理意义. 公式 (6.1) 表明, 在流速场 $\boldsymbol{F}$ 中, 源头强度在立体 Ω 上的三重积分等于单位时间内流体通过 Ω 的边界流向外侧的总流量. 由于源头强度在 Ω 上的三重积分即为单位时间内 Ω 中所产生的流体的总质量, 考虑到液体是不可压缩的, 因此由质量守恒定律, 上述结果是显然的.

例 1   我们知道: 如果质量为 m 的质点位于坐标原点, 那么位于 $M(x,y,z)$ 的单位质量的质点所受到的引力为

$$\boldsymbol{F}=-G\dfrac{m}{r^2}\boldsymbol{e}_r=-\dfrac{Gm}{r^3}(x,y,z),$$

其中 $\boldsymbol{r}=(x,y,z)$, $r=|\boldsymbol{r}|$, 试求 $\mathrm{div}\,(\boldsymbol{F})$.

解   记 $\boldsymbol{F}=(P,Q,R)$, 则

$$P=-Gm\dfrac{x}{r^3},\quad Q=-Gm\dfrac{y}{r^3},\quad R=-Gm\dfrac{z}{r^3},$$

因此

$$\dfrac{\partial P}{\partial x}=-Gm\left[\dfrac{1}{r^3}+x\left(\dfrac{-3}{r^4}\cdot\dfrac{x}{r}\right)\right]=-Gm\dfrac{r^2-3x^2}{r^5},$$

同样地, 有

$$\dfrac{\partial Q}{\partial y}=-Gm\dfrac{r^2-3y^2}{r^5},\quad \dfrac{\partial R}{\partial z}=-Gm\dfrac{r^2-3z^2}{r^5},$$

于是
$$\mathrm{div}\,\boldsymbol{F} = \frac{\partial P}{\partial x} + \frac{\partial Q}{\partial y} + \frac{\partial R}{\partial z} = -Gm\frac{3r^2 - 3x^2 - 3y^2 - 3z^2}{r^5} = 0.$$
即上述引力场是无源场.

下面给出沿任意闭曲面的曲面积分为零的一个条件, 它的证明与平面上沿任意闭曲线的曲线积分为零类似, 这里从略.

定理 1 设 G 是空间的一个二维单连通区域[①], 向量值函数
$$\boldsymbol{F}(x,y,z) = P(x,y,z)\boldsymbol{i} + Q(x,y,z)\boldsymbol{j} + R(x,y,z)\boldsymbol{k}$$
在 G 上偏导数连续, 则 $\boldsymbol{F}$ 沿 G 内的任意定向且光滑或分片光滑闭曲面 Σ 的曲面积分为零的充要条件是
$$\mathrm{div}\,\boldsymbol{F} = 0.$$

上述结论表明, 向量场 $\boldsymbol{F}$ 通过场内任意闭曲面的通量为零的充要条件是向量场 $\boldsymbol{F}$ 为无源场.

2. 向量场的旋度与无旋场

设向量场 $\boldsymbol{F}(M) = P(M)\boldsymbol{i} + Q(M)\boldsymbol{j} + R(M)\boldsymbol{k}$ 在光滑或分片光滑曲面 Σ 上具有连续偏导数, 由斯托克斯公式可知
$$\iint\limits_{\Sigma} \mathbf{rot}\,\boldsymbol{F} \cdot \mathrm{d}\boldsymbol{S} = \oint_{\partial \Sigma^+} \boldsymbol{F} \cdot \mathrm{d}\boldsymbol{r}. \tag{6.3}$$
其中 $\mathbf{rot}\,\boldsymbol{F}$ 为 $\boldsymbol{F}(M)$ 的旋度, 即
$$\mathbf{rot}\,\boldsymbol{F} = \begin{vmatrix} \boldsymbol{i} & \boldsymbol{j} & \boldsymbol{k} \\ \dfrac{\partial}{\partial x} & \dfrac{\partial}{\partial y} & \dfrac{\partial}{\partial z} \\ P & Q & R \end{vmatrix} = \left(\frac{\partial R}{\partial y} - \frac{\partial Q}{\partial z}\right)\boldsymbol{i} - \left(\frac{\partial R}{\partial x} - \frac{\partial P}{\partial z}\right)\boldsymbol{j} + \left(\frac{\partial Q}{\partial x} - \frac{\partial P}{\partial y}\right)\boldsymbol{k}.$$

若曲线 Γ 是场内的一条定向闭曲线, $\boldsymbol{F}$ 沿定向闭曲线 Γ 的积分
$$\oint_{\Gamma} \boldsymbol{F} \cdot \mathrm{d}\boldsymbol{r}$$
称为**向量场 $\boldsymbol{F}$ 沿 Γ 的环流量**, 按定义
$$\oint_{\Gamma} \boldsymbol{F} \cdot \mathrm{d}\boldsymbol{r} = \oint_{\Gamma} \boldsymbol{F} \cdot \boldsymbol{e}_{\tau}\,\mathrm{d}s,$$
其中 $\boldsymbol{e}_{\tau}$ 是定向曲线 Γ 的单位切向量, 所以环流量 $\oint_{\Gamma} \boldsymbol{F} \cdot \mathrm{d}\boldsymbol{r}$ 是向量 $\boldsymbol{F}$ 在定向曲线 Γ 的切向量上的投影沿曲线 Γ 的积分.

[①] 如果 G 内的任一闭曲面所围成的区域全部属于 G, 则称 G 为空间**二维单连通区域**.

下面说明旋度的物理意义.

在场内取定一点 M, 同时取定一单位向量 e, 过点 M 作一张以 e 为法向量的定向平面 Π, 在 Π 上任取一条包围点 M 的光滑闭曲线 Γ, 记 Σ 为定向平面 Π 被 Γ 所围的部分, Γ 的走向与定向面 Σ 的侧符合右手法则 (图 8.18), 根据斯托克斯公式及曲面积分中值定理, 我们有

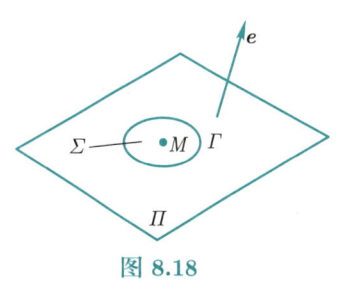

图 8.18

$$\frac{1}{A}\oint_{\Gamma} \boldsymbol{F}\cdot\mathrm{d}\boldsymbol{r} = \frac{1}{A}\iint_{\Sigma} \mathbf{rot}\,\boldsymbol{F}\cdot\mathrm{d}\boldsymbol{S} = \frac{1}{A}\iint_{\Sigma} \mathbf{rot}\boldsymbol{F}\cdot\boldsymbol{e}\,\mathrm{d}S = [\mathbf{rot}\boldsymbol{F}\cdot\boldsymbol{e}]_{M^*} = \operatorname{Prj}_{\boldsymbol{e}}\mathbf{rot}\boldsymbol{F}(M^*),$$

其中 A 为 Σ 的面积, 点 $M^* \in \Sigma$. 令 Σ 向点 M 处收缩, 由上式得

$$\lim_{\Sigma \to M}\frac{1}{A}\oint_{\Gamma} \boldsymbol{F}\cdot\mathrm{d}\boldsymbol{r} = \lim_{\Sigma \to M}\operatorname{Prj}_{\boldsymbol{e}}\mathbf{rot}\,\boldsymbol{F}(M^*) = \operatorname{Prj}_{\boldsymbol{e}}\mathbf{rot}\,\boldsymbol{F}(M). \tag{6.4}$$

(6.4) 式表明: 在平面 Σ 内, 环绕 M 点的环流量对面积的变化率等于 M 点处的旋度在平面法向量上的投影. 通过改变 e 的方向, 可以使环流量对面积的变化率达到最大, 显然这一最大值在 e 与 $\mathbf{rot}\,\boldsymbol{F}(M)$ 方向相同时取得.

从 (6.4) 式可看到, 当过点 M 的平面与该点的旋度垂直时, 在该平面内环绕 M 点的环流量对面积的变化率达到最大. 形象地说, 设想在点 M 处放置一微型转轮 (图 8.19), 则当该转轮的轴平行于旋度时, 该轮旋转得最快.

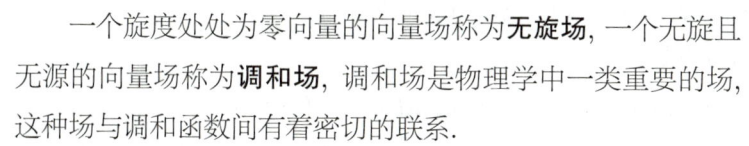

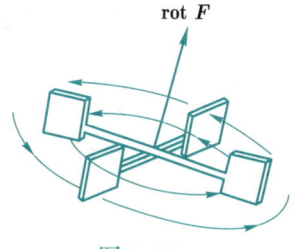

一个旋度处处为零向量的向量场称为 **无旋场**, 一个无旋且无源的向量场称为 **调和场**, 调和场是物理学中一类重要的场, 这种场与调和函数间有着密切的联系.

图 8.19

由上一节例 3 可知, 当数量场 $f(M)$ 具有连续的二阶偏导数时, 必有 $\mathbf{rot}\,(\mathbf{grad}\,f) = \boldsymbol{0}$, 即 **梯度场必定是无旋场**. 而且, 可以验证, 若数量场 $f(M)$ 在 G 内具有连续偏导数, 则它的梯度场 $\mathbf{grad}\,f(M)$ 沿场内定向曲线的积分仅与曲线的起点及终点有关, 而与路径无关, 物理学上称具有这种性质的向量场为 **保守场**. 于是, **连续梯度场必是保守场**, 或者 **连续有势场是保守场**. 在保守力场中场力对运动质点所做的功仅与质点的始末位置有关, 而与质点运动的路径无关.

例 2 设向量值函数 $\boldsymbol{F}(x,y,z)$ 在区域 G 内的二阶偏导数连续, 试求 $\operatorname{div}[\mathbf{rot}\boldsymbol{F}(x,y,z)]$.

解 记 $\boldsymbol{F}(x,y,z) = (P(x,y,z), Q(x,y,z), R(x,y,z))$, 则

$$\mathbf{rot}\boldsymbol{F}(x,y,z) = \begin{vmatrix} \boldsymbol{i} & \boldsymbol{j} & \boldsymbol{k} \\ \dfrac{\partial}{\partial x} & \dfrac{\partial}{\partial y} & \dfrac{\partial}{\partial z} \\ P & Q & R \end{vmatrix} = (R_y - Q_z)\boldsymbol{i} - (R_x - P_z)\boldsymbol{j} + (Q_x - P_y)\boldsymbol{k},$$

因此
$$\operatorname{div}[\mathbf{rot}\boldsymbol{F}(x,y,z)] = \frac{\partial}{\partial x}(R_y - Q_z) + \frac{\partial}{\partial y}(P_z - R_x) + \frac{\partial}{\partial z}(Q_x - P_y)$$
$$= (R_{yx} - Q_{zx}) + (P_{zy} - R_{xy}) + (Q_{xz} - P_{yz})$$
$$= 0.$$

由上述结果可知，当向量场 $\boldsymbol{F}(M)$ 具有连续的二阶偏导数时，必有 $\operatorname{div}(\mathbf{rot}\,\boldsymbol{F}) = 0$，即**旋度场必定是无源场**.

对于空间定向曲线积分，也有与本章第二节中定理 2 类似的结论，它的证明从略.

定理 2 设 G 是空间的一个一维单连通区域①，向量值函数
$$\boldsymbol{F}(x,y,z) = P(x,y,z)\boldsymbol{i} + Q(x,y,z)\boldsymbol{j} + R(x,y,z)\boldsymbol{k}$$
在 G 上具有连续偏导数，那么以下四个条件相互等价：

(1) 对 G 内的任意一条分段光滑的闭曲线 Γ，有
$$\oint_\Gamma P(x,y,z)\,\mathrm{d}x + Q(x,y,z)\,\mathrm{d}y + R(x,y,z)\,\mathrm{d}z = 0;$$

(2) 曲线积分 $\int_\Gamma P(x,y,z)\,\mathrm{d}x + Q(x,y,z)\,\mathrm{d}y + R(x,y,z)\,\mathrm{d}z$ 在 G 内与路径无关；

(3) 表达式 $P(x,y,z)\,\mathrm{d}x + Q(x,y,z)\,\mathrm{d}y + R(x,y,z)\,\mathrm{d}z$ 是某个三元函数的全微分，即存在 $u = u(x,y,z)$，使得
$$\mathrm{d}u = P(x,y,z)\,\mathrm{d}x + Q(x,y,z)\,\mathrm{d}y + R(x,y,z)\,\mathrm{d}z;$$

(4) $\mathbf{rot}\,\boldsymbol{F} = \mathbf{0}$ 在 G 内每点处成立.

我们知道 $\mathrm{d}u = P\,\mathrm{d}x + Q\,\mathrm{d}y + R\,\mathrm{d}z$ 相当于 $\mathbf{grad}\,u = (P,Q,R)$. 于是，当向量场 $\boldsymbol{F}(M)$ 具有连续偏导数且 $\mathbf{rot}\,\boldsymbol{F} = \mathbf{0}$ 时，向量场 $\boldsymbol{F}(M)$ 必定是梯度场，即**无旋场必定是有势场**.

与平面情形类似，定理 2 中的函数 $u = u(x,y,z)$ 可取
$$u(x,y,z) = \int_{(x_0,y_0,z_0)}^{(x,y,z)} P(x,y,z)\,\mathrm{d}x + Q(x,y,z)\,\mathrm{d}y + R(x,y,z)\,\mathrm{d}z,$$
其中 (x_0, y_0, z_0) 为 G 内一定点. 计算这个曲线积分，常采用平行于坐标轴的折线段，例如
$$\int_{(x_0,y_0,z_0)}^{(x,y,z)} P(x,y,z)\,\mathrm{d}x + Q(x,y,z)\,\mathrm{d}y + R(x,y,z)\,\mathrm{d}z$$
$$= \int_{(x_0,y_0,z_0)}^{(x,y_0,z_0)} P(x,y,z)\,\mathrm{d}x + Q(x,y,z)\,\mathrm{d}y + R(x,y,z)\,\mathrm{d}z +$$
$$\int_{(x,y_0,z_0)}^{(x,y,z_0)} P(x,y,z)\,\mathrm{d}x + Q(x,y,z)\,\mathrm{d}y + R(x,y,z)\,\mathrm{d}z +$$

---
① 如果 G 内的任一闭曲线总可以张成一片完全属于 G 的曲面，则称 G 为空间**一维单连通区域**.

$$\int_{(x,y,z_0)}^{(x,y,z)} P(x,y,z)\,\mathrm{d}x + Q(x,y,z)\,\mathrm{d}y + R(x,y,z)\,\mathrm{d}z$$
$$= \int_{x_0}^{x} P(x,y_0,z_0)\,\mathrm{d}x + \int_{y_0}^{y} Q(x,y,z_0)\,\mathrm{d}y + \int_{z_0}^{z} R(x,y,z)\,\mathrm{d}z, \tag{6.5}$$

这里, 从 (x_0,y_0,z_0) 依次经 (x,y_0,z_0), (x,y,z_0) 到 (x,y,z) 的折线在 G 内.

例 3 试证明向量场 $\boldsymbol{F} = (x+2y)\boldsymbol{i} + (2x+3y+6z)\boldsymbol{j} + (6y-5z)\boldsymbol{k}$ 是 $\mathbf{R}^3$ 上的有势场, 并求出它的一个势函数.

解 显然 $\boldsymbol{F}$ 在 $\mathbf{R}^3$ 上具有连续偏导数, 且

$$\mathbf{rot}\,\boldsymbol{F} = \begin{vmatrix} \boldsymbol{i} & \boldsymbol{j} & \boldsymbol{k} \\ \dfrac{\partial}{\partial x} & \dfrac{\partial}{\partial y} & \dfrac{\partial}{\partial z} \\ x+2y & 2x+3y+6z & 6y-5z \end{vmatrix} = \boldsymbol{0},$$

因此, 向量场 $\boldsymbol{F}$ 是 $\mathbf{R}^3$ 上的有势场. 记

$$f(x,y,z) = \int_{(0,0,0)}^{(x,y,z)} (x+2y)\,\mathrm{d}x + (2x+3y+6z)\,\mathrm{d}y + (6y-5z)\,\mathrm{d}z,$$

利用 (6.5) 式, 得

$$f(x,y,z) = \int_0^x x\,\mathrm{d}x + \int_0^y (2x+3y)\,\mathrm{d}y + \int_0^z (6y-5z)\,\mathrm{d}z$$
$$= \frac{1}{2}x^2 + 2xy + \frac{3}{2}y^2 + 6yz - \frac{5}{2}z^2,$$

于是, 所求势函数为

$$f(x,y,z) = \frac{1}{2}x^2 + 2xy + \frac{3}{2}y^2 + 6yz - \frac{5}{2}z^2.$$

3. 向量微分算子

在场论分析中经常用到一个运算符号 ∇, 它称为 ∇**(Nabla) 算子**, 其定义为

$$\nabla = \frac{\partial}{\partial x}\boldsymbol{i} + \frac{\partial}{\partial y}\boldsymbol{j} + \frac{\partial}{\partial z}\boldsymbol{k},$$

这个算子可作用到数量值函数上, 也可像通常的向量一样, 与向量值函数作数量积或向量积, 从而得出新的函数. 其规定如下:

(1) 设 $u = u(M)$, 则

$$\nabla u = \frac{\partial u}{\partial x}\boldsymbol{i} + \frac{\partial u}{\partial y}\boldsymbol{j} + \frac{\partial u}{\partial z}\boldsymbol{k}, \tag{6.6}$$

因此

$$\nabla u = \mathbf{grad}\,u.$$

(2) 设 $\boldsymbol{F} = P(M)\boldsymbol{i} + Q(M)\boldsymbol{j} + R(M)\boldsymbol{k}$, 则

$$\nabla \cdot \boldsymbol{F} = \left(\frac{\partial}{\partial x}\boldsymbol{i} + \frac{\partial}{\partial y}\boldsymbol{j} + \frac{\partial}{\partial z}\boldsymbol{k}\right) \cdot (P\boldsymbol{i} + Q\boldsymbol{j} + R\boldsymbol{k}) = \frac{\partial P}{\partial x} + \frac{\partial Q}{\partial y} + \frac{\partial R}{\partial z}, \tag{6.7}$$

因此

$$\nabla \cdot \boldsymbol{F} = \operatorname{div} \boldsymbol{F}.$$

又

$$\nabla \times \boldsymbol{F} = \begin{vmatrix} \boldsymbol{i} & \boldsymbol{j} & \boldsymbol{k} \\ \dfrac{\partial}{\partial x} & \dfrac{\partial}{\partial y} & \dfrac{\partial}{\partial z} \\ P & Q & R \end{vmatrix}, \tag{6.8}$$

因此

$$\nabla \times \boldsymbol{F} = \operatorname{rot} \boldsymbol{F}.$$

从以上规定可以看到, 算子 ∇ 实际上是从函数集合到函数集合的一种映射. 利用 ∇ 算子, 高斯公式和斯托克斯公式可分别写成

$$\iiint_{\Omega} \nabla \cdot \boldsymbol{F} \, \mathrm{d}v = \oiint_{\partial \Omega^+} \boldsymbol{F} \cdot \mathrm{d}\boldsymbol{S}, \tag{6.9}$$

$$\iint_{\Sigma} (\nabla \times \boldsymbol{F}) \cdot \mathrm{d}\boldsymbol{S} = \oint_{\partial \Sigma^+} \boldsymbol{F} \cdot \mathrm{d}\boldsymbol{r}. \tag{6.10}$$

根据前面的结论, 梯度场必定是无旋场, 旋度场必定是无源场, 即

$$\nabla \times \nabla f = \boldsymbol{0}, \quad \nabla \cdot (\nabla \times \boldsymbol{F}) = 0.$$

例 4 设 $f(x, y, z)$ 在 $\mathbf{R}^3$ 上具有连续的二阶偏导数, 试求 $\nabla \cdot (\nabla f)$.

解 按定义

$$\nabla f = \left(\frac{\partial f}{\partial x}, \frac{\partial f}{\partial y}, \frac{\partial f}{\partial z}\right),$$

故

$$\nabla \cdot (\nabla f) = \frac{\partial^2 f}{\partial x^2} + \frac{\partial^2 f}{\partial y^2} + \frac{\partial^2 f}{\partial z^2}.$$

上式右端通常记作 Δf, 符号 Δ 代表 $\dfrac{\partial^2}{\partial x^2} + \dfrac{\partial^2}{\partial y^2} + \dfrac{\partial^2}{\partial z^2}$, 称为 (三维) **拉普拉斯算子**, 即

$$\Delta f = \nabla \cdot (\nabla f) = \frac{\partial^2 f}{\partial x^2} + \frac{\partial^2 f}{\partial y^2} + \frac{\partial^2 f}{\partial z^2}.$$

例 5 假设有界闭区域 Ω 的边界 $\partial \Omega$ 由有限个光滑或分片光滑的曲面构成, 函数 $u = u(x, y, z)$ 和 $v = v(x, y, z)$ 在 Ω 上的一阶和二阶偏导数都连续, 证明:

$$\iiint_{\Omega} u \Delta v \, \mathrm{d}x \, \mathrm{d}y \, \mathrm{d}z = \oiint_{\partial \Omega^+} u \frac{\partial v}{\partial n} \, \mathrm{d}S - \iiint_{\Omega} (\nabla u \cdot \nabla v) \, \mathrm{d}x \, \mathrm{d}y \, \mathrm{d}z, \tag{6.11}$$

其中 $\dfrac{\partial v}{\partial n}$ 为函数 $v(x,y,z)$ 沿 $\partial\Omega$ 的外法线方向的方向导数.

解 注意到 $\dfrac{\partial v}{\partial n} = \nabla v \cdot \boldsymbol{e_n}$, 故

$$\oiint_{\partial\boldsymbol{\Omega}^+} u \frac{\partial v}{\partial n} \,\mathrm{d}S = \oiint_{\partial\boldsymbol{\Omega}^+} (u\nabla v \cdot \boldsymbol{e_n}) \,\mathrm{d}S = \oiint_{\partial\boldsymbol{\Omega}^+} u\nabla v \cdot \mathrm{d}\boldsymbol{S},$$

由高斯公式, 并利用本节习题 2 可知

$$\oiint_{\partial\boldsymbol{\Omega}^+} u\nabla v \cdot \mathrm{d}\boldsymbol{S} = \iiint_{\Omega} \nabla \cdot (u\nabla v) \,\mathrm{d}x\,\mathrm{d}y\,\mathrm{d}z = \iiint_{\Omega} (\nabla u \cdot \nabla v + u\nabla^2 v) \,\mathrm{d}x\,\mathrm{d}y\,\mathrm{d}z$$

$$= \iiint_{\Omega} (\nabla u \cdot \nabla v) \,\mathrm{d}x\,\mathrm{d}y\,\mathrm{d}z + \iiint_{\Omega} u\Delta v \,\mathrm{d}x\,\mathrm{d}y\,\mathrm{d}z,$$

移项, 即得

$$\iiint_{\Omega} u\Delta v \,\mathrm{d}x\,\mathrm{d}y\,\mathrm{d}z = \oiint_{\partial\boldsymbol{\Omega}^+} u \frac{\partial v}{\partial n} \,\mathrm{d}S - \iiint_{\Omega} (\nabla u \cdot \nabla v) \,\mathrm{d}x\,\mathrm{d}y\,\mathrm{d}z.$$

公式 (6.11) 叫做**格林第一公式**.

最后我们指出, 本章的几个主要定理都是微积分学基本定理在二维和三维空间中的推广. 为了便于大家记忆和发现这些定理之间的内在联系, 我们把它们集中在一起列出 (但略去定理的条件). 大家可以看到, 下列每个等式的左端都是某种形式的 "导数" 在一个区域上的积分, 而右端则只与该 "导数" 的 "原函数" 在该区域的边界上的值有关.

微积分基本定理 $\displaystyle\int_a^b F'(x)\,\mathrm{d}x = F(b) - F(a);$

曲线积分基本定理 $\displaystyle\int_{\overset{\frown}{AB}} \nabla f \cdot \mathrm{d}\boldsymbol{r} = f(B) - f(A);$

格林公式 $\displaystyle\iint_D \left(\frac{\partial Q}{\partial x} - \frac{\partial P}{\partial y}\right) \mathrm{d}\sigma = \oint_{\partial D^+} P\,\mathrm{d}x + Q\,\mathrm{d}y;$

斯托克斯公式 $\displaystyle\iint_{\Sigma} \mathbf{rot}\,\boldsymbol{F} \cdot \mathrm{d}\boldsymbol{S} = \oint_{\partial\Sigma^+} \boldsymbol{F} \cdot \mathrm{d}\boldsymbol{r};$

高斯公式 $\displaystyle\iiint_{\Omega} \mathrm{div}\,\boldsymbol{F}\,\mathrm{d}v = \oiint_{\partial\Omega^+} \boldsymbol{F} \cdot \mathrm{d}\boldsymbol{S}.$

上面的 5 个公式既然有着如此的内在统一性, 这就启发我们作这样的思考: 能否将它们统一成一个基本公式呢? 这确实是可以做到的. 为此先要引进一种新的代数运算 "外微分", 并定义一些新的数学对象. 由此得到的微积分基本公式不仅包含了以上 5 个式子, 还适用于更高维的空间. 限于篇幅, 这方面的讨论就不再进行了. 有兴趣的读者可阅读内容更深入一些的微积分教程.

习题 8.6

1. 设 $u = u(M)$, $v = v(M)$ 有连续的一阶偏导函数, c 为常数, 证明下列运算公式:

(1) $\nabla c = \mathbf{0}$;

(2) $\nabla(cu) = c\nabla u$;

(3) $\nabla(u \pm v) = \nabla u \pm \nabla v$;

(4) $\nabla(uv) = u\nabla v + v\nabla u$;

(5) $\nabla\left(\dfrac{u}{v}\right) = \dfrac{v\nabla u - u\nabla v}{v^2}$ $(v \neq 0)$.

2. 设 $u = u(M)$, $\boldsymbol{F} = \boldsymbol{F}(M)$, $\boldsymbol{G} = \boldsymbol{G}(M)$ 有连续的一阶偏导函数, c 为常数, 证明下列运算公式:

(1) $\nabla \cdot (c\boldsymbol{F}) = c\nabla \cdot \boldsymbol{F}$;

(2) $\nabla \cdot (\boldsymbol{F} \pm \boldsymbol{G}) = \nabla \cdot \boldsymbol{F} \pm \nabla \cdot \boldsymbol{G}$;

(3) $\nabla \cdot (u\boldsymbol{F}) = u\nabla \cdot \boldsymbol{F} + \nabla u \cdot \boldsymbol{F}$.

3. 设 $u = u(M)$, $\boldsymbol{F} = \boldsymbol{F}(M)$, $\boldsymbol{G} = \boldsymbol{G}(M)$ 有连续的二阶偏导函数, c 为常数, 证明下列运算公式:

(1) $\nabla \times (c\boldsymbol{F}) = c\nabla \times \boldsymbol{F}$;

(2) $\nabla \times (\boldsymbol{F} \pm \boldsymbol{G}) = \nabla \times \boldsymbol{F} \pm \nabla \times \boldsymbol{G}$;

(3) $\nabla \times (u\boldsymbol{F}) = u\nabla \times \boldsymbol{F} + \nabla u \times \boldsymbol{F}$;

(4) $\nabla \cdot (\boldsymbol{F} \times \boldsymbol{G}) = \boldsymbol{G} \cdot \nabla \times \boldsymbol{F} - \boldsymbol{F} \cdot \nabla \times \boldsymbol{G}$.

4. 证明向量场 $\boldsymbol{A} = 2xyz^2\boldsymbol{i} + (x^2z^2 + \cos y)\boldsymbol{j} + 2x^2yz\boldsymbol{k}$ 为有势场, 并求其势函数.

5. 证明 $\boldsymbol{A} = 2xyz^2\boldsymbol{i} + (x^2z^2 + \cos y)\boldsymbol{j} + 2x^2yz\boldsymbol{k}$ 为保守场, 并计算曲线积分

$$\int_{(1,4,1)}^{(2,3,1)} \boldsymbol{A} \cdot \mathrm{d}\boldsymbol{r}.$$

总习题八

1. 把第二类曲线积分 $\displaystyle\int_L P(x,y)\,\mathrm{d}x + Q(x,y)\,\mathrm{d}y$ 化成第一类曲线积分, 其中 L 为从点 $(1,3)$ 沿抛物线 $y = 2x^2 + 1$ 到点 $(2,9)$.

2. 计算极限 $\displaystyle\lim_{R \to +\infty}\oint_L \dfrac{-y\,\mathrm{d}x + x\,\mathrm{d}y}{(x^2 + xy + y^2)^2}$, 其中 L 为圆周 $x^2 + y^2 = R^2$, 取逆时针方向.

3. 计算 $\displaystyle\oint_L \boldsymbol{F}(x,y,z) \cdot \mathrm{d}\boldsymbol{r}$, 其中 $\boldsymbol{F}(x,y,z) = x^2y\boldsymbol{i} + \dfrac{1}{3}x^3\boldsymbol{j} + xy\boldsymbol{k}$, L 为圆柱面 $x^2 + y^2 = 1$

与抛物柱面 $z = 2y^2 - 1$ 的交线, 从 z 轴正向看去取逆时针方向.

4. 计算 $\int_L (12xy + e^y) \, dx - (\cos y - xe^y) \, dy$, 其中 L 为从点 $A(-1,1)$ 沿抛物线 $y = x^2$ 到点 $O(0,0)$ 再沿直线 $y = 0$ 到点 $B(2,0)$ 的一段弧.

5. 设 $I = \int_L (e^{x^2} - y^3) \, dx - (x + \cos y) \, dy$, 其中 L 为从点 $A\left(-\dfrac{\pi}{2}, 0\right)$ 沿曲线 $y = k\cos x$ $(k > 0)$ 到点 $B\left(\dfrac{\pi}{2}, 0\right)$ 的一段弧, 试问常数 k 取何值时, I 取极值, 是极大值还是极小值.

6. 已知平面区域 $D = [0, \pi] \times [0, \pi]$, L 是 D 的正向边界, 证明:

(1) $\oint_L xe^{\sin y} \, dy - ye^{-\sin x} \, dx = \oint_L xe^{-\sin y} \, dy - ye^{\sin x} \, dx$;

(2) $\oint_L xe^{\sin y} \, dy - ye^{-\sin x} \, dx \geqslant 2\pi^2$.

7. 已知 $f(x)$ 有连续的一阶导数, $f(0) = \dfrac{1}{2}$, 且曲线积分 $I = \int_L [e^x + f(x)] y \, dx - f(x) \, dy$ 与路径无关, 试确定 $f(x)$, 并计算 $\int_{(0,0)}^{(1,1)} [e^x + f(x)] y \, dx - f(x) \, dy$ 的值.

8. 计算曲面积分 $\oiint_\Sigma (x^2 + 1) \, dy \, dz - 2y \, dz \, dx + (3z - 2) \, dx \, dy$, Σ 为平面 $2x + y + 2z = 2$ 与三坐标面所围成的四面体的整个边界曲面的外侧.

9. 计算曲面积分 $\iint_\Sigma 2x^3 \, dy \, dz + 2y^3 \, dz \, dx + 3(z^2 - 1) \, dx \, dy$, 其中 Σ 为抛物面 $z = 1 - x^2 - y^2$ $(z \geqslant 0)$ 的上侧.

10. 利用高斯公式推证阿基米德原理: 浸没在液体中的物体所受的压力的合力 (即浮力) 的方向铅直向上, 大小等于此物体排开的液体受到的重力.

11. 在变力 $\boldsymbol{F}(x, y, z) = yz\boldsymbol{i} + zx\boldsymbol{j} + xy\boldsymbol{k}$ 的作用下, 质点由原点沿直线运动到椭球面 $\dfrac{x^2}{a^2} + \dfrac{y^2}{b^2} + \dfrac{z^2}{c^2} = 1$ 上第 I 卦限的点 $M(x_0, y_0, z_0)$, 问点 M 位于何处时, 该力所做的功最大, 并求出此功的最大值.

12. 设 $u(x, y, z)$ 在有界闭区域 Ω 上有连续的二阶偏导数, Σ 是 Ω 的边界曲面, $\dfrac{\partial u}{\partial n}$ 为 $u(x, y, z)$ 沿 Σ 的外法线方向 $\boldsymbol{n}$ 的方向导数, 拉普拉斯算子 $\Delta = \left(\dfrac{\partial^2}{\partial x^2} + \dfrac{\partial^2}{\partial y^2} + \dfrac{\partial^2}{\partial z^2}\right)$, 证明:

$$\oiint_\Sigma u \frac{\partial u}{\partial n} \, dS = \iiint_\Omega \left[\left(\frac{\partial u}{\partial x}\right)^2 + \left(\frac{\partial u}{\partial y}\right)^2 + \left(\frac{\partial u}{\partial z}\right)^2\right] dV + \iiint_\Omega u \Delta u \, dV.$$

13. 默比乌斯带是一种单侧曲面. 这种曲面的特点, 形象地说, 就是置于曲面上的一只小虫可以不越过曲面的边界而爬到它所在位置的背面. 对于此种曲面就不能定向, 也不能讨论通过曲面从一侧流到另一侧的流量, 因而就不能在这类曲面上定义第二类曲面积分. 默比乌斯带的参数方程为

$$x = r(t,v)\cos t,\ y = r(t,v)\sin t,\ z = bv\sin\left(\frac{t}{2}\right),$$

其中 $r(t,v) = a + bv\cos\left(\dfrac{t}{2}\right)$, a,b 为常数, $t \in [0, 2\pi]$, $v \in [-1, 1]$. 试用计算机作出此曲面的图形, 并观察图形特点.

数学星空　　光辉典范——数学家与数学家精神

攀登者的故事 —— 向哥德巴赫猜想进军的中国数学家

"哥德巴赫猜想" 号称 "数学皇冠上的明珠", 自 1742 年提出以来, 可以说是在数学王国里 "引无数英雄竞折腰". 在这样一个世界数学难题研究领域里, 有三位中国数学家在 20 世纪 50 年代至 70 年代相继走到了世界前列, 尤其是陈景润的成果 $\{1+2\}$, 被誉为 "筛法理论的光辉顶峰", 历经半个多世纪, 至今仍无人超越. 三位攀登者的故事将激励年轻一代学子: 中国人有志气有能力在攻克世界难题、攀登科学高峰的事业中做出我们应有的贡献!

第九章　级数

9.1 常数项级数的概念与基本性质

一、常数项级数的概念

给定一个数列
$$a_1, a_2, \cdots, a_n, \cdots, \tag{1.1}$$
由这数列构成的表达式
$$a_1 + a_2 + \cdots + a_n + \cdots$$
叫做**常数项无穷级数**,简称 **(常数项) 级数**,记为 $\sum_{n=1}^{\infty} a_n$,即
$$\sum_{n=1}^{\infty} a_n = a_1 + a_2 + \cdots + a_n + \cdots, \tag{1.2}$$
其中 a_n 叫做级数 (1.2) 的**一般项**.

注意: (1.2) 式作为一个 "和式",只是种形式记号,怎样来理解其中的无限多项之和呢? 以循环小数 $0.\dot{9}$ 为例,它可以记作
$$0.\dot{9} = 0.9 + 0.09 + 0.009 + \cdots,$$
它的数值应该是数列
$$0.9, 0.99, 0.999, \cdots$$
的极限,即 $0.\dot{9} = \lim_{n\to\infty} 0.\underbrace{99\cdots 9}_{n\text{个}} = 1.$

一般地,对于级数 (1.2),记
$$s_n = a_1 + a_2 + \cdots + a_n,$$
称 s_n 为级数 (1.2) 的前 n 项**部分和**. 当 n 依次取 $1, 2, 3, \cdots$ 时,得
$$s_1 = a_1, s_2 = a_1 + a_2, s_3 = a_1 + a_2 + a_3, \cdots, s_n = a_1 + a_2 + \cdots + a_n, \cdots$$

它们构成一个新的数列 $\{s_n\}$, 称为**部分和数列**.

如果部分和数列 $\{s_n\}$ 有极限 s, 即
$$\lim_{n\to\infty} s_n = s,$$
就称级数 (1.2) **收敛**, 并把极限 s 叫做级数 (1.2) 的**和**, 记作
$$s = \sum_{n=1}^{\infty} a_n.$$
如果部分和数列 $\{s_n\}$ 没有极限, 就称级数 (1.2) **发散**.

显然, 当级数收敛时, 其部分和 s_n 是级数的和 s 的近似值, 它们之间的差 $r_n = s - s_n$ 叫做级数的**余项**. 用近似值 s_n 代替和 s 所产生的误差是
$$|r_n| = |s - s_n|.$$
由上述定义可知, 给定级数 $\sum_{n=1}^{\infty} a_n$, 就有部分和数列 $\{s_n\}$, 数列 $\{s_n\}$ 的收敛或发散决定了级数 $\sum_{n=1}^{\infty} a_n$ 的收敛或发散. 因此级数的敛散性问题是一种特殊形式数列的极限问题.

例 1 讨论**等比级数** (也称为**几何级数**)
$$\sum_{n=1}^{\infty} aq^{n-1} = a + aq + aq^2 + \cdots + aq^{n-1} + \cdots \quad (\text{常数 } a \neq 0)$$
的敛散性.

解 部分和
$$s_n = a + aq + aq^2 + \cdots + aq^{n-1} = \begin{cases} a \cdot \dfrac{1-q^n}{1-q}, & q \neq 1, \\ na, & q = 1. \end{cases}$$

当 $|q| < 1$ 时, 由于 $\lim\limits_{n\to\infty} q^n = 0$, 于是 $\lim\limits_{n\to\infty} s_n = \dfrac{a}{1-q}$, 因此该级数收敛;

当 $|q| > 1$ 时, 由于 $\lim\limits_{n\to\infty} q^n = \infty$, 于是 $\lim\limits_{n\to\infty} s_n = \infty$, 因此该级数发散;

当 $q = -1$ 时,
$$s_n = \begin{cases} a, & n \text{ 为奇数}, \\ 0, & n \text{ 为偶数}, \end{cases}$$
故当 $n \to \infty$ 时, s_n 并不趋于一个确定的常数, 即 $\{s_n\}$ 没有极限, 因此该级数发散;

当 $q = 1$ 时, 部分和 $s_n = na \to \infty$, 因此该级数发散.

于是, 等比级数 $\sum_{n=1}^{\infty} aq^{n-1}$ (常数 $a \neq 0$) 当 $|q| < 1$ 时收敛, 其和为 $\dfrac{a}{1-q}$, 当 $|q| \geqslant 1$ 时发散.

试算试练 写出几何级数当 $|q| < 1$ 时的余项.

例 2 证明级数
$$\sum_{n=1}^{\infty} \frac{1}{n(n+1)} = \frac{1}{1 \cdot 2} + \frac{1}{2 \cdot 3} + \cdots + \frac{1}{n(n+1)} + \cdots$$
是收敛的.

证 由于一般项 $a_n = \dfrac{1}{n(n+1)} = \dfrac{1}{n} - \dfrac{1}{n+1}$, 故

$$\begin{aligned}
s_n &= \frac{1}{1 \cdot 2} + \frac{1}{2 \cdot 3} + \cdots + \frac{1}{n(n+1)} \\
&= \left(1 - \frac{1}{2}\right) + \left(\frac{1}{2} - \frac{1}{3}\right) + \cdots + \left(\frac{1}{n} - \frac{1}{n+1}\right) \\
&= 1 - \frac{1}{n+1},
\end{aligned}$$

因此
$$\lim_{n \to \infty} s_n = \lim_{n \to \infty} \left(1 - \frac{1}{n+1}\right) = 1,$$

于是, 所给级数收敛且它的和为 1.

例 3 证明级数
$$\sum_{n=1}^{\infty} \ln\left(1 + \frac{1}{n}\right) = \ln(1+1) + \ln\left(1 + \frac{1}{2}\right) + \cdots + \ln\left(1 + \frac{1}{n}\right) + \cdots$$
是发散的.

证 由于一般项 $a_n = \ln\left(1 + \dfrac{1}{n}\right) = \ln\dfrac{n+1}{n} = \ln(n+1) - \ln n$, 故

$$\begin{aligned}
s_n &= \ln(1+1) + \ln\left(1 + \frac{1}{2}\right) + \cdots + \ln\left(1 + \frac{1}{n}\right) \\
&= (\ln 2 - \ln 1) + (\ln 3 - \ln 2) + \cdots + [\ln(n+1) - \ln n] \\
&= \ln(n+1),
\end{aligned}$$

因此
$$\lim_{n \to \infty} s_n = \lim_{n \to \infty} \ln(n+1) = +\infty,$$

于是, 所给级数发散.

典型例题

级数的收敛性

二、 常数项级数的基本性质

根据级数收敛的定义和极限运算法则, 可以得到级数的下列性质.

性质 1 在级数中去掉、增加或改变有限项, 级数的敛散性不变.

证 先证明级数 $\sum\limits_{n=1}^{\infty} a_n$ 与去掉首项后所得的级数 $\sum\limits_{n=2}^{\infty} a_n$ 同时收敛或同时发散.

设级数 $\sum\limits_{n=1}^{\infty} a_n$ 和级数 $\sum\limits_{n=2}^{\infty} a_n$ 的部分和数列分别为 $\{s_n\}$ 和 $\{\sigma_n\}$, 则
$$s_n = \sigma_{n-1} + a_1 \quad (n = 2, 3, \cdots).$$

因此当 $n \to \infty$ 时, s_n 与 σ_{n-1} 的极限或同时存在或同时不存在, 这说明两个级数有相同的敛散性.

既然级数去掉一项或增加一项不改变敛散性, 那么可推得去掉或增加有限项也不改变敛散性. 而改变有限项可看作先去掉有限项再增加有限项, 因此也不改变敛散性.

例如级数 $\sum_{n=3}^{\infty} \ln\left(1 + \frac{1}{n}\right)$, 它可看作是 $\sum_{n=1}^{\infty} \ln\left(1 + \frac{1}{n}\right)$ 去掉前 2 项后所得, 由于级数 $\sum_{n=1}^{\infty} \ln\left(1 + \frac{1}{n}\right)$ 发散, 故该级数发散.

试算试练 判别级数 $-3 - 2 - 1 + \frac{3}{5} - \frac{3}{5^2} + \frac{3}{5^3} - \frac{3}{5^4} + \cdots$ 的敛散性, 若收敛, 求其和.

利用极限运算的线性性质可推得下面的性质 2 和性质 3.

性质 2 若级数 $\sum_{n=1}^{\infty} a_n$ 收敛, 其和为 s, 则对任何常数 k, 级数 $\sum_{n=1}^{\infty} ka_n$ 收敛且其和为 ks, 即

$$\sum_{n=1}^{\infty} ka_n = k \sum_{n=1}^{\infty} a_n. \tag{1.3}$$

由性质 2 可知, 当 $k \neq 0$ 时, 如果 $\sum_{n=1}^{\infty} ka_n$ 收敛, 它的每项乘 $\frac{1}{k}$ 后仍收敛, 即 $\sum_{n=1}^{\infty} a_n$ 收敛. 因此, **若 $k \neq 0$, 则级数 $\sum_{n=1}^{\infty} a_n$ 与 $\sum_{n=1}^{\infty} ka_n$ 有相同的敛散性.**

性质 3 若级数 $\sum_{n=1}^{\infty} a_n, \sum_{n=1}^{\infty} b_n$ 分别收敛于和 s, σ, 则级数 $\sum_{n=1}^{\infty} (a_n \pm b_n)$ 也收敛, 其和为 $s \pm \sigma$, 即

$$\sum_{n=1}^{\infty} (a_n \pm b_n) = \sum_{n=1}^{\infty} a_n \pm \sum_{n=1}^{\infty} b_n. \tag{1.4}$$

性质 3 说明: **两个收敛级数可以逐项相加或逐项相减.**

例如级数 $\sum_{n=1}^{\infty} \left[\frac{3}{n(n+1)} + \frac{(-1)^{n-1}}{5^n}\right]$, 它可看作是级数 $\sum_{n=1}^{\infty} \frac{3}{n(n+1)}$ 与 $\sum_{n=1}^{\infty} \frac{(-1)^{n-1}}{5^n}$ 逐项相加所得. 又 $\sum_{n=1}^{\infty} \frac{3}{n(n+1)}$ 与 $\sum_{n=1}^{\infty} \frac{1}{n(n+1)}$ 有相同的敛散性, 由 $\sum_{n=1}^{\infty} \frac{1}{n(n+1)}$ 收敛可知 $\sum_{n=1}^{\infty} \frac{3}{n(n+1)}$ 收敛, 且 $\sum_{n=1}^{\infty} \frac{3}{n(n+1)} = 3 \sum_{n=1}^{\infty} \frac{1}{n(n+1)} = 3$; $\sum_{n=1}^{\infty} \frac{(-1)^{n-1}}{5^n}$ 是公比 $q = -\frac{1}{5}$ 的等比级数, 所以也收敛, 且 $\sum_{n=1}^{\infty} \frac{(-1)^{n-1}}{5^n} = \frac{\frac{1}{5}}{1 + \frac{1}{5}} = \frac{1}{6}$. 因此所给级数收

敛, 且

$$\sum_{n=1}^{\infty}\left[\frac{3}{n(n+1)}+\frac{(-1)^{n-1}}{5^n}\right]=\sum_{n=1}^{\infty}\frac{3}{n(n+1)}+\sum_{n=1}^{\infty}\frac{(-1)^{n-1}}{5^n}=3+\frac{1}{6}=\frac{19}{6}.$$

由性质 2 和性质 3 可知收敛级数具有如下的**线性性质**.

推论 若级数 $\sum_{n=1}^{\infty}a_n, \sum_{n=1}^{\infty}b_n$ 分别收敛于和 s, σ, 则对于任意的实数 λ 和 μ, 级数 $\sum_{n=1}^{\infty}(\lambda a_n+\mu b_n)$ 也收敛, 且其和为 $\lambda s+\mu\sigma$, 即

$$\sum_{n=1}^{\infty}(\lambda a_n+\mu b_n)=\lambda\sum_{n=1}^{\infty}a_n+\mu\sum_{n=1}^{\infty}b_n. \tag{1.5}$$

试算试练 思考级数 $\frac{3}{1\cdot 2}+\frac{1}{5}+\frac{3}{2\cdot 3}-\frac{1}{5^2}+\frac{3}{3\cdot 4}+\frac{1}{5^3}+\frac{3}{4\cdot 5}-\frac{1}{5^4}+\cdots$ 的敛散性.

性质 4 对收敛级数的项任意加括号后所得的级数仍然收敛, 且其和不变.

证 设收敛级数

$$\sum_{n=1}^{\infty}a_n=a_1+a_2+\cdots+a_n+\cdots$$

的项按某种方式加括号后所得的级数形如

$$(a_1+a_2+\cdots+a_{k_1})+(a_{k_1+1}+a_{k_1+2}+\cdots+a_{k_2})+\cdots+$$
$$(a_{k_{n-1}+1}+a_{k_{n-1}+2}+\cdots+a_{k_n})+\cdots,$$

记 σ_n 为加括号后的级数的前 n 项部分和, 则数列 $\{\sigma_n\}$ 是原级数部分和数列 $\{s_n\}$ 的子列 $\{s_{k_n}\}$, 即

$$\sigma_n=s_{k_n}.$$

由于级数 $\sum_{n=1}^{\infty}a_n$ 收敛, 故数列 $\{s_n\}$ 收敛, 由数列极限的归并性可知子列 $\{s_{k_n}\}$ 也收敛, 且两者极限相同. 于是, 性质 4 成立.

由性质 4 可得: **如果加括号后所成的级数发散, 则原级数发散.**

这里要注意, 性质 4 的逆命题是不成立的. 即加括号后所得的级数收敛不能保证原级数收敛, 例如级数

$$(1-1)+(1-1)+\cdots$$

收敛于零, 但级数

$$1-1+1-1+\cdots$$

却是发散的.

性质 5 若级数收敛, 则当 $n\to\infty$ 时它的一般项趋于零.

证 设级数 $\sum_{n=1}^{\infty} a_n$ 收敛, 且和为 s. 记它的前 n 项部分和为 s_n, 则

$$\lim_{n\to\infty} s_n = \lim_{n\to\infty} s_{n-1} = s.$$

由于

$$a_n = s_n - s_{n-1},$$

故

$$\lim_{n\to\infty} a_n = \lim_{n\to\infty}(s_n - s_{n-1}) = \lim_{n\to\infty} s_n - \lim_{n\to\infty} s_{n-1} = s - s = 0.$$

由性质 5 可得: **如果当 $n \to \infty$ 时, 级数的一般项不趋于零, 那么该级数发散**.

例如级数 $\sum_{n=1}^{\infty}(-1)^{n-1}\dfrac{n}{n+1}$, 由于

$$|a_n| = \left|(-1)^{n-1}\dfrac{n}{n+1}\right| = \dfrac{n}{n+1} \to 1 \quad (n \to \infty),$$

故 $n \to \infty$ 时, 一般项不趋于零, 因此该级数发散.

性质 5 是级数收敛的一个必要条件, 但要注意, **一般项趋于零不是级数收敛的充分条件**, 例如级数 $\sum_{n=1}^{\infty} \ln\left(1 + \dfrac{1}{n}\right)$ 的一般项是趋于零的, 但它是发散级数 (见本节例 3).

*三、柯西审敛原理

由级数与数列的关系, 我们可得判别级数敛散性的一个定理.

定理 (柯西审敛原理) 级数 $\sum_{n=1}^{\infty} a_n$ 收敛的充要条件为: 对于任意给定的正数 ε, 总存在正整数 N, 使得当 $n > N$ 时, 对于任意的正整数 p, 都有

$$|a_{n+1} + a_{n+2} + \cdots + a_{n+p}| < \varepsilon$$

成立.

证 设级数 $\sum_{n=1}^{\infty} a_n$ 的部分和为 s_n, 因为

$$|a_{n+1} + a_{n+2} + \cdots + a_{n+p}| = |s_{n+p} - s_n|,$$

所以由数列的柯西极限存在准则, 即得本定理结论.

例 4 利用柯西审敛原理判别级数 $\sum_{n=1}^{\infty} \dfrac{1}{n^2}$ 的敛散性.

解 因为对任意正整数 p, 有

$$|a_{n+1} + a_{n+2} + \cdots + a_{n+p}|$$

$$= \left| \frac{1}{(n+1)^2} + \frac{1}{(n+2)^2} + \cdots + \frac{1}{(n+p)^2} \right|$$

$$\leqslant \frac{1}{n(n+1)} + \frac{1}{(n+1)(n+2)} + \cdots + \frac{1}{(n+p-1)(n+p)}$$

$$= \left(\frac{1}{n} - \frac{1}{n+1} \right) + \left(\frac{1}{n+1} - \frac{1}{n+2} \right) + \cdots + \left(\frac{1}{n+p-1} - \frac{1}{n+p} \right)$$

$$= \frac{1}{n} - \frac{1}{n+p} < \frac{1}{n},$$

所以, 对于任意给定的正数 ε, 取正整数 $N = \left[\dfrac{1}{\varepsilon} \right]$, 当 $n > N$ 时, 对于任意正整数 p, 都有

$$|a_{n+1} + a_{n+2} + \cdots + a_{n+p}| < \frac{1}{n} < \varepsilon$$

成立. 由柯西审敛原理知, 级数 $\sum\limits_{n=1}^{\infty} \dfrac{1}{n^2}$ 收敛.

习题 9.1

1. 写出下列级数的前四项:

(1) $\sum\limits_{n=1}^{\infty} \dfrac{n+1}{n+3}$;

(2) $\sum\limits_{n=1}^{\infty} \dfrac{(2n-1)!!}{(2n)!!}$;

(3) $\sum\limits_{n=3}^{\infty} \dfrac{n}{5^n}$;

(4) $\sum\limits_{n=1}^{\infty} \left(\dfrac{1}{2^n} - \dfrac{1}{3^n} \right)$.

2. 根据级数收敛与发散的定义判别下列级数的敛散性, 并求出其中收敛级数的和:

(1) $\sum\limits_{n=1}^{\infty} (\sqrt{n+1} - \sqrt{n})$;

(2) $\sum\limits_{n=3}^{\infty} \ln \dfrac{n}{n+2}$;

(3) $\sum\limits_{n=3}^{\infty} \dfrac{n}{(n+1)!}$;

(4) $\sum\limits_{n=1}^{\infty} \dfrac{1}{n(n+1)(n+2)}$.

3. **(弹性球的路程)** 假设一弹性球从高为 $1\,\text{m}$ 的空中自由下落, 落到水平地面后弹起, 如果每次弹起的高度是上一次下落高度的 $\dfrac{1}{3}$, 求该球上下经过的总路程.

4. 判别下列级数的敛散性:

(1) $\sum\limits_{n=1}^{\infty} \dfrac{\mathrm{e}^n}{3^n}$;

(2) $\sum\limits_{n=1}^{\infty} (-1)^n \dfrac{\mathrm{e}^n}{2^n}$;

(3) $\sum\limits_{n=4}^{\infty} \cos \dfrac{n\pi}{2}$;

(4) $\sum\limits_{n=4}^{\infty} \dfrac{1}{\sqrt[n]{n}}$.

5. 若级数 $\sum\limits_{n=1}^{\infty} a_n$ 与 $\sum\limits_{n=1}^{\infty} b_n$ 中一个收敛, 另一个发散, 证明级数 $\sum\limits_{n=1}^{\infty} (a_n + b_n)$ 必发散.

如果所给两个级数均发散, 那么级数 $\sum\limits_{n=1}^{\infty}(a_n+b_n)$ 是否必发散?

6. 判别下列级数的敛散性:

(1) $\sum\limits_{n=1}^{\infty} \dfrac{1+3^{n+2}}{5^n}$;

(2) $\sum\limits_{n=1}^{\infty} \dfrac{1-5^{n+2}}{3^n}$;

(3) $\sum\limits_{n=1}^{\infty}\left[\dfrac{(-1)^{n-1}}{2^n} - \left(\dfrac{n}{n+3}\right)^n\right]$;

(4) $1 - \dfrac{1}{3} + \dfrac{1}{2} - \dfrac{1}{3^2} + \dfrac{1}{3} - \dfrac{1}{3^3} + \dfrac{1}{4} - \dfrac{1}{3^4} + \cdots$.

*7. 利用柯西审敛原理判别下列级数的敛散性:

(1) $\sum\limits_{n=1}^{\infty} \dfrac{1}{n^3}$;

(2) $\sum\limits_{n=1}^{\infty} \dfrac{\sin 3^n}{3^n}$;

(3) $\sum\limits_{n=1}^{\infty} \dfrac{(-1)^n}{n}$;

(4) $\sum\limits_{n=1}^{\infty} \dfrac{1}{n}$.

9.2 正项级数和交错级数的审敛法

一、正项级数的审敛法

如果级数 $\sum\limits_{n=1}^{\infty} a_n$ 的每一项 $a_n \geqslant 0(n=1,2,\cdots)$, 就称这种级数为**正项级数**.

由于级数的敛散性问题往往归结为正项级数的敛散性问题, 因此正项级数在常数项级数中处于非常重要的地位.

现设 $\sum\limits_{n=1}^{\infty} a_n$ 是一个正项级数, 因为 $a_n \geqslant 0(n=1,2,\cdots)$, 因此

$$s_1 \leqslant s_2 \leqslant \cdots \leqslant s_n \leqslant \cdots, \tag{2.1}$$

即它的部分和数列 $\{s_n\}$ 是**单调增加数列**. 如果数列 $\{s_n\}$ 有上界 M, 根据单调有界收敛准则, $\{s_n\}$ 必收敛于和 s, 且

$$s_n \leqslant s \leqslant M. \tag{2.2}$$

反之, 如果 $\lim\limits_{n\to\infty} s_n = s$, 则由收敛数列必有界的性质得知, $\{s_n\}$ 必为有界数列. 于是, 有如下的基本定理.

定理 1 (基本定理) 正项级数收敛的充要条件是它的部分和数列有界.

虽然这个定理的实用性有限, 只在很少情形下才会直接应用它来审定级数的敛散性, 但是它的理论价值很高. 事实上, 正项级数的所有实用的审敛法都是建立在它的基础上的, 这就是我们对它冠以基本定理的原因. 下面我们给出在使用上比较方便的正项级数的几个审敛法则. 先给出比较审敛法.

定理 2 (比较审敛法) 设 $\sum\limits_{n=1}^{\infty} a_n$ 与 $\sum\limits_{n=1}^{\infty} b_n$ 是两个正项级数, 且自某项起有 $a_n \leqslant b_n$,

那么

(1) 若级数 $\sum_{n=1}^{\infty} b_n$ 收敛, 则级数 $\sum_{n=1}^{\infty} a_n$ 也收敛;

(2) 若级数 $\sum_{n=1}^{\infty} a_n$ 发散, 则级数 $\sum_{n=1}^{\infty} b_n$ 也发散.

证 (1) 由于改变级数的有限项不会改变其敛散性, 故为叙述方便, 不妨认为从第一项起就有 $a_n \leqslant b_n (n=1,2,\cdots)$. 设 $\sum_{n=1}^{\infty} b_n = \sigma$, 于是 $\sum_{n=1}^{\infty} a_n$ 的部分和

$$s_n = a_1 + a_2 + \cdots + a_n \leqslant b_1 + b_2 + \cdots + b_n \leqslant \sigma^{①} (n=1,2,\cdots),$$

可见 $\sum_{n=1}^{\infty} a_n$ 的部分和数列有界, 由基本定理知 $\sum_{n=1}^{\infty} a_n$ 收敛.

(2) 用反证法. 假设级数 $\sum_{n=1}^{\infty} b_n$ 收敛, 由 (1) 可知, 级数 $\sum_{n=1}^{\infty} a_n$ 收敛, 这与所设条件 $\sum_{n=1}^{\infty} a_n$ 发散矛盾. 因此当级数 $\sum_{n=1}^{\infty} a_n$ 发散时, 级数 $\sum_{n=1}^{\infty} b_n$ 也发散.

例 1 判别级数 $\sum_{n=1}^{\infty} \dfrac{5}{2^n+1}$ 的敛散性.

解 由于 $\dfrac{5}{2^n+1} \leqslant \dfrac{5}{2^n}$, 而级数 $\sum_{n=1}^{\infty} \dfrac{5}{2^n}$ 是收敛的等比级数, 根据比较审敛法知级数 $\sum_{n=1}^{\infty} \dfrac{5}{2^n+1}$ 收敛.

在用比较审敛法判别级数是否收敛时, 需要与另一个已知的收敛或发散级数进行比较, 这个作为比较用的级数叫做**基本级数**. 在使用比较审敛法时, 我们常用等比级数 $\sum_{n=0}^{\infty} aq^n$ 以及下面要讨论的 p 级数 $\sum_{n=1}^{\infty} \dfrac{1}{n^p}$ 作为基本级数.

例 2 讨论 p 级数

$$\sum_{n=1}^{\infty} \frac{1}{n^p} = 1 + \frac{1}{2^p} + \frac{1}{3^p} + \cdots + \frac{1}{n^p} + \cdots$$

的敛散性 $(p>0)$.

解 容易知道, 当 $n \leqslant x \leqslant n+1$ 时, $\dfrac{1}{(n+1)^p} \leqslant \dfrac{1}{x^p} \leqslant \dfrac{1}{n^p}$, 因此

$$\frac{1}{(n+1)^p} = \int_n^{n+1} \frac{1}{(n+1)^p} \mathrm{d}x \leqslant \int_n^{n+1} \frac{1}{x^p} \mathrm{d}x \leqslant \int_n^{n+1} \frac{1}{n^p} \mathrm{d}x = \frac{1}{n^p}. \tag{2.3}$$

记 $b_n = \int_n^{n+1} \dfrac{1}{x^p} \mathrm{d}x$, 则正项级数 $\sum_{n=1}^{\infty} b_n$ 的前 n 项部分和为

$$s_n = \int_1^2 \frac{1}{x^p} \mathrm{d}x + \int_2^3 \frac{1}{x^p} \mathrm{d}x + \cdots + \int_n^{n+1} \frac{1}{x^p} \mathrm{d}x = \int_1^{n+1} \frac{1}{x^p} \mathrm{d}x.$$

---

① 第二个不等式利用了 (2.2) 式.

当 $p \leqslant 1$ 时 $s_n \geqslant \int_1^{n+1} \dfrac{1}{x} \mathrm{d}x = \ln(n+1)$, 故 $\lim\limits_{n \to \infty} s_n = +\infty$, 即 $\sum\limits_{n=1}^{\infty} b_n$ 发散. 又由 (2.3) 式得

$$\dfrac{1}{n^p} \geqslant \int_n^{n+1} \dfrac{1}{x^p} \mathrm{d}x = b_n,$$

于是, 利用比较审敛法知级数 $\sum\limits_{n=1}^{\infty} \dfrac{1}{n^p}$ 发散.

当 $p > 1$ 时 $s_n = \dfrac{(n+1)^{1-p} - 1}{1-p} \leqslant \dfrac{1}{p-1}$, 由基本定理知级数 $\sum\limits_{n=1}^{\infty} b_n$ 收敛. 又由 (2.3) 式得

$$\dfrac{1}{(n+1)^p} \leqslant \int_n^{n+1} \dfrac{1}{x^p} \mathrm{d}x = b_n,$$

于是, 利用比较审敛法知级数 $\sum\limits_{n=1}^{\infty} \dfrac{1}{(n+1)^p}$ 收敛, 再由级数的基本性质 1 得 $\sum\limits_{n=1}^{\infty} \dfrac{1}{n^p}$ 收敛.

综上所述: p 级数 $\sum\limits_{n=1}^{\infty} \dfrac{1}{n^p}$ 当 $p > 1$ 时收敛, 当 $p \leqslant 1$ 时发散.

特别地, 当 $p = 1$ 时, 级数 $\sum\limits_{n=1}^{\infty} \dfrac{1}{n}$ 又称为**调和级数**.

从例 2 的证明可以看到正项级数 $\sum\limits_{n=1}^{\infty} \dfrac{1}{n^p}$ 的敛散性与反常积分 $\int_1^{+\infty} \dfrac{1}{x^p} \mathrm{d}x$ 的敛散性有着密切关系, 它的一般性结论见本节习题 5.

试算试练 (1) 试用习题 5 的柯西积分审敛法判别 p 级数的敛散性; (2) 指出下列级数的敛散性: $\sum\limits_{n=1}^{\infty} \dfrac{1}{n}$, $\sum\limits_{n=1}^{\infty} \dfrac{1}{\sqrt{n}}$, $\sum\limits_{n=1}^{\infty} \dfrac{1}{n^2}$, $\sum\limits_{n=1}^{\infty} \dfrac{1}{n^{3/2}}$.

例 3 判别下列级数的敛散性:

(1) $\sum\limits_{n=2}^{\infty} \dfrac{1}{\sqrt{n}-1}$; (2) $\sum\limits_{n=1}^{\infty} \dfrac{1}{\sqrt{n^3+n^2-1}}$; (3) $\sum\limits_{n=2}^{\infty} \dfrac{1}{(\ln n)^{\ln n}}$.

解 (1) 因为当 $n \geqslant 2$ 时, $\dfrac{1}{\sqrt{n}-1} > \dfrac{1}{\sqrt{n}}$, 而 $\sum\limits_{n=2}^{\infty} \dfrac{1}{\sqrt{n}}$ 是发散的, 所以级数 $\sum\limits_{n=2}^{\infty} \dfrac{1}{\sqrt{n}-1}$ 发散.

(2) 因为 $\dfrac{1}{\sqrt{n^3+n^2-1}} \leqslant \dfrac{1}{n^{\frac{3}{2}}}$, 而 $\sum\limits_{n=1}^{\infty} \dfrac{1}{n^{\frac{3}{2}}}$ 是收敛的, 所以级数 $\sum\limits_{n=1}^{\infty} \dfrac{1}{\sqrt{n^3+n^2-1}}$ 收敛.

(3) 因为

$$(\ln n)^{\ln n} = \mathrm{e}^{\ln[(\ln n)^{\ln n}]} = \mathrm{e}^{\ln n \ln(\ln n)} = n^{\ln \ln n},$$

n 适当大后 (如 $n > \mathrm{e}^{\mathrm{e}^2}$), 有 $n^{\ln \ln n} > n^2$, 即 $\dfrac{1}{(\ln n)^{\ln n}} < \dfrac{1}{n^2}$, 而 $\sum\limits_{n=2}^{\infty} \dfrac{1}{n^2}$ 是收敛的, 所以级

数 $\sum_{n=2}^{\infty} \dfrac{1}{(\ln n)^{\ln n}}$ 收敛.

为了应用上的方便, 下面给出比较审敛法的极限形式.

定理 3 (比较审敛法的极限形式) 设 $\sum_{n=1}^{\infty} a_n$ 和 $\sum_{n=1}^{\infty} b_n\ (b_n \neq 0)$ 是两个正项级数, 如果极限

$$\lim_{n\to\infty} \frac{a_n}{b_n} = k$$

有确定意义[①], 那么

(1) 当 $0 < k < +\infty$ 时, 两个级数有相同的敛散性;

(2) 当 $k = 0$ 且级数 $\sum_{n=1}^{\infty} b_n$ 收敛时, 级数 $\sum_{n=1}^{\infty} a_n$ 也收敛;

(3) 当 $k = +\infty$ 且级数 $\sum_{n=1}^{\infty} b_n$ 发散时, 级数 $\sum_{n=1}^{\infty} a_n$ 也发散.

证 (1) 当 $0 < k < +\infty$ 时, 取 $\varepsilon = \dfrac{k}{2}$, 根据极限定义, 存在某个正整数 N, 当 $n > N$ 时, 有

$$\left| \frac{a_n}{b_n} - k \right| < \frac{k}{2},$$

即

$$\frac{k}{2} b_n < a_n < \frac{3k}{2} b_n,$$

根据级数的基本性质 2 知, $\sum_{n=1}^{\infty} b_n$, $\sum_{n=1}^{\infty} \dfrac{k}{2} b_n$ 与 $\sum_{n=1}^{\infty} \dfrac{3k}{2} b_n$ 有相同的敛散性. 于是由比较审敛法知, 级数 $\sum_{n=1}^{\infty} a_n$ 与 $\sum_{n=1}^{\infty} b_n$ 有相同的敛散性.

(2) 当 $k = 0$ 时, 取 $\varepsilon = 1$, 根据极限定义, 存在某个正整数 N, 当 $n > N$ 时, 有

$$\frac{a_n}{b_n} < 1,$$

即 $a_n < b_n$, 由比较审敛法知, 当级数 $\sum_{n=1}^{\infty} b_n$ 收敛时, 级数 $\sum_{n=1}^{\infty} a_n$ 也收敛.

(3) 用反证法. 假设 $\sum_{n=1}^{\infty} a_n$ 收敛, 由 $\lim\limits_{n\to\infty} \dfrac{a_n}{b_n} = +\infty$ 得 $\lim\limits_{n\to\infty} \dfrac{b_n}{a_n} = 0$. 利用 (2) 可知, $\sum_{n=1}^{\infty} b_n$ 收敛, 这与所设条件 $\sum_{n=1}^{\infty} b_n$ 发散矛盾, 所以 $\sum_{n=1}^{\infty} a_n$ 必发散.

正项级数 $\sum_{n=1}^{\infty} a_n$ 的部分和是由一个一个正数 a_n 逐次相加累积起来的, 如果每次加上的正数 "太大", 最终会导致级数的部分和数列发散至正无穷. 有时候虽然级数的一般项

[①] 极限 $\lim\limits_{n\to\infty} x_n$ 有确定意义, 是指极限存在或者是无穷大.

趋于零, 似乎每次加上的正数都 "很小", 但它们不断累积所得的部分和数列却仍可以是无穷大量 (如调和级数). 由此可见, 判断一个正项级数是否收敛, 除了注意其一般项是否趋于零, 还应该注意一般项趋于零的 "快慢" 程度. 定理 3 告诉我们, 在两个级数的一般项 a_n 和 b_n 均为无穷小的情况下 (即两个级数均满足收敛的必要条件), 可对 a_n 与 b_n 作无穷小的阶的比较, 并根据比较结果对 $\sum\limits_{n=1}^{\infty} a_n$ 的敛散性作出判断. 即有

推论 设正项级数 $\sum\limits_{n=1}^{\infty} a_n$ 和 $\sum\limits_{n=1}^{\infty} b_n$ 的一般项 a_n 和 b_n 均为 $n \to \infty$ 时的无穷小,

(1) 当 a_n 与 b_n 为同阶无穷小时, 两级数有相同的敛散性;

(2) 当 a_n 是 b_n 的高阶无穷小且级数 $\sum\limits_{n=1}^{\infty} b_n$ 收敛时, 级数 $\sum\limits_{n=1}^{\infty} a_n$ 也收敛;

(3) 当 a_n 是 b_n 的低阶无穷小且级数 $\sum\limits_{n=1}^{\infty} b_n$ 发散时, 级数 $\sum\limits_{n=1}^{\infty} a_n$ 也发散.

由于这一审敛法比较的是 a_n 与 b_n 作为无穷小的阶的高低, 故也可称为**比阶审敛法**.

例 4 判别下列级数的敛散性:

(1) $\sum\limits_{n=1}^{\infty} \dfrac{n^2+1}{2n^3+3n-4}$;   (2) $\sum\limits_{n=1}^{\infty} \sin \dfrac{\pi}{2^n}$;   (3) $\sum\limits_{n=1}^{\infty} \ln \left(1+\dfrac{1}{n^2}\right)$.

解 (1) 由于

$$\lim_{n \to \infty} \frac{\dfrac{n^2+1}{2n^3+3n-4}}{\dfrac{1}{n}} = \frac{1}{2},$$

而 $\sum\limits_{n=1}^{\infty} \dfrac{1}{n}$ 发散, 由定理 3 知 $\sum\limits_{n=1}^{\infty} \dfrac{n^2+1}{2n^3+3n-4}$ 发散;

(2) 因为当 $n \to \infty$ 时, $\sin \dfrac{\pi}{2^n} \sim \dfrac{\pi}{2^n}$, 而 $\sum\limits_{n=1}^{\infty} \dfrac{\pi}{2^n}$ 收敛, 所以由推论知 $\sum\limits_{n=1}^{\infty} \sin \dfrac{\pi}{2^n}$ 收敛;

(3) 因为当 $n \to \infty$ 时, $\ln \left(1+\dfrac{1}{n^2}\right) \sim \dfrac{1}{n^2}$, 而 $\sum\limits_{n=1}^{\infty} \dfrac{1}{n^2}$ 收敛, 所以由推论知 $\sum\limits_{n=1}^{\infty} \ln \left(1+\dfrac{1}{n^2}\right)$ 收敛.

从上面的各例可见, 用比较审敛法及其极限形式判别正项级数的敛散性, 依赖于已知的基本级数. 由于我们掌握的基本级数很有限, 所以在实践中, 难以用比较审敛法直接处理很多正项级数的敛散性问题. 为此我们再介绍两个在实用上很方便且不依赖于基本级数的审敛法 —— 比值审敛法与根值审敛法.

定理 4 (比值审敛法, 达朗贝尔判别法) 设 $\sum\limits_{n=1}^{\infty} a_n\ (a_n \neq 0)$ 是正项级数, 如果极限

$$\lim_{n \to \infty} \frac{a_{n+1}}{a_n} = \rho$$

有确定意义, 那么

(1) 当 $\rho < 1$ 时, 级数收敛;

(2) 当 $1 < \rho \leqslant +\infty$ 时, 级数发散;

(3) 当 $\rho = 1$ 时, 级数可能收敛也可能发散.

证 (1) 当 $\rho < 1$ 时, 取定一个适当小的正数 ε, 使得 $\rho + \varepsilon = r < 1$, 根据极限定义, 存在正整数 N, 当 $n \geqslant N$ 时, 就有 $\left|\dfrac{a_{n+1}}{a_n} - \rho\right| < \varepsilon$, 于是有

$$\frac{a_{n+1}}{a_n} < \rho + \varepsilon = r,$$

因此

$$a_{N+1} < r a_N, a_{N+2} < r a_{N+1} < r^2 a_N, a_{N+3} < r a_{N+2} < r^3 a_N, \cdots,$$

因为 $r < 1$, 而 a_N 是一个定值, 故级数 $\sum\limits_{k=1}^{\infty} a_N r^k$ 收敛, 因为级数 $\sum\limits_{k=1}^{\infty} a_{N+k}$ 的一般项小于收敛级数 $\sum\limits_{k=1}^{\infty} a_N r^k$ 的对应项, 所以 $\sum\limits_{k=1}^{\infty} a_{N+k}$ 收敛. 根据级数的基本性质 1 知原级数 $\sum\limits_{n=1}^{\infty} a_n$ 收敛.

(2) 当 $1 < \rho < +\infty$ 时, 取定一个适当小的正数 ε, 使得 $\rho - \varepsilon > 1$, 根据极限定义, 存在正整数 N, 当 $n \geqslant N$ 时, 有

$$\frac{a_{n+1}}{a_n} > \rho - \varepsilon > 1,$$

因此

$$a_{n+1} > a_n.$$

所以当 $n \geqslant N$ 时, 有 $a_n > a_N > 0$, 从而 $\lim\limits_{n \to \infty} a_n \neq 0$, 故级数发散.

类似地可证明当 $\rho = +\infty$ 时, 级数发散.

(3) 当 $\rho = 1$ 时, 级数可能收敛也可能发散, 其敛散性需另行判定. 以 p 级数为例, 不论 p 是何值都有

$$\rho = \lim_{n \to \infty} \frac{a_{n+1}}{a_n} = \lim_{n \to \infty} \frac{\dfrac{1}{(n+1)^p}}{\dfrac{1}{n^p}} = 1,$$

但例 2 告诉我们, 当 $p > 1$ 时, p 级数收敛; 而当 $p \leqslant 1$ 时, p 级数发散. 因此当 $\rho = 1$ 时, 级数可能收敛也可能发散.

例 5 判别下列级数的敛散性:

(1) $\sum\limits_{n=1}^{\infty} \dfrac{n^2}{2^n}$;   (2) $\sum\limits_{n=1}^{\infty} \dfrac{(2n)!}{(n!)^2}$;   (3) $\sum\limits_{n=1}^{\infty} \dfrac{n!}{10^n}$.

解 (1) 由于

$$\lim_{n\to\infty} \frac{a_{n+1}}{a_n} = \lim_{n\to\infty} \frac{(n+1)^2}{2^{n+1}} \cdot \frac{2^n}{n^2} = \lim_{n\to\infty} \frac{(n+1)^2}{2n^2} = \frac{1}{2}\,(<1),$$

根据比值审敛法可知级数 $\sum\limits_{n=1}^{\infty} \dfrac{n^2}{2^n}$ 收敛.

(2) 由于

$$\lim_{n\to\infty} \frac{a_{n+1}}{a_n} = \lim_{n\to\infty} \frac{(2n+2)!}{[(n+1)!]^2} \cdot \frac{(n!)^2}{(2n)!} = \lim_{n\to\infty} \frac{(2n+2)\cdot(2n+1)}{(n+1)^2} = 4\,(>1),$$

根据比值审敛法可知级数 $\sum\limits_{n=1}^{\infty} \dfrac{(2n)!}{(n!)^2}$ 发散.

(3) 由于

$$\lim_{n\to\infty} \frac{a_{n+1}}{a_n} = \lim_{n\to\infty} \frac{(n+1)!}{10^{n+1}} \cdot \frac{10^n}{n!} = \lim_{n\to\infty} \frac{n+1}{10} = +\infty,$$

根据比值审敛法可知级数 $\sum\limits_{n=1}^{\infty} \dfrac{n!}{10^n}$ 发散.

例 6 利用级数收敛的必要条件证明极限 $\lim\limits_{n\to\infty} \dfrac{n!}{n^n} = 0$.

证 记 $a_n = \dfrac{n!}{n^n}$,构造级数 $\sum\limits_{n=1}^{\infty} a_n$. 由于

$$\frac{a_{n+1}}{a_n} = \frac{(n+1)!}{(n+1)^{n+1}} \cdot \frac{n^n}{n!} = \frac{n^n}{(n+1)^n} = \frac{1}{\left(1+\dfrac{1}{n}\right)^n},$$

故

$$\lim_{n\to\infty} \frac{a_{n+1}}{a_n} = \frac{1}{\lim\limits_{n\to\infty}\left(1+\dfrac{1}{n}\right)^n} = \frac{1}{\mathrm{e}}\,(<1).$$

根据比值审敛法可知级数 $\sum\limits_{n=1}^{\infty} a_n$ 收敛,于是级数的一般项必趋于零,即 $\lim\limits_{n\to\infty} a_n = \lim\limits_{n\to\infty} \dfrac{n!}{n^n} = 0$.

定理 5 (根值审敛法, 柯西判别法) 设 $\sum\limits_{n=1}^{\infty} a_n$ 是正项级数, 如果极限

$$\lim_{n\to\infty} \sqrt[n]{a_n} = \rho$$

有确定意义, 则

(1) 当 $\rho < 1$ 时, 级数收敛;

(2) 当 $1 < \rho \leqslant +\infty$ 时, 级数发散;

(3) 当 $\rho = 1$ 时, 级数可能收敛也可能发散.

根值审敛法的证明思路与比值审敛法的证明思路一致. 请读者自己完成.

例 7 判别级数 $\sum_{n=1}^{\infty} \left(\dfrac{n}{2n+1}\right)^n$ 的敛散性.

解 因为

$$\lim_{n\to\infty} \sqrt[n]{a_n} = \lim_{n\to\infty} \sqrt[n]{\left(\dfrac{n}{2n+1}\right)^n} = \lim_{n\to\infty} \dfrac{n}{2n+1} = \dfrac{1}{2}\,(<1),$$

根据根值审敛法知所给级数是收敛的.

例 8 讨论级数 $\sum_{n=1}^{\infty} \dfrac{a^n}{n^p}$ 的敛散性, 其中 $a > 0$.

解 由于

$$\lim_{n\to\infty} \sqrt[n]{a_n} = \lim_{n\to\infty} \sqrt[n]{\dfrac{a^n}{n^p}} = \lim_{n\to\infty} \dfrac{a}{(\sqrt[n]{n})^p} = a,$$

根据根值审敛法, 当 $a < 1$ 时, 级数收敛; 当 $a > 1$ 时, 级数发散; 当 $a = 1$ 时, 所给级数是 p 级数, 仅当 $p > 1$ 时级数收敛.

归纳以上结果可得: 当 $a < 1$, 或者当 $a = 1, p > 1$ 时级数收敛, 其余情况下级数发散.

二、交错级数的审敛法

交错级数是指各项正负相间的级数, 其一般形式为

$$\sum_{n=1}^{\infty} (-1)^{n-1} a_n = a_1 - a_2 + a_3 - a_4 + \cdots + (-1)^{n-1} a_n + \cdots, \tag{2.4}$$

或

$$\sum_{n=1}^{\infty} (-1)^{n} a_n = -a_1 + a_2 - a_3 + a_4 - \cdots + (-1)^{n} a_n + \cdots, \tag{2.5}$$

其中 $a_n > 0\ (n = 1, 2, \cdots)$.

由于交错级数 (2.5) 的各项乘 -1 就变成级数 (2.4) 的形式且不改变敛散性, 因此不失一般性, 只需讨论级数 (2.4) 的敛散性.

定理 6 (莱布尼茨判别法) 如果交错级数

$$\sum_{n=1}^{\infty} (-1)^{n-1} a_n \quad (a_n > 0)$$

满足以下两个条件:

(1) 数列 $\{a_n\}$ 单调减少, 即 $a_{n+1} \leqslant a_n\ (n = 1, 2, \cdots)$;

(2) 一般项 a_n 是无穷小量, 即 $\lim\limits_{n\to\infty} a_n = 0$,

那么级数 $\sum\limits_{n=1}^{\infty}(-1)^{n-1}a_n$ 收敛, 且其和 s 满足 $0 \leqslant s \leqslant a_1$, 其余项 r_n 的绝对值 $|r_n| \leqslant a_{n+1}$.

证 先证明部分和数列 $\{s_n\}$ 的偶数项子数列 $\{s_{2n}\}$ 是收敛的. 一方面,
$$s_{2n} = (a_1 - a_2) + (a_3 - a_4) + \cdots + (a_{2n-1} - a_{2n}),$$
由条件 (1) 知所有括号中的值是非负数, 可见是非负和单调增加的; 另一方面,
$$s_{2n} = a_1 - (a_2 - a_3) - (a_4 - a_5) - \cdots - (a_{2n-2} - a_{2n-1}) - a_{2n},$$
同样由于括号中的值是非负数, 可见
$$0 \leqslant s_{2n} < a_1,$$
于是根据单调有界收敛准则可知, 极限 $\lim\limits_{n\to\infty} s_{2n}$ 存在且不超过 a_1, 记 $\lim\limits_{n\to\infty} s_{2n} = s$, 则
$$0 \leqslant \lim_{n\to\infty} s_{2n} = s \leqslant a_1.$$

再证明部分和数列的奇数项子数列 $\{s_{2n+1}\}$ 也收敛于 s. 因为 $s_{2n+1} = s_{2n} + a_{2n+1}$, 并由条件 (2) 知 $\lim\limits_{n\to\infty} a_n = 0$, 所以
$$\lim_{n\to\infty} s_{2n+1} = \lim_{n\to\infty} s_{2n} + \lim_{n\to\infty} a_{2n+1} = s + 0 = s.$$

由于奇数项子数列与偶数项子数列收敛于同一极限 s, 因此 $\lim\limits_{n\to\infty} s_n$ 存在, 且
$$\lim_{n\to\infty} s_n = s, 0 \leqslant s \leqslant a_1.$$
从而证明了交错级数 $\sum\limits_{n=1}^{\infty}(-1)^{n-1}a_n$ 是收敛的, 其和非负且不超过 a_1.

最后, 我们可以把交错级数 $\sum\limits_{n=1}^{\infty}(-1)^{n-1}a_n$ 的余项 r_n 写成
$$(-1)^n(a_{n+1} - a_{n+2} + \cdots),$$
由于括号内的级数 $a_{n+1} - a_{n+2} + \cdots$ 也是首项为正数的交错级数且满足本判别法中的收敛条件, 故其和 σ 满足 $0 \leqslant \sigma \leqslant a_{n+1}$. 因此其绝对值 $|r_n| = \sigma \leqslant a_{n+1}$. 证毕.

例 9 判别级数 $\sum\limits_{n=1}^{\infty} \dfrac{(-1)^{n-1}}{n^p}$ $(p > 0)$ 的敛散性.

解 这是一个交错级数, 有时称为交错 p 级数. 记 $a_n = \dfrac{1}{n^p}$, 则

(1) $a_{n+1} = \dfrac{1}{(n+1)^p} < \dfrac{1}{n^p} = a_n (n = 1, 2, \cdots)$;

(2) $\lim\limits_{n\to\infty} a_n = \lim\limits_{n\to\infty} \dfrac{1}{n^p} = 0$,

因此由莱布尼茨判别法知所给级数是收敛的.

试算试练 证明: 交错级数 $\sum\limits_{n=1}^{\infty} \dfrac{(-1)^{n-1}}{n}$ 收敛, 但调和级数 $\sum\limits_{n=1}^{\infty} \dfrac{1}{n}$ 发散; 交错级数 $\sum\limits_{n=1}^{\infty} \dfrac{(-1)^{n-1}}{n^2}$ 收敛, p 级数 $\sum\limits_{n=1}^{\infty} \dfrac{1}{n^2}$ 也收敛.

例 10 判别级数 $\sum_{n=2}^{\infty}(-1)^n\dfrac{\ln n}{n}$ 的敛散性.

解 这是一个交错级数. 令 $f(x)=\dfrac{\ln x}{x}(x\geqslant 2)$, $a_n=f(n)=\dfrac{\ln n}{n}$. 由于

$$f'(x)=\dfrac{\dfrac{1}{x}\cdot x-\ln x}{x^2}=\dfrac{1-\ln x}{x^2},$$

故当 $x>\mathrm{e}$ 时, $f'(x)<0$, 因此 $f(x)$ 单调减少, 从而当 $n\geqslant 3$, $a_n=f(n)$ 单调减少. 又

$$\lim_{x\to+\infty}f(x)=\lim_{x\to+\infty}\dfrac{\ln x}{x}=\lim_{x\to+\infty}\dfrac{\dfrac{1}{x}}{1}=0,$$

故 $\lim\limits_{n\to\infty}a_n=\lim\limits_{n\to\infty}f(n)=0$. 于是, 根据莱布尼茨判别法知所给级数是收敛的.

试算试练 思考交错级数 $\sum_{n=1}^{\infty}\dfrac{(-1)^{n-1}}{\sqrt{n}+(-1)^{n-1}}$ 的敛散性.

习题 9.2

1. 用比较审敛法判别下列级数的敛散性:

(1) $\sum_{n=1}^{\infty}\dfrac{1}{2n-1}$;

(2) $\sum_{n=1}^{\infty}\dfrac{n+3}{n(n+1)(n+2)}$;

(3) $\sum_{n=1}^{\infty}\dfrac{5}{2^n-1}$;

(4) $\sum_{n=1}^{\infty}\dfrac{1}{n\cdot\sqrt[n]{n}}$;

(5) $\sum_{n=1}^{\infty}\dfrac{\arctan n}{n}$;

(6) $\sum_{n=1}^{\infty}\dfrac{a^n}{1+a^{2n}}(a>0)$.

2. 用比值审敛法判别下列级数的敛散性:

(1) $\sum_{n=1}^{\infty}\dfrac{n!}{3^n}$;

(2) $\sum_{n=1}^{\infty}\dfrac{n!}{(2n-1)!!}$;

(3) $\sum_{n=1}^{\infty}\dfrac{2^n\cdot n!}{n^n}$;

(4) $\sum_{n=1}^{\infty}\dfrac{n^{n+1}}{3^n\cdot n!}$;

(5) $\sum_{n=1}^{\infty}n^2\tan\dfrac{\pi}{3^n}$;

(6) $\sum_{n=2}^{\infty}\dfrac{a^n}{\ln n}(a>0)$.

3. 用根值审敛法判别下列级数的敛散性:

(1) $\sum_{n=1}^{\infty}\dfrac{n+2}{n\cdot 3^n}$;

(2) $\sum_{n=2}^{\infty}\dfrac{1}{(\ln n)^n}$;

(3) $\sum_{n=1}^{\infty}\left(\dfrac{n}{2n-1}\right)^{2n}$;

(4) $\sum_{n=1}^{\infty}\left(2n\tan\dfrac{1}{n}\right)^{\frac{n}{2}}$;

(5) $\sum\limits_{n=1}^{\infty} \left(\dfrac{n}{n+1}\right)^{n^2}$;   (6) $\sum\limits_{n=1}^{\infty} \left(\dfrac{b}{a_n}\right)^n$, 其中 $a_n \to a (n \to \infty)$, a_n, b, a 均为正数.

4. 用适当方法判别下列级数的敛散性:

(1) $\sum\limits_{n=1}^{\infty} \sqrt{n}\left(1 - \cos\dfrac{\pi}{n}\right)$;   (2) $\sum\limits_{n=1}^{\infty} \dfrac{n^p}{n!}$;

(3) $\sum\limits_{n=2}^{\infty} (\sqrt[n]{3} - 1)^n$;   (4) $\sum\limits_{n=2}^{\infty} [n(\sqrt[n]{3} - 1)]^n$;

(5) $\sum\limits_{n=1}^{\infty} \dfrac{1}{3^{\sqrt{n}}}$;   (6) $\sum\limits_{n=1}^{\infty} a^n \sin\dfrac{\pi}{b^n}$ $(1 < a < b)$.

5. 关于正项级数有如下的**柯西积分审敛法**.

设函数 $f(x)$ 是区间 $[1, +\infty)$ 上单调减少的连续函数, 且 $f(x) \geqslant 0 (x \geqslant 1)$, 则正项级数 $\sum\limits_{n=1}^{\infty} f(n)$ 与反常积分 $\int_{1}^{+\infty} f(x)\mathrm{d}x$ 同时收敛或发散.

(1) 试用关于正项级数的基本定理证明该审敛法;

(2) 试证当级数收敛时, 其余项满足 $0 \leqslant r_n \leqslant \int_{n}^{+\infty} f(x)\mathrm{d}x$;

(3) 利用柯西积分审敛法讨论级数 $\sum\limits_{n=2}^{\infty} \dfrac{1}{n(\ln n)^p}$ 的敛散性.

6. 利用不等式 $\dfrac{1}{2\sqrt{n}} < \dfrac{(2n-1)!!}{(2n)!!} < \dfrac{1}{\sqrt{2n+1}}$, 证明: 级数 $\sum\limits_{n=2}^{\infty} \dfrac{(2n-1)!!}{(2n)!!}$ 发散而级数 $\sum\limits_{n=2}^{\infty} \dfrac{(2n-3)!!}{(2n)!!}$ 收敛.

7. 结合图证明: 级数 $\sum\limits_{n=1}^{\infty} \dfrac{1}{n^2}$ 收敛.[①]

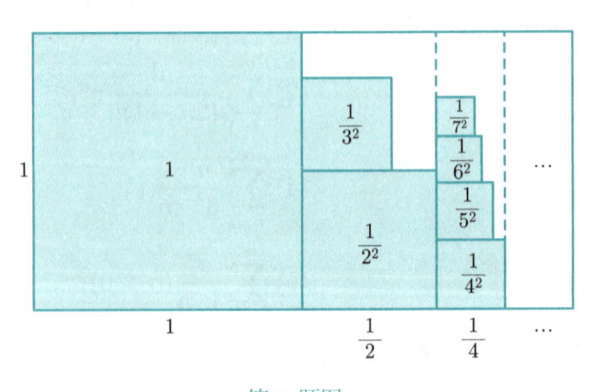

第 7 题图

[①] P J Rippon. Convergence with Picture. American Mathematical Monthly, 1986, 93(6): 476-478

8. 判别下列级数的敛散性:

(1) $\sum_{n=1}^{\infty}(-1)^{n-1}\dfrac{\sqrt{n}+2}{n+1}$;

(2) $\sum_{n=1}^{\infty}(-1)^{n-1}n\cdot\sin\dfrac{1}{n}$;

(3) $\sum_{n=2}^{\infty}\dfrac{(-1)^n}{\ln n}$;

(4) $\sum_{n=2}^{\infty}(-1)^n\dfrac{\ln^2 n}{n}$.

9.3 级数的绝对收敛与条件收敛

一、级数的绝对收敛与条件收敛

对于任意的常数项级数 $\sum\limits_{n=1}^{\infty}a_n$, 如果级数的每一项取绝对值后组成的正项级数 $\sum\limits_{n=1}^{\infty}|a_n|$ 收敛, 则称级数 $\sum\limits_{n=1}^{\infty}a_n$ **绝对收敛**. 如果 $\sum\limits_{n=1}^{\infty}|a_n|$ 发散但 $\sum\limits_{n=1}^{\infty}a_n$ 收敛, 则称级数 $\sum\limits_{n=1}^{\infty}a_n$ **条件收敛**.

例如交错 p 级数 $\sum\limits_{n=1}^{\infty}\dfrac{(-1)^{n-1}}{n^p}$, 其每一项取绝对值后得 $\sum\limits_{n=1}^{\infty}\left|\dfrac{(-1)^{n-1}}{n^p}\right|=\sum\limits_{n=1}^{\infty}\dfrac{1}{n^p}$, 当 $p>1$ 时收敛, 因此当 $p>1$ 时, $\sum\limits_{n=1}^{\infty}\dfrac{(-1)^{n-1}}{n^p}$ 绝对收敛; 当 $0<p\leqslant 1$ 时, 级数 $\sum\limits_{n=1}^{\infty}\dfrac{1}{n^p}$ 发散, 但 $\sum\limits_{n=1}^{\infty}\dfrac{(-1)^{n-1}}{n^p}$ 收敛, 因此当 $0<p\leqslant 1$ 时, $\sum\limits_{n=1}^{\infty}\dfrac{(-1)^{n-1}}{n^p}$ 条件收敛.

一般说来, 级数的绝对收敛与收敛之间有如下的关系.

定理 1 绝对收敛的级数必然收敛, 但收敛的级数未必绝对收敛.

证 先证明定理的前半部分, 即绝对收敛的级数必然收敛.

设 $\sum\limits_{n=1}^{\infty}a_n$ 是给定的任意级数, 并设它是绝对收敛的, 即正项级数 $\sum\limits_{n=1}^{\infty}|a_n|$ 是收敛的. 由于

$$0\leqslant |a_n|+a_n\leqslant 2|a_n|,$$

而且正项级数 $\sum\limits_{n=1}^{\infty}2|a_n|$ 收敛, 故由比较审敛法知正项级数 $\sum\limits_{n=1}^{\infty}(|a_n|+a_n)$ 收敛. 又

$$a_n=(|a_n|+a_n)-|a_n|,$$

即 $\sum\limits_{n=1}^{\infty}a_n$ 可看做两个收敛级数 $\sum\limits_{n=1}^{\infty}(|a_n|+a_n)$ 和 $\sum\limits_{n=1}^{\infty}|a_n|$ 逐项相减而得, 故 $\sum\limits_{n=1}^{\infty}a_n$ 收敛.

定理的后半部分可通过例子说明, 例如, 级数 $\sum\limits_{n=1}^{\infty}\dfrac{(-1)^{n-1}}{n^p}$ 当 $0<p\leqslant 1$ 时收敛, 但

它不是绝对收敛的. 定理证毕.

定理 1 说明, 对于一般的级数 $\sum_{n=1}^{\infty} a_n$, 如果用正项级数的审敛法判定级数 $\sum_{n=1}^{\infty} |a_n|$ 收敛, 则原级数收敛. 这就使得一大类级数的敛散性判定问题, 转化为正项级数的敛散性判定问题.

但要注意, 一般来说, 如果级数 $\sum_{n=1}^{\infty} |a_n|$ 发散, 并不能判定级数 $\sum_{n=1}^{\infty} a_n$ 发散. 但是, 如果是用正项级数的比值审敛法或根值审敛法判定级数 $\sum_{n=1}^{\infty} |a_n|$ 发散, 则可判定原级数 $\sum_{n=1}^{\infty} a_n$ 也一定发散. 这就是下面的定理:

定理 2 设 $\sum_{n=1}^{\infty} a_n$ 为任意的常数项级数, 如果极限

$$\lim_{n \to \infty} \left| \frac{a_{n+1}}{a_n} \right| = \rho \quad \text{或} \quad \lim_{n \to \infty} \sqrt[n]{|a_n|} = \rho$$

有确定意义, 那么

(1) 当 $\rho < 1$ 时, 级数 $\sum_{n=1}^{\infty} a_n$ 绝对收敛;

(2) 当 $1 < \rho \leqslant +\infty$ 时, 级数 $\sum_{n=1}^{\infty} a_n$ 发散.

事实上, 当 $\rho < 1$ 时, 级数 $\sum_{n=1}^{\infty} |a_n|$ 收敛, 从而级数 $\sum_{n=1}^{\infty} a_n$ 绝对收敛. 当 $1 < \rho \leqslant +\infty$ 时, 由上节的证明可知 $\lim_{n \to \infty} |a_n| \neq 0$, 故 $\lim_{n \to \infty} a_n \neq 0$, 从而级数 $\sum_{n=1}^{\infty} a_n$ 发散.

例 1 判别级数 $\sum_{n=1}^{\infty} \frac{(-1)^n}{n} \sin \frac{1}{n}$ 的敛散性.

解 当 $n \to \infty$ 时,

$$\left| \frac{(-1)^n}{n} \sin \frac{1}{n} \right| = \frac{1}{n} \sin \frac{1}{n} \sim \frac{1}{n^2},$$

而级数 $\sum_{n=1}^{\infty} \frac{1}{n^2}$ 收敛, 故由正项级数的比阶审敛法可知级数 $\sum_{n=1}^{\infty} \left| \frac{(-1)^n}{n} \sin \frac{1}{n} \right|$ 收敛, 即所给级数绝对收敛.

例 2 讨论级数 $\sum_{n=1}^{\infty} \frac{r^n}{n} (r \in \mathbf{R})$ 的敛散性.

解 记 $a_n = \frac{r^n}{n}$, 则

$$\left| \frac{a_{n+1}}{a_n} \right| = \left| \frac{r^{n+1}}{n+1} \cdot \frac{n}{r^n} \right| \to |r| \quad (n \to \infty),$$

由定理 2 知: 当 $|r| < 1$ 时, 级数绝对收敛; 当 $|r| > 1$ 时, 级数发散. 而当 $r = -1$ 时, 原级数为 $\sum\limits_{n=1}^{\infty} \dfrac{(-1)^n}{n}$, 这是条件收敛级数; 当 $r = 1$ 时, 原级数为调和级数 $\sum\limits_{n=1}^{\infty} \dfrac{1}{n}$, 该级数发散.

于是, 所给级数仅当 $-1 \leqslant r < 1$ 时收敛, 且级数在 $-1 < r < 1$ 时绝对收敛, 在 $r = -1$ 时条件收敛.

试算试练 讨论级数 $\sum\limits_{n=1}^{\infty} \dfrac{r^n}{n^s} (r \in \mathbf{R}, s > 0)$ 的敛散性.

典型例题

绝对收敛与条件收敛

二、 绝对收敛级数的性质

在讨论绝对收敛级数的性质之前, 先给出更序级数的概念. 对于一个级数 $\sum\limits_{n=1}^{\infty} a_n$, 把它的项重新排列后得到一个新的级数, 我们称该新级数为原级数 $\sum\limits_{n=1}^{\infty} a_n$ 的**更序级数**. 绝对收敛级数的更序级数具有如下性质.

性质 1 绝对收敛级数的更序级数仍然绝对收敛, 且其和不变.

证 (1) 先证明结论对收敛的正项级数成立.

设正项级数 $\sum\limits_{n=1}^{\infty} a_n$ 的部分和 s_n 收敛于 s, 其更序级数 $\sum\limits_{n=1}^{\infty} a'_n$ 的部分和是 s'_n.

对于任何 n, 当它固定后, 取 k 足够大, 使 $a'_1, a'_2, \cdots, a'_n$ 各项都出现在 $s_k = a_1 + a_2 + \cdots + a_k$ 中, 于是得

$$s'_n \leqslant s_k \leqslant s,$$

即更序级数的部分和数列有界, 根据正项级数收敛的基本定理知 $\sum\limits_{n=1}^{\infty} a'_n$ 收敛, 记其和为 s', 则 $s' \leqslant s$.

另一方面, 级数 $\sum\limits_{n=1}^{\infty} a_n$ 也可看作级数 $\sum\limits_{n=1}^{\infty} a'_n$ 的更序级数, 由上述讨论可知, 当 $\sum\limits_{n=1}^{\infty} a'_n$ 收敛时 $\sum\limits_{n=1}^{\infty} a_n$ 必定收敛, 且 $s \leqslant s'$.

于是, 只要级数 $\sum\limits_{n=1}^{\infty} a_n$ 与它的更序级数 $\sum\limits_{n=1}^{\infty} a'_n$ 有一个收敛, 另一个必定收敛, 且它们的和满足 $s' \leqslant s$ 及 $s \leqslant s'$, 从而必有 $s = s'$.

(2) 再证明结论对任意的绝对收敛级数也成立.

设 $\sum\limits_{n=1}^{\infty} a_n$ 是绝对收敛级数, 即 $\sum\limits_{n=1}^{\infty} |a_n|$ 收敛. 由定理 1 的证明, 我们知道正项级数

$\sum_{n=1}^{\infty}(|a_n|+a_n)$ 收敛, 而

$$a_n = (|a_n|+a_n) - |a_n|,$$

故

$$\sum_{n=1}^{\infty} a_n = \sum_{n=1}^{\infty}(|a_n|+a_n) - \sum_{n=1}^{\infty}|a_n|.$$

若 $\sum_{n=1}^{\infty} a_n$ 的更序级数为 $\sum_{n=1}^{\infty} a'_n$, 则相应的 $\sum_{n=1}^{\infty}(|a_n|+a_n)$ 与 $\sum_{n=1}^{\infty}|a_n|$ 的更序级数分别是 $\sum_{n=1}^{\infty}(|a'_n|+a'_n)$ 与 $\sum_{n=1}^{\infty}|a'_n|$, 根据 (1) 中已证明的结论, 应有

$$\sum_{n=1}^{\infty}(|a_n|+a_n) = \sum_{n=1}^{\infty}(|a'_n|+a'_n), \sum_{n=1}^{\infty}|a_n| = \sum_{n=1}^{\infty}|a'_n|,$$

从而

$$\sum_{n=1}^{\infty} a'_n = \sum_{n=1}^{\infty}(|a'_n|+a'_n) - \sum_{n=1}^{\infty}|a'_n| = \sum_{n=1}^{\infty}(|a_n|+a_n) - \sum_{n=1}^{\infty}|a_n| = \sum_{n=1}^{\infty} a_n.$$

证毕.

上述性质也叫做绝对收敛级数的**更序不变性质**. 要注意的是, 对条件收敛级数而言, 这个性质未必成立.

例如, 交错级数 $\sum_{n=1}^{\infty} \frac{(-1)^{n+1}}{n}$ 是条件收敛的, 记其和为 s, 即

$$1 - \frac{1}{2} + \frac{1}{3} - \frac{1}{4} + \frac{1}{5} - \frac{1}{6} + \frac{1}{7} - \frac{1}{8} + \frac{1}{9} - \frac{1}{10} + \cdots = s,$$

两端乘 $\frac{1}{2}$, 得

$$\frac{1}{2} - \frac{1}{4} + \frac{1}{6} - \frac{1}{8} + \frac{1}{10} - \frac{1}{12} + \cdots = \frac{s}{2},$$

即

$$0 + \frac{1}{2} + 0 - \frac{1}{4} + 0 + \frac{1}{6} + 0 - \frac{1}{8} + 0 + \frac{1}{10} + 0 - \frac{1}{12} + 0 + \cdots = \frac{s}{2},$$

把它和第一个级数逐项相加 (对应项相加) 得

$$1 + 0 + \frac{1}{3} - \frac{1}{2} + \frac{1}{5} + 0 + \frac{1}{7} - \frac{1}{4} + \frac{1}{9} + 0 + \cdots = \frac{3}{2}s,$$

即

$$1 + \frac{1}{3} - \frac{1}{2} + \frac{1}{5} + \frac{1}{7} - \frac{1}{4} + \frac{1}{9} + \cdots = \frac{3}{2}s,$$

上式左端恰是第一个级数的更序级数,虽然两者均收敛,但它们的和却不相同.

在给出绝对收敛级数的第二个性质之前,先给出两个级数的柯西乘积.

设级数 $\sum\limits_{n=1}^{\infty} a_n$ 和 $\sum\limits_{n=1}^{\infty} b_n$ 都收敛,仿照有限项之和相乘的规则,作出这两个级数的各项所有可能的乘积 $a_i b_j$ $(i, j = 1, 2, \cdots)$,并把这些乘积排列成一个无限 "方阵",这些乘积能以各种方法排列成一个数列. 例如可以按 "对角线法" 将它们排列成下面形式的数列:

$$\begin{array}{ccccc} a_1b_1 & a_1b_2 & a_1b_3 & a_1b_4 & a_1b_5 & \cdots \\ a_2b_1 & a_2b_2 & a_2b_3 & a_2b_4 & a_2b_5 & \cdots \\ a_3b_1 & a_3b_2 & a_3b_3 & a_3b_4 & a_3b_5 & \cdots \\ a_4b_1 & a_4b_2 & a_4b_3 & a_4b_4 & a_4b_5 & \cdots \\ a_5b_1 & a_5b_2 & a_5b_3 & a_5b_4 & a_5b_5 & \cdots \\ \vdots & \vdots & \vdots & \vdots & \vdots & \end{array}$$

然后把排列好的数列用加号连接,并把同一对角线上的项括在一起,就构成级数

$$a_1 b_1 + (a_2 b_1 + a_1 b_2) + (a_3 b_1 + a_2 b_2 + a_1 b_3) + \cdots + (a_n b_1 + a_{n-1} b_2 + \cdots + a_1 b_n) + \cdots. \tag{3.1}$$

级数 (3.1) 叫做级数 $\sum\limits_{n=1}^{\infty} a_n$ 与 $\sum\limits_{n=1}^{\infty} b_n$ 的**柯西乘积**,且具有如下的性质.

性质 2 (柯西定理) 如果 $\sum\limits_{n=1}^{\infty} a_n$ 与 $\sum\limits_{n=1}^{\infty} b_n$ 都是绝对收敛级数,它们的和分别是 s 与 σ,则它们的柯西乘积 (3.1) 也是绝对收敛的,且其和为 $s\sigma$.

证 这里仅证明柯西乘积 (3.1) 绝对收敛. 考虑级数 (3.1) 去掉括号后所成的级数

$$a_1b_1 + a_2b_1 + a_1b_2 + a_3b_1 + a_2b_2 + a_1b_3 + \cdots + a_nb_1 + a_{n-1}b_2 + \cdots + a_1b_n + \cdots, \tag{3.2}$$

记 w_m 是级数 (3.2) 取绝对值后所成级数的前 m 项部分和,并设 $\sum\limits_{n=1}^{\infty} |a_n| = s, \sum\limits_{n=1}^{\infty} |b_n| = \sigma$,则

$$w_m \leqslant \sum_{n=1}^{m} |a_n| \cdot \sum_{n=1}^{m} |b_n| \leqslant s \cdot \sigma \quad (m = 1, 2, \cdots),$$

可见单调增加数列 $\{w_m\}$ 有界,故级数 (3.2) 绝对收敛,由级数的基本性质 4 可知柯西乘积 (3.1) 也绝对收敛.

习题 9.3

1. 判别下列级数是否收敛, 如果收敛, 是条件收敛还是绝对收敛?

(1) $\sum\limits_{n=1}^{\infty} (-1)^{n+1} \dfrac{n}{2n+1}$;

(2) $\sum\limits_{n=1}^{\infty} (-1)^n \dfrac{n}{3^n}$;

(3) $\sum\limits_{n=1}^{\infty} (-1)^n \left(\dfrac{n}{n+1} \right)^n$;

(4) $\sum\limits_{n=1}^{\infty} (-1)^n \left(1 - \cos \dfrac{\pi}{n} \right)$;

(5) $\sum_{n=1}^{\infty} (-1)^n \dfrac{\ln(n+1) - \ln n}{n}$;

(6) $\sum_{n=1}^{\infty} \dfrac{1}{n} \sin \dfrac{n\pi}{2}$;

(7) $\sum_{n=1}^{\infty} (-1)^n \dfrac{(2n-1)!!}{(2n)!!}$;

(8) $\sum_{n=2}^{\infty} (-1)^{n-1} \dfrac{(2n-3)!!}{(2n)!!}$.

2. 证明级数 $\sum_{n=1}^{\infty} \dfrac{(-1)^{n-1}}{n - \ln n}$ 条件收敛.

3. 设 $\sum_{n=1}^{\infty} a_n^2$ 收敛, 证明级数 $\sum_{n=1}^{\infty} (-1)^n \dfrac{|a_{2n}|}{\sqrt{n^2+1}}$ 绝对收敛.

4. 利用柯西乘积证明:
$$\left(\sum_{n=0}^{\infty} \dfrac{a^n}{n!} \right) \left(\sum_{n=0}^{\infty} \dfrac{b^n}{n!} \right) = \sum_{n=0}^{\infty} \dfrac{(a+b)^n}{n!}.$$

9.4 函数项级数

在前面几节中, 我们讨论了常数项级数. 但是在工程技术领域, 我们还常常遇到每项都是函数的级数, 这就是我们下面要讨论的函数项级数.

一、函数项级数的一般概念

如果给定一个定义在区间 I 上的函数列
$$u_1(x), u_2(x), \cdots, u_n(x), \cdots,$$
那么由这个函数列构成的表达式
$$u_1(x) + u_2(x) + \cdots + u_n(x) + \cdots \tag{4.1}$$
称为区间 I 上的**函数项 (无穷) 级数**, 简记为 $\sum_{n=1}^{\infty} u_n(x)$, 即
$$\sum_{n=1}^{\infty} u_n(x) = u_1(x) + u_2(x) + \cdots + u_n(x) + \cdots.$$

例如
$$\sum_{n=1}^{\infty} x^{n-1} = 1 + x + x^2 + \cdots + x^n + \cdots$$
及
$$\sum_{n=0}^{\infty} \dfrac{\cos nx}{2(n+1)} = \dfrac{1}{2} + \dfrac{\cos x}{4} + \dfrac{\cos 2x}{6} + \cdots$$
都是区间 $(-\infty, +\infty)$ 上的函数项级数.

对区间 I 上的函数项级数 (4.1), 设 $x_0 \in I$, 将 x_0 代入 (4.1) 得一常数项级数
$$\sum_{n=1}^{\infty} u_n(x_0) = u_1(x_0) + u_2(x_0) + \cdots + u_n(x_0) + \cdots, \tag{4.2}$$

级数 (4.2) 可能收敛也可能发散. 如果 (4.2) 收敛, 就称 x_0 是函数项级数 (4.1) 的**收敛点**; 如果 (4.2) 发散, 就称 x_0 是函数项级数 (4.1) 的**发散点**. 函数项级数 (4.1) 的全体收敛点组成的集合称为它的**收敛域**; 全体发散点组成的集合称为它的**发散域**.

例如, 上面的函数项级数 $\sum_{n=1}^{\infty} x^{n-1}$ 是以 x 为公比的几何级数, 由第一节的例 1 知道, 当 $|x| < 1$ 时, 它是收敛的, 其和为 $\dfrac{1}{1-x}$; 当 $|x| \geqslant 1$ 时, 它是发散的. 因此级数 $\sum_{n=1}^{\infty} x^{n-1}$ 的收敛域为 $(-1,1)$, 发散域为 $(-\infty, -1] \cup [1, +\infty)$.

设函数项级数 (4.1) 的收敛域为 K, 则对应于任一 $x \in K$, 函数项级数 (4.1) 成为一个收敛的常数项级数, 从而有确定的和 s. 这样, 在收敛域 K 上, 函数项级数 (4.1) 的和确定了一个 x 的函数 $s(x)$, 称 $s(x)$ 为函数项级数的**和函数**. 和函数的定义域就是函数项级数的收敛域 K, 并记作

$$s(x) = \sum_{n=1}^{\infty} u_n(x), x \in K.$$

例如, 函数项级数 $\sum_{n=1}^{\infty} x^{n-1}$ 的和函数为

$$s(x) = \frac{1}{1-x}, \quad x \in (-1,1),$$

即有

$$\frac{1}{1-x} = 1 + x + x^2 + \cdots + x^n + \cdots, \quad x \in (-1,1).$$

把函数项级数 (4.1) 的前 n 项部分和记作 $s_n(x)$, 则在收敛域 K 上有

$$\lim_{n \to \infty} s_n(x) = s(x).$$

在收敛域 K 上, 把 $r_n(x) = s(x) - s_n(x)$ 称为函数项级数 (4.1) 的**余项**, 显然, 在收敛域 K 上有

$$\lim_{n \to \infty} r_n(x) = 0.$$

* 二、函数项级数的一致收敛性

1. 一致收敛的定义

设函数项级数 $\sum_{n=1}^{\infty} u_n(x)$ 在区间 I 上收敛于和函数 $s(x)$, 则对于任一 $x_0 \in I$, 常数项级数 $\sum_{n=1}^{\infty} u_n(x_0)$ 收敛于 $s(x_0)$, 即级数的前 n 项部分和所成的数列

$$s_n(x_0) = \sum_{k=1}^{n} u_k(x_0) \to s(x_0) \quad (n \to \infty).$$

由数列极限的定义, 对于任意给定的正数 ε 以及 $x_0 \in I$, 都存在一个正整数 N, 使得当 $n > N$ 时, 不等式
$$|s(x_0) - s_n(x_0)| < \varepsilon$$
成立, 即
$$|r_n(x_0)| = |s(x_0) - s_n(x_0)| < \varepsilon.$$
上述 N 一般说来不仅依赖于 ε, 而且也依赖于 x_0, 我们记它为 $N(\varepsilon, x_0)$. 可是对于某些函数项级数, 却有这样一种情形: 能够找到这样一个正整数 N, 它仅依赖于 ε 而不依赖于 x_0, 也就是能够找到对任一 $x_0 \in I$ 都适用的 $N(\varepsilon)$. 这种有别于在第一目中所介绍的函数项级数的收敛性问题, 就是函数项级数在区间上的一致收敛问题.

定义 设有函数项级数 $\sum_{n=1}^{\infty} u_n(x)$, 记 $s_n(x) = \sum_{k=1}^{n} u_k(x)$.

如果对于任意给定的正数 ε, 都存在着一个只依赖于 ε 的正整数 N, 使得当 $n > N$ 时, 对区间 I 上的一切 x, 都有不等式
$$|r_n(x)| = |s(x) - s_n(x)| < \varepsilon$$
成立, 那么称函数项级数 $\sum_{n=1}^{\infty} u_n(x)$ 在区间 I 上**一致收敛**于和函数 $s(x)$, 也称函数序列 $\{s_n(x)\}$ 在区间 I 上**一致收敛**于 $s(x)$.

例 1 讨论级数 $\sum_{n=1}^{\infty} \dfrac{1}{(1+x^2)^n}$ 在区间 $[1, +\infty)$ 上的一致收敛性.

解 在区间 $[1, +\infty)$ 上, 级数的前 n 项部分和为
$$s_n(x) = \frac{1}{1+x^2} + \frac{1}{(1+x^2)^2} + \cdots + \frac{1}{(1+x^2)^n}$$
$$= \frac{1}{1+x^2} \cdot \frac{1 - \dfrac{1}{(1+x^2)^n}}{1 - \dfrac{1}{1+x^2}} = \frac{1}{x^2}\left[1 - \frac{1}{(1+x^2)^n}\right],$$
故级数的和函数
$$s(x) = \lim_{n \to \infty} s_n(x) = \frac{1}{x^2}.$$
因此, 当 $x \geqslant 1$ 时有
$$|r_n(x)| = |s(x) - s_n(x)| = \frac{1}{x^2(1+x^2)^n} \leqslant \frac{1}{2^n},$$
于是, 对于任意给定的 $\varepsilon > 0$, 取 $N = \left[\log_2 \dfrac{1}{\varepsilon}\right]$, 则当 $n > N$ 时, 对区间 $[1, +\infty)$ 上的一切 x, 都有不等式
$$|r_n(x)| < \varepsilon$$

成立. 根据定义, 所给级数在区间 $[1, +\infty)$ 上一致收敛于 $s(x) = \dfrac{1}{x^2}$.

图 9.1(a) 表示的是例 1 中 $y = s(x) = \dfrac{1}{x^2}$ 和 $y = s_3(x)$ 的图形, 可以看到 $y = s_3(x)$ 与 $y = s(x)$ 在 $[1, +\infty)$ 上都很靠近, 而且 n 越大, $y = s_n(x)$ 与 $y = s(x)$ 越靠近. 一般地, 函数项级数 $\sum\limits_{n=1}^{\infty} u_n(x)$ 在区间 I 上一致收敛到和函数 $s(x)$, 从几何上看, 只要 n 充分大, $y = s_n(x)$ 在区间 I 上必定落在以 $y = s(x)$ 为中心的一条窄带内, 也就是, 对于任意的 $\varepsilon > 0$, 区间 I 上的所有曲线 $y = s_n(x)(n > N)$ 都将位于曲线

$$y = s(x) - \varepsilon \quad \text{与} \quad y = s(x) + \varepsilon \tag{4.3}$$

之间 (图 9.1(b)). 反过来, 无论正数 ε 有多小以及正整数 N 有多大, 都有某一曲线 $y = s_n(x)(n > N)$ 不能全部落在 (4.3) 所表示的这两条曲线之间, 则函数项级数 $\sum\limits_{n=1}^{\infty} u_n(x)$ 在区间 I 上不是一致收敛到和函数 $s(x)$. 由此可知, **如果在区间 I 上存在点 x_n, 使得当 $n \to \infty$ 时, $r_n(x_n) = s(x_n) - s_n(x_n)$ 不是无穷小, 则函数项级数 $\sum\limits_{n=1}^{\infty} u_n(x)$ 在区间 I 上不是一致收敛到和函数 $s(x)$.**

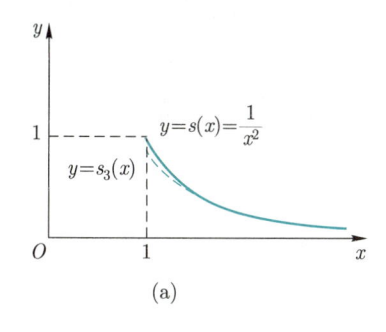

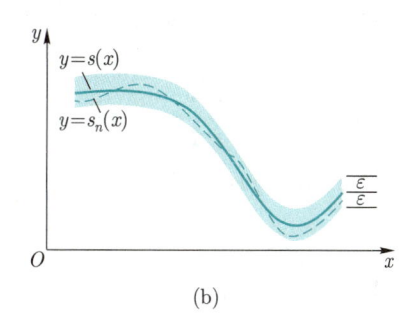

图 9.1

例 2 讨论级数 $x + (x^2 - x) + \cdots + (x^n - x^{n-1}) + \cdots$ 在区间 $(0, 1)$ 内的一致收敛性.

解 在区间 $(0, 1)$ 内, 级数的前 n 项部分和为 $s_n(x) = x^n$, 和函数 $s(x) = \lim\limits_{n \to \infty} s_n(x) = 0$. 因此

$$|r_n(x)| = x^n,$$

对于任意一个正整数 n, 取 $x_n = \sqrt[n]{\dfrac{1}{2}} \in (0, 1)$, 则

$$|r_n(x_n)| = \dfrac{1}{2} \to \dfrac{1}{2} \neq 0 \quad (n \to \infty),$$

于是所给级数在 $(0, 1)$ 内不一致收敛.

从图 9.2 可以看到, 虽然 $s_n(x) = x^n$ 在 $(0, 1)$ 内处处收敛于 $s(x) = 0$, 但 $s_n(x)$ 在 $(0, 1)$ 内各点处收敛于零的 "快慢" 程度是差异很大的.

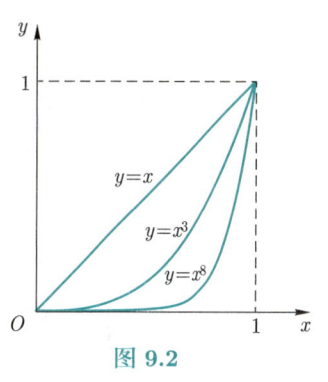

图 9.2

2. 一致收敛的判别法

利用定义判定函数项级数的一致收敛性需先求得它的和函数, 但这往往是比较困难的. 本章第一节第三目中曾给出了常数项级数的柯西审敛原理, 由此可得关于一致收敛性判定的柯西审敛原理.

定理 1 (柯西审敛原理) 函数项级数 $\sum_{n=1}^{\infty} u_n(x)$ 在区间 I 上一致收敛的充要条件为: 对于任意给定的正数 ε, 总存在正整数 N, 使得当 $n > N$ 时, 对于任意的正整数 p 以及任意的 $x \in I$, 都有

$$|u_{n+1}(x) + u_{n+2}(x) + \cdots + u_{n+p}(x)| < \varepsilon$$

成立.

利用上述结论, 就可得到如下一致收敛的判别法.

定理 2 (魏尔斯特拉斯判别法) 如果函数项级数 $\sum_{n=1}^{\infty} u_n(x)$ 在区间 I 上满足

$$|u_n(x)| \leqslant a_n \quad (n = 1, 2, \cdots),$$

其中正项级数 $\sum_{n=1}^{\infty} a_n$ 收敛, 那么函数项级数 $\sum_{n=1}^{\infty} u_n(x)$ 在区间 I 上一致收敛.

证 由条件知级数 $\sum_{n=1}^{\infty} a_n$ 收敛, 根据柯西审敛原理, 对于任意给定的 $\varepsilon > 0$, 存在正整数 N, 使得当 $n > N$ 时, 对于任意的正整数 p, 都有

$$0 \leqslant a_{n+1} + a_{n+2} + \cdots + a_{n+p} < \varepsilon.$$

因此, 对于任意的 $x \in I$, 都有

$$|u_{n+1}(x) + u_{n+2}(x) + \cdots + u_{n+p}(x)| \leqslant |u_{n+1}(x)| + |u_{n+2}(x)| + \cdots + |u_{n+p}(x)|$$

$$\leqslant a_{n+1} + a_{n+2} + \cdots + a_{n+p} < \varepsilon,$$

于是, 由定理 1 可知函数项级数 $\sum_{n=1}^{\infty} u_n(x)$ 在区间 I 上一致收敛. 证毕.

例 3 证明级数 $\sum_{n=1}^{\infty} \dfrac{\sin(2^n x)}{2^n}$ 在区间 $(-\infty, +\infty)$ 内一致收敛.

证 因为对于任意的 $x \in (-\infty, +\infty)$ 都有

$$\left|\frac{\sin(2^n x)}{2^n}\right| \leqslant \frac{1}{2^n}(n = 1, 2, \cdots),$$

而 $\sum_{n=1}^{\infty} \dfrac{1}{2^n}$ 收敛, 所以由魏尔斯特拉斯判别法知, 所给级数在 $(-\infty, +\infty)$ 内一致收敛.

试算试练 用魏尔斯特拉斯判别法证明级数 $\sum_{n=1}^{\infty} \dfrac{1}{(1+x^2)^n}$ 在 $[2, +\infty)$ 上一致收敛.

3. 一致收敛级数的性质

下面我们讨论函数项级数和函数的性质. 如果函数项级数 $\sum\limits_{n=1}^{\infty} u_n(x)$ 的每一项 $u_n(x)$ 都在区间 I 上连续, 并且级数在 I 上收敛, 那其和函数是否连续呢? 再如每一项 $u_n(x)$ 都可导 (可积), 其和函数是否也可导 (可积) 呢? 先来看一个例子.

例如, 前面例 2 的函数项级数 $x + (x^2 - x) + \cdots + (x^n - x^{n-1}) + \cdots$ 的每一项都在 $[0,1]$ 上连续, 其前 n 项部分和为 $s_n(x) = x^n$, 因此和函数为

$$s(x) = \lim_{n \to \infty} s_n(x) = \begin{cases} 0, & 0 \leqslant x < 1, \\ 1, & x = 1. \end{cases}$$

显然, 和函数 $s(x)$ 在 $x = 1$ 处间断. 进一步, 这个函数项级数的每一项都在 $[0,1]$ 上可导, 但其和函数在 $x = 1$ 处不可导.

由此可见, 函数项级数的每一项都在区间 I 上连续, 并且级数在 I 上收敛, 但其和函数不一定在 I 上连续. 级数的每一项都可导, 但其和函数未必可导. 类似地, 我们也可以举出这样的例子, 函数项级数的每一项都可积, 但其和函数未必可积. 这就提出了这样的问题: 什么样的函数项级数能够从级数每一项的连续性得出它的和函数的连续性, 从级数每一项的可导性或可积性得出和函数的可导性或可积性呢? 下面我们来回答这些问题.

定理 3 若在区间 $[a,b]$ 上, 级数 $\sum\limits_{n=1}^{\infty} u_n(x)$ 的每一项 $u_n(x)$ 都连续, 且 $\sum\limits_{n=1}^{\infty} u_n(x)$ 一致收敛于 $s(x)$, 则 $s(x)$ 也在 $[a,b]$ 上连续.

证 因为 $\sum\limits_{n=1}^{\infty} u_n(x)$ 在 $[a,b]$ 上一致收敛于 $s(x)$, 所以对任意给定的 $\varepsilon > 0$, 存在正整数 $N = N(\varepsilon)$[①], 使得对任意的 $x \in [a,b]$, 都有

$$|r_{N+1}(x)| = |s(x) - s_{N+1}(x)| < \frac{\varepsilon}{3}.$$

现对 $[a,b]$ 上的任一点 x_0, 显然也有

$$|s(x_0) - s_{N+1}(x_0)| < \frac{\varepsilon}{3}.$$

因为 $u_n(x)$ 在 $[a,b]$ 上连续, 所以 $s_{N+1}(x) = u_1(x) + u_2(x) + \cdots + u_{N+1}(x)$ 在点 x_0 处也连续, 故存在 $\delta > 0$, 当 $|x - x_0| < \delta$[②] 时, 有

$$|s_{N+1}(x) - s_{N+1}(x_0)| < \frac{\varepsilon}{3}.$$

因此, 对任意 $\varepsilon > 0$, 存在 $\delta > 0$, 当 $|x - x_0| < \delta$ 时, 有

$$|s(x) - s(x_0)| \leqslant |s(x) - s_{N+1}(x)| + |s_{N+1}(x) - s_{N+1}(x_0)| + |s_{N+1}(x_0) - s(x_0)| < \varepsilon.$$

---

① $N = N(\varepsilon)$ 表示 N 仅与 ε 有关.

② 这里的 x 是在 $[a,b]$ 上的, 即 $x_0 = a$ 时该不等式应理解为 $0 < x - a < \delta$; $x_0 = b$ 时该不等式应理解为 $0 < b - x < \delta$.

于是, $s(x)$ 在点 x_0 处连续, 又 x_0 是 $[a,b]$ 内的任意一点, 所以 $s(x)$ 在 $[a,b]$ 上连续.

定理 4 若在区间 $[a,b]$ 上, 级数 $\sum\limits_{n=1}^{\infty} u_n(x)$ 的每一项 $u_n(x)$ 都连续, 而且 $\sum\limits_{n=1}^{\infty} u_n(x)$ 一致收敛于 $s(x)$, 则 $s(x)$ 在 $[a,b]$ 上可积, 并有逐项积分公式

$$\int_{x_0}^{x} s(x)\mathrm{d}x = \int_{x_0}^{x} \sum_{n=1}^{\infty} u_n(x)\mathrm{d}x = \sum_{n=1}^{\infty} \int_{x_0}^{x} u_n(x)\mathrm{d}x, \tag{4.4}$$

其中 x_0 为 $[a,b]$ 上某一点.

证 因为 $\sum\limits_{n=1}^{\infty} u_n(x)$ 在 $[a,b]$ 上一致收敛于 $s(x)$, 所以对任意给定的 $\varepsilon > 0$, 存在正整数 $N = N(\varepsilon)$, 使得当 $n > N$ 时, 对任意的 $x \in [a,b]$ 都有

$$|r_n(x)| = |s(x) - s_n(x)| < \frac{\varepsilon}{b-a}.$$

又由定理 3 可知, $s(x)$ 在 $[a,b]$ 上连续, 而由条件知 $s_n(x)$ 也在 $[a,b]$ 上连续, 所以积分 $\int_{x_0}^{x} s(x)\mathrm{d}x$ 和 $\int_{x_0}^{x} s_n(x)\mathrm{d}x$ 都存在. 从而对上述 $\varepsilon > 0$, 存在正整数 $N = N(\varepsilon)$, 使得当 $n > N$ 时, 有

$$\left| \int_{x_0}^{x} s(x)\mathrm{d}x - \int_{x_0}^{x} s_n(x)\mathrm{d}x \right| \leqslant \left| \int_{x_0}^{x} |s(x) - s_n(x)|\mathrm{d}x \right| < \frac{|x-x_0|}{b-a}\varepsilon \leqslant \varepsilon, \tag{4.5}$$

这里

$$\int_{x_0}^{x} s_n(x)\mathrm{d}x = \sum_{k=1}^{n} \int_{x_0}^{x} u_k(x)\mathrm{d}x = \int_{x_0}^{x} u_1(x)\mathrm{d}x + \int_{x_0}^{x} u_2(x)\mathrm{d}x + \cdots + \int_{x_0}^{x} u_n(x)\mathrm{d}x,$$

故 (4.4) 式成立.

定理 5 若在区间 $[a,b]$ 上, 级数 $\sum\limits_{n=1}^{\infty} u_n(x)$ 的每一项都具有连续导数, 且 $\sum\limits_{n=1}^{\infty} u_n(x)$ 收敛于 $s(x)$, $\sum\limits_{n=1}^{\infty} u_n'(x)$ 一致收敛, 则 $s(x)$ 在区间 $[a,b]$ 上可导, 且有逐项导数公式

$$s'(x) = \left[\sum_{n=1}^{\infty} u_n(x) \right]' = \sum_{n=1}^{\infty} u_n'(x). \tag{4.6}$$

证 假设 $\sum\limits_{n=1}^{\infty} u_n'(x)$ 在 $[a,b]$ 上一致收敛于 $\sigma(x)$, 由定理 3 可知 $\sigma(x)$ 在 $[a,b]$ 上连续. 利用定理 4 可知: 函数项级数 $\sum\limits_{n=1}^{\infty} \int_{a}^{x} u_n'(x)\mathrm{d}x$ 在 $[a,b]$ 上一致收敛于 $\int_{a}^{x} \sigma(x)\mathrm{d}x$, 且

$$\int_{a}^{x} \sigma(x)\mathrm{d}x = \sum_{n=1}^{\infty} \int_{a}^{x} u_n'(x)\mathrm{d}x = \sum_{n=1}^{\infty} [u_n(x) - u_n(a)] = \sum_{n=1}^{\infty} u_n(x) - \sum_{n=1}^{\infty} u_n(a) = s(x) - s(a), \tag{4.7}$$

由于 $\sigma(x)$ 连续, 故上式左端可导, 于是, $s(x)$ 在 $[a,b]$ 上可导, 且
$$s'(x) = \sigma(x) = \sum_{n=1}^{\infty} u_n'(x).$$
证毕.

要注意的是, 级数一致收敛并不能保证可逐项求导. 例如, 在例 3 中我们证明了级数 $\sum_{n=1}^{\infty} \dfrac{\sin(2^n x)}{2^n}$ 在任何区间 $[a,b]$ 上是一致收敛的, 但逐项求导后的级数 $\sum_{n=1}^{\infty} \cos(2^n x)$, 由于其一般项不趋于零, 所以级数 $\sum_{n=1}^{\infty} \cos(2^n x)$ 发散, 因此原级数不可逐项求导.

习题 9.4

1. 求级数 $\sum_{n=1}^{\infty} (-1)^n x^{2n}$ 的收敛域与和函数.

*2. 已知级数 $\sin x + \left(\sin \dfrac{x}{2} - \sin x\right) + \cdots + \left(\sin \dfrac{x}{n} - \sin \dfrac{x}{n-1}\right) + \cdots$ 在 $(-\infty, +\infty)$ 上收敛.

(1) 求出该级数的和函数;

(2) 问 $N(\varepsilon, x)$ 取多大, 能使当 $n > N$ 时, 级数的余项 r_n 的绝对值小于正数 ε;

(3) 分别讨论级数在区间 $[0, 10]$ 及 $[10, +\infty)$ 上的一致收敛性.

*3. 按定义讨论下列级数在所给区间上的一致收敛性:

(1) $\sum_{n=1}^{\infty} (-1)^{n-1} \dfrac{x^2}{(1+x^2)^n}, -\infty < x < +\infty$;

(2) $\sum_{n=0}^{\infty} \mathrm{e}^{nx}, -\infty < x < 0$.

*4. 利用魏尔斯特拉斯判别法证明下列级数在所给区间上的一致收敛性:

(1) $\sum_{n=1}^{\infty} \dfrac{\cos n^2 x}{n^2}, -\infty < x < +\infty$;   (2) $\sum_{n=1}^{\infty} \dfrac{n}{x^n}, |x| > 5$;

(3) $\sum_{n=1}^{\infty} \dfrac{\sin x^2}{n^4 + x^4}, -\infty < x < +\infty$;   (4) $\sum_{n=1}^{\infty} \dfrac{x^2}{n^4 + x^4}, -\infty < x < +\infty$.

9.5 幂级数

一、幂级数及其收敛性

我们把形如
$$\sum_{n=0}^{\infty} a_n(x-x_0)^n = a_0 + a_1(x-x_0) + a_2(x-x_0)^2 + \cdots + a_n(x-x_0)^n + \cdots \qquad (5.1)$$

的函数项级数叫做 $x-x_0$ 的**幂级数**, 简称**幂级数**, 其中 x_0 是某个定数, 常数 $a_0, a_1, a_2, \cdots$ 叫做**幂级数的系数**. 幂级数是一类简单而且常用的函数项级数.

下面我们来讨论幂级数的收敛性问题: 对于一个给定的幂级数, 它的收敛域与发散域是怎样的呢? 为了讨论方便, 设幂级数 (5.1) 中的 $x_0 = 0$, 即讨论幂级数

$$\sum_{n=0}^{\infty} a_n x^n = a_0 + a_1 x + a_2 x^2 + \cdots + a_n x^n + \cdots \tag{5.2}$$

的收敛性问题, 这不影响讨论的一般性. 因为只要作代换 $t = x - x_0$, 就可把 (5.1) 式化成 (5.2) 式.

1. 幂级数的收敛域

当 $x = 0$ 时, 幂级数 (5.2) 从第二项起均为 0, 因此 $x = 0$ 是它的收敛点, 从而幂级数的收敛域 K 是包含 $x = 0$ 的非空集合. 由第四节的讨论我们知道, 幂级数 $\sum_{n=1}^{\infty} x^{n-1} = 1 + x + x^2 + \cdots + x^n + \cdots$ 的收敛域是一个以 $x = 0$ 为中心的区间 $(-1, 1)$. 下面我们将说明: 对一般的幂级数 (5.2), 它的收敛域如果不是单点集 $\{0\}$, 则必是一个以 $x = 0$ 为中心的区间.

定理 1 (阿贝尔定理) 如果幂级数 $\sum_{n=0}^{\infty} a_n x^n$ 在 $x = x_0 (x_0 \neq 0)$ 处收敛, 那么满足不等式 $|x| < |x_0|$ 的一切 x 使得这个幂级数绝对收敛; 反之, 如果幂级数 $\sum_{n=0}^{\infty} a_n x^n$ 在 $x = x_0$ 处发散, 那么满足不等式 $|x| > |x_0|$ 的一切 x 使得这个幂级数发散.

证 设幂级数 $\sum_{n=0}^{\infty} a_n x^n$ 在 $x = x_0$ 处收敛, 即级数

$$a_0 + a_1 x_0 + a_2 x_0^2 + \cdots + a_n x_0^n + \cdots$$

收敛, 故它的一般项满足 $\lim_{n \to \infty} a_n x_0^n = 0$, 这说明数列 $\{a_n x_0^n\}$ 有界, 即存在正数 M, 使得

$$|a_n x_0^n| \leqslant M (n = 0, 1, 2, \cdots).$$

因此

$$|a_n x^n| = \left| a_n x_0^n \cdot \frac{x^n}{x_0^n} \right| = |a_n x_0^n| \cdot \left| \frac{x}{x_0} \right|^n \leqslant M \left| \frac{x}{x_0} \right|^n,$$

当 $|x| < |x_0|$ 时, 等比级数 $\sum_{n=0}^{\infty} M \left| \frac{x}{x_0} \right|^n$ 收敛 (公比 $\left| \frac{x}{x_0} \right| < 1$), 根据比较审敛法, 级数 $\sum_{n=0}^{\infty} |a_n x^n|$ 收敛, 即 $\sum_{n=0}^{\infty} a_n x^n$ 绝对收敛.

定理的第二部分用反证法证明. 当 $\sum_{n=0}^{\infty} a_n x_0^n$ 发散时, 若有 x_1 适合 $|x_1| > |x_0|$ 而使

得 $\sum\limits_{n=0}^{\infty} a_n x_1^n$ 收敛, 则由定理的第一部分可知 $\sum\limits_{n=0}^{\infty} a_n x_0^n$ 绝对收敛, 这与条件 $\sum\limits_{n=0}^{\infty} a_n x_0^n$ 发散矛盾. 定理得证.

根据阿贝尔定理, 对于幂级数 (5.2) 而言, 如果在 $x = x_0 (x_0 \neq 0)$ 处收敛, 则在 $(-|x_0|, |x_0|)$ 内的每一点处都绝对收敛; 如果在 $x = x_1$ 处发散, 则在 $(-\infty, -|x_1|) \cup (|x_1|, +\infty)$ 内的每一点处都发散. 现在假设幂级数 (5.2) 既有收敛点 $x_0 (x_0 \neq 0)$, 又有发散点 x_1, 在这种情况下, 由阿贝尔定理知 $|x_0| < |x_1|$. 如果把区间 $(-|x_0|, |x_0|)$ 逐渐向两侧扩展, 使得幂级数 (5.2) 在扩展后的区间内仍然是收敛的. 那么, 这种扩展显然总是限制在 $(-|x_1|, |x_1|)$ 内的, 因此从直观上判断, 这种扩展最后必然到达一个"临界值"R. 当 $x \in (-R, R)$ 时, 幂级数 (5.2) 绝对收敛; 当 $x \in (-\infty, -R) \cup (R, +\infty)$ 时, 幂级数 (5.2) 发散; 而在点 $x = \pm R$ 处, 其可能收敛也可能发散.

根据以上说明, 我们得到如下的推论:

推论 当幂级数 $\sum\limits_{n=0}^{\infty} a_n x^n$ 既不是仅在 $x = 0$ 处收敛, 也不是在 $(-\infty, +\infty)$ 内处处收敛, 那么必存在一个确定的正数 R, 使得

(1) 当 $|x| < R$ 时, 幂级数绝对收敛;

(2) 当 $|x| > R$ 时, 幂级数发散;

(3) 当 $x = R$ 或 $x = -R$ 时, 幂级数可能收敛也可能发散.

我们把上述推论中的正数 R 叫做幂级数 $\sum\limits_{n=0}^{\infty} a_n x^n$ 的**收敛半径**, 并把开区间 $(-R, R)$ 叫做幂级数 $\sum\limits_{n=0}^{\infty} a_n x^n$ 的**收敛区间**.

这里要注意, 收敛区间未必是收敛域. 收敛域的确定还应结合幂级数在 $x = \pm R$ 处的收敛性, 因此收敛域是 $(-R, R)$, $[-R, R)$, $(-R, R]$ 或 $[-R, R]$ 四个区间中的某一个.

试算试练 幂级数 $\sum\limits_{n=1}^{\infty} x^{n-1}$, $\sum\limits_{n=1}^{\infty} \dfrac{(-1)^{n-1}}{n} x^n$, $\sum\limits_{n=1}^{\infty} \dfrac{x^n}{n \cdot 3^n}$ 的收敛半径 R 分别是 $1, 1$ 和 3, 试求它们的收敛区间和收敛域.

为了方便起见, 如果幂级数 (5.2) 仅在 $x = 0$ 一点处收敛, 这时其收敛域 $K = \{0\}$, 规定它的收敛半径 $R = 0$; 如果幂级数 (5.2) 在 $(-\infty, +\infty)$ 内处处收敛, 这时其收敛域 $K = (-\infty, +\infty)$, 规定它的收敛半径 $R = +\infty$. 由此, 我们可得出如下的结论:

如果幂级数 $\sum\limits_{n=0}^{\infty} a_n x^n$ 的收敛半径为 R, 则其收敛性仅为下列三种情况之一:

(1) 当 $R = 0$ 时, 不定义收敛区间, 其收敛域 $K = \{0\}$;

(2) 当 $R = +\infty$ 时, 收敛区间为 $(-\infty, +\infty)$, 收敛域 $K = (-\infty, +\infty)$;

(3) 当 $0 < R < +\infty$ 时, 收敛区间为 $(-R, R)$, 收敛域 K 是 $(-R, R)$, $[-R, R)$,

$(-R, R]$，$[-R, R]$ 四个区间之一. 在收敛区间 $(-R, R)$ 内，幂级数 $\sum\limits_{n=0}^{\infty} a_n x^n$ 绝对收敛.

幂级数若收敛则必一致收敛，也就是有如下的结论.

定理 2 设幂级数 $\sum\limits_{n=0}^{\infty} a_n x^n$ 的收敛半径 $R > 0$，则该幂级数在 $(-R, R)$ 内的任一闭区间 $[a, b]$ 上一致收敛.

证 记 $x_0 = \max\{|a|, |b|\}$，则对 $[a, b]$ 上的一切 x，都有
$$|a_n x^n| \leqslant |a_n x_0^n| \, (n = 0, 1, 2, \cdots).$$

又 $0 < x_0 < R$，所以 $\sum\limits_{n=0}^{\infty} a_n x_0^n$ 绝对收敛，由第四节的魏尔斯特拉斯判别法知，$\sum\limits_{n=0}^{\infty} a_n x^n$ 在 $[a, b]$ 上一致收敛.

进一步地，若幂级数 $\sum\limits_{n=0}^{\infty} a_n x^n$ 在收敛区间的端点处收敛，则一致收敛的区间可以扩大到包含端点 (证明略).

试算试练 思考 $\sum\limits_{n=0}^{\infty} a_n (x - x_0)^n$ 的敛散性.

2. 幂级数收敛半径的求法

这里给出求幂级数收敛半径的两种方法.

定理 3 如果极限
$$\lim_{n \to \infty} \frac{|a_{n+1}|}{|a_n|} = \rho$$

有确定意义，则幂级数 $\sum\limits_{n=0}^{\infty} a_n x^n$ 的收敛半径

$$R = \begin{cases} \dfrac{1}{\rho}, & 0 < \rho < +\infty, \\ +\infty, & \rho = 0, \\ 0, & \rho = +\infty. \end{cases}$$

证 考察幂级数 $\sum\limits_{n=0}^{\infty} a_n x^n$ 的各项取绝对值后所得级数 $\sum\limits_{n=0}^{\infty} |a_n x^n|$.

(1) 如果 $0 < \rho < +\infty$，则
$$\lim_{n \to \infty} \frac{|a_{n+1} x^{n+1}|}{|a_n x^n|} = \lim_{n \to \infty} \frac{|a_{n+1}|}{|a_n|} |x| = \rho |x| \quad (x \neq 0),$$

根据正项级数的比值审敛法，当 $\rho|x| < 1$ 即 $|x| < \dfrac{1}{\rho}$ 时，级数 $\sum\limits_{n=0}^{\infty} |a_n x^n|$ 收敛，即幂级数 $\sum\limits_{n=0}^{\infty} a_n x^n$ 绝对收敛；当 $\rho|x| > 1$ 即 $|x| > \dfrac{1}{\rho}$ 时，由第三节定理 2 知，幂级数 $\sum\limits_{n=0}^{\infty} a_n x^n$ 发

散. 因而收敛半径 $R = \dfrac{1}{\rho}$.

(2) 如果 $\rho = 0$, 则对于任何 $x(\neq 0)$, 有

$$\lim_{n \to \infty} \frac{|a_{n+1} x^{n+1}|}{|a_n x^n|} = \lim_{n \to \infty} \frac{|a_{n+1}|}{|a_n|} |x| = 0,$$

由正项级数的比值审敛法知, 幂级数 $\sum\limits_{n=0}^{\infty} a_n x^n$ 绝对收敛, 这说明幂级数 $\sum\limits_{n=0}^{\infty} a_n x^n$ 的收敛域是 $(-\infty, +\infty)$, 即 $R = +\infty$.

(3) 如果 $\rho = +\infty$, 则当 $x \neq 0$ 时,

$$\lim_{n \to \infty} \frac{|a_{n+1} x^{n+1}|}{|a_n x^n|} = \lim_{n \to \infty} \frac{|a_{n+1}|}{|a_n|} |x| = +\infty,$$

由第三节定理 2 知幂级数 $\sum\limits_{n=0}^{\infty} a_n x^n$ 发散. 所以幂级数 $\sum\limits_{n=0}^{\infty} a_n x^n$ 仅在 $x = 0$ 处收敛, 即 $R = 0$.

例 1 求下列幂级数的收敛区间和收敛域:

(1) $\sum\limits_{n=1}^{\infty} \dfrac{(-1)^{n-1}}{n} x^n$;   (2) $\sum\limits_{n=0}^{\infty} \dfrac{x^n}{n!}$;   (3) $\sum\limits_{n=0}^{\infty} n! x^n$ (这里 0! 定义为 1).

解 (1) 因为

$$\rho = \lim_{n \to \infty} \frac{|a_{n+1}|}{|a_n|} = \lim_{n \to \infty} \frac{\dfrac{1}{n+1}}{\dfrac{1}{n}} = 1,$$

所以收敛半径 $R = \dfrac{1}{\rho} = 1$, 收敛区间为 $(-1, 1)$.

在端点 $x = -1$ 处, 级数 $-1 - \dfrac{1}{2} - \dfrac{1}{3} - \cdots - \dfrac{1}{n} - \cdots$ 是发散的;

在端点 $x = 1$ 处, 级数 $1 - \dfrac{1}{2} + \dfrac{1}{3} - \cdots + (-1)^{n-1} \dfrac{1}{n} + \cdots$ 是一个收敛的交错级数.

于是, 给定级数的收敛域是 $(-1, 1]$.

(2) 因为

$$\rho = \lim_{n \to \infty} \frac{|a_{n+1}|}{|a_n|} = \lim_{n \to \infty} \frac{\dfrac{1}{(n+1)!}}{\dfrac{1}{n!}} = \lim_{n \to \infty} \frac{1}{n+1} = 0,$$

故收敛半径 $R = +\infty$, 从而给定级数的收敛区间和收敛域都是 $(-\infty, +\infty)$.

(3) 因为

$$\rho = \lim_{n \to \infty} \frac{|a_{n+1}|}{|a_n|} = \lim_{n \to \infty} \frac{(n+1)!}{n!} = \lim_{n \to \infty} (n+1) = +\infty,$$

所以收敛半径 $R = 0$, 于是给定级数仅在 $x = 0$ 收敛, 即它的收敛域为 $\{0\}$.

例 2 求幂级数 $\sum_{n=1}^{\infty}(-1)^n \dfrac{n!}{n^n} x^{2n-1}$ 的收敛半径.

解 幂级数不含偶次幂的项, 定理 3 不能直接应用. 下面我们用正项级数的比值审敛法来求收敛半径.

考虑级数 $\sum_{n=1}^{\infty}\left|(-1)^n \dfrac{n!}{n^n} x^{2n-1}\right|$, 因为

$$\lim_{n\to\infty} \frac{\left|(-1)^{n+1} \dfrac{(n+1)!}{(n+1)^{n+1}} x^{2n+1}\right|}{\left|(-1)^n \dfrac{n!}{n^n} x^{2n-1}\right|} = \lim_{n\to\infty}\left|\left(\frac{n}{n+1}\right)^n x^2\right| = \frac{|x|^2}{\mathrm{e}} \quad (x \neq 0),$$

故当 $\dfrac{|x|^2}{\mathrm{e}} < 1$ 即 $|x| < \sqrt{\mathrm{e}}$ 时, 级数 (绝对) 收敛; 当 $\dfrac{|x|^2}{\mathrm{e}} > 1$ 即 $|x| > \sqrt{\mathrm{e}}$ 时, 级数发散. 因此收敛半径 $R = \sqrt{\mathrm{e}}$.

定理 4 如果极限

$$\lim_{n\to\infty} \sqrt[n]{|a_n|} = \rho$$

有确定意义, 则幂级数 $\sum_{n=0}^{\infty} a_n x^n$ 的收敛半径

$$R = \begin{cases} \dfrac{1}{\rho}, & 0 < \rho < +\infty, \\ +\infty, & \rho = 0, \\ 0, & \rho = +\infty. \end{cases}$$

此结果的证明与定理 3 的证明类似, 这里从略.

例 3 求幂级数 $\sum_{n=1}^{\infty} \dfrac{2^n}{n} (x+3)^n$ 的收敛域.

解 记 $a_n = \dfrac{2^n}{n}$, 则

$$\rho = \lim_{n\to\infty} \sqrt[n]{|a_n|} = \lim_{n\to\infty} \frac{2}{\sqrt[n]{n}} = 2,$$

故幂级数的收敛半径 $R = \dfrac{1}{2}$, 收敛区间为 $\left(-\dfrac{7}{2}, -\dfrac{5}{2}\right)$ ①.

当 $x = -\dfrac{7}{2}$ 时, 级数成为 $\sum_{n=1}^{\infty}(-1)^n \dfrac{1}{n}$, 此级数收敛; 当 $x = -\dfrac{5}{2}$ 时, 级数成为 $\sum_{n=1}^{\infty} \dfrac{1}{n}$, 此级数发散.

于是, 幂级数 $\sum_{n=1}^{\infty} \dfrac{2^n}{n}(x+3)^n$ 的收敛域是 $\left[-\dfrac{7}{2}, -\dfrac{5}{2}\right)$.

---

① 对于幂级数 (5.1), 同样可按定理 3 和定理 4 求得收敛半径 R, 而收敛区间为 $(x_0 - R, x_0 + R)$.

二、幂级数的运算与性质

1. 幂级数的运算

设幂级数 $\sum\limits_{n=0}^{\infty} a_n x^n$ 与 $\sum\limits_{n=0}^{\infty} b_n x^n$ 分别在区间 $(-R_1, R_1)$ 与 $(-R_2, R_2)$ 内收敛, 那么对它们可进行下列运算:

(1) 和差运算

$$\sum_{n=0}^{\infty} a_n x^n \pm \sum_{n=0}^{\infty} b_n x^n = \sum_{n=0}^{\infty} (a_n \pm b_n) x^n,$$

由级数的基本性质 3, 等式在区间 $(-R_1, R_1) \cap (-R_2, R_2)$ 内成立.

(2) 积运算

$$\sum_{n=0}^{\infty} a_n x^n \cdot \sum_{n=0}^{\infty} b_n x^n = \sum_{n=0}^{\infty} \left(\sum_{i+j=n} a_i b_j \right) x^n$$
$$= a_0 b_0 + (a_0 b_1 + a_1 b_0) x + (a_0 b_2 + a_1 b_1 + a_2 b_0) x^2 + \cdots,$$

这是两个幂级数的柯西乘积. 由于这两个幂级数分别在区间 $(-R_1, R_1)$ 与 $(-R_2, R_2)$ 内绝对收敛, 按绝对收敛级数的性质可得等式在区间 $(-R_1, R_1) \cap (-R_2, R_2)$ 内成立.

2. 幂级数的和函数的性质

幂级数的和函数有下列重要性质.

性质 1 (连续性) 幂级数 $\sum\limits_{n=0}^{\infty} a_n x^n$ 的和函数 $s(x)$ 在其收敛域 K 上连续.

性质 2 (可积性) 幂级数 $\sum\limits_{n=0}^{\infty} a_n x^n$ 的和函数 $s(x)$ 在其收敛域 K 内的任一闭区间上可积, 且有逐项积分公式

$$\int_0^x s(x) \mathrm{d}x = \int_0^x \left(\sum_{n=0}^{\infty} a_n x^n \right) \mathrm{d}x = \sum_{n=0}^{\infty} \int_0^x a_n x^n \mathrm{d}x = \sum_{n=0}^{\infty} \frac{a_n}{n+1} x^{n+1} (x \in K),$$

逐项积分后所得幂级数与原幂级数有相同的收敛半径.

性质 3 (可微性) 幂级数 $\sum\limits_{n=0}^{\infty} a_n x^n$ 的和函数 $s(x)$ 在其收敛区间 $(-R, R)$ 内可导, 且有逐项求导公式

$$s'(x) = \left(\sum_{n=0}^{\infty} a_n x^n \right)' = \sum_{n=0}^{\infty} (a_n x^n)' = \sum_{n=1}^{\infty} n a_n x^{n-1} (x \in (-R, R)),$$

逐项求导后所得幂级数和原幂级数有相同的收敛半径.

由性质 3 可知, 幂级数的和函数在其收敛区间 $(-R, R)$ 内的各阶导数都存在.

例 4 设幂级数 $\sum\limits_{n=0}^{\infty} a_n x^n$ 的收敛半径为 $R(R>0)$, 试证明幂级数 $\sum\limits_{n=0}^{\infty} n a_n x^n$ 的收敛半径也是 R.

证 记幂级数 $\sum_{n=0}^{\infty} na_n x^n$ 的收敛半径为 R_1,容易知道 $R_1 \leqslant R$[①].

对于任意的 $x_1 \in (-R, R)$,幂级数 $\sum_{n=0}^{\infty} a_n x^n$ 在 $x = x_1$ 绝对收敛. 在 $(|x_1|, R)$ 内取 x_2,并记 $q = \dfrac{|x_1|}{x_2}$,则 $0 \leqslant q < 1$. 由比值审敛法可知正项级数 $\sum_{n=0}^{\infty} nq^n$ 收敛,故 $\lim\limits_{n \to \infty} nq^n = 0$,由数列极限的有界性可知数列 $\{nq^n\}$ 有界,即存在 $M > 0$,使得

$$nq^n \leqslant M \quad (n = 1, 2, \cdots).$$

因此

$$|na_n x_1^n| = n \left|\dfrac{x_1}{x_2}\right|^n \cdot |a_n x_2^n| = nq^n \cdot |a_n x_2^n| \leqslant M|a_n x_2^n| \quad (n = 1, 2, \cdots).$$

注意到 $0 < x_2 < R$,故幂级数 $\sum_{n=0}^{\infty} a_n x^n$ 在 $x = x_2$ 绝对收敛,再由比较审敛法可知 $\sum_{n=0}^{\infty} |na_n x_1^n|$ 收敛,即幂级数 $\sum_{n=0}^{\infty} na_n x^n$ 在 $x = x_1$ 也绝对收敛. 因此 $R_1 \geqslant R$.

于是,R 和 R_1 同时满足 $R_1 \leqslant R$,$R_1 \geqslant R$,故 $R_1 = R$. 证毕.

由例 4 可知幂级数 $\sum_{n=0}^{\infty} a_n x^n$,$\sum_{n=0}^{\infty} \dfrac{a_n}{n+1} x^{n+1}$ 和 $\sum_{n=1}^{\infty} na_n x^{n-1}$ 具有相同的收敛区间 $(-R, R)$,由定理 2 可知它们在 $(-R, R)$ 内的任一闭区间上都是一致收敛的,再利用上节的定理 3、定理 4 和定理 5,就可证明上述幂级数所满足的三个性质[②].

例 5 求下列幂级数的和函数:

(1) $\sum_{n=1}^{\infty} \dfrac{x^n}{n}$; (2) $\sum_{n=0}^{\infty} \dfrac{x^n}{n+1}$.

解 (1) 因为

$$\rho = \lim_{n \to \infty} \dfrac{|a_{n+1}|}{|a_n|} = \lim_{n \to \infty} \dfrac{n}{n+1} = 1,$$

所以幂级数 $\sum_{n=1}^{\infty} \dfrac{x^n}{n}$ 的收敛半径为 1. 又当 $x = -1$ 时,$\sum_{n=1}^{\infty} \dfrac{x^n}{n}$ 收敛;当 $x = 1$ 时,$\sum_{n=1}^{\infty} \dfrac{x^n}{n}$ 发散,故所给幂级数的收敛域是 $[-1, 1)$.

设和函数为 $s_1(x)$,即

$$s_1(x) = \sum_{n=1}^{\infty} \dfrac{x^n}{n} = x + \dfrac{x^2}{2} + \dfrac{x^3}{3} + \cdots,$$

则 $s_1(0) = 0$. 在收敛区间 $(-1, 1)$ 内,利用和函数的可微性并逐项求导得

$$s_1'(x) = \sum_{n=1}^{\infty} \left(\dfrac{x^n}{n}\right)' = \sum_{n=1}^{\infty} x^{n-1} = \dfrac{1}{1-x}, x \in (-1, 1).$$

[①] 由于 $|a_n x^n| \leqslant |na_n x^n|$,利用比较审敛法可知,若幂级数 $\sum_{n=0}^{\infty} na_n x^n$ 在 $x = x_1$ 绝对收敛,则幂级数 $\sum_{n=0}^{\infty} a_n x^n$ 在 $x = x_1$ 也绝对收敛.

[②] 性质 1 的证明只需利用定理 2 和上节的定理 3.

对上式从 0 到 $x(-1 < x < 1)$ 积分, 得

$$s_1(x) = s_1(x) - s_1(0) = \int_0^x s_1'(x)\mathrm{d}x = \int_0^x \frac{1}{1-x}\mathrm{d}x = -\ln(1-x).$$

又由于当 $x = -1$ 时, 幂级数 $\sum_{n=1}^{\infty} \frac{x^n}{n}$ 收敛, 利用性质 1 得

$$s_1(-1) = \lim_{x \to -1^+} s_1(x) = \lim_{x \to -1^+} [-\ln(1-x)] = -\ln 2,$$

从而有

$$\sum_{n=1}^{\infty} \frac{x^n}{n} = s_1(x) = -\ln(1-x), x \in [-1, 1).$$

(2) 当 $x \neq 0$ 时, 有

$$\sum_{n=0}^{\infty} \frac{x^n}{n+1} = \sum_{n=1}^{\infty} \frac{x^{n-1}}{n} = \frac{1}{x} \sum_{n=1}^{\infty} \frac{x^n}{n},$$

利用级数的基本性质 2 可知, 当 $x \neq 0$ 时, 级数 $\sum_{n=0}^{\infty} \frac{x^n}{n+1}$ 与 $\sum_{n=1}^{\infty} \frac{x^n}{n}$ 具有相同的敛散性, 因此幂级数 $\sum_{n=0}^{\infty} \frac{x^n}{n+1}$ 的收敛域是 $[-1, 1)$.

设给定幂级数的和函数为 $s_2(x)$, 则

$$xs_2(x) = \sum_{n=1}^{\infty} \frac{x^n}{n},$$

利用 (1) 的结果, 得

$$xs_2(x) = -\ln(1-x), x \in [-1, 1).$$

因此当 $x \in [-1, 0) \cup (0, 1)$ 时, 有

$$s_2(x) = -\frac{1}{x}\ln(1-x),$$

而

$$s_2(0) = \left[\sum_{n=0}^{\infty} \frac{x^n}{n+1}\right]_{x=0} = 1,$$

于是

$$s_2(x) = \begin{cases} -\frac{1}{x}\ln(1-x), & x \in [-1, 0) \cup (0, 1), \\ 1, & x = 0. \end{cases}$$

例 6 求幂级数 $\sum_{n=0}^{\infty} (n+1)x^{2n}$ 的和函数.

解 幂级数缺少奇次幂的项, 所以我们用正项级数的比值审敛法求收敛半径:

$$\lim_{n \to \infty} \frac{|(n+2)x^{2(n+1)}|}{|(n+1)x^{2n}|} = \lim_{n \to \infty} \frac{n+2}{n+1}|x|^2 = |x|^2 \ (x \neq 0),$$

当 $|x|^2 < 1$ 即 $|x| < 1$ 时, 幂级数 (绝对) 收敛; 当 $|x| \geqslant 1$ 时, 因幂级数的一般项 $(n+1)x^{2n}$ 不趋于零, 故幂级数发散. 因此幂级数的收敛域是 $(-1,1)$.

为求得和函数, 先令 $x^2 = t$, 并设
$$s(t) = \sum_{n=0}^{\infty} (n+1)t^n, t \in [0,1),$$
将上式从 0 到 $t(0 \leqslant t < 1)$ 逐项积分, 得
$$\int_0^t s(t)\mathrm{d}t = \sum_{n=0}^{\infty} \int_0^t (n+1)t^n \mathrm{d}t = \sum_{n=0}^{\infty} t^{n+1} = \frac{t}{1-t},$$
再将上式对 t 求导, 得
$$s(t) = \frac{1}{(1-t)^2},$$
即
$$\sum_{n=0}^{\infty} (n+1)t^n = \frac{1}{(1-t)^2}, t \in [0,1).$$
最后以 x^2 代 t, 就得
$$\sum_{n=0}^{\infty} (n+1)x^{2n} = \frac{1}{(1-x^2)^2}, x \in (-1,1).$$

习题 9.5

1. 设幂级数 $\sum_{n=0}^{\infty} a_n x^n$ 的收敛半径为 R, 试问幂级数 $\sum_{n=0}^{\infty} a_n x^{kn+m}$ 的收敛半径为多少? 其中 k, m 都是取定的正整数.

2. 求下列幂级数的收敛区间和收敛域:

(1) $\sum_{n=1}^{\infty} \frac{n+1}{n} x^n$;

(2) $\sum_{n=1}^{\infty} \frac{x^n}{n^2+1}$;

(3) $\sum_{n=1}^{\infty} \frac{x^n}{n^n}$;

(4) $\sum_{n=1}^{\infty} \frac{x^n}{(2n-1)!!}$;

(5) $\sum_{n=1}^{\infty} \frac{(-2)^n}{n} x^{2n-1}$;

(6) $\sum_{n=1}^{\infty} \frac{x^{3n}}{n \cdot 2^n}$;

(7) $\sum_{n=2}^{\infty} \frac{(-1)^n}{\ln n} (x-2)^n$;

(8) $\sum_{n=1}^{\infty} \sqrt{n} (3x+1)^{2n}$.

3. 利用幂级数的和函数的性质求下列级数在各自收敛域上的和函数:

(1) $\sum_{n=1}^{\infty} n x^n$;

(2) $\sum_{n=0}^{\infty} (2n+1) x^n$;

(3) $\sum_{n=1}^{\infty} \frac{(-1)^{n+1}}{2n-1} x^{2n-1}$;

(4) $\sum_{n=1}^{\infty} \frac{(-1)^n}{n \cdot 2^n} x^{n-1}$.

9.6 函数的幂级数展开式

前面讨论了幂级数的收敛域及其和函数的性质. 但在许多应用中, 我们常遇到反过来的问题: 给定函数 $f(x)$, 能否找到一个幂级数, 它在某个区间内收敛, 且其和恰为给定的函数 $f(x)$. 如果能够找到这样的幂级数, 就说 $f(x)$ **在该区间内可展开成幂级数,** 或称此幂级数为 $f(x)$ **在该区间内的幂级数展开式**. 本节将解决这一问题.

一、 泰勒级数的概念

我们知道, 如果函数 $f(x)$ 在 x_0 的邻域 $U(x_0, r)$ 内具有直到 $n+1$ 阶的导数, 那么在该邻域内 $f(x)$ 有泰勒公式

$$f(x) = f(x_0) + f'(x_0)(x - x_0) + \cdots + \frac{f^{(n)}(x_0)}{n!}(x - x_0)^n + R_n(x), \quad (6.1)$$

其中拉格朗日型余项

$$R_n(x) = \frac{f^{(n+1)}(\xi)}{(n+1)!}(x - x_0)^{n+1}, \quad (6.2)$$

ξ 是介于 x_0 与 x 之间的某个值.

这时, 在该邻域内 $f(x)$ 可以用 n 阶泰勒多项式

$$P_n(x) = f(x_0) + f'(x_0)(x - x_0) + \cdots + \frac{f^{(n)}(x_0)}{n!}(x - x_0)^n \quad (6.3)$$

近似表示, 并且误差 $|f(x) - P_n(x)|$ 为

$$|R_n(x)| = \frac{|f^{(n+1)}(\xi)|}{(n+1)!}|x - x_0|^{n+1}. \quad (6.4)$$

从 (6.4) 式可以看到: 如果 $|R_n(x)|$ 随着 n 的增大而减小, 就可以用增加多项式 (6.3) 的项数的办法来提高精度. 当然这时要求函数 $f(x)$ 在 $U(x_0, r)$ 内具有更高阶的导数.

设 $f(x)$ 在点 x_0 的某邻域 $U(x_0, r)$ 内的各阶导数都存在, 把多项式 (6.3) 的项数无限增多而形成一个幂级数

$$\sum_{n=0}^{\infty} \frac{f^{(n)}(x_0)}{n!}(x - x_0)^n = f(x_0) + f'(x_0)(x - x_0) + \cdots + \frac{f^{(n)}(x_0)}{n!}(x - x_0)^n + \cdots, \quad (6.5)$$

我们把幂级数 (6.5) 称作 $f(x)$ **在** $x = x_0$ **处的泰勒级数**. 特别地, 如果 $x_0 = 0$, 即幂级数

$$\sum_{n=0}^{\infty} \frac{f^{(n)}(0)}{n!}x^n = f(0) + f'(0)x + \frac{f''(0)}{2!}x^2 + \cdots + \frac{f^{(n)}(0)}{n!}x^n + \cdots \quad (6.6)$$

称为 $f(x)$ **的麦克劳林级数**.

若 $f(x)$ 的泰勒级数 (6.5) 在 $U(x_0, r)$ 内收敛, 且其和函数就是 $f(x)$, 即

$$f(x) = f(x_0) + f'(x_0)(x - x_0) + \cdots + \frac{f^{(n)}(x_0)}{n!}(x - x_0)^n + \cdots \quad (x \in U(x_0, r)),$$

我们就说 $f(x)$ **在$U(x_0,r)$ 内可展开成泰勒级数**.

现在的问题是: 在什么条件下, $f(x)$ 在 $U(x_0,r)$ 内可展开成泰勒级数? 显然, 幂级数 (6.5) 的前 $n+1$ 项部分和就是 $f(x)$ 的 n 阶泰勒多项式 $P_n(x)$. 因此

$$\sum_{n=0}^{\infty} \frac{f^{(n)}(x_0)}{n!}(x-x_0)^n = f(x) \quad (x \in U(x_0,r))$$

$$\Leftrightarrow \lim_{n \to \infty} P_n(x) = f(x) \quad (x \in U(x_0,r))$$

$$\Leftrightarrow \lim_{n \to \infty} [f(x) - P_n(x)] = 0 \quad (x \in U(x_0,r))$$

$$\Leftrightarrow \lim_{n \to \infty} R_n(x) = 0 \quad (x \in U(x_0,r)),$$

于是有如下的定理.

定理 设函数 $f(x)$ 在点 x_0 的某一邻域 $U(x_0,r)$ 内具有各阶导数, 则 $f(x)$ 在该邻域内可展开成泰勒级数 $\sum_{n=0}^{\infty} \frac{f^{(n)}(x_0)}{n!}(x-x_0)^n$ 的充要条件是 $f(x)$ 的泰勒公式中的余项 $R_n(x)$ 当 $n \to \infty$ 时的极限为零, 即

$$\lim_{n \to \infty} R_n(x) = 0 \quad (x \in U(x_0,r)). \tag{6.7}$$

定理给出了函数 $f(x)$ 可展开成泰勒级数的充要条件. 但由于泰勒级数是特殊形式的幂级数, 故我们有下面的问题: 函数 $f(x)$ 是否还能展开成其他形式的幂级数?

事实上, 若 $f(x)$ 在 $U(x_0,r)$ 内可展开成幂级数

$$f(x) = a_0 + a_1(x-x_0) + a_2(x-x_0)^2 + \cdots + a_n(x-x_0)^n + \cdots, \tag{6.8}$$

则根据幂级数在收敛区间内的可微性及逐项求导性质可得

$$f'(x) = a_1 + 2a_2(x-x_0) + 3a_3(x-x_0)^2 + \cdots,$$

$$f''(x) = 2a_2 + 2 \cdot 3a_3(x-x_0) + 3 \cdot 4a_4(x-x_0)^2 + \cdots,$$

$$f'''(x) = 2 \cdot 3a_3 + 2 \cdot 3 \cdot 4a_4(x-x_0) + 3 \cdot 4 \cdot 5(x-x_0)^2 + \cdots,$$

$$\cdots$$

$$f^{(n)}(x) = 2 \cdot 3 \cdot \cdots \cdot na_n + 2 \cdot 3 \cdot \cdots \cdot (n+1)a_{n+1}(x-x_0) + 3 \cdot 4 \cdot \cdots \cdot (n+2)a_{n+2}(x-x_0)^2 + \cdots,$$

$$\cdots$$

在以上各式中取 $x = x_0$, 得

$$a_0 = f(x_0), a_1 = f'(x_0), a_2 = \frac{f''(x_0)}{2!}, \ldots, a_n = \frac{f^{(n)}(x_0)}{n!}, \ldots$$

故级数 (6.8) 就是 $f(x)$ 在 $x = x_0$ 处的泰勒级数.

上述结论说明: **如果函数$f(x)$ 在点x_0 的某一邻域$U(x_0,r)$ 内具有各阶导数, 则当且仅当泰勒公式中的余项$R_n(x)$ 满足 $\lim_{n \to \infty} R_n(x) = 0$ 时, 函数$f(x)$ 在$U(x_0,r)$ 内可展开**

成 $(x-x_0)$ 的幂级数,而且这个幂级数必定是 $f(x)$ 的泰勒级数,即函数的幂级数展开式是惟一的.

例如,幂级数 $\sum_{n=0}^{\infty} x^n$ 的收敛域为 $(-1,1)$,其和函数为 $\frac{1}{1-x}$,由于幂级数展开式是惟一的,故幂级数 $\sum_{n=0}^{\infty} x^n$ 就是函数 $\frac{1}{1-x}$ 在 $(-1,1)$ 的幂级数展开式,即

$$\frac{1}{1-x} = \sum_{n=0}^{\infty} x^n = 1 + x + x^2 + \cdots + x^n + \cdots, x \in (-1,1). \tag{6.9}$$

二、函数展开成幂级数的方法

1. 直接展开法

前面我们已经知道:函数 $f(x)$ 能展开成幂级数,则 $f(x)$ 的各阶导数都存在,而且 $f(x)$ 的幂级数展开式就是 $f(x)$ 的泰勒级数.因此,如果函数 $f(x)$ 的各阶导数都存在,我们可按如下步骤把函数 $f(x)$ 展开成 x 的幂级数:

(1) 求出 $f(x)$ 在 $x=0$ 处的各阶导数 $f(0), f'(0), f''(0), \cdots, f^{(n)}(0), \cdots$,写出 $f(x)$ 的麦克劳林级数

$$\sum_{n=0}^{\infty} \frac{f^{(n)}(0)}{n!} x^n = f(0) + f'(0)x + \frac{f''(0)}{2!} x^2 + \cdots + \frac{f^{(n)}(0)}{n!} x^n + \cdots,$$

并求出其收敛半径 R;

(2) 在收敛区间 $(-R,R)$ 内,考察拉格朗日型余项的极限

$$\lim_{n\to\infty} R_n(x) = \lim_{n\to\infty} \frac{f^{(n+1)}(\xi)}{(n+1)!} x^{n+1} \quad (|\xi|<|x|)$$

是否为零,如果极限为零,那么函数 $f(x)$ 在收敛区间 $(-R,R)$ 内的幂级数展开式为

$$f(x) = \sum_{n=0}^{\infty} \frac{f^{(n)}(0)}{n!} x^n, x \in (-R,R);$$

(3) 当 $0<R<+\infty$ 时,考察所求得的幂级数在收敛区间 $(-R,R)$ 的端点 $x=\pm R$ 处的敛散性.如果幂级数在区间的端点 $x=-R$(或 $x=R$)处收敛,而且 $f(x)$ 在 $x=-R$ 处右连续(或在 $x=R$ 处左连续),那么根据幂级数的和函数的连续性,展开式 $f(x) = \sum_{n=0}^{\infty} \frac{f^{(n)}(0)}{n!} x^n$ 对 $x=-R$(或 $x=R$)也成立.

按上述步骤求得函数的幂级数展开式,这种方法叫做**直接展开法**.

例1 将函数 $f(x) = \mathrm{e}^x$ 展开成 x 的幂级数.

解 由于 $f^{(n)}(x) = \mathrm{e}^x$,故 $f^{(n)}(0) = 1 (n=1,2,\cdots)$,于是得幂级数

$$1 + x + \frac{1}{2!}x^2 + \cdots + \frac{1}{n!}x^n + \cdots,$$

它的收敛半径是 $+\infty$ (见第五节的例 1(2)).

对于 $x \in (-\infty, +\infty)$, 由于
$$|R_n(x)| = \left|\frac{\mathrm{e}^{\xi}}{(n+1)!}x^{n+1}\right| < \frac{\mathrm{e}^{|x|}|x|^{n+1}}{(n+1)!} \quad (|\xi| < |x|),$$

对固定的 x, $\dfrac{\mathrm{e}^{|x|}|x|^{n+1}}{(n+1)!}$ 是收敛级数 $\sum\limits_{n=0}^{\infty} \dfrac{\mathrm{e}^{|x|}|x|^{n+1}}{(n+1)!}$ 的一般项 (可用比值审敛法判定该级数是收敛的), 故当 $n \to \infty$ 时, $\dfrac{\mathrm{e}^{|x|}|x|^{n+1}}{(n+1)!} \to 0$, 因此 $\lim\limits_{n \to \infty} R_n(x) = 0$. 于是, 函数 $f(x) = \mathrm{e}^x$ 的展开式为

$$\mathrm{e}^x = 1 + x + \frac{x^2}{2!} + \cdots + \frac{x^n}{n!} + \cdots, x \in (-\infty, +\infty). \tag{6.10}$$

例 2 将函数 $f(x) = \sin x$ 展开成 x 的幂级数.

解 由于 $f^{(n)}(x) = \sin\left(x + \dfrac{n\pi}{2}\right) (n = 1, 2, \cdots)$, $f^{(n)}(0)$ 依次循环地取 $1, 0, -1, 0, \cdots$, 于是得幂级数

$$x - \frac{1}{3!}x^3 + \frac{1}{5!}x^5 + \cdots + \frac{(-1)^{n-1}}{(2n-1)!}x^{2n-1} + \cdots,$$

它的收敛半径是 $+\infty$.

对于 $x \in (-\infty, +\infty)$, 因为
$$|R_n(x)| = \frac{\left|\sin\left[\xi + \dfrac{(n+1)\pi}{2}\right]\right|}{(n+1)!}|x|^{n+1} \leqslant \frac{|x|^{n+1}}{(n+1)!} \to 0 (n \to \infty),$$

所以得展开式

$$\sin x = x - \frac{x^3}{3!} + \frac{x^5}{5!} - \cdots + (-1)^{n-1}\frac{x^{2n-1}}{(2n-1)!} + \cdots, x \in (-\infty, +\infty). \tag{6.11}$$

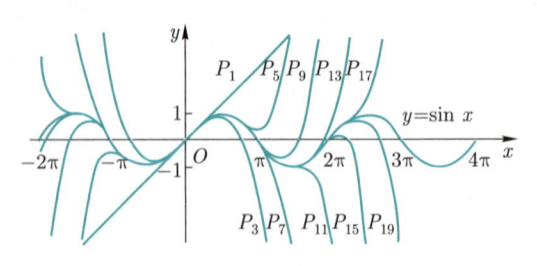

图 9.3

图 9.3 是 $\sin x$ 的幂级数展开式的前 n 项部分和 $P_n(x)(n = 1, 3, \cdots, 19)$ 的图形以及函数 $y = \sin x$ 的图形. 从图中可看到, 对于给定的 n, $P_n(x)$ 只在 $x = 0$ 的局部范围内近似于 $\sin x$, 当 x 距离原点较远时, 误差就会变大. 但同时又能看到, 随着 n 的增大, $\sin x$ 与 $P_n(x)$ 相互接近的范围也不断扩大. (6.11) 式说明, 当 $n \to \infty$ 时, $y = P_n(x)$ 的图形就与 $y = \sin x$ 的图形在不断扩大的范围内趋于一致了.

一般地, 当函数 $f(x)$ 在 $U(x_0, r)$ 内可展开成泰勒级数时, 即有
$$f(x) = \lim_{n \to \infty} P_n(x), x \in U(x_0, r),$$
这里 $P_n(x)$ 是 $f(x)$ 的泰勒多项式. 但 $P_n(x)$ 通常在 x_0 的附近非常接近于 $f(x)$, 但当 x 距离 x_0 较远时, $P_n(x)$ 与 $f(x)$ 的误差会较大. 因此泰勒多项式 $P_n(x)$ 是对 $f(x)$ 在局部范围内的逼近.

2. 间接展开法

直接展开法中, 分析余项 $R_n(x)$ 是否趋于零往往是比较困难的. 为了避免讨论余项的极限 $\lim_{n \to \infty} R_n(x)$, 在求函数的幂级数展开式时常采用**间接展开法**, 这种方法就是根据函数幂级数展开式的惟一性, 利用一些已知的幂级数展开式, 通过幂级数的运算性质 (如四则运算、逐项求导、逐项积分) 以及变量代换, 把所给函数展开成幂级数. 下面举例说明间接展开法的使用.

例 3 将函数 $f(x) = a^x (a > 0, \ a \neq 1)$ 展开成 x 的幂级数.

解 因为 $a^x = e^{x \ln a}$, 由 (6.10) 式得
$$e^u = \sum_{n=0}^{\infty} \frac{u^n}{n!}, u \in (-\infty, +\infty),$$
把 $u = x \ln a$ 代入上式就得
$$a^x = \sum_{n=0}^{\infty} \frac{\ln^n a}{n!} x^n, x \in (-\infty, +\infty).$$

试算试练 用直接展开法将 a^x 展开成 x 的幂级数.

例 4 将函数 $f(x) = \cos x$ 展开成 x 的幂级数.

解 由 (6.11) 式得
$$\sin x = x - \frac{x^3}{3!} + \frac{x^5}{5!} - \cdots + (-1)^{n-1} \frac{x^{2n-1}}{(2n-1)!} + \cdots, x \in (-\infty, +\infty),$$
对上面的展开式逐项求导, 就得
$$\cos x = 1 - \frac{x^2}{2!} + \frac{x^4}{4!} - \cdots + (-1)^n \frac{x^{2n}}{(2n)!} + \cdots, x \in (-\infty, +\infty). \qquad (6.12)$$

例 5 将下列函数展开成 x 的幂级数:

(1) $f(x) = \ln(1 + x)$; \qquad (2) $f(x) = \arctan x$.

解 (1) 因为 $f'(x) = [\ln(1 + x)]' = \dfrac{1}{1 + x}$, 而
$$\frac{1}{1 + x} = \frac{1}{1 - (-x)} = \sum_{n=0}^{\infty} (-x)^n = \sum_{n=0}^{\infty} (-1)^n x^n, x \in (-1, 1),$$
将上式从 0 到 $x (x \in (-1, 1))$ 逐项积分, 并且注意到 $f(0) = \ln 1 = 0$, 得
$$\ln(1 + x) = f(x) - f(0) = \int_0^x \frac{1}{1 + x} dx = \sum_{n=0}^{\infty} \int_0^x (-1)^n x^n dx$$
$$= \sum_{n=0}^{\infty} \frac{(-1)^n}{n + 1} x^{n+1}, x \in (-1, 1).$$

由于上式右端的级数在端点 $x = -1$ 处是发散的, 在端点 $x = 1$ 处是收敛的, 而 $f(x) = \ln(1+x)$ 在 $x = 1$ 处连续, 故有

$$\ln(1+x) = x - \frac{x^2}{2} + \frac{x^3}{3} - \cdots + (-1)^{n-1}\frac{x^n}{n} + \cdots, x \in (-1, 1]. \qquad (6.13)$$

(2) 因为 $f'(x) = (\arctan x)' = \dfrac{1}{1+x^2}$, 而

$$\frac{1}{1+x^2} = \frac{1}{1-(-x^2)} = \sum_{n=0}^{\infty}(-x^2)^n = \sum_{n=0}^{\infty}(-1)^n x^{2n}, x \in (-1, 1),$$

将上式从 0 到 $x(x \in (-1,1))$ 逐项积分, 并且注意到 $f(0) = \arctan 0 = 0$, 得

$$\arctan x = \sum_{n=0}^{\infty}\frac{(-1)^n}{2n+1}x^{2n+1}, x \in (-1, 1),$$

当 $x = \pm 1$ 时, 上式右端成为 $\pm\sum_{n=0}^{\infty}\dfrac{(-1)^n}{2n+1}$, 它们都是收敛的, 而 $f(x) = \arctan x$ 在 $x = \pm 1$ 处是连续的, 因此

$$\arctan x = x - \frac{x^3}{3} + \frac{x^5}{5} - \cdots + (-1)^n\frac{x^{2n+1}}{2n+1} + \cdots, x \in [-1, 1].$$

下面再举例说明把函数展开成 $(x - x_0)$ 的幂级数.

例 6 将函数 $\cos x$ 展开成 $\left(x - \dfrac{\pi}{6}\right)$ 的幂级数.

解 因为

$$\cos x = \cos\left[\left(x - \frac{\pi}{6}\right) + \frac{\pi}{6}\right] = \frac{\sqrt{3}}{2}\cos\left(x - \frac{\pi}{6}\right) - \frac{1}{2}\sin\left(x - \frac{\pi}{6}\right),$$

应用 (6.11) 式和 (6.12) 式, 并把其中的 x 置换成 $x - \dfrac{\pi}{6}$, 就有

$$\cos\left(x - \frac{\pi}{6}\right) = 1 - \frac{1}{2!}\left(x - \frac{\pi}{6}\right)^2 + \frac{1}{4!}\left(x - \frac{\pi}{6}\right)^4 - \cdots, x \in (-\infty, +\infty),$$

$$\sin\left(x - \frac{\pi}{6}\right) = \left(x - \frac{\pi}{6}\right) - \frac{1}{3!}\left(x - \frac{\pi}{6}\right)^3 + \frac{1}{5!}\left(x - \frac{\pi}{6}\right)^5 - \cdots, x \in (-\infty, +\infty),$$

所以

$$\cos x = \frac{\sqrt{3}}{2} - \frac{1}{2}\left(x - \frac{\pi}{6}\right) - \frac{\sqrt{3}}{2}\cdot\frac{1}{2!}\left(x - \frac{\pi}{6}\right)^2 + \frac{1}{2}\cdot\frac{1}{3!}\left(x - \frac{\pi}{6}\right)^3 + \cdots, x \in (-\infty, +\infty).$$

例 7 将函数 $f(x) = \dfrac{1}{x^2 - x - 2}$ 展开成 $(x + 3)$ 的幂级数.

解 由于

$$f(x) = \frac{1}{x^2 - x - 2} = \frac{1}{(x-2)(x+1)} = \frac{1}{3}\left(\frac{1}{x-2} - \frac{1}{x+1}\right)$$

$$= \frac{1}{3}\left(-\frac{1}{5}\cdot\frac{1}{1-\dfrac{x+3}{5}} + \frac{1}{2}\cdot\frac{1}{1-\dfrac{x+3}{2}}\right)$$

典型例题
函数的幂级数展开式

$$= \frac{1}{6} \cdot \frac{1}{1 - \frac{x+3}{2}} - \frac{1}{15} \cdot \frac{1}{1 - \frac{x+3}{5}},$$

由于

$$\frac{1}{1 - \frac{x+3}{2}} = \sum_{n=0}^{\infty} \left(\frac{x+3}{2}\right)^n, \quad -5 < x < -1,$$

$$\frac{1}{1 - \frac{x+3}{5}} = \sum_{n=0}^{\infty} \left(\frac{x+3}{5}\right)^n, \quad -8 < x < 2,$$

因此

$$f(x) = \frac{1}{x^2 - x - 2} = \sum_{n=0}^{\infty} \frac{1}{3} \left(\frac{1}{2^{n+1}} - \frac{1}{5^{n+1}}\right) (x+3)^n, \quad -5 < x < -1.$$

试算试练 将 e^x 展开成 $(x-1)$ 的幂级数.

最后, 再举一个较为常用函数的幂级数展开式的例子.

例 8 将函数 $f(x) = (1+x)^\alpha$ 展开成 x 的幂级数, 其中 α 是任意不为零的常数.

解 当 α 是正整数 n 时, 由于幂级数展开式是惟一的, 故所求幂级数的展开式为中学代数里的二项式公式, 即

$$(1+x)^n = 1 + C_n^1 x + C_n^2 x^2 + \cdots + C_n^{n-1} x^{n-1} + x^n.$$

现设非零常数 $\alpha \in \mathbf{R} \setminus \mathbf{Z}_+$, 因为

$$f^{(n)}(x) = \alpha(\alpha-1)\cdots(\alpha-n+1)(1+x)^{\alpha-n} \quad (n = 1, 2, \cdots),$$

故

$$f(0) = 1, f'(0) = \alpha, f''(0) = \alpha(\alpha-1), \cdots, f^{(n)}(0) = \alpha(\alpha-1)\cdots(\alpha-n+1), \cdots,$$

于是得 $f(x)$ 的麦克劳林级数为

$$1 + \alpha x + \frac{\alpha(\alpha-1)}{2!} x^2 + \cdots + \frac{\alpha(\alpha-1)\cdots(\alpha-n+1)}{n!} x^n + \cdots, \quad (6.14)$$

记 $a_n = \dfrac{\alpha(\alpha-1)\cdots(\alpha-n+1)}{n!}$, 则

$$\rho = \lim_{n \to \infty} \frac{|a_{n+1}|}{|a_n|} = \lim_{n \to \infty} \left|\frac{\alpha-n}{n+1}\right| = 1,$$

故幂级数 (6.14) 的收敛半径为 1, 因此幂级数 (6.14) 在开区间 $(-1,1)$ 内绝对收敛. 记它在 $(-1,1)$ 内的和函数为 $s(x)$, 即

$$s(x) = 1 + \alpha x + \frac{\alpha(\alpha-1)}{2!} x^2 + \cdots + \frac{\alpha(\alpha-1)\cdots(\alpha-n+1)}{n!} x^n + \cdots, \quad x \in (-1, 1).$$

下面利用幂级数的性质证明 $s(x) = (1+x)^\alpha, \ x \in (-1,1)$. 将上式逐项求导后得

$$s'(x) = \alpha + \alpha(\alpha-1)x + \frac{\alpha(\alpha-1)(\alpha-2)}{2!} x^2 + \cdots +$$

$$\frac{\alpha(\alpha-1)(\alpha-2)\cdots(\alpha-n+1)}{(n-1)!}x^{n-1}+\cdots$$
$$=\alpha\left[1+(\alpha-1)x+\frac{(\alpha-1)(\alpha-2)}{2!}x^2+\cdots+\right.$$
$$\left.\frac{(\alpha-1)(\alpha-2)\cdots(\alpha-n+1)}{(n-1)!}x^{n-1}+\cdots\right],$$

上式的两端同乘 $(1+x)$, 并把含有 $x^n(n=1,2,\cdots)$ 的两项合并, 得 x^n 的系数为
$$\alpha\left[\frac{(\alpha-1)(\alpha-2)\cdots(\alpha-n)}{n!}+\frac{(\alpha-1)(\alpha-2)\cdots(\alpha-n+1)}{(n-1)!}\right]$$
$$=\alpha\cdot\frac{\alpha(\alpha-1)(\alpha-2)\cdots(\alpha-n+1)}{n!},$$

于是有
$$(1+x)s'(x)=\alpha[1+\alpha x+\frac{\alpha(\alpha-1)}{2!}x^2+\cdots+\frac{\alpha(\alpha-1)\cdots(\alpha-n+1)}{n!}x^n+\cdots]$$
$$=\alpha s(x),$$

即和函数 $s(x)$ 满足如下的微分方程
$$s'(x)-\frac{\alpha}{1+x}s(x)=0,$$

解得 $s(x)=C(1+x)^\alpha$, 再由 $s(0)=1$, 得 $C=1$, 从而 $s(x)=(1+x)^\alpha$, $x\in(-1,1)$.

这样, 我们就获得展开式 (简称**二项展开式**)
$$(1+x)^\alpha=1+\alpha x+\frac{\alpha(\alpha-1)}{2!}x^2+\cdots+\frac{\alpha(\alpha-1)\cdots(\alpha-n+1)}{n!}x^n+\cdots, x\in(-1,1). \tag{6.15}$$

在区间 $(-1,1)$ 的端点处上述展开式是否成立, 要视指数 α 的数值而定. 例如 α 取 -2, $\frac{1}{2}$ 与 $-\frac{1}{2}$ 时, 有
$$\frac{1}{(1+x)^2}=\sum_{n=0}^\infty(-1)^n(n+1)x^n=1-2x+3x^2-4x^3+\cdots, x\in(-1,1), \tag{6.16}$$
$$\sqrt{1+x}=1+\frac{1}{2}x+\sum_{n=2}^\infty\frac{(-1)^{n-1}(2n-3)!!}{(2n)!!}x^n$$
$$=1+\frac{1}{2}x-\frac{1}{2\cdot 4}x^2+\frac{1\cdot 3}{2\cdot 4\cdot 6}x^3-\cdots, x\in[-1,1], \tag{6.17}$$
$$\frac{1}{\sqrt{1+x}}=1+\sum_{n=1}^\infty\frac{(-1)^n(2n-1)!!}{(2n)!!}x^n$$
$$=1-\frac{1}{2}x+\frac{1\cdot 3}{2\cdot 4}x^2-\frac{1\cdot 3\cdot 5}{2\cdot 4\cdot 6}x^3+\cdots, x\in(-1,1]^{①}. \tag{6.18}$$

以上函数的幂级数展开式 (6.9)～(6.13) 及 (6.15)～(6.18), 今后可直接引用.

---

① (6.17) 式在端点 $x=\pm 1$ 处的敛散性以及 (6.18) 式在 $x=1$ 的敛散性可用习题 9.3 的第 1 题的 (7)、(8) 的结果判定.

习题 9.6

1. 将下列函数展开成 x 的幂级数, 并指出展开式成立的区间:

(1) $\sinh x = \dfrac{e^x - e^{-x}}{2}$;

(2) $\ln(3-x)$;

(3) $\sin^2 x$;

(4) $\dfrac{x}{4+x^2}$;

(5) $\dfrac{1}{(1-3x)^2}$;

(6) $\dfrac{1}{x^2-2x-3}$;

(7) $(1+x)\,e^{2x}$;

(8) $\arcsin x$.

2. 将下列函数在指定点 x_0 处展开成 $(x-x_0)$ 的幂级数, 并指出展开式成立的区间:

(1) $\dfrac{1}{x}$, $x_0 = 4$;

(2) $\dfrac{1}{x^2+3x+2}$, $x_0 = -5$;

(3) $\sin 2x$, $x_0 = \dfrac{\pi}{2}$;

(4) $\lg x$, $x_0 = 2$;

(5) $\dfrac{1}{x^2}$, $x_0 = 3$;

(6) $\sqrt{x}$, $x_0 = 1$.

3. 设函数 $f(x)$ 在区间 $(-R, R)$ 内可展开成 x 的幂级数, 证明: 当 $f(x)$ 是奇函数时, 幂级数中不含 x 的偶次幂项; 当 $f(x)$ 是偶函数时, 幂级数中不含 x 的奇次幂项.

9.7 函数的幂级数展开式的应用

一、近似计算

我们知道, 如果函数能展开成幂级数, 那么在展开式成立的范围内可用其部分和作为近似, 从而求得函数的近似值, 而且只要部分和的项足够的多就可达到预先设定的精度要求.

例 1 计算 $\sqrt{e}$ 的近似值 (用小数表示), 要求误差不超过 10^{-4}.

解 利用 e^x 的幂级数展开式 (6.10) 得

$$\sqrt{e} = 1 + \dfrac{1}{2} + \dfrac{1}{2^2 2!} + \dfrac{1}{2^3 3!} + \dfrac{1}{2^4 4!} + \cdots + \dfrac{1}{2^{n-1}(n-1)!} + \cdots,$$

取前 n 项部分和作为近似值, 其误差 (称为**截断误差**) 为

$$|r_n| = \dfrac{1}{2^n n!} + \dfrac{1}{2^{n+1}(n+1)!} + \dfrac{1}{2^{n+2}(n+2)!} + \cdots$$

$$= \dfrac{1}{2^n n!} \left[1 + \dfrac{1}{2(n+1)} + \dfrac{1}{2^2(n+1)(n+2)} + \cdots \right]$$

$$\leqslant \dfrac{1}{2^n n!} \left[1 + \dfrac{1}{2(n+1)} + \dfrac{1}{2^2(n+1)^2} + \cdots \right]$$

$$= \dfrac{1}{2^n n!} \cdot \dfrac{1}{1 - \dfrac{1}{2(n+1)}} = \dfrac{n+1}{(2n+1)2^{n-1} n!},$$

当 $n = 6$ 时,
$$|r_6| \leqslant \frac{7}{13 \cdot 2^5 \cdot 6!} = \frac{7}{299520} = 0.00002337 \cdots,$$
满足误差要求, 因此
$$\sqrt{e} \approx 1 + \frac{1}{2} + \frac{1}{2^2 2!} + \frac{1}{2^3 3!} + \frac{1}{2^4 4!} + \frac{1}{2^5 5!}.$$
把 $1 + \frac{1}{2} + \frac{1}{2^2 2!} + \frac{1}{2^3 3!} + \frac{1}{2^4 4!} + \frac{1}{2^5 5!}$ 中各项表示成小数时取五位小数, 这样 "四舍五入" 引起的误差 (称为**舍入误差**) 与上面的截断误差 $\frac{7}{253440}$ 之和不会超过 10^{-4}. 于是
$$\sqrt{e} \approx 1.6487.$$

利用幂级数还可计算一些定积分的近似值, 尤其是那些被积函数的原函数不能用初等函数表示的定积分, 但如果被积函数在积分区间上能展开成幂级数, 就可利用幂级数逐项积分性质把定积分表为级数的和, 从而计算出定积分的近似值.

例 2 计算积分 $\int_0^1 \sin(x^2) \mathrm{d}x$ 的近似值, 要求误差不超过 10^{-4}.

解 由 $\sin x$ 的幂级数展开式 (6.11) 得
$$\sin(x^2) = x^2 - \frac{x^6}{3!} + \frac{x^{10}}{5!} - \frac{x^{14}}{7!} + \cdots, x \in (-\infty, +\infty),$$
在区间 $[0, 1]$ 上逐项积分, 得
$$\int_0^1 \sin(x^2) \mathrm{d}x = \frac{1}{3} - \frac{1}{7 \cdot 3!} + \frac{1}{11 \cdot 5!} - \frac{1}{15 \cdot 7!} + \cdots.$$

上式右端是收敛的交错级数, 取前 n 项部分和作为 $\int_0^1 \sin(x^2) \mathrm{d}x$ 的近似值, 其误差为
$$|r_n| \leqslant \frac{1}{(4n+3)(2n+1)!},$$
当 $n = 3$ 时,
$$|r_3| \leqslant \frac{1}{15 \cdot 7!} = \frac{1}{75600} = 0.0000132 \cdots,$$
故只需取前三项之和作为积分的近似值就能满足要求, 即
$$\int_0^1 \sin(x^2) \mathrm{d}x \approx \frac{1}{3} - \frac{1}{7 \cdot 3!} + \frac{1}{11 \cdot 5!} \approx 0.3103.$$

二、微分方程的幂级数解法

在实际问题中, 经常会遇到一类特殊的微分方程, 它们不能通过积分求解或者不能用初等函数来表示解, 但是可把微分方程的解表为一个幂级数, 这就是微分方程的幂级数解法. 下面举例说明.

例 3 求方程 $y' = x + y^2$ 满足 $y|_{x=0} = 0$ 的特解.

解 设方程的解为
$$y = b_0 + b_1 x + b_2 x^2 + \cdots + b_n x^n + \cdots,$$
因为 $y|_{x=0} = 0$, 故 $b_0 = 0$, 所以
$$y = b_1 x + b_2 x^2 + \cdots + b_n x^n + \cdots.$$
将上式代入原方程, 得
$$b_1 + 2b_2 x + 3b_3 x^2 + 4b_4 x^3 + 5b_5 x^4 + \cdots + (n+1)b_{n+1} x^n + \cdots$$
$$= x + (b_1 x + b_2 x^2 + b_3 x^3 + \cdots + b_n x^n + \cdots)^2$$
$$= x + b_1^2 x^2 + 2b_1 b_2 x^3 + (b_2^2 + 2b_1 b_3) x^4 + \cdots + \left(\sum_{i+j=n} b_i b_j\right) x^n + \cdots,$$
比较等式两端各项的系数, 得系数 b_n 的递推公式如下:
$$b_1 = 0, b_2 = \frac{1}{2}, b_3 = 0, b_4 = 0, b_5 = \frac{1}{20}, b_6 = 0, b_7 = 0, b_8 = \frac{1}{160}, \cdots,$$
$$b_{n+1} = \frac{1}{n+1} \sum_{i+j=n} b_i b_j = \frac{1}{n+1}(b_n b_0 + b_{n-1} b_1 + b_{n-2} b_2 + \cdots + b_1 b_{n-1} + b_0 b_n).$$
由此得所求的特解
$$y = \frac{1}{2} x^2 + \frac{1}{20} x^5 + \frac{1}{160} x^8 + \cdots.$$

三、欧拉公式

我们知道, 幂级数在其收敛域上确定了和函数 $s(x)$. 利用这个性质, 我们可利用幂级数来定义新的函数, 这是幂级数的重要应用之一. 下面利用复变量 z 的幂级数来定义复变量指数函数 e^z, 并导出有着广泛应用的欧拉公式.

设 $z_n = u_n + \mathrm{i} v_n (n = 1, 2, \cdots)$ 是复数列, 那么
$$\sum_{n=1}^{\infty} z_n = z_1 + z_2 + \cdots + z_n + \cdots \tag{7.1}$$
称作**复数项级数**, 简称**复级数**. 如果实部构成的级数
$$\sum_{n=1}^{\infty} u_n = u_1 + u_2 + \cdots + u_n + \cdots \tag{7.2}$$
收敛于 u, 并且虚部构成的级数
$$\sum_{n=1}^{\infty} v_n = v_1 + v_2 + \cdots + v_n + \cdots \tag{7.3}$$
收敛于 v, 就说**复级数 (7.1) 收敛**, 并且收敛于和 $w = u + \mathrm{i} v$.

如果级数 (7.1) 各项的模所构成的正项级数
$$\sum_{n=1}^{\infty} |z_n| = |z_1| + |z_2| + \cdots + |z_n| + \cdots$$

收敛, 则称**复级数 (7.1) 绝对收敛**.

当级数 (7.1) 绝对收敛时, 由于

$$|u_n| \leqslant |z_n|, \quad |v_n| \leqslant |z_n|,$$

故级数 (7.2) 和 (7.3) 都绝对收敛, 从而它们收敛, 因此级数 (7.1) 收敛. 于是, **绝对收敛的复级数必定收敛**.

现考虑复变量的幂级数

$$\sum_{n=1}^{\infty} \frac{z^n}{n!} = 1 + z + \frac{z^2}{2!} + \cdots + \frac{z^n}{n!} + \cdots, \tag{7.4}$$

对任意的正数 R, 当 $|z| \leqslant R$ 时, 因为

$$\left|\frac{z^n}{n!}\right| \leqslant \frac{R^n}{n!},$$

而 $\sum_{n=1}^{\infty} \frac{R^n}{n!}$ 是收敛的 (它收敛于 e^R), 由正项级数的比较审敛法知级数 (7.4) 绝对收敛. 由于正数 R 是任意的, 这说明级数 (7.4) 在整个复平面上绝对收敛.

由于当 $z = x \in \mathbf{R}$ 时, 级数 (7.4) 表示指数函数 e^x, 即

$$1 + x + \frac{x^2}{2!} + \cdots + \frac{x^n}{n!} + \cdots = \mathrm{e}^x,$$

作为实变量指数函数的推广, 我们在整个复平面上, 用级数 (7.4) 的和函数定义为复变量指数函数, 记作 e^z, 即

$$\mathrm{e}^z = 1 + z + \frac{z^2}{2!} + \cdots + \frac{z^n}{n!} + \cdots \quad (|z| < +\infty). \tag{7.5}$$

在 (7.5) 式中, 如果让 z 取纯虚数 $\mathrm{i}y$, 则由收敛级数可加括号和可逐项相加的性质 (这两个性质对复数项级数也成立), 可得

$$\begin{aligned}
\mathrm{e}^{\mathrm{i}y} &= 1 + \mathrm{i}y + \frac{1}{2!}(\mathrm{i}y)^2 + \frac{1}{3!}(\mathrm{i}y)^3 + \frac{1}{4!}(\mathrm{i}y)^4 + \frac{1}{5!}(\mathrm{i}y)^5 + \cdots \\
&= \left[1 + \frac{1}{2!}(\mathrm{i}y)^2 + \frac{1}{4!}(\mathrm{i}y)^4 + \cdots\right] + \left[\mathrm{i}y + \frac{1}{3!}(\mathrm{i}y)^3 + \frac{1}{5!}(\mathrm{i}y)^5 + \cdots\right] \\
&= \left(1 - \frac{1}{2!}y^2 + \frac{1}{4!}y^4 - \cdots\right) + \mathrm{i}\left(y - \frac{1}{3!}y^3 + \frac{1}{5!}y^5 - \cdots\right) \\
&= \cos y + \mathrm{i}\sin y.
\end{aligned}$$

把上式中的 y 换写成 x, 即得

$$\mathrm{e}^{\mathrm{i}x} = \cos x + \mathrm{i}\sin x, \tag{7.6}$$

在 (7.6) 式中把 x 换成 $-x$, 就有

$$\mathrm{e}^{-\mathrm{i}x} = \cos x - \mathrm{i}\sin x, \tag{7.7}$$

从 (7.6) 式及 (7.7) 式还可得

$$\begin{cases} \cos x = \dfrac{e^{ix} + e^{-ix}}{2}, \\ \sin x = \dfrac{e^{ix} - e^{-ix}}{2i}. \end{cases} \quad (7.8)$$

(7.6) 式或 (7.8) 式称为**欧拉公式**. 它们揭示了三角函数与复变量指数函数之间的联系, 在涉及复数或复变量函数有关问题时起到了重要作用.

习题 9.7

1. 利用函数的幂级数展开式求下列各数的近似值:

(1) $\ln 3$ (误差不超过 10^{-4}); (2) $\dfrac{1}{\sqrt[5]{36}}$ (误差不超过 10^{-5});

(3) $\sinh 0.5$ (误差不超过 10^{-4}); (4) $\sin 3°$ (误差不超过 10^{-5}).

2. 利用函数的幂级数展开式求下列积分的近似值:

(1) $\int_0^{\frac{1}{2}} \dfrac{1}{x^4+1} dx$ (误差不超过 10^{-4}); (2) $\int_0^{\frac{1}{2}} \dfrac{\arctan x}{x} dx$ (误差不超过 10^{-3});

(3) $\int_0^{\frac{1}{2}} x^2 e^{-x^2} dx$ (误差不超过 10^{-4}); (4) $\int_0^{\frac{1}{2}} \cos(x^2) dx$ (误差不超过 10^{-3}).

3. 利用幂级数求解微分方程 $y' - y^2 - x^3 = 0$, $y|_{x=0} = \dfrac{1}{2}$ 的初值问题.

4. 利用欧拉公式把函数 $e^x \cos x$ 和 $e^x \sin x$ 展开成麦克劳林级数.

5. 如果实函数 $u(x), v(x)$ 在 $[a,b]$ 上可积, 我们可定义

$$\int_a^b [u(x) + iv(x)] dx = \int_a^b u(x) dx + i \int_a^b v(x) dx,$$

证明: 若复数 $c \neq 0$, 则

$$\int_a^b e^{cx} dx = \left[\dfrac{1}{c} e^{cx}\right]_a^b.$$

9.8 傅里叶级数

函数项级数中除幂级数外, 我们还需要讨论由三角函数组成的函数项级数, 即所谓的三角级数, 这里主要讨论如何把函数展开成三角级数.

一、三角级数和三角函数系的正交性

周期运动是自然界中广泛存在着的一种运动形态. 对周期运动一般可用周期函数来描述. 例如反映简谐振动的函数

$$y = A \sin(\omega t + \varphi)$$

就是一个以 $\dfrac{2\pi}{\omega}$ 为周期的正弦函数, 其中 y 表示动点的位置, t 表示时间, A 为振幅, ω 为角频率, φ 为初相.

在实际问题中, 除了正弦函数外, 还会遇到非正弦函数的周期函数, 例如, 数字电路中常用的矩形波 (图 9.4) 就是一个非正弦周期函数. 为实现这种矩形波, 工程师常常通过多个正弦波的叠加来 (近似) 实现, 那么, 任一周期运动是否都能用一些简谐振动的叠加来近似实现呢?

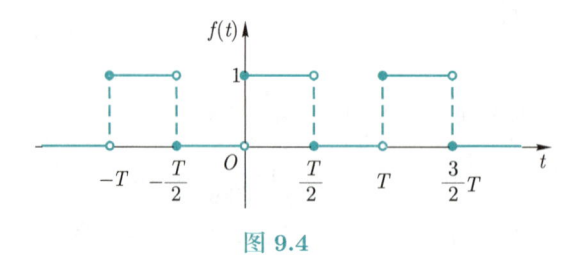

图 9.4

从数学上讲, 周期为 $T\left(=\dfrac{2\pi}{\omega}\right)$ 的非正弦周期函数是否能用一系列以 T 为周期的正弦函数 $A_n \sin(n\omega t + \varphi_n)$ 所组成的级数来表示, 即

$$F(t) = A_0 + \sum_{n=1}^{\infty} A_n \sin(n\omega t + \varphi_n), \tag{8.1}$$

其中 $A_0, A_n, \varphi_n (n = 1, 2, 3, \cdots)$ 都是常数.

将周期函数按上述方式表示, 它的物理意义是很明确的, 就是把一个比较复杂的周期运动看成是许多不同频率的简谐振动的叠加.

为了讨论方便, 下面将正弦函数 $A_n \sin(n\omega t + \varphi_n)$ 按三角公式变形, 得

$$A_n \sin(n\omega t + \varphi_n) = A_n \sin\varphi_n \cos n\omega t + A_n \cos\varphi_n \sin n\omega t,$$

若令 $\dfrac{a_0}{2} = A_0$, $a_n = A_n \sin\varphi_n$, $b_n = A_n \cos\varphi_n$, $\omega = \dfrac{\pi}{l}$ (即 $T = 2l$), 则 (8.1) 式右端可改写为

$$\dfrac{a_0}{2} + \sum_{n=1}^{\infty} \left(a_n \cos \dfrac{n\pi t}{l} + b_n \sin \dfrac{n\pi t}{l} \right). \tag{8.2}$$

一般地, 形如 (8.2) 式的级数叫做**三角级数**, 其中 $a_0, a_n, b_n (n = 1, 2, 3, \cdots)$ 都是常数. 令 $\dfrac{\pi t}{l} = x$, (8.2) 式成为

$$\dfrac{a_0}{2} + \sum_{n=1}^{\infty} (a_n \cos nx + b_n \sin nx). \tag{8.3}$$

这就是把以 $T = 2l$ 为周期的三角级数转换成以 $T = 2\pi$ 为周期的三角级数.

下面我们讨论以 2π 为周期的三角级数 (8.3).

如同讨论幂级数时一样, 我们必须讨论三角级数 (8.3) 的收敛问题, 以及给定周期为 2π 的周期函数如何把它展开成三角级数 (8.3). 为此, 我们先介绍三角函数系的正交性.

所谓三角函数系

$$1, \cos x, \sin x, \cos 2x, \sin 2x, \cdots, \cos nx, \sin nx, \cdots \tag{8.4}$$

在区间 $[-\pi, \pi]$ 上**正交**，是指在三角函数系 (8.4) 中任意两个不同函数的乘积在区间 $[-\pi, \pi]$ 上的积分为零，即

$$\int_{-\pi}^{\pi} 1 \cdot \cos nx \mathrm{d}x = 0 \quad (n = 1, 2, 3, \cdots),$$

$$\int_{-\pi}^{\pi} 1 \cdot \sin nx \mathrm{d}x = 0 \quad (n = 1, 2, 3, \cdots),$$

$$\int_{-\pi}^{\pi} \sin kx \cdot \cos nx \mathrm{d}x = 0 \quad (k, n = 1, 2, 3, \cdots),$$

$$\int_{-\pi}^{\pi} \cos kx \cdot \cos nx \mathrm{d}x = 0 \quad (k, n = 1, 2, 3, \cdots, k \neq n),$$

$$\int_{-\pi}^{\pi} \sin kx \cdot \sin nx \mathrm{d}x = 0 \quad (k, n = 1, 2, 3, \cdots, k \neq n).$$

以上等式都可通过计算直接验证. 现将第五式验证如下：

当 $k \neq n$ 时, 对任意的正整数 k, n, 有

$$\int_{-\pi}^{\pi} \sin kx \, \sin nx \mathrm{d}x = \frac{1}{2} \int_{-\pi}^{\pi} [\cos(k-n)x - \cos(k+n)x] \mathrm{d}x$$

$$= \frac{1}{2} \left[\frac{\sin(k-n)x}{k-n} - \frac{\sin(k+n)x}{k+n} \right]_{-\pi}^{\pi}$$

$$= 0.$$

其余等式由读者自行验证.

另外在三角函数系 (8.4) 中, 函数自身的平方在区间 $[-\pi, \pi]$ 上的积分分别为

$$\int_{-\pi}^{\pi} 1^2 \mathrm{d}x = 2\pi, \int_{-\pi}^{\pi} \sin^2 nx \mathrm{d}x = \pi, \int_{-\pi}^{\pi} \cos^2 nx \mathrm{d}x = \pi \quad (n = 1, 2, 3, \cdots).$$

二、 函数展开成傅里叶级数

设 $f(x)$ 是周期为 2π 的周期函数，如果能展开成三角级数

$$f(x) = \frac{a_0}{2} + \sum_{k=1}^{\infty} (a_k \cos kx + b_k \sin kx), \tag{8.5}$$

为弄清 $a_0, a_1, b_1, \cdots$ 与函数 $f(x)$ 之间有什么关系, 先假设 (8.5) 式可以逐项积分.

先求 a_0. 对 (8.5) 式从 $-\pi$ 到 π 逐项积分, 并利用三角函数系 (8.4) 的正交性, 有

$$\int_{-\pi}^{\pi} f(x) \mathrm{d}x = \int_{-\pi}^{\pi} \frac{a_0}{2} \mathrm{d}x + \sum_{k=1}^{\infty} \left(a_k \int_{-\pi}^{\pi} \cos kx \mathrm{d}x + b_k \int_{-\pi}^{\pi} \sin kx \mathrm{d}x \right)$$

$$= \int_{-\pi}^{\pi} \frac{a_0}{2} \mathrm{d}x = \frac{a_0}{2} \cdot 2\pi = a_0\pi,$$

从而得

$$a_0 = \frac{1}{\pi}\int_{-\pi}^{\pi} f(x)\mathrm{d}x.$$

其次求 a_n. 用 $\cos nx$ 乘 (8.5) 式的两端, 再从 $-\pi$ 到 π 逐项积分, 我们有

$$\int_{-\pi}^{\pi} f(x)\cos nx \mathrm{d}x = \frac{a_0}{2}\int_{-\pi}^{\pi} \cos nx \mathrm{d}x +$$

$$\sum_{k=1}^{\infty}(a_k \int_{-\pi}^{\pi}\cos kx \cos nx \mathrm{d}x + b_k \int_{-\pi}^{\pi}\sin kx \cos nx \mathrm{d}x),$$

根据三角函数系 (8.4) 的正交性, 上式右端除 $k = n$ 的一项外, 其余各项均为零, 所以

$$\int_{-\pi}^{\pi} f(x)\cos nx \mathrm{d}x = a_n \int_{-\pi}^{\pi} \cos^2 nx \mathrm{d}x = a_n\pi,$$

从而得

$$a_n = \frac{1}{\pi}\int_{-\pi}^{\pi} f(x)\cos nx \mathrm{d}x \quad (n = 1, 2, 3, \cdots).$$

类似地, 用 $\sin nx$ 乘 (8.5) 式的两端, 再从 $-\pi$ 到 π 逐项积分, 可得

$$b_n = \frac{1}{\pi}\int_{-\pi}^{\pi} f(x)\sin nx \mathrm{d}x \quad (n = 1, 2, 3, \cdots).$$

由于当 $n = 0$ 时, a_n 的表达式正好给出 a_0, 因此上面这些结果可合并写成

$$a_n = \frac{1}{\pi}\int_{-\pi}^{\pi} f(x)\cos nx \mathrm{d}x \quad (n = 0, 1, 2, 3, \cdots),$$

$$b_n = \frac{1}{\pi}\int_{-\pi}^{\pi} f(x)\sin nx \mathrm{d}x \quad (n = 1, 2, 3, \cdots). \tag{8.6}$$

如果 (8.6) 式的积分存在, 这时由它们定出的系数 $a_0, a_1, b_1, \cdots$ 叫做函数 $f(x)$ 的**傅里叶系数**. 将这些系数代入 (8.5) 式右端, 所得的三角级数

$$\frac{a_0}{2} + \sum_{n=1}^{\infty}(a_n \cos nx + b_n \sin nx) \tag{8.7}$$

叫做函数 $f(x)$ 的**傅里叶级数**.

由以上说明, 我们知道, 在周期为 2π 的函数 $f(x)$ 可以展开成三角级数, 并且可以逐项积分的假定下, $f(x)$ 展开成了傅里叶级数. 事实上, 要分析函数 $f(x)$ 能否展开成三角级数是不容易的, 为了避免研究此问题, 换个思路来讨论, 我们知道, 函数的展开问题与级数的收敛问题紧密联系, 因此我们转而考虑傅里叶级数的收敛问题: 由 (8.6) 式可知, 只要周期为 2π 的函数 $f(x)$ 在 $[-\pi, \pi]$ 上可积, 那么一定可以计算出 $f(x)$ 的傅里叶系数, 从而可以写出 $f(x)$ 的傅里叶级数. 那么, 函数 $f(x)$ 的傅里叶级数是否收敛? 如果收敛的话, 它是否收敛于 $f(x)$?

下面我们给出一个收敛定理 (不加证明), 它回答了上述问题.

定理 (狄利克雷充分条件) 设 $f(x)$ 是周期为 2π 的周期函数, 如果它在一个周期内满足:

(1) 连续或只有有限多个第一类间断点;

(2) 至多只有有限多个极值点,

则 $f(x)$ 的傅里叶级数 (8.7) 收敛, 并且

当 x 是 $f(x)$ 的连续点时, 级数 (8.7) 收敛于 $f(x)$;

当 x 是 $f(x)$ 的间断点时, 级数 (8.7) 收敛于 $\frac{1}{2}[f(x^-) + f(x^+)]$.

上述收敛定理告诉我们: **只要 $f(x)$ 在 $[-\pi, \pi]$ 上至多有有限个第一类间断点, 而且其图形不作无限次振动, 那么 $f(x)$ 的傅里叶级数在连续点处收敛于该点的函数值, 在间断点处收敛于该点左、右极限的算术平均值.** 用式子表示就是

$$\frac{a_0}{2} + \sum_{n=1}^{\infty}(a_n \cos nx + b_n \sin nx) = \begin{cases} f(x), & x \text{ 为} f(x) \text{ 的连续点}, \\ \dfrac{f(x^-) + f(x^+)}{2}, & x \text{ 为} f(x) \text{ 的间断点}, \end{cases} \quad (8.8)$$

如果函数 $f(x)$ 的傅里叶级数收敛于 $f(x)$, 这时称此傅里叶级数为 $f(x)$ 的**傅里叶级数展开式**, 此时

$$f(x) = \frac{a_0}{2} + \sum_{n=1}^{\infty}(a_n \cos nx + b_n \sin nx).$$

可见, 函数展开成傅里叶级数的条件比展开成幂级数的条件弱得多.

例 1 设矩形波的波形函数 $f(x)$ 是周期为 2π 的周期函数, 它在 $[-\pi, \pi)$ 上的表达式为

$$f(x) = \begin{cases} 0, & -\pi \leqslant x < 0, \\ 1, & 0 \leqslant x < \pi. \end{cases}$$

将 $f(x)$ 展开成傅里叶级数, 并作出级数的和函数的图形.

解 所给函数满足收敛定理的条件, 它在点 $x = k\pi (k = 0, \pm 1, \pm 2, \cdots)$ 处间断, 在其他点处连续 (图 9.5(a)). 因此由收敛定理知 $f(x)$ 的傅里叶级数收敛, 并且当 $x = k\pi$ 时级数收敛于 $\frac{1+0}{2} = \frac{1}{2}$, 在其他点处级数收敛于 $f(x)$.

现计算傅里叶系数:

$$a_0 = \frac{1}{\pi}\int_{-\pi}^{\pi} f(x)\mathrm{d}x = \frac{1}{\pi}\int_0^{\pi} \mathrm{d}x = 1;$$

$$a_n = \frac{1}{\pi}\int_{-\pi}^{\pi} f(x)\cos nx \mathrm{d}x = \frac{1}{\pi}\int_0^{\pi} \cos nx \mathrm{d}x = \frac{1}{\pi}\left[\frac{\sin nx}{n}\right]_0^{\pi} = 0 \quad (n = 1, 2, 3, \cdots);$$

$$b_n = \frac{1}{\pi}\int_{-\pi}^{\pi} f(x)\sin nx \mathrm{d}x = \frac{1}{\pi}\int_0^{\pi} \sin nx \mathrm{d}x = \frac{1}{\pi}\left[-\frac{\cos nx}{n}\right]_0^{\pi}$$

$$= \frac{1}{n\pi}[1+(-1)^{n-1}] = \begin{cases} \dfrac{2}{n\pi}, & n=1,3,5,\cdots, \\ 0, & n=2,4,6,\cdots. \end{cases}$$

将求得的系数代入 (8.8) 式, 即得 $f(x)$ 的傅里叶级数展开式为

$$f(x) = \frac{1}{2} + \sum_{n=1}^{\infty} \frac{1+(-1)^{n-1}}{n\pi} \sin nx = \frac{1}{2} + \frac{2}{\pi}\left[\sin x + \frac{1}{3}\sin 3x + \frac{1}{5}\sin 5x + \cdots\right]$$

$$(x \neq k\pi, k = 0, \pm 1, \pm 2, \cdots).$$

图 9.5(b) 是 $f(x)$ 的傅里叶级数的和函数 $F(x)$ 的图形.

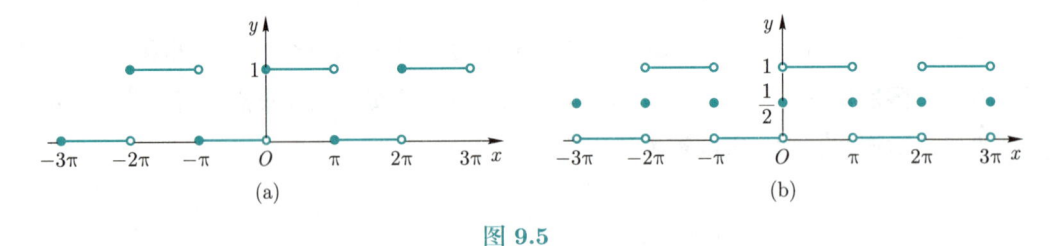

图 9.5

下面利用例 1 对 $f(x)$ 的傅里叶多项式逼近 $f(x)$ 的情况作一说明.

记 $F_n(x) = \dfrac{a_0}{2} + \sum\limits_{k=1}^{n}(a_k \cos kx + b_k \sin kx)$, 其中 $a_0, a_k, b_k (k=1,2,\cdots,n)$ 均为 $f(x)$ 的傅里叶系数, 称 $F_n(x)$ 为 $f(x)$ 的 n **阶傅里叶多项式**. 图 9.6 给出了例 1 中的 $f(x)$ 以及它的前若干阶傅里叶多项式在区间 $[-\pi, \pi]$ 上的图形.

从图中可以看到, 在区间 $[-\pi, \pi]$ 内, 从整体上看, $F_n(x)$ 的图形随着 n 的增大越来越接近于 $f(x)$ 的图形——矩形波, 但在 $f(x)$ 的间断点 $x=0$ 处, $F_n(x)$ 均取值 $\dfrac{1}{2}$, 与 $f(0)=1$ 相差很大, 并不是好的逼近. 可见 $F_n(x)$ 对 $f(x)$ 是一种好的 "全局性逼近", 却不一定在每一点处都是好的 "局部逼近". 这与泰勒多项式的逼近情况是明显不同的.

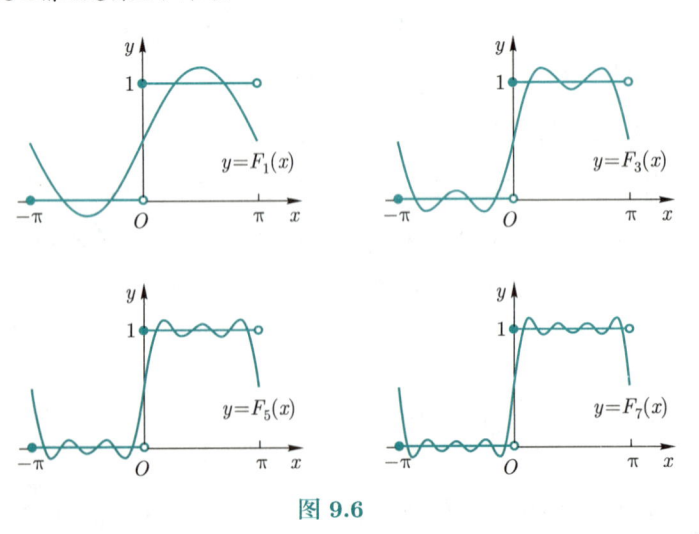

图 9.6

那么怎样从数量上来刻画这种"全局性逼近"呢？以下对此作一粗略说明．考虑如下的 $f(x)$ 与 $F_n(x)$ 的差在区间 $[-\pi,\pi]$ 上的均方根平均值 $\sqrt{\dfrac{1}{2\pi}\displaystyle\int_{-\pi}^{\pi}[f(x)-F_n(x)]^2\mathrm{d}x}$，称为 $f(x)$ 与 $F_n(x)$ 在 $[-\pi,\pi]$ 上的**均方差**．它刻画了 $f(x)$ 与 $F_n(x)$ 在 $[-\pi,\pi]$ 上的平均意义上的差异程度．从定积分的几何意义看，均方差越小，反映了两曲线 $y=f(x)$ 与 $y=F_n(x)$ 之间所围区域的面积越小，因此表明两曲线总体上越接近；反之，则表明两曲线的总体相离程度就越大．但是，由于改变被积函数在个别点处的值并不影响定积分的值，因此均方差小并不能保证 $f(x)$ 与 $F_n(x)$ 在每一点处都很接近．而且可以证明，只要 $f(x)$ 在 $[-\pi,\pi]$ 上可积，则当 $n\to\infty$ 时，$f(x)$ 与 $F_n(x)$ 在 $[-\pi,\pi]$ 上的均方差 $\sqrt{\dfrac{1}{2\pi}\displaystyle\int_{-\pi}^{\pi}[f(x)-F_n(x)]^2\mathrm{d}x}\to 0$．这就是 $f(x)$ 的傅里叶多项式 $F_n(x)$ 收敛于 $f(x)$ 的确切含义：$F_n(x)$ 是在均方差意义上收敛于 $f(x)$，而不是（如同泰勒多项式那样的）点点收敛于 $f(x)$．

例 2 设 $f(x)$ 是周期为 2π 的周期函数，它在 $[-\pi,\pi)$ 上的表达式为

$$f(x)=\begin{cases} x, & -\pi\leqslant x<0,\\ 0, & 0\leqslant x<\pi.\end{cases}$$

将 $f(x)$ 展开成傅里叶级数，并作出级数的和函数的图形．

解 函数 $f(x)$ 满足收敛定理的条件，它在点 $x=(2k+1)\pi\,(k=0,\pm 1,\pm 2,\cdots)$ 处间断，在其他点处连续（图 9.7(a)）．因此 $f(x)$ 的傅里叶级数在点 $x=(2k+1)\pi$ 处收敛于 $\dfrac{1}{2}[f(\pi^-)+f(-\pi^+)]=\dfrac{0-\pi}{2}=-\dfrac{\pi}{2}$，在其他点处收敛于 $f(x)$．

现计算傅里叶系数：

$$a_0=\frac{1}{\pi}\int_{-\pi}^{\pi}f(x)\mathrm{d}x=\frac{1}{\pi}\int_{-\pi}^{0}x\mathrm{d}x=\frac{1}{\pi}\left[\frac{x^2}{2}\right]_{-\pi}^{0}=-\frac{\pi}{2};$$

$$a_n=\frac{1}{\pi}\int_{-\pi}^{\pi}f(x)\cos nx\mathrm{d}x=\frac{1}{\pi}\int_{-\pi}^{0}x\cos nx\mathrm{d}x$$

$$=\frac{1}{\pi}\left[\frac{x\sin nx}{n}+\frac{\cos nx}{n^2}\right]_{-\pi}^{0}=\frac{1-\cos n\pi}{n^2\pi}$$

$$=\frac{1-(-1)^n}{n^2\pi}=\begin{cases}\dfrac{2}{n^2\pi}, & n=1,3,5,\cdots,\\ 0, & n=2,4,6,\cdots;\end{cases}$$

$$b_n=\frac{1}{\pi}\int_{-\pi}^{\pi}f(x)\sin nx\mathrm{d}x=\frac{1}{\pi}\int_{-\pi}^{0}x\sin nx\mathrm{d}x$$

$$=\frac{1}{\pi}\left[-\frac{x\cos nx}{n}+\frac{\sin nx}{n^2}\right]_{-\pi}^{0}=-\frac{\cos n\pi}{n}$$

$$=\frac{(-1)^{n+1}}{n}\quad(n=1,2,\cdots).$$

从而得 $f(x)$ 的傅里叶级数展开式为

$$f(x) = -\frac{\pi}{4} + \sum_{n=1}^{\infty} \left[\frac{1-(-1)^n}{n^2\pi} \cos nx + \frac{(-1)^{n+1}}{n} \sin nx \right]$$

$$= -\frac{\pi}{4} + \left(\frac{2}{\pi}\cos x + \sin x\right) - \frac{1}{2}\sin 2x + \left(\frac{2}{3^2\pi}\cos 3x + \frac{1}{3}\sin 3x\right)$$

$$-\frac{1}{4}\sin 4x + \left(\frac{2}{5^2\pi}\cos 5x + \frac{1}{5}\sin 5x\right) - \cdots \;(x \neq (2k+1)\pi, k=0,\pm 1,\pm 2,\cdots).$$

图 9.7(b) 是 $f(x)$ 的傅里叶级数的和函数 $F(x)$ 的图形.

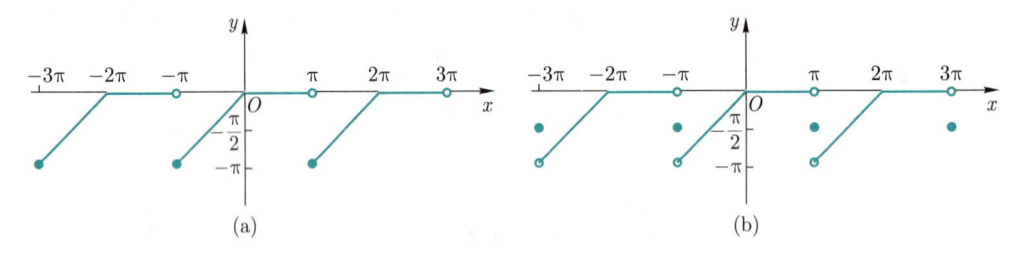

图 9.7

以上讨论了如何将周期为 2π 的周期函数展开成傅里叶级数. 但是, 如果函数 $f(x)$ 只在区间 $[-\pi, \pi]$ 上有定义, 并且满足收敛定理的条件, 那么 $f(x)$ 也可以展开成傅里叶级数. 事实上, 我们可在 $[-\pi, \pi)$(或 $(-\pi, \pi]$) 外补充函数 $f(x)$ 的定义, 使它拓广为周期为 2π 的周期函数 $\varphi(x)$(见图 9.8, 其中实线为 $y=f(x)$ 在 $[-\pi, \pi]$ 上的图形, 虚线为延拓部分图形), 以这种方式拓广函数定义域的过程叫做函数的**周期延拓**. 再将 $\varphi(x)$ 展开成傅里叶级数. 最后限制 x 在 $(-\pi, \pi)$ 内, 此时 $\varphi(x) \equiv f(x)$, 这样便得到 $f(x)$ 的傅里叶级数展开式, 且在区间端点 $x = \pm\pi$ 处, $f(x)$ 的傅里叶级数收敛于 $\frac{1}{2}[f(\pi^-) + f(-\pi^+)]$.

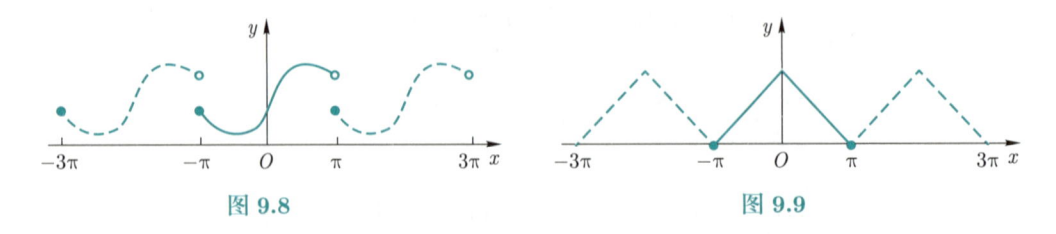

图 9.8

图 9.9

试算试练 定义在区间 $[-\pi, \pi]$ 上的函数 $f(x)$ 展开成傅里叶级数时, 要写出周期延拓后函数的表达式吗?

例 3 将函数 $f(x) = \pi - |x|(-\pi \leqslant x \leqslant \pi)$ 展开成傅里叶级数.

解 $f(x)$ 在区间 $[-\pi, \pi]$ 上满足收敛定理的条件, 对 $f(x)$ 进行周期延拓, 延拓后的函数在每一点处都连续 (图 9.9), 故它的傅里叶级数在 $[-\pi, \pi]$ 上收敛于 $f(x)$.

先计算傅里叶系数. 由于 $f(x)\cos nx = (\pi - |x|)\cos nx$ 是偶函数, 所以

$$a_0 = \frac{1}{\pi}\int_{-\pi}^{\pi} f(x)\mathrm{d}x = \frac{1}{\pi}\int_{-\pi}^{\pi}(\pi - |x|)\mathrm{d}x = \frac{2}{\pi}\int_0^{\pi}(\pi - x)\mathrm{d}x = \pi;$$

$$a_n = \frac{1}{\pi}\int_{-\pi}^{\pi} f(x)\cos nx\mathrm{d}x = \frac{2}{\pi}\int_0^{\pi}(\pi - x)\cos nx\mathrm{d}x$$

$$= \frac{2}{\pi}\left[\frac{(\pi - x)\sin nx}{n} - \frac{\cos nx}{n^2}\right]_0^{\pi} = \frac{2}{n^2\pi}(1 - \cos n\pi)$$

$$= \frac{2[1 - (-1)^n]}{n^2\pi} = \begin{cases}\dfrac{4}{n^2\pi}, & n = 1, 3, 5, \cdots, \\ 0, & n = 2, 4, 6, \cdots;\end{cases}$$

又由于 $f(x)\sin nx = (\pi - |x|)\sin nx$ 是奇函数, 所以

$$b_n = \frac{1}{\pi}\int_{-\pi}^{\pi} f(x)\sin nx\mathrm{d}x = 0 \quad (n = 1, 2, \cdots).$$

从而得

$$f(x) = \frac{\pi}{2} + \sum_{n=1}^{\infty}\frac{2[1 - (-1)^n]}{n^2\pi}\cos nx = \frac{\pi}{2} + \sum_{n=1}^{\infty}\frac{4}{(2n-1)^2\pi}\cos(2n-1)x$$

$$= \frac{\pi}{2} + \frac{4}{\pi}\left(\cos x + \frac{1}{3^2}\cos 3x + \frac{1}{5^2}\cos 5x + \cdots\right) \quad (-\pi \leqslant x \leqslant \pi).$$

利用函数的傅里叶级数展开式, 有时可得一些特殊的常数项级数的和, 例如在例 3 的结果中, 由 $f(0) = \pi$, 得

$$\pi = \frac{\pi}{2} + \frac{4}{\pi}\left(1 + \frac{1}{3^2} + \frac{1}{5^2} + \cdots\right),$$

由此得到

$$1 + \frac{1}{3^2} + \frac{1}{5^2} + \cdots + \frac{1}{(2n-1)^2} + \cdots = \frac{\pi^2}{8}. \tag{8.9}$$

如果记

$$1 + \frac{1}{2^2} + \frac{1}{3^2} + \cdots + \frac{1}{n^2} + \cdots = \sigma,$$

则

$$\frac{1}{2^2} + \frac{1}{4^2} + \frac{1}{6^2} + \cdots + \frac{1}{(2n)^2} + \cdots = \frac{1}{4}\left(1 + \frac{1}{2^2} + \frac{1}{3^2} + \cdots\right) = \frac{\sigma}{4},$$

由以上两式可得

$$1 + \frac{1}{3^2} + \frac{1}{5^2} + \cdots + \frac{1}{(2n-1)^2} + \cdots = \sigma - \frac{\sigma}{4} = \frac{3}{4}\sigma,$$

于是结合 (8.9) 式便得

$$\sigma = 1 + \frac{1}{2^2} + \frac{1}{3^2} + \cdots + \frac{1}{n^2} + \cdots = \frac{4}{3}\cdot\frac{\pi^2}{8} = \frac{\pi^2}{6}, \tag{8.10}$$

进而可得
$$\frac{1}{2^2}+\frac{1}{4^2}+\frac{1}{6^2}+\cdots+\frac{1}{(2n)^2}+\cdots=\frac{\sigma}{4}=\frac{\pi^2}{24}, \tag{8.11}$$
再由 (8.9) 和 (8.11) 式可得到下列交错级数的和:
$$1-\frac{1}{2^2}+\frac{1}{3^2}-\frac{1}{4^2}+\cdots+\frac{1}{(2n-1)^2}-\frac{1}{(2n)^2}+\cdots=\frac{\pi^2}{8}-\frac{\pi^2}{24}=\frac{\pi^2}{12}.$$

三、正弦级数和余弦级数

一般来说, 周期为 2π 的函数的傅里叶级数既含有正弦项又含有余弦项, 但是当 $f(x)$ 是奇函数时, 由于 $f(x)\cos nx$ 是奇函数, $f(x)\sin nx$ 是偶函数, 故
$$a_n=\frac{1}{\pi}\int_{-\pi}^{\pi}f(x)\cos nx\mathrm{d}x=0 \quad (n=0,1,2,\cdots),$$
$$b_n=\frac{2}{\pi}\int_0^{\pi}f(x)\sin nx\mathrm{d}x \quad (n=1,2,\cdots). \tag{8.12}$$

从而奇函数的傅里叶级数是只含正弦项的**正弦级数**
$$\sum_{n=1}^{\infty}b_n\sin nx.$$

当 $f(x)$ 是偶函数时, 由于 $f(x)\sin nx$ 是奇函数, $f(x)\cos nx$ 是偶函数, 故
$$a_n=\frac{2}{\pi}\int_0^{\pi}f(x)\cos nx\mathrm{d}x \quad (n=0,1,2,\cdots),$$
$$b_n=\frac{1}{\pi}\int_{-\pi}^{\pi}f(x)\sin nx\mathrm{d}x=0 \quad (n=1,2,\cdots). \tag{8.13}$$

从而偶函数的傅里叶级数是只含常数项和余弦项的**余弦级数**
$$\frac{a_0}{2}+\sum_{n=1}^{\infty}a_n\cos nx.$$

例 4 设 $f(x)$ 是周期为 2π 的周期函数, 它在 $[-\pi,\pi]$ 上的表达式为 $f(x)=\sin\frac{x}{2}$, 将 $f(x)$ 展开成傅里叶级数.

解 所给函数满足收敛定理的条件, 它在点 $x=(2k+1)\pi(k=0,\pm 1,\pm 2,\cdots)$ 处间断, 在其他点处连续 (图 9.10). 因此 $f(x)$ 的傅里叶级数在点 $x=(2k+1)\pi$ 处收敛于 $\frac{1}{2}[f(\pi^-)+f(-\pi^+)]=\frac{1-1}{2}=0$, 在其他点处收敛于 $f(x)$.

因为 $f(x)$ 是周期为 2π 的奇函数, 所以由公式 (8.12), 有 $a_n=0(n=0,1,2,\cdots)$,
$$b_n=\frac{2}{\pi}\int_0^{\pi}f(x)\sin nx\mathrm{d}x=\frac{2}{\pi}\int_0^{\pi}\sin\frac{x}{2}\sin nx\mathrm{d}x$$
$$=\frac{2}{\pi}\int_0^{\pi}\frac{1}{2}\left[\cos\left(n-\frac{1}{2}\right)x-\cos\left(n+\frac{1}{2}\right)x\right]\mathrm{d}x$$

$$= \frac{1}{\pi} \left[\frac{\sin\left(n - \frac{1}{2}\right)x}{n - \frac{1}{2}} - \frac{\sin\left(n + \frac{1}{2}\right)x}{n + \frac{1}{2}} \right]_0^\pi$$

$$= \frac{1}{\pi} \left[\frac{(-1)^{n-1}}{n - \frac{1}{2}} - \frac{(-1)^n}{n + \frac{1}{2}} \right] = (-1)^{n-1} \frac{8n}{(4n^2 - 1)\pi} \quad (n = 1, 2, \cdots).$$

于是得

$$f(x) = \frac{8}{\pi} \sum_{n=1}^\infty \frac{(-1)^{n-1} n}{4n^2 - 1} \sin nx$$

$$= \frac{8}{\pi} \left(\frac{1}{3} \sin x - \frac{2}{15} \sin 2x + \frac{3}{35} \sin 3x - \cdots \right) \quad (x \neq (2k+1)\pi, k = 0, \pm 1, \pm 2, \cdots).$$

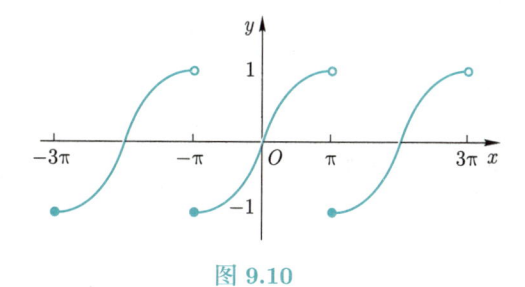

图 9.10

在实际问题中, 有时还需要把定义在区间 $[0, \pi]$ 上的函数 $f(x)$ 展开成正弦级数或者余弦级数. 由于正弦级数 (余弦级数) 的和函数是奇函数 (偶函数), 因此, 我们可在区间 $(-\pi, 0)$ 内补充函数 $f(x)$ 的定义, 得到定义在 $(-\pi, \pi]$ 上的函数 $g(x)$, 使它在 $(-\pi, \pi)$ 上成为奇函数[①] (偶函数). 这种拓广函数定义域的方法叫做**奇延拓** (**偶延拓**). 再把 $g(x)$ 周期延拓为 $\varphi(x)$, 则 $\varphi(x)$ 的傅里叶级数展开式必是正弦级数 (余弦级数). 把 x 限制在 $(0, \pi]$ 上, 此时 $\varphi(x) = g(x) = f(x)$. 这样便获得 $f(x)$ 在 $(0, \pi]$ 上的正弦级数 (余弦级数) 展开式.

试算试练 定义在区间 $[0, \pi]$ 上的函数 $f(x)$ 展开成正弦级数 (余弦级数) 时, 要写出奇延拓 (偶延拓) 后函数的表达式吗?

例 5 将函数 $f(x) = x + 1 (0 \leqslant x \leqslant \pi)$ 分别展开成正弦级数和余弦级数.

解 (1) 函数 $f(x)$ 满足收敛定理的条件, 对 $f(x)$ 作奇延拓 (见图 9.11, 其中实线为 $y = f(x)$ 在 $(0, \pi)$ 内的图形, 虚线为延拓部分的图形), 然后作周期延拓, 延拓后的函数在 $x = k\pi (k = 0, \pm 1, \pm 2, \cdots)$ 处间断, 除此以外都连续. 其傅里叶系数为

$$a_n = 0 \ (n = 0, 1, 2, \cdots);$$

$$b_n = \frac{2}{\pi} \int_0^\pi f(x) \sin nx \, dx$$

[①] 补充 $f(x)$ 的定义使之在 $(-\pi, \pi)$ 上成为奇函数 $g(x)$ 时, 若 $f(0) \neq 0$, 则规定 $g(0) = 0$.

$$= \frac{2}{\pi} \int_0^\pi (x+1) \sin nx \mathrm{d}x$$

$$= \frac{2}{\pi} \left[-\frac{(x+1)\cos nx}{n} + \frac{\sin nx}{n^2} \right]_0^\pi$$

$$= \frac{2}{n\pi}(1 - \pi \cos n\pi - \cos n\pi) = \frac{2}{n\pi}[1 - (\pi+1)(-1)^n]$$

$$= \begin{cases} \dfrac{2(\pi+2)}{n\pi}, & n = 1, 3, 5, \cdots, \\ -\dfrac{2}{n}, & n = 2, 4, 6, \cdots. \end{cases}$$

于是得

$$f(x) = \sum_{n=1}^\infty \frac{2[1-(\pi+1)(-1)^n]}{n\pi} \sin nx$$

$$= \frac{2}{\pi} \left[(\pi+2)\sin x - \frac{\pi}{2}\sin 2x + \frac{\pi+2}{3}\sin 3x - \frac{\pi}{4}\sin 4x + \cdots \right] \quad (0 < x < \pi).$$

在端点 $x = 0$ 和 $x = \pi$ 处级数收敛到零.

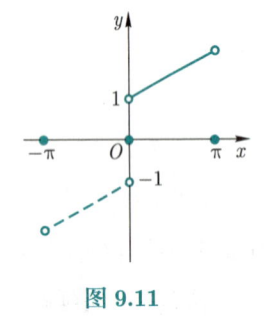

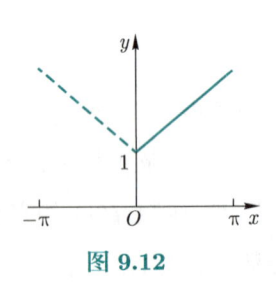

图 9.11

图 9.12

(2) 函数 $f(x)$ 满足收敛定理的条件, 对 $f(x)$ 作偶延拓 (见图 9.12, 其中实线为 $y = f(x)$ 在 $[0,\pi]$ 内的图形, 虚线为延拓部分的图形), 然后作周期延拓, 延拓后的函数在任一点处都连续. 其傅里叶系数为

$$b_n = 0 (n = 1, 2, \cdots);$$

$$a_0 = \frac{2}{\pi} \int_0^\pi (x+1) \mathrm{d}x = \frac{2}{\pi} \left[\frac{x^2}{2} + x \right]_0^\pi = \pi + 2;$$

$$a_n = \frac{2}{\pi} \int_0^\pi (x+1) \cos nx \mathrm{d}x$$

$$= \frac{2}{\pi} \left[\frac{(x+1)\sin nx}{n} + \frac{\cos nx}{n^2} \right]_0^\pi$$

$$= \frac{2}{n^2 \pi}(\cos n\pi - 1) = \frac{2[(-1)^n - 1]}{n^2 \pi}$$

$$= \begin{cases} -\dfrac{4}{n^2\pi}, & n = 1, 3, 5, \cdots, \\ 0, & n = 2, 4, 6, \cdots. \end{cases}$$

于是得

$$f(x) = \frac{\pi}{2} + 1 + \sum_{n=1}^{\infty} \frac{2[(-1)^n - 1]}{n^2\pi} \cos nx$$

$$= \frac{\pi}{2} + 1 - \frac{4}{\pi}\left(\cos x + \frac{1}{3^2}\cos 3x + \frac{1}{5^2}\cos 5x + \cdots\right) \quad (0 \leqslant x \leqslant \pi).$$

试算试练 能将函数 $f(x) = x + 1 (0 < x < \pi)$ 分别展开成正弦级数和余弦级数吗?

习题 9.8

1. 设 $f(x)$ 是周期为 2π 的周期函数, 它在区间 $[-\pi, \pi)$ 上的表达式为 $f(x) = e^{2x}$, 将 $f(x)$ 展开成傅里叶级数, 并求级数 $\sum_{n=1}^{\infty} \dfrac{(-1)^{n-1}}{n^2 + 4}$ 的和.

2. 将下列函数展开成傅里叶级数:

(1) $f(x) = \sin \dfrac{x}{3} (-\pi \leqslant x \leqslant \pi)$;   (2) $f(x) = 2|\sin x|(-\pi \leqslant x \leqslant \pi)$;

(3) $f(x) = \cos \lambda x (-\pi \leqslant x \leqslant \pi, \ 0 < \lambda < 1)$;

(4) $f(x) = \begin{cases} e^x, & -\pi \leqslant x < 0, \\ 1, & 0 \leqslant x \leqslant \pi. \end{cases}$

3. 将函数 $f(x) = x(-\pi \leqslant x < \pi)$ 展开成傅里叶级数.

4. 设 $f(x)$ 是周期为 2π 的周期函数, 它在区间 $[-\pi, \pi)$ 上的表达式为 $f(x) = |x|$, 将 $f(x)$ 展开成傅里叶级数.

5. 将函数 $f(x) = \dfrac{\pi - x}{2} \ (0 \leqslant x \leqslant \pi)$ 展开成正弦级数.

6. 将函数 $f(x) = 3x^2 + 1 \ (0 \leqslant x \leqslant \pi)$ 分别展开成正弦级数和余弦级数.

7. 设 $f(x)$ 是周期为 2π 的连续函数, 其傅里叶系数为 $a_0, \ a_n, \ b_n (n = 1, 2, 3, \cdots)$. 试求 $f(x + h)(h$ 为实数$)$ 的傅里叶系数 $a'_0, \ a'_n, \ b'_n (n = 1, 2, 3, \cdots)$.

9.9 一般函数的傅里叶级数

一、周期为 $2l$ 的周期函数的傅里叶级数

上节所讨论的周期函数都是以 2π 为周期的, 但是实际问题中涉及的周期函数, 其周期不一定是 2π. 现在假设 $f(x)$ 是以 $T = 2l(l$ 为任意正数$)$ 为周期的周期函数, 如何得到 $f(x)$ 的傅里叶级数展开式呢?

在上一节第一目中，我们知道，对于以 $2l$ 为周期的周期函数 $f(x)$，只要令 $x = \dfrac{l}{\pi}u$，则函数

$$F(u) = f\left(\dfrac{l}{\pi}u\right)$$

必定是以 2π 为周期的周期函数. 若 $F(u)$ 满足狄利克雷充分条件[①]，则由收敛定理可知，$F(u)$ 的傅里叶级数

$$\dfrac{a_0}{2} + \sum_{n=1}^{\infty}(a_n \cos nu + b_n \sin nu) = \begin{cases} F(u), & u \text{ 为 } F(u) \text{ 的连续点,} \\ \dfrac{F(u^-) + F(u^+)}{2}, & u \text{ 为 } F(u) \text{ 的间断点,} \end{cases} \tag{9.1}$$

其中

$$a_n = \dfrac{1}{\pi}\int_{-\pi}^{\pi} F(u)\cos nu\, du, n = 0, 1, 2, \cdots,$$

$$b_n = \dfrac{1}{\pi}\int_{-\pi}^{\pi} F(u)\sin nu\, du, n = 1, 2, \cdots. \tag{9.2}$$

而 $f(x) = F\left(\dfrac{\pi}{l}x\right)$，于是，在 (9.1) 式中用 $u = \dfrac{\pi}{l}x$ 代入，在 (9.2) 式中令 $u = \dfrac{\pi}{l}x$ 进行换元，便得下面的收敛定理.

定理 设周期为 $2l$ 的周期函数 $f(x)$ 满足狄利克雷充分条件，则在连续点 x 处，$f(x)$ 的傅里叶级数展开式为

$$f(x) = \dfrac{a_0}{2} + \sum_{n=1}^{\infty}\left(a_n \cos \dfrac{n\pi}{l}x + b_n \sin \dfrac{n\pi}{l}x\right), \tag{9.3}$$

其中

$$a_n = \dfrac{1}{l}\int_{-l}^{l} f(x)\cos \dfrac{n\pi}{l}x\, dx, n = 0, 1, 2, \cdots,$$

$$b_n = \dfrac{1}{l}\int_{-l}^{l} f(x)\sin \dfrac{n\pi}{l}x\, dx, n = 1, 2, \cdots. \tag{9.4}$$

特别地，当 $f(x)$ 是奇函数时，在连续点 x 处，$f(x) = \sum_{n=1}^{\infty} b_n \sin \dfrac{n\pi}{l}x$ (称为**正弦级数**)，其中

$$b_n = \dfrac{2}{l}\int_{0}^{l} f(x)\sin \dfrac{n\pi}{l}x\, dx, n = 1, 2, \cdots;$$

当 $f(x)$ 是偶函数时，在连续点 x 处，$f(x) = \dfrac{a_0}{2} + \sum_{n=1}^{\infty} a_n \cos \dfrac{n\pi}{l}x$ (称为**余弦级数**)，其中

$$a_n = \dfrac{2}{l}\int_{0}^{l} f(x)\cos \dfrac{n\pi}{l}x\, dx, n = 0, 1, 2, \cdots.$$

[①] 即 $f(x)$ 在 $[-l, l]$ 上至多只有有限个第一类间断点，在 $[-l, l]$ 上至多只有有限个极值点.

试算试练 在定理的条件下,在 $f(x)$ 的间断点 x 处,傅里叶级数 $\dfrac{a_0}{2}+\sum\limits_{n=1}^{\infty}\left(a_n\cos\dfrac{n\pi}{l}x+b_n\sin\dfrac{n\pi}{l}x\right)$ 收敛于何值?

例 1 设 $f(x)$ 是周期为 4 的周期函数,它在区间 $[-2,2)$ 上的表达式是

$$f(x)=\begin{cases}0, & -2\leqslant x<0,\\ a, & 0\leqslant x<2\end{cases}\text{(常数 }a>0),$$

将 $f(x)$ 展开成傅里叶级数,并求级数 $\sum\limits_{n=1}^{\infty}\dfrac{(-1)^{n-1}}{2n-1}$ 的和.

解 现在 $l=2$,$f(x)$ 满足收敛定理的条件,它在 $x=2k$ $(k=0,\pm 1,\pm 2,\cdots)$ 处间断,在其他点处连续(图 9.13). 因此,$f(x)$ 的傅里叶级数在 $x=2k$ 处收敛于 $\dfrac{0+a}{2}=\dfrac{a}{2}$,在其他点处收敛于 $f(x)$.

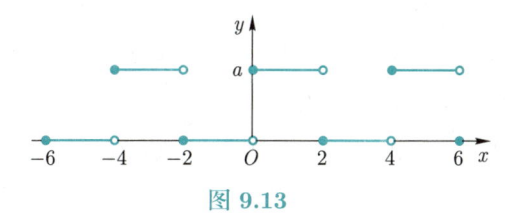

图 9.13

按 (9.4) 式,可得 $f(x)$ 的傅里叶系数

$$a_0=\frac{1}{2}\int_{-2}^{2}f(x)\mathrm{d}x=\frac{1}{2}\int_{0}^{2}a\mathrm{d}x=a,$$

$$a_n=\frac{1}{2}\int_{-2}^{2}f(x)\cos\frac{n\pi}{2}x\mathrm{d}x=\frac{1}{2}\int_{0}^{2}a\cos\frac{n\pi}{2}x\mathrm{d}x$$

$$=\left[\frac{a}{n\pi}\sin\frac{n\pi}{2}x\right]_{0}^{2}=0(n=1,2,\cdots),$$

$$b_n=\frac{1}{2}\int_{-2}^{2}f(x)\sin\frac{n\pi}{2}x\mathrm{d}x=\frac{1}{2}\int_{0}^{2}a\sin\frac{n\pi}{2}x\mathrm{d}x$$

$$=\left[-\frac{a}{n\pi}\cos\frac{n\pi}{2}x\right]_{0}^{2}=\frac{a}{n\pi}(1-\cos n\pi)$$

$$=\frac{a[1-(-1)^n]}{n\pi}=\begin{cases}\dfrac{2a}{n\pi}, & n=1,3,5,\cdots,\\ 0, & n=2,4,6,\cdots.\end{cases}$$

于是得

$$f(x)=\frac{a}{2}+\frac{a}{\pi}\sum_{n=1}^{\infty}\frac{1-(-1)^n}{n}\sin\frac{n\pi}{2}x=\frac{a}{2}+\frac{2a}{\pi}\sum_{n=1}^{\infty}\frac{1}{2n-1}\sin\frac{(2n-1)\pi}{2}x$$

$$=\frac{a}{2}+\frac{2a}{\pi}\left(\sin\frac{\pi}{2}x+\frac{1}{3}\sin\frac{3\pi}{2}x+\frac{1}{5}\sin\frac{5\pi}{2}x+\cdots\right)(x\neq 2k,k=0,\pm 1\pm 2,\cdots).$$

当 $x = 1$ 时，因 $f(1) = a$，故

$$a = \frac{a}{2} + \frac{2a}{\pi}\sum_{n=1}^{\infty}\frac{(-1)^{n-1}}{2n-1},$$

消去 a，即得

$$\sum_{n=1}^{\infty}\frac{(-1)^{n-1}}{2n-1} = 1 - \frac{1}{3} + \frac{1}{5} - \cdots + \frac{(-1)^{n-1}}{2n-1} + \cdots = \frac{\pi}{4}.$$

若函数 $f(x)$ 仅在 $[-l, l]$ 上有定义，且满足收敛定理的条件，类似于上一节的讨论，只要将函数 $f(x)$ 周期延拓成 $(-\infty, +\infty)$ 上以 $2l$ 为周期的周期函数 $\varphi(x)$，再将 $\varphi(x)$ 展开成傅里叶级数. 最后限制 x 在 $(-l, l)$ 内，此时 $\varphi(x) \equiv f(x)$，这样便得到 $f(x)$ 的傅里叶级数展开式，且在区间端点 $x = \pm l$ 处，$f(x)$ 的傅里叶级数收敛于 $\frac{1}{2}[f(l^-) + f(-l^+)]$.

同样地，若函数 $f(x)$ 仅在 $[0, l]$ 上有定义，且满足收敛定理的条件，只要将函数 $f(x)$ 进行奇延拓 (偶延拓)，再周期延拓为函数 $\varphi(x)$，然后将 $\varphi(x)$ 展开成傅里叶级数，该级数必是正弦级数 (余弦级数). 把 x 限制在 $(0, l)$ 上，此时 $g(x) \equiv f(x)$. 这样便获得 $f(x)$ 在 $(0, l]$ 上的正弦级数 (余弦级数) 的展开式.

例 2 将函数 $f(x) = x^2 \ (0 \leqslant x \leqslant l)$ 展开成正弦级数.

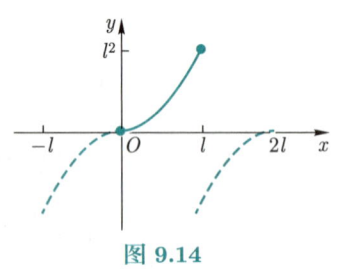

解 函数 $f(x)$ 满足收敛定理的条件，对 $f(x)$ 作奇延拓，然后作周期延拓，延拓后的函数在 $x = (2k+1)l\,(k = 0, \pm 1, \pm 2, \cdots)$ 处间断，在其他点处连续 (见图 9.14，其中实线为 $y = f(x)$ 的图形，虚线为延拓部分的图形). 由于

图 9.14

$$a_n = 0 \quad (n = 0, 1, 2, \cdots),$$

$$b_n = \frac{2}{l}\int_0^l f(x)\sin\frac{n\pi}{l}x\,\mathrm{d}x = \frac{2}{l}\int_0^l x^2\sin\frac{n\pi}{l}x\,\mathrm{d}x$$

$$= \frac{2}{n\pi}\left[-x^2\cos\frac{n\pi}{l}x\right]_0^l + \frac{4}{n\pi}\int_0^l x\cos\frac{n\pi}{l}x\,\mathrm{d}x$$

$$= (-1)^{n-1}\frac{2l^2}{n\pi} - \frac{4l}{n^2\pi^2}\int_0^l \sin\frac{n\pi}{l}x\,\mathrm{d}x$$

$$= \frac{2l^2}{\pi^3}\left[-\frac{2}{n^3} + (-1)^{n-1}\left(\frac{\pi^2}{n} - \frac{2}{n^3}\right)\right] \quad (n = 1, 2, \cdots),$$

于是得

$$f(x) = \frac{2l^2}{\pi^3}\sum_{n=1}^{\infty}\left[-\frac{2}{n^3} + (-1)^{n-1}\left(\frac{\pi^2}{n} - \frac{2}{n^3}\right)\right]\sin\frac{n\pi}{l}x \quad (0 \leqslant x < l).$$

在端点 $x = l$ 处级数收敛到零.

试算试练 将函数 $f(x) = x^2\,(0 \leqslant x \leqslant l)$ 展开成余弦级数.

*二、傅里叶级数的复数形式

利用欧拉公式, 可将傅里叶级数通过复数形式表示出来. 在电子技术中, 经常应用这种形式.

由本节定理, 周期为 $2l$ 的周期函数 $f(x)$ 的傅里叶级数为

$$\frac{a_0}{2} + \sum_{n=1}^{\infty} \left[a_n \cos \frac{n\pi}{l} x + b_n \sin \frac{n\pi}{l} x \right], \tag{9.5}$$

其中系数 a_n 与 b_n 为

$$a_n = \frac{1}{l} \int_{-l}^{l} f(x) \cos \frac{n\pi}{l} x \mathrm{d}x \quad (n = 0, 1, 2, \cdots),$$

$$b_n = \frac{1}{l} \int_{-l}^{l} f(x) \sin \frac{n\pi}{l} x \mathrm{d}x \quad (n = 1, 2, \cdots). \tag{9.6}$$

利用欧拉公式

$$\cos t = \frac{\mathrm{e}^{\mathrm{i}t} + \mathrm{e}^{-\mathrm{i}t}}{2}, \sin t = \frac{\mathrm{e}^{\mathrm{i}t} - \mathrm{e}^{-\mathrm{i}t}}{2\mathrm{i}} = -\mathrm{i} \frac{\mathrm{e}^{\mathrm{i}t} - \mathrm{e}^{-\mathrm{i}t}}{2},$$

(9.5) 式可化为

$$\frac{a_0}{2} + \sum_{n=1}^{\infty} \left(a_n \cdot \frac{\mathrm{e}^{\mathrm{i}\frac{n\pi}{l}x} + \mathrm{e}^{-\mathrm{i}\frac{n\pi}{l}x}}{2} - b_n \mathrm{i} \cdot \frac{\mathrm{e}^{\mathrm{i}\frac{n\pi}{l}x} - \mathrm{e}^{-\mathrm{i}\frac{n\pi}{l}x}}{2} \right)$$

$$= \frac{a_0}{2} + \sum_{n=1}^{\infty} \left(\frac{a_n - \mathrm{i}b_n}{2} \mathrm{e}^{\mathrm{i}\frac{n\pi}{l}x} + \frac{a_n + \mathrm{i}b_n}{2} \mathrm{e}^{-\mathrm{i}\frac{n\pi}{l}x} \right). \tag{9.7}$$

记

$$\frac{a_0}{2} = c_0, \frac{a_n - \mathrm{i}b_n}{2} = c_n, \frac{a_n + \mathrm{i}b_n}{2} = c_{-n} \quad (n = 1, 2, \cdots), \tag{9.8}$$

则 (9.7) 式成为

$$c_0 + \sum_{n=1}^{\infty} \left(c_n \mathrm{e}^{\mathrm{i}\frac{n\pi}{l}x} + c_{-n} \mathrm{e}^{-\mathrm{i}\frac{n\pi}{l}x} \right) = (c_n \mathrm{e}^{\mathrm{i}\frac{n\pi}{l}x})_{n=0} + \sum_{n=1}^{\infty} c_n \mathrm{e}^{\mathrm{i}\frac{n\pi}{l}x} + \sum_{n=1}^{\infty} c_{-n} \mathrm{e}^{\mathrm{i}\frac{(-n)\pi}{l}x},$$

上式我们常记为

$$\sum_{n=-\infty}^{\infty} c_n \mathrm{e}^{\mathrm{i}\frac{n\pi}{l}x}, \tag{9.9}$$

称 (9.9) 式为**傅里叶级数的复数形式**. 根据 (9.6) 式和 (9.8) 式得

$$c_0 = \frac{a_0}{2} = \frac{1}{2l} \int_{-l}^{l} f(x) \mathrm{d}x,$$

$$c_n = \frac{a_n - \mathrm{i}b_n}{2} = \frac{1}{2} \left[\frac{1}{l} \int_{-l}^{l} f(x) \cos \frac{n\pi}{l} x \mathrm{d}x - \frac{\mathrm{i}}{l} \int_{-l}^{l} f(x) \sin \frac{n\pi}{l} x \mathrm{d}x \right]$$

$$= \frac{1}{2l}\int_{-l}^{l} f(x)\left(\cos\frac{n\pi}{l}x - \mathrm{i}\sin\frac{n\pi}{l}x\right)\mathrm{d}x\text{①}$$

$$= \frac{1}{2l}\int_{-l}^{l} f(x)\mathrm{e}^{-\mathrm{i}\frac{n\pi}{T}x}\mathrm{d}x \quad (n=1,2,\cdots),$$

同样可得

$$c_{-n} = \frac{a_n + \mathrm{i}b_n}{2} = \frac{1}{2l}\int_{-l}^{l} f(x)\mathrm{e}^{\mathrm{i}\frac{n\pi}{T}x}\mathrm{d}x \quad (n=1,2,\cdots).$$

将上述结果合并写为

$$c_n = \frac{1}{2l}\int_{-l}^{l} f(x)\mathrm{e}^{-\mathrm{i}\frac{n\pi}{T}x}\mathrm{d}x (n=0,\pm 1,\pm 2,\cdots), \tag{9.10}$$

这就是**傅里叶系数的复数形式**.

傅里叶级数的两种形式本质上是一致的，但复数形式比较简洁，且只需用一个算式计算系数.

例 3 设 $f(x)$ 是周期为 T 的周期函数，它在 $\left[-\dfrac{T}{2}, \dfrac{T}{2}\right)$ 上的表达式为

$$f(x) = \begin{cases} 0, & -\dfrac{T}{2} \leqslant x < 0, \\ \mathrm{e}^{-x}, & 0 \leqslant x < \dfrac{T}{2}. \end{cases}$$

将 $f(x)$ 展开成复数形式的傅里叶级数.

解 函数 $f(x)$ 满足收敛定理的条件，它在点 $x = \dfrac{kT}{2}$ ($k=0,\pm 1,\pm 2,\cdots$) 处间断，在其他点处连续 (图 9.15).

图 9.15

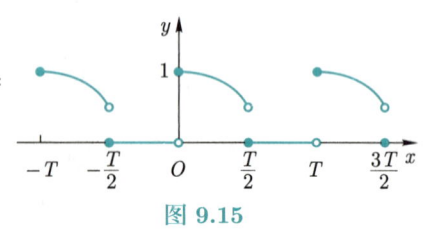

按公式 (9.10) 有

$$c_n = \frac{1}{T}\int_{-\frac{T}{2}}^{\frac{T}{2}} f(x)\mathrm{e}^{-\mathrm{i}\frac{2n\pi}{T}x}\mathrm{d}x = \frac{1}{T}\int_{0}^{\frac{T}{2}} \mathrm{e}^{-x}\mathrm{e}^{-\mathrm{i}\frac{2n\pi}{T}x}\mathrm{d}x$$

$$= \frac{1}{T}\int_{0}^{\frac{T}{2}} \mathrm{e}^{-\left(1+\mathrm{i}\frac{2n\pi}{T}\right)x}\mathrm{d}x = \frac{1}{T}\left[\frac{1}{-\left(1+\mathrm{i}\dfrac{2n\pi}{T}\right)}\mathrm{e}^{-\left(1+\mathrm{i}\frac{2n\pi}{T}\right)x}\right]_{0}^{\frac{T}{2}} \text{②}$$

$$= -\frac{T - \mathrm{i}\cdot 2n\pi}{T^2 + 4n^2\pi^2}\left(\mathrm{e}^{-\frac{T}{2}}\cos n\pi - \mathrm{i}\mathrm{e}^{-\frac{T}{2}}\sin n\pi - 1\right)$$

$$= \frac{T - \mathrm{i}\cdot 2n\pi}{T^2 + 4n^2\pi^2}\left[1 + (-1)^{n-1}\mathrm{e}^{-\frac{T}{2}}\right],$$

---

① 由习题 9.7 第 5 题定义知 $\int_a^b [u(x) + \mathrm{i}v(x)]\mathrm{d}x = \int_a^b u(x)\mathrm{d}x + \mathrm{i}\int_a^b v(x)\mathrm{d}x$.

② 由习题 9.7 第 5 题知 $\int_a^b \mathrm{e}^{cx}\mathrm{d}x = \left[\dfrac{1}{c}\mathrm{e}^{cx}\right]_a^b$ (复数 $c \neq 0$).

于是, $f(x)$ 的傅里叶级数为

$$f(x) = \sum_{n=-\infty}^{\infty} \frac{T - \mathrm{i} \cdot 2n\pi}{T^2 + 4n^2\pi^2} \left[1 + (-1)^{n-1} \mathrm{e}^{-\frac{T}{2}}\right] \mathrm{e}^{\mathrm{j}\frac{2n\pi}{T}x} \quad \left(x \neq \frac{kT}{2}, k = 0, \pm 1, \pm 2, \cdots\right).$$

习题 9.9

1. 将下列各周期函数展开成傅里叶级数:

(1) $f(x) = \begin{cases} 2x+1, & -3 \leqslant x < 0, \\ 1, & 0 \leqslant x < 3; \end{cases}$

(2) $f(x) = \begin{cases} ax, & -1 \leqslant x < 0, \\ bx, & 0 \leqslant x < 1 \end{cases}$ (a, b 为常数, 且 $b > a > 0$);

(3) $f(x) = x \cos x \ \left(-\frac{\pi}{2} \leqslant x \leqslant \frac{\pi}{2}\right)$;

(4) $f(x) = \begin{cases} \cos \dfrac{\pi x}{l}, & |x| \leqslant \dfrac{l}{2}, \\ 0, & \dfrac{l}{2} < |x| \leqslant l. \end{cases}$

2. 将下列函数分别展开成正弦级数和余弦级数:

(1) $f(x) = \begin{cases} x, & 0 \leqslant x < \dfrac{l}{2}, \\ l - x, & \dfrac{l}{2} \leqslant x \leqslant l; \end{cases}$ (2) $f(x) = \begin{cases} 1, & 0 \leqslant x < 1, \\ 0, & 1 \leqslant x \leqslant 2. \end{cases}$

*3. 周期为 2 的矩形波在一个周期 $[-1, 1)$ 上的表达式为

$$\mu(t) = \begin{cases} 0, & -1 \leqslant t < -\dfrac{1}{2}, \\ h, & -\dfrac{1}{2} \leqslant t < \dfrac{1}{2}, \\ 0, & \dfrac{1}{2} \leqslant t < 1. \end{cases}$$

将此矩形波展开成复数形式的傅里叶级数.

总习题九

1. 填空:

(1) $\lim\limits_{n \to \infty} u_n = 0$ 是级数 $\sum\limits_{n=1}^{\infty} u_n$ 收敛的 _____ 条件;

(2) 级数 $\sum_{n=1}^{\infty} u_n$ 按某一方式经加括号后所得的级数收敛是级数 $\sum_{n=1}^{\infty} u_n$ 收敛的_____ _____ 条件;

(3) 对正项级数 $\sum_{n=1}^{\infty} u_n$, 部分和数列 $\{s_n\}_{n=1}^{\infty}$ 有界是级数 $\sum_{n=1}^{\infty} u_n$ 收敛的_____ 条件;

(4) 级数 $\sum_{n=1}^{\infty} |u_n|$ 收敛是级数 $\sum_{n=1}^{\infty} u_n$ 收敛的_____ 条件;

(5) 数列 $\{u_n\}_{n=1}^{\infty}$ 单调且 $\lim\limits_{n\to\infty} u_n = 0$ 是交错级数 $\sum_{n=1}^{\infty} (-1)^{n-1} u_n$ 收敛的_____ 条件;

(6) $\lim\limits_{n\to\infty} \left|\dfrac{u_{n+1}}{u_n}\right| = \rho > 1$ 是级数 $\sum_{n=1}^{\infty} u_n$ 发散的_____ 条件.

2. 判别下列级数的收敛性:

(1) $\sum_{n=1}^{\infty} \left(\sqrt[n]{3} - 1\right)$;

(2) $\sum_{n=1}^{\infty} \dfrac{\ln n}{3^n}$;

(3) $\sum_{n=2}^{\infty} \dfrac{1}{\ln^2 n}$;

(4) $\sum_{n=1}^{\infty} \int_0^{\frac{1}{n}} \dfrac{\sqrt{x}}{1+x} \mathrm{d}x$.

3. 判别下列级数是否收敛? 如果收敛, 是条件收敛还是绝对收敛?

(1) $\sum_{n=1}^{\infty} (-1)^{n-1} \dfrac{\arctan n}{\pi^n}$;

(2) $\sum_{n=1}^{\infty} (-1)^n \dfrac{2^{n^2}}{(n!)^2}$;

(3) $\sum_{n=1}^{\infty} (-1)^{n-1} \left(\dfrac{1}{n} - \sin \dfrac{1}{n}\right)$;

(4) $\sum_{n=1}^{\infty} (-1)^n \left(\sqrt[n]{n} - 1\right)$.

4. 设级数 $\sum_{n=1}^{\infty} u_n^2$ 和 $\sum_{n=1}^{\infty} v_n^2$ 都收敛, 证明级数 $\sum_{n=1}^{\infty} u_n v_n$, $\sum_{n=1}^{\infty} (u_n + v_n)^2$, $\sum_{n=1}^{\infty} \dfrac{u_n}{n}$ 也都收敛.

5. 设 $f(x) = \sum_{k=1}^{\infty} a_k x^{k+1}$ 在 $[-1, 1)$ 上收敛, 证明级数 $\sum_{n=1}^{\infty} f\left(\dfrac{1}{n}\right)$ 绝对收敛.

6. 利用已知的幂级数展开式, 求下列幂级数的和函数, 并指出其收敛区间:

(1) $\sum_{n=1}^{\infty} \dfrac{3^n + 5^n}{n} x^n$;

(2) $\sum_{n=1}^{\infty} \dfrac{n}{3^n} x^{3n}$;

(3) $\sum_{n=0}^{\infty} \dfrac{(x+2)^n}{(n+2)!}$;

(4) $\sum_{n=0}^{\infty} (-1)^n \dfrac{(2n+1) x^{2n}}{(2n)!}$.

7. 利用幂级数求下列数项级数的和:

(1) $\sum_{n=1}^{\infty} \dfrac{(-1)^{n-1}}{(2n-1) 3^n}$;

(2) $\sum_{n=1}^{\infty} \dfrac{n^2}{n!}$.

8. 将下列函数展开成 x 的幂级数, 并指出展开式成立的区间:

(1) $\ln(x + \sqrt{x^2+1})$;   (2) $\dfrac{1}{(x-3)^2}$.

9. 设 $f(x)$ 是周期为 2π 的连续函数，且 $f\left(\dfrac{\pi}{2}+x\right) = -f\left(\dfrac{\pi}{2}-x\right)$，证明：$f(x)$ 的傅里叶系数 $a_{2n} = b_{2n+1} = 0 (n=0,1,2,\cdots)$.

10. 将函数
$$f(x) = \begin{cases} 0, & 0 \leqslant x \leqslant \dfrac{\pi}{4}, \\ 1, & \dfrac{\pi}{4} < x \leqslant \pi \end{cases}$$
分别展开成正弦级数和余弦级数.

11. 当人们用货币支付各类消费时，这些货币随之流向了另一部分人，这部分人又从所得收益中提取一部分用于自己的各类消费，由此产生了货币的二次流通，货币的这一流通过程可以不停地继续下去，经济学家称之为**增值效应**. 现在假设政府部门最初投入了 D 元，同时假设处于货币流通过程中的每个人都将其个人收益中的 $100C\%$ 用于消费，余下的 $100S\%$ 用于储蓄，这里的 C 与 S 分别称为**边际消费倾向**与**边际储蓄倾向**，C 与 S 都是正数，并且 $C+S=1$.

(1) 设 S_n 表示经 n 次流通后的总消费量，试写出 S_n 的表达式；

(2) 证明 $\lim\limits_{n\to\infty} S_n = kD$，其中 $k = \dfrac{1}{S}$ 称为**增值率**；

(3) 假设边际消费倾向为 60%，试问此时 k 为多少？

12. 以边长为 1 的等边三角形 C_1 作为基础，第一步，将每边三等分，以每边的中间一段为底各向外作一个小的等边三角形，随后把这三个小等边三角形的底边删除，称新得到的曲线为曲线 C_2. 第二步，在第一步得出的曲线 C_2 的每条边上重复第一步，得到曲线 C_3. 如此无限次地继续下去，最后得出的曲线称之为**雪花曲线**（见第 12 题图）.

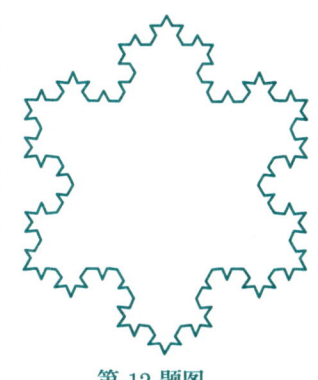

(1) 记 $a_n(n=2,3,\cdots)$ 是由曲线 C_{n-1} 生成 C_n 时，曲线 C_n 所围闭区域新增加的面积，试写出 a_n 的表达式，证明级数 $\sum\limits_{n=1}^{\infty} a_n$ 收敛，并求雪花曲线所围图形的面积；

第 12 题图

(2) 证明雪花曲线的长度是无限的.

数学星空　　光辉典范——数学家与数学家精神

从中学教师到现代分析之父——大器晚成的魏尔斯特拉斯

　　魏尔斯特拉斯 (1815—1897) 德国数学家. 一个人能否在当了十多年的中学教师之后成为名垂史册的世界顶级数学家? 魏尔斯特拉斯的故事告诉你: 能! 从 1841 年开始, 魏尔斯特拉斯在两处偏僻的地方中学度过了包括 30 岁到 40 岁的这段数学家的黄金岁月, 他以惊人的毅力, 过着一种双重的生活, 白天教课, 晚上钻研数学, 终于在 1853 年一鸣惊人. 大器晚成的魏尔斯特拉斯成为 19 世纪"分析算术化"的领头人而以"现代分析之父"留名青史.

部分习题参考答案与提示

本书提供部分节习题、章习题的参考答案与提示，登录数字课程平台（见封底）即可获取.

图书在版编目（CIP）数据

高等数学.下册/徐宗本总主编；朱晓平，李继成主编. -- 北京：高等教育出版社，2021.6（2022.3重印）
ISBN 978-7-04-055858-6

Ⅰ.①高… Ⅱ.①徐… ②朱… ③李… Ⅲ.①高等数学-高等学校-教材 Ⅳ.①O13

中国版本图书馆CIP数据核字(2021)第037200号

Gaodeng Shuxue

项目策划	李艳馥 文 娟 华立平 兰莹莹
策划编辑	李艳馥 于丽娜
责任编辑	于丽娜
装帧设计	王凌波 童 丹
插图绘制	邓 超
责任校对	刘丽娴
责任印制	赵 振

出版发行	高等教育出版社
社 址	北京市西城区德外大街4号
邮政编码	100120
购书热线	010-58581118
咨询电话	400-810-0598
网 址	http://www.hep.edu.cn
	http://www.hep.com.cn
网上订购	http://www.hepmall.com.cn
	http://www.hepmall.com
	http://www.hepmall.cn
印 刷	高教社（天津）印务有限公司
开 本	787mm×1092mm 1/16
印 张	20.75
字 数	410千字
版 次	2021年6月第1版
印 次	2022年3月第3次印刷
定 价	48.90元

本书如有缺页、倒页、脱页等质量问题，
请到所购图书销售部门联系调换

版权所有 侵权必究
物 料 号 55858-00

郑重声明

高等教育出版社依法对本书享有专有出版权。任何未经许可的复制、销售行为均违反《中华人民共和国著作权法》，其行为人将承担相应的民事责任和行政责任；构成犯罪的，将被依法追究刑事责任。为了维护市场秩序，保护读者的合法权益，避免读者误用盗版书造成不良后果，我社将配合行政执法部门和司法机关对违法犯罪的单位和个人进行严厉打击。社会各界人士如发现上述侵权行为，希望及时举报，本社将奖励举报有功人员。

反盗版举报电话　（010）58581999　58582371　58582488
反盗版举报传真　（010）82086060
反盗版举报邮箱　dd@hep.com.cn
通信地址　北京市西城区德外大街4号
　　　　　高等教育出版社法律事务与版权管理部
邮政编码　100120

防伪查询说明

用户购书后刮开封底防伪涂层，利用手机微信等软件扫描二维码，会跳转至防伪查询网页，获得所购图书详细信息。也可将防伪二维码下的20位密码按从左到右、从上到下的顺序发送短信至106695881280，免费查询所购图书真伪。

反盗版短信举报

编辑短信"JB，图书名称，出版社，购买地点"发送至10669588128

防伪客服电话

（010）58582300